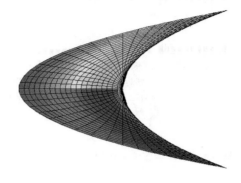

MATLAB R2015b Probability and Mathematical Statistics

MATLAB R2015b
概率与数理统计

◎ 邓奋发　编著

Deng Fenfa

清华大学出版社

北京

内 容 简 介

本书以 MATLAB R2015b 为平台进行编写,以概率与数理统计学为主线、MATLAB 为辅助工具有机结合进行讲述,实用性非常强,实现的方法也很多,主要包括 MATLAB 计算基础、概率与数理统计学基础、统计估计、假设检验、方差分析、回归分析、正交实验、主成分分析、因子分析、判别分析和聚类分析等内容。

本书侧重于概率与数理统计学的 MATLAB 实现,并精选大量的概率与数理统计应用实例,通过实例分析来求解,做到理论与实践相结合。本书提供 PPT 课件和源代码。

本书可作为工科硕士研究生"应用概率与数理统计学"课程的基础教材、本科生相关专业的专业基础教材或实验教材,也可作为科研人员、工程技术人员的工具书或理论参考书。

图书在版编目(CIP)数据

MATLAB R2015b 概率与数理统计/邓奋发编著.—北京:清华大学出版社,2017(2022.8重印)
(精通 MATLAB)
ISBN 978-7-302-45352-9

Ⅰ. ①M… Ⅱ. ①邓… Ⅲ. ①概率论—计算机辅助计算—Matlab 软件 ②数理统计—计算机辅助计算—Matlab 软件… Ⅳ. ①O21-39

中国版本图书馆 CIP 数据核字(2016)第 260933 号

责任编辑:刘　星　梅栾芳
封面设计:刘　键
责任校对:焦丽丽
责任印制:杨　艳

出版发行:清华大学出版社
　　　　网　　　址:http://www.tup.com.cn,http://www.wqbook.com
　　　　地　　　址:北京清华大学学研大厦 A 座　　　　邮　　编:100084
　　　　社 总 机:010-83470000　　　　　　　　　　邮　　购:010-62786544
　　　　投稿与读者服务:010-62776969,c-service@tup.tsinghua.edu.cn
　　　　质量反馈:010-62772015,zhiliang@tup.tsinghua.edu.cn
　　　　课件下载:http://www.tup.com.cn,010-83470236
印 装 者:北京九州迅驰传媒文化有限公司
经　　销:全国新华书店
开　　本:185mm×260mm　　　　印　张:24.75　　　　字　　数:600 千字
版　　次:2017 年 1 月第 1 版　　　　　　　　　　印　次:2022 年 8 月第 5 次印刷
定　　价:69.00 元

产品编号:071635-01

　　MATLAB 语言一直是国际科学界应用和影响最广泛的三大计算机数学语言之一。从某种意义上讲,在纯数学以外的领域中,MATLAB 语言有着其他两种计算机数学语言——Mathematica 和 Maple 无法比拟的优势和适用性。在很多领域,MATLAB 语言是科学研究者首选的计算机数学语言。目前国内外关于 MATLAB 语言和应用书籍数以千计,但从其覆盖面和应用水平来说,往往难以满足日益增长的 MATLAB 语言使用者的要求。已出版的著作从涵盖面及深度与广度上缺乏高层次、全面系统介绍高等应用数学问题各个分支的计算机求解的书籍。

　　随着计算机的发展与普及,概率与数理统计已成为处理信息、进行决策的重要理论和方法。在科学研究中,用概率和数理统计方法从数据中获取信息和判别初步规律,往往成为重大科学发现的先导。概率与数理统计是数学方法与实际相结合,应用最为广泛、最为重要的方式之一。因此,现代科研人员和工程技术人员都应该掌握概率与数理统计的基础知识。同时概率与数理统计在自然科学、工程技术、管理科学及人文社会科学中得到越来越广泛和深入的应用,其研究的内容也随着科学技术和经济与社会的不断发展而逐步扩大。为了更好地满足高等学校培养高等技术应用型人才的需要,提高学生的基本素质和教学质量,解决高等学校"概率与数理统计"理论课与实践课相结合的问题,根据高等院校对数学教学的基本要求,应用数学与专业相融,基础数学为专业服务和以应用为目的,以必需、够用为度的基本原则,在多年从事高等教育教学实践的基础上,以 MATLAB R2015b 为平台编写了本书。

　　本书编写时力求做到以下几点。

　　(1) 数学软件命令的介绍符合学生的知识水平、浅显易理解。本书以新的 MATLAB R2015b 为平台,将数学理论与软件命令介绍有机地结合,使学生学会数学软件的使用方法,培养学生运用软件求解实际问题模型的能力。

　　(2) 注重思想方法介绍。在阐述某一概率统计方法时,有的从具体实例开始引出相关内容的背景,有的从概念上开始,以实例总结。

　　(3) 注重应用性。概率与数理统计是一门应用性很强的学科,其应用几乎遍及各个领域,成为解决实际问题的重要工具,因此,本书充实了许多应用性内容,以适应读者解决实际问题的需要。

　　(4) 重视 MATLAB 应用于概率与数理统计方法时的简单性、实用性和可操作性,就可得到计算与分析的结果。

　　本书主要介绍了概率与数理统计在各领域中的应用。全书共 11 章,各章的主要内容介绍如下。

　　第 1 章　对 MATLAB R2015b 进行概述,主要包括 MATLAB 的功能及发展史、MATLAB R2015b 开发环境、MATLAB 的语言基础等内容。

　　第 2 章　对概率与数理统计进行概述,主要包括概率论基础、随机变量与随机分布等内容。

第 3 章　介绍统计估计，主要包括点估计、区间估计、核密度估计和统计作图等内容。

第 4 章　介绍假设检验，主要包括正态总体参数的假设检验、其他检验等内容。

第 5 章　介绍方差分析，主要包括对方差分析进行概述、单因素方差分析和双因子方差分析等内容。

第 6 章　介绍回归分析，主要包括一元线性回归分析、多元线性回归分析、非线性回归分析和逐步回归分析等内容。

第 7 章　介绍正交实验，主要包括正交表、无交互作用的正交实验和交互作用正交实验等内容。

第 8 章　介绍主成分分析，主要包括主成分分析的概述、实现步骤及 MATLAB 实现等内容。

第 9 章　介绍因子分析，主要包括因子分析的概述、R 型因子、Q 型因子分析和目标因子分析等内容。

第 10 章　介绍判别分析，主要包括判别分析的概述、距离判别分析、Fisher 判别法和 Bayes 判别法等内容。

第 11 章　介绍聚类分析，主要包括聚类分析的概述、距离与相似系数、K-均值聚类法和模糊 C-均值聚类等内容。

本书主要由邓奋发编写，此外参加编写的还有栾颖、周品、曾虹雁、邓俊辉、邓秀乾、邓耀隆、高泳崇、李嘉乐、李旭波、梁朗星、梁志成、刘超、刘泳、卢佳华、张棣华、张金林、钟东山、詹锦超、叶利辉、杨平和许兴杰。

本书在编写过程中，参考了大量的资料文献，在此对其作者表示感谢。本书可作为工科硕士研究生"应用概率与数理统计学"课程的基础教材、本科生相关专业的专业基础教材或实验教材，也可作为科研人员、工程技术人员的工具书或理论参考书。

由于我们水平有限，书中难免存在不足之处，敬请读者批评指正。

作　者
2016 年 7 月

目录

目录

目录

MATLAB 是由美国 MathWorks 公司推出的一个科技应用软件，它的名字是由矩阵(MATrix)和实验室(LABoratory)的头 3 个字母组成。它是一种广泛应用于工程计算及数值分析领域的新型高级语言，它把科学计算、结果可视化和编程都集中在一个使用非常方便的环境中。自 1984 年该软件推向市场以来，历经二十多年的发展与竞争。现已成为国际公认的最优秀的工程应用开发环境。MATLAB 功能强大、简单易学、编程效率高，深受广大科技工作者的欢迎。

在欧美各高等院校，MATLAB 已经成为"线性代数""自动控制理论""数字信号处理""时间序列分析""动态系统仿真"和"图像处理"等课程的基本教学工具，成为大学生、硕士生以及博士生必须掌握的基本知识。在国际学术界，MATLAB 已经被确认为准确、可靠的科学计算标准软件。在许多国际一流学术刊物上(尤其是信息科学刊物)，都可以看到 MATLAB 的应用。

MATLAB 的基本数据单位是矩阵，它的指令表达式与数学、工程中常用的形式十分相似，因此用 MATLAB 来解算问题要比用 C、FORTRAN 等语言完成相同的事情简捷得多，并且 MATLAB 也吸收了 Maple 等软件的优点，使 MATLAB 成为一个强大的数学软件。在新的版本中也加入了对 C、FORTRAN、C++、Java 的支持。

1.1 MATLAB 的功能及发展史

随着 MATLAB 的发展深化，其功能逐渐完善，拥有强大的数值计算、符号处理和仿真调试功能，也可以方便地实现图形绘制和文件管理等功能。

1.1.1 MATLAB 的功能

MALTAB 是一款功能强大的数学软件，将数值分析、矩阵计算、可视化、动态系统建模仿真等功能集成在一个开发环境中，为科研工作提供了强大支持。

　　MATLAB 的基本数据单位是矩阵,一切运算都以矩阵为基础,其核心是一个基于矩阵运算的快速解释程序。MATLAB 可以交互地接收用户输入的命令,也可以运行大型程序或进行系统仿真。具体来说,它有如下功能:

(1) 矩阵运算功能,这是其他功能的基础;

(2) 数据可视化功能;

(3) GUI 程序设计功能;

(4) Simulink 仿真功能;

(5) 大量的专业工具箱功能。

　　在此不得不提到 Simulink。Simulink 是 MATLAB 软件的两大产品(MATLAB 与 Simulink)之一,是一种基于 MATLAB 框图设计环境的可视化仿真工具,用于系统动态建模,在数字信号处理、通信系统和数字控制系统等领域中有广泛应用。

　　MATLAB 还包括了丰富的预定义函数和工具箱。为某种目的而专门编写一组 MATLAB 函数,放入一个目录中,即可组成一个工具箱,因此,从某种意义上说,任何一个 MATLAB 的用户都可以成为 MATLAB 工具箱的作者。一般来说,工具箱比预定义函数更为专业,在数值分析、数值和符号计算、控制系统的设计仿真、数字图像处理、数字信号处理、通信系统设计仿真、最优化计算、财务与金融分析等多个专业领域中发挥着重要作用。

　　综上所述,MATLAB 产品族可用于以下领域:数值和符号计算、信号处理、数据分析、控制与通信系统设计、仿真、工程与科学绘图、图像用户界面程序设计和财务等领域。

1.1.2　MATLAB 的优点

　　MATLAB 语言与其他计算机高级语言相比,有着明显的优点。

1. 简单易用

　　MATLAB 是一个高级的矩阵/阵列语言,它包含控制语句、函数、数据结构、输入/输出和面向对象编程等特点。用户可以在命令窗口中将输入语句与执行命令同步,也可以先编写好一个较大的复杂的应用程序(M 文件)后再一起运行。新版本的 MATLAB 语言是基于最为流行的 C++语言基础上的,因此语法特征与 C++语言极为相似,而且更加简单,更加符合科技人员对数学表达式的书写格式。使之更利于非计算机专业的科技人员使用。而且这种语言可移植性好、可拓展性强,这也是 MATLAB 能够深入到科学研究及工程计算各个领域的重要原因。

2. 平台可移植性强

　　解释型语言的平台兼容性一般要强于编译型语言。MATLAB 拥有大量的平台独立措施,支持 Windows 98/2000/NT 和许多版本的 UNIX 系统。用户在一个平台上编写的代码不需修改就可以在另一个平台上运行,为研究人员节省了大量的时间成本。

3. 丰富的预定义函数

　　MATLAB 提供了极为庞大的预定义函数库,提供了许多打包好的基本工程问题函数,如求解微分方程、求矩阵的行列式、求样本方差等,都可以直接调用预定义函数完成。另外,MATLAB 提供了许多专用的工具箱,以解决特定领域的复杂问题。系统提供了信号处理工具箱、控制系统工具箱、图像工具箱等一系列解决专业问题的工具箱。用户也可以自行编写自定义的函数,将其作为自定义的工具箱。

4. 以矩阵为基础的运算

MATLAB 被称为矩阵实验室,其运算是以矩阵为基础的,如标量常数可以被认为是 $1×1$ 矩阵。用户不需要为矩阵的输入、输出和显示编写一个关于矩阵的子函数,以矩阵为基础数据结构的机制减少了大量编程时间,将烦琐的工作交给系统来完成,使用户可以将更多精力集中于所需解决的实际问题。

5. 强大的图形界面

MATLAB 具有强大的图形处理能力,带有很多绘图和图形设置的预定义函数,可以用区区几行代码绘制复杂的二维和多维图形。MATLAB 的 GUIDE 则允许用户编写完整的图形界面程序,在 GUIDE 环境中,用户可以使用图形界面所需的各种控制以及菜单栏和工具栏。

1.1.3　MATLAB 的发展史

起初,MATLAB 是专门用于矩阵技术的一种数学软件,但伴随着 MATLAB 的逐步市场化,其功能也越来越强大,从 MATLAB 4.1 开始,MATLAB 开始拥有自己的符号运算功能,从而使 MATLAB 可以代替其他一些专用的符号计算软件。

在 MATLAB 环境下,用户可以集成地进行程序设计、数值计算、图形绘制、输入/输出、文件管理等多项操作。MATLAB 提供了数据分析、算法实现与应用开发的交互式开发环境,经历了多年的发展历程。

20 世纪 70 年代中期,美国新墨西哥大学计算机系主任 Clever Moler 博士和其同事在美国国家自然科学基金的资助下,开发了调用 Linpack 和 Eispack 的 FORTRAN 子程序,20 世纪 70 年代后期,Moler 博士编写了相应的接口程序,并将其命名为 MATLAB。

1983 年,John Little 和 Moler、Bangert 等一起合作开发了第 2 代专业版 MATLAB。1984 年,Moler 博士和一批数学专家、软件专家成立了 MathWorks 公司,继续 MATLAB 软件的研制与开发,并着力将软件推向市场。

1983 年,MathWorks 公司连续推出了 MATLAB 3. x(第 1 个 Windows 版本)、MATLAB 4.0。1997 年,MathWorks 公司推出了 MATLAB 5.0。2001 年,MathWorks 公司推出了 MATLAB 6. x。2004 年,MathWorks 公司推出了 MATLAB 7.0。MATLAB 5.3 对应于 Release 12,MATLAB 6.0 对应于 Release 13,而 MATLAB 7.0 对应于 Release 14。

MATLAB 分为总包和若干工具箱,随着版本的不断升级,它具有越来越强大的数值计算能力、更为卓越的数据可视化能力及良好的符号计算功能,逐步发展成为各种学科、多种工作平台下功能强大的大型软件,获得了广大科技工作者的普遍认可。一方面,

MATLAB可以方便实现数值分析、优化分析、数据处理、自动控制、信号处理等领域的数学计算,另一方面,也可以快捷实现计算可视化、图形绘制、场景创建和渲染、图像处理、虚拟现实和地图制作等分析处理工作。在欧美许多高校,MATLAB已经成为线性代数、自动控制理论、概率论与数理统计、数字信号处理、时间序列分析、动态系统仿真等课程的基本数学工具,是本科生、研究生必须掌握的基本技能。在国内,这一语言也正逐步成为一些大学理工科专业学生的重要选修课。

MATLAB的发展历程如表1-1所示。

表 1-1 MATLAB 发展历程

版本号	建造编号	发布时间	版本号	建造编号	发布时间
MATLAB 1.0		1984	MATLAB 7.1	R14SP3	2005
MATLAB 2		1986	MATLAB 7.2	R2006a	2006
MATLAB 3		1987	MATLAB 7.3	R2006b	2006
MATLAB 3.5		1990	MATLAB 7.4	R2007a	2007
MATLAB 4		1992	MATLAB 7.5	R2007b	2007
MATLAB 4.2C	R7	1994	MATLAB 7.6	R2008a	2008
MATLAB 5.0	R8	1996	MATLAB 7.7	R2008b	2008
MATLAB 5.1	R9	1997	MATLAB 7.8	R2009a	2009.3.6
MATLAB 5.1.1	R9.1	1997	MATLAB 7.9	R2009b	2009.9.4
MATLAB 5.2	R10	1998	MATLAB 7.10	R2010a	2010.3.5
MATLAB 5.2.1	R10.1	1998	MATLAB 7.11	R2010b	2010.9.3
MATLAB 5.3	R11	1999	MATLAB 7.12	R2011a	2011.4.8
MATLAB 5.3.1	R11.1	1999	MATLAB 7.13	R2011b	2011.9.1
MATLAB 6.0	R12	2000	MATLAB 7.14	R2012a	2012.3.1
MATLAB 6.1	R12.1	2001	MATLAB 8.0	R2012b	2012.9.11
MATLAB 6.5	R13	2002	MATLAB 8.1	R2013a	2013.3.7
MATLAB 6.5.1	R13SP1	2003	MATLAB 8.2	R2013b	2013.9.9
MATLAB 6.5.2	R13SP2	2005	MATLAB 8.3	R2014a	2014.3.6
MATLAB 7	R14	2004	MATLAB 8.4	R2014b	2014.10.2
MATLAB 7.0.1	R14SP1	2004	MATLAB 8.5	R2015a	2015.3.6
MATLAB 7.0.4	R14SP2	2005	MATLAB 8.6	R2015b	2015.9.3

1.1.4 MATLAB R2015b 新功能

MATLAB R2015b 包括 MATLAB 和 Simulink 产品的新功能,以及其他产品的更新和补丁修改。

1. MATLAB 产品系列的新功能

(1) MATLAB:

• 将自定义工具箱的文档集成到 MATLAB 帮助浏览器;

• 将 mapreduce 算法扩展到 MATLAB Distributed Computing Server,用于数据密

集型应用程序；

- 为 Arduino Leonardo 和其他 Arduino 板卡提供支持。

（2）MATLAB Compiler：包括创建插件的功能（用于 Microsoft Excel 桌面应用程序）。

（3）MATLAB Compiler SDK：对 MATLAB Compiler 的扩展，用于创建 C/C++、Java 和.NET 共享库，还可用作 MATLAB Production Serve 的开发框架。

（4）Statistics and Machine Learning Toolbox：分类学习器应用程序，用于使用监督式机器学习来训练模型和分类数据。

（5）Partial Differential Equation Toolbox：三维有限元分析，包括几何结构导入、网格划分、PDE 求解和查看结果。

2．Simulink 产品系列的新增功能

（1）Simulink：

- 用于调节、测试和可视化仿真的画布内刻度盘、标尺和范围；
- 使用即时（JIT）编译实现快速模型更新，适用于 MATLAB 函数块和 Stateflow 图；
- 针对 Apple iOS 设备的硬件支持包，用于创建运行 Simulink 模型和算法的应用程序；
- 通过 GitHub、电子邮件或以封装的自定义工具箱的形式共享项目。

（2）SimDriveline：用于 Gears 组件库中所有块的热变量。

3．信号处理和通信新功能

（1）Signal Processing Toolbox：非统一采样数据的信号分析、简化的界面和样例，以及增强的信号测量。

（2）Communications System Toolbox：基于 Zynq 的 SDR 的连接和目标定位，用于无线接收器的新同步方法，以及端对端 QAM 链路样例。

（3）DSP System Toolbox：低延时音频设备 I/O，多重速率和可调节滤波器类型，增强的流传输范围和 Embedded Coder 优化的算法库（用于 ARM Cortex）。

（4）Phased Array System Toolbox：简化了多雷达目标、阵列校准和高级驾驶辅助系统（ADAS）样例的建模和评估。

（5）LTE System Toolbox：LTE Release 11 版本中的协同多点（CoMP）仿真和 UMTS 波形生成。

（6）Antenna Toolbox：一款用于设计、分析和可视化天线元件和天线阵列的新产品。

4．代码生成新功能

（1）MATLAB Coder：改进的 MATLAB Coder 应用程序，具有集成的编辑器和简化的工作流程，以及用于逻辑索引的更高效的代码。

（2）HDL Coder：关键路径评估，无须运行合成。

（3）Vision HDL Toolbox：一款用于为 FPGA 和 ASIC 设计图像处理、视频和计算机视觉系统的新产品。

（4）Simulink Desktop Real-Time：包括 Real-Time Windows Target 功能，并增加了 Mac OS X 和 Thunderbolt 接口支持。

5．测试和验证新功能

（1）Simulink Test：一款用于创建测试用具、创作复杂的测试序列和管理基于仿真的测试新产品。

（2）Simulink Verification and Validation：用于 C 编码的 S 函数和 MATLAB 编码的系统对象的覆盖率统计。

（3）Simulink Design Verifier：用于简化和分割复杂模型的模型切片，能够方便调试和分析。

1.2　MATLAB R2015b 开发环境

MATLAB 的所有功能都被集成到它的开发环境中了。本节将简要介绍 MATLAB 的安装和集成开发环境中的各种窗口及其功能，并特别介绍搜索路径的设定问题。

1.2.1　MATLAB R2015b 的安装

MATLAB R2015b 的安装与激活主要有以下步骤。

（1）将 MATLAB R2015b 的安装盘放入 CD-ROM 驱动器，系统将自动运行程序，进入初始化界面。

（2）启动安装程序后显示 MathWorks 安装对话框，如图 1-1 所示。选择"使用文件安装密钥"单选按钮，再单击"下一步"按钮。

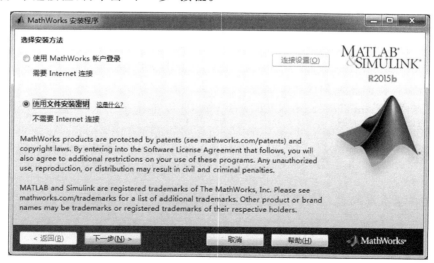

图 1-1　MathWorks 安装程序

（3）弹出如图 1-2 所示的"许可协议"对话框，如果同意 MathWorks 公司的安装许可协议，选择"是"单选按钮，单击"下一步"按钮。

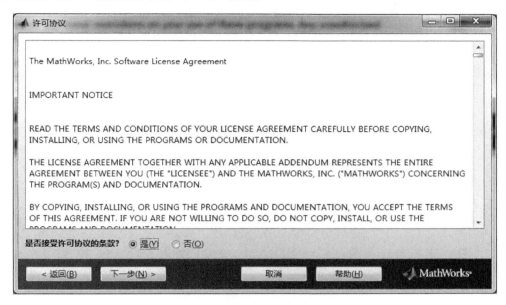

图 1-2　许可协议页面

（4）弹出如图 1-3 所示的"文件安装密钥"对话框，选择"我已有我的许可证的文件安装密钥"单选按钮，单击"下一步"按钮。

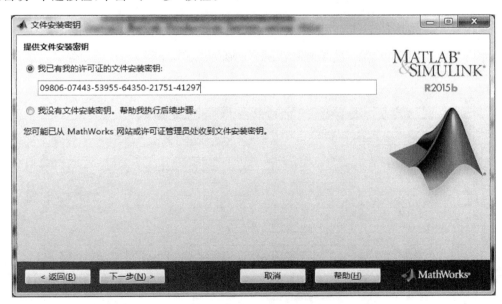

图 1-3　"文件安装密钥"页面

（5）如果输出正确的钥匙，系统将弹出如图 1-4 所示的"文件夹选择"对话框，可以将 MATLAB 安装在默认路径中，也可自定义路径。如果需要自定义路径，即选择"输入安装文件夹的完整路径"下面的文本框右侧的"浏览"按钮,即可选择所需要的路径实现安装,再单击"下一步"按钮。

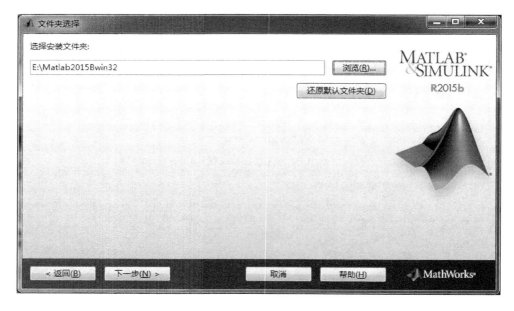

图 1-4 "文件夹选择"页面

（6）确定安装路径并单击"下一步"按钮,系统将弹出如图 1-5 所示的"产品选择"对话框,可以看到用户所默认安装的 MATLAB 组件、安装文件夹等相关信息。单击"下一步"按钮。

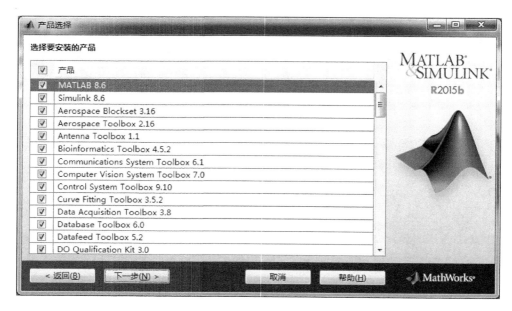

图 1-5 "产品选择"页面

（7）在完成对安装文件的选择后，即弹出如图 1-6 所示的"确认"对话框，在该界面中，即列出了前面所选择的内容，包括路径、安装文件的大小、安装的产品等，如果无误后，单击"安装"按钮进行安装。

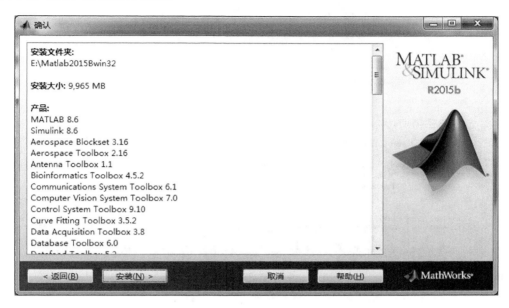

图 1-6　安装确认页面

（8）软件在安装过程中，将显示安装进度条如图 1-7 所示。用户需要等待产品组件安装完成。

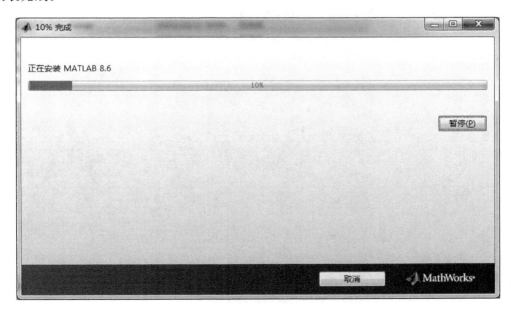

图 1-7　安装进度页面

（9）软件安装完成后，将进入产品配置说明页面，在该页面中说明了安装完成MATLAB后应要设置哪些配置软件才可正常运行，效果如图1-8所示。

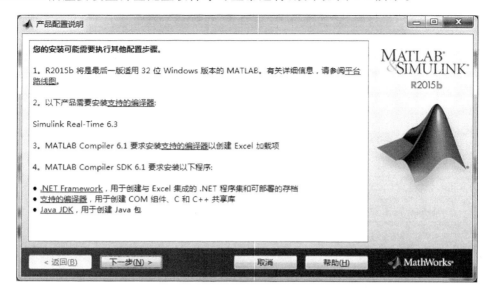

图1-8　产品配置说明页面

（10）单击图1-8中的"下一步"按钮，即可完成MATLAB R2015b的安装，效果如图1-9所示。

（11）单击图1-9中的"完成"按钮，完成安装。此外，在MATLAB R2015b的安装完毕完成后，它会自动关闭，如果要激活该软件，要返回安装目录路径下的\bin文件，双击MATLAB图标，即弹出软件的激活页面，效果如图1-10所示。

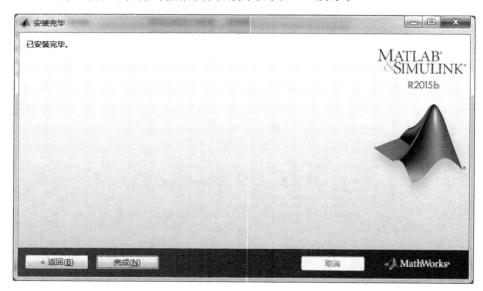

图1-9　"安装完毕"页面

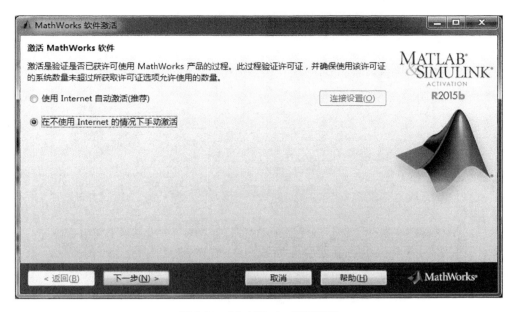

图 1-10　MathWorks 激活页面

　　（12）在弹出的"离线激活"对话框中，选择"输入许可文件的完整路径（包括文件名）"，即单击右侧的"浏览"按钮，找到许可文件的完整路径（lic_standalone.dat），如图 1-11 所示。单击"下一步"按钮。

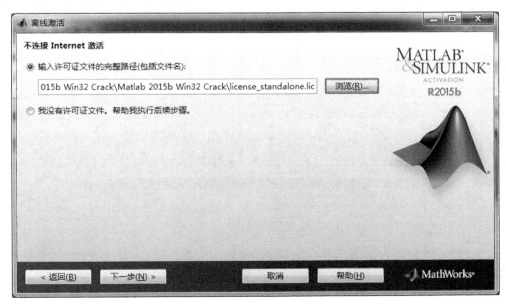

图 1-11　离线激活页面

　　（13）弹出如图 1-12 所示的"激活完成"对话框，并且单击右下角的"完成"按钮，即完成 MATLAB 2015a 的安装与激活。

　　至此，即可正常运行 MATLAB R2015b 软件了。

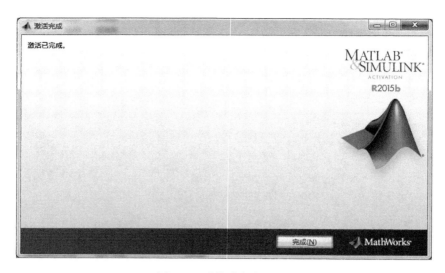

图 1-12 "激活完成"页面

1.2.2 MATLAB 的集成环境

1. MATLAB 的启动与退出

1) MATLAB 的启动

打开"开始"菜单,在"所有程序"子菜单中单击 MATLAB R2015b 即可以进入如图 1-13 所示的 MATLAB 主窗口。如果安装时在桌面生成快捷方式,也可以双击桌面上的快捷方式直接启动。

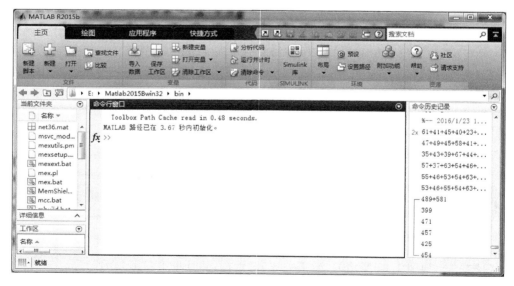

图 1-13 MATLAB 主窗口

在启动 MATLAB R2015b,并在命令编辑区显示帮助信息后,将显示提示符"≫",该提示符表示 MATLAB R2015b 已经准备就绪,正在等待用户输入命令,这时就可以在提示符"≫"后面输入命令,完成命令的输入后直接回车,MATLAB 就会解释所输入的命令,并在命令窗口中给出计算结果。如果在输入的命令后以分号结束,再回车,则 MATLAB R2015b 也会解释执行命令,但是计算结果不显示于命令窗口中。

2) MATLAB R2015b 的退出

退出 MATLAB R2015b 的方式有两种:使用鼠标单击命令窗口右上角的"关闭"按钮;在命令窗口中输入 exit 命令并回车。

2. MATLAB 工作环境

MATLAB 开发环境包括 MATLAB 主窗口、命令窗口(Command Window)、工作空间(Workspace)窗口、命令历史(Comand History)窗口和当前目录(Current Folder)窗口。

1) 命令窗口

命令窗口是 MATLAB 主界面上最明显的窗口,也是 MATLAB 中的最重要窗口,默认显示在用户界面的中间。用户在命令窗口中进行 MATLAB 的多种操作,如各种指令、函数和表达式等,此窗口是 MATLAB 中使用最为频繁的窗口,并且此窗口显示除图形外的一切运行结果。

MATLAB 的命令窗口不仅可以内嵌在 MATLAB 的工作界面,而且还可以以独立窗口的形式浮动在界面上。右击命令窗口右上角的 Command Windows 按钮,单击"取消停靠"选项,命令窗口就以浮动窗口的形式显示,效果如图 1-14 所示。

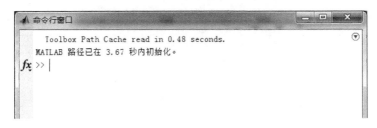

图 1-14　浮动命令窗口

用户在提示符后输入语句,使系统执行相应的操作。最常用的是输入变量、函数及表达式等,并按 Enter 键执行操作。

【例 1-1】　绘制欧拉公式 $e^{ix}=\cos(x)+i\sin(x)$ 的单向输入的图形。

其 MATLAB 代码编程如下:

```
>> clear all;    % 清除工作空间所有变量
>> x = 0:pi/100:2 * pi;
>> y = exp(i * x);
>> % 绘制单向曲线图
>> plot(y);
>> axis('square');
```

运行程序,效果如图 1-15 所示。

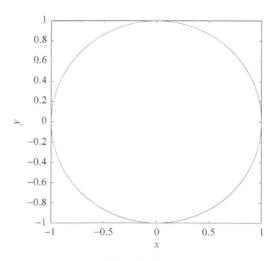

图 1-15　欧拉公式单向输入效果图

一般来说,一个命令行输入一条命令,命令行以回车结束。但一个命令行也可以输入若干条命令,各命令之间以逗号分隔,如果前一段命令后带有分号,则逗号可以省略。现整理 MATLAB 的常用命令如表 1-2 所示。

表 1-2　MATLAB 命令窗口中常用的命令及功能

命　令	功　能
cls	擦去一页命令窗口,光标回屏幕左上角
clear	清除工作空间中所有的变量
clear all	从工作空间清除所有变量和函数
clear 变量名	清除指定的变量
clf	清除图形窗口内容
delete<文件名>	从磁盘中删除指定的文件
help<命令名>	查询所列命令的帮助信息
which<文件名>	查找指定文件的路径
who	显示当前工作空间中所有变量的一个简单列表
whos	列出变量的大小、数据格式等详细信息
what	列出当前目录下的.m 文件和.mat 文件
load name	下载 name 文件中的所有变量到工作空间
load name x y	下载 name 文件中的变量 x,y 到工作空间
save name	保存工作空间变量到文件 name.mat 中
save name x y	保存工作空间变量 x,y 到文件 name.mat 中
pack	整理工作空间内存
size(变量名)	显示当前工作空间中变量的尺寸
length(变量名)	显示当前工作空间中变量的长度
↑或 Ctrl+P	调用上一行的命令
↓或 Ctrl+N	调用下一行的命令
←或 Ctrl+B	退后一格
→或 Ctrl+F	前移一格

续表

命　　　令	功　　　能
Ctrl＋←	向左移一个单词
Ctrl＋→	向右移一个单词
Home 或 Ctrl＋A	光标移到行首
End 或 Ctrl＋E	光标移到行尾
Esc 或 Ctrl＋U	清除一行
Del 或 Ctrl＋D	清除光标后字符
Backspace 或 Ctrl＋H	清除光标前字符
error	显示出错信息
disp	显示文本或阵列
copyfile	复制文件
delete	删除文件和图形对象

2）历史窗口

用户在命令窗口中运行的所有命令,都被默认保留在历史窗口中,并且表明指令运行的日期和时间。执行所需的代码,历史窗口如图 1-16 所示。用户可以对已执行代码进行操作,选择某条语句单击右键,在菜单项中选择需要的操作,如剪切、复制、粘贴和删除等操作。如果选择"执行所选内容"选项,即可重新运行语句中语句,也可以通过双击一条历史语句来重新执行该语句。

3）工作空间

工作空间是 MATLAB 用于存储各种变量和效果的内存空间。工作空间窗口是 MATLAB 集成环境的重要组成部分,它与

图 1-16　历史窗口

MATLAB 命令窗口一样,不仅可以内嵌在 MATLAB 的工作界面中,也可以以独立窗口的形式浮动在界面上。例 1-1 操作完成后,独立浮动的工作空间窗口如图 1-17 所示。

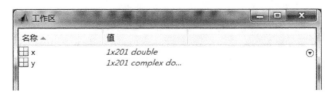

图 1-17　工作空间窗口

4）当前文件夹

当前文件夹是指 MATLAB 运行时的工作目录文件夹,只有在当前目录或搜索路径下的文件,函数才可以运行或调用。如果没有特殊指明,数据文件也将存放在当前文件夹下。为了便于管理文件和数据,用户可以将自己的工作目录设置成当前目录文件,从

而使得用户的操作都在当前文件夹中进行。

当前文件夹窗口也称为路径浏览器,其可以内嵌在 MATLAB 主窗口中,也可以浮动在主窗口上,浮动的当前文件夹窗口如图 1-18 所示。在当前文件夹窗口中可以显示或改变当前文件夹,还可以显示当前文件当前文件夹的搜索功能。通过文件夹下拉列表框可以选择已经访问过的文件。

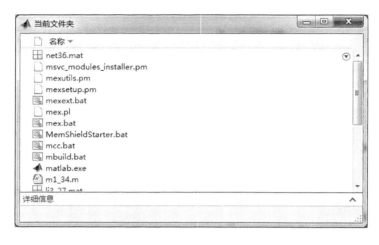

图 1-18　当前文件夹窗口

5)搜索路径

MATLAB 提供了专门的路径搜索器(Search Path)来搜索存储在内存中的 M 文件和其他相关的文件,MATLAB 软件自带的文件存放路径都被默认包含在搜索路径中,在 MATLAB 安装目录中的 toolbox 文件夹中包含了所有此类目录和文件,如图 1-19 所示。

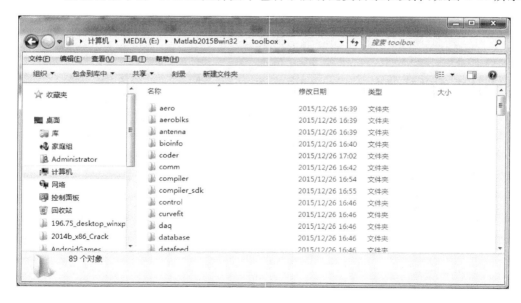

图 1-19　toolbox 文件夹

MATLAB 的路径步骤为：当用户在 MATLAB 提示符后输入一个字符串，如输入一个字符串 shifan 后，MATLAB 分步骤进行以下操作。

（1）检查 shifan 是不是 MATLAB 工作区中的变量名，如果不是，则进行下一步；

（2）检查 shifan 是不是一个内置函数，如果不是，则进行下一步；

（3）检查当前文件夹下是否存在一个名为 shifan.m 的文件，如果没有，则进行下一步；

（4）按顺序检查所有 MATLAB 搜索路径中是否存在 shifan.m 文件；

（5）如果仍然没有找到 shifan，MATLAB 便给出错误信息。

根据具体需求，用户常常要把若干目录和 MATLAB 系统进行数据交换，或是使存放工作数据的目录能够被 MATLAB 搜索到，则需要把这些目录添加进搜索目录。用户可以单击用户界面中的"设置路径"菜单，即可弹出"设置路径"对话框，如图 1-20 所示。

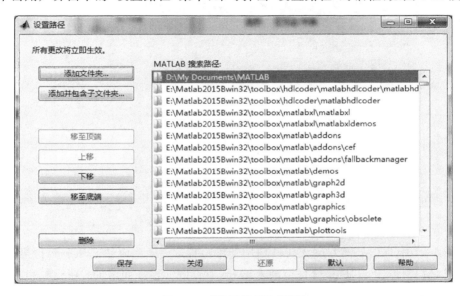

图 1-20 "设置路径"对话框

单击图 1-20 中的"默认"按钮，即可恢复 MATLAB 默认的搜索路径设置，从图 1-19 和图 1-20 可以看出，所有的搜索目录都存放在 toolbox 文件夹中。图 1-20 中各主要按钮的含义分别定义如下。

① 添加文件夹：表示添加新的路径；

② 添加并包含子文件夹：表示在搜索路径上添加子目录；

③ 移至顶端：表示将选中的目录移到搜索路径顶端；

④ 上移：将选中的目录在搜索路径中上移一位；

⑤ 下移：表示将选中的目录移到路径中的下一位；

⑥ 移至底端：表示将选中的目录移到所搜索路径底端；

⑦ 删除：表示将选中的目录移出搜索路径；

⑧ 默认：表示恢复到原始的 MATLAB 默认路径；

⑨ 还原：表示恢复到上次改变搜索路径前的设置。

6）M 文件编辑

有时候在 MATLAB 的命令窗口中编辑程序不太方便,因为每按下一次 Enter 键,系统会立刻执行输入命令,而用户习惯写完一段程序后再执行。

MATLAB 的命令文件和函数文件都是以.m 文件为扩展名的,称之为 M 文件。打开 M 文件编辑/调试指令窗口的方法有两种:在 Command Window 窗口中输入 edit 命令;在"主页"模块下选择"新建脚本"命令。

打开后的 M 文件编辑/调试器窗口如图 1-21 所示。

图 1-21　M 文件编辑窗口/调试器窗口

在图 1-21 中空白处的右侧大块区域用于编写程序:最左面的区域显示行号,每行都有数字,包括空行。行号是系统自行加入的,随着行数的增加而增加;在行号和程序窗口之间的区域上有一些小横线,这些横线只有在可执行时才会出现,在空行、注释行、函数定义行等前面没有横线。在进行程序调试时,可以直接在这些横线上单击,已设置或取消断点。

在这个窗口中可以编辑并保存所编写的程序。需要运行并仿真程序时,有 3 种方法。

（1）当要执行编写完的程序,可以把编辑好的程序粘贴到命令窗口中去执行,也可以直接单击窗口中的"运行并前进"工具按钮。

（2）当要执行没有编写完的部分程序,可以把要执行的部分程序粘贴到命令窗口中去执行,也可在该窗口中选择要执行的部分命令,然后直接单击窗口中的"运行节"工具按钮。

（3）在该窗口中选择需要运行的程序,单击鼠标左键选择"运行当前节"工具按钮。

3. 帮助窗口

用户如果需要帮助,可以借助 MATLAB 完善的联机帮助系统和命令窗口查询帮助系统。

联机演示系统提供给 MATLAB 初学者一个演示学习的平台，用户可以根据 Help 系统进行相关功能的查看与学习。命令窗口查询帮助系统可以在命令窗口中快速查询相关帮助。常用的帮助命令如表 1-3 所示。

表 1-3　常用的帮助命令

命　　令	功　　能
help	显示当前帮助系统中包含的所有项目
hlep＋函数名/类名	显示函数/类的相关信息
lookfor＋关键字	显示包含关键字的函数/类的所有项目
what	显示当前目录中 MATLAB 文件列表
who	显示工作区间中所有变量的列表
whos	显示工作区间中变量的详细信息

例如，用 help 查询函数，代码执行效果如下：

```
>> help plot
 plot    Linear plot.
    plot(X,Y) plots vector Y versus vector X. If X or Y is a matrix,
    then the vector is plotted versus the rows or columns of the matrix,
    whichever line up.    If X is a scalar and Y is a vector, disconnected
    line objects are created and plotted as discrete points vertically at
    X.
    plot(Y) plots the columns of Y versus their index.
    If Y is complex, plot(Y) is equivalent to plot(real(Y),imag(Y)).
    In all other uses of plot, the imaginary part is ignored.
    Various line types, plot symbols and colors may be obtained with
    plot(X,Y,S) where S is a character string made from one element
    from any or all the following 3 columns:
          b     blue         .     point            —     solid
          g     green        o     circle           :     dotted
          r     red          x     x-mark           -.    dashdot
          c     cyan         +     plus             --    dashed
          m     magenta      *     star            (none) no line
          y     yellow       s     square
          k     black        d     diamond
          w     white        v     triangle (down)
                             ^     triangle (up)
                             <     triangle (left)
                             >     triangle (right)
                             p     pentagram
                             h     hexagram
    For example, plot(X,Y,'c+:') plots a cyan dotted line with a plus
    at each data point; plot(X,Y,'bd') plots blue diamond at each data
    point but does not draw any line.
    plot(X1,Y1,S1,X2,Y2,S2,X3,Y3,S3,…) combines the plots defined by
    the (X,Y,S) triples, where the X's and Y's are vectors or matrices
    and the S's are strings.
```

For example, plot(X, Y, 'y- ', X, Y, 'go') plots the data twice, with a
solid yellow line interpolating green circles at the data points.
The plot command, if no color is specified, makes automatic use of
the colors specified by the axes ColorOrder property. By default,
plot cycles through the colors in the ColorOrder property. For
monochrome systems, plot cycles over the axes LineStyleOrder property.
Note that RGB colors in the ColorOrder property may differ from
similarly-named colors in the (X, Y, S) triples. For example, the
second axes ColorOrder property is medium green with RGB [0 .5 0],
while plot(X, Y, 'g') plots a green line with RGB [0 1 0].
   If you do not specify a marker type, plot uses no marker.
If you do not specify a line style, plot uses a solid line.
plot(AX, ⋯) plots into the axes with handle AX.
plot returns a column vector of handles to lineseries objects, one
handle per plotted line.
The X, Y pairs, or X, Y, S triples, can be followed by
parameter/value pairs to specify additional properties
of the lines. For example, plot(X, Y, 'LineWidth', 2, 'Color', [.6 0 0])
will create a plot with a dark red line width of 2 points.
Example
```
      x = -pi:pi/10:pi;
      y = tan(sin(x)) - sin(tan(x));
      plot(x, y, '-- rs', 'LineWidth', 2, ⋯
                        'MarkerEdgeColor', 'k', ⋯
                        'MarkerFaceColor', 'g', ⋯
                        'MarkerSize', 10)
```
See also plottools, semilogx, semilogy, loglog, plotyy, plot3, grid,
title, xlabel, ylabel, axis, axes, hold, legend, subplot, scatter.
Other functions named plot

用 lookfor 查询函数效果如下。

```
>> lookfor plot
xregmonitorplotproperties          -
etreeplot                          - Plot elimination tree.
gplot                              - Plot graph, as in "graph theory".
treeplot                           - Plot picture of tree.
cellplot                           - Display graphical depiction of cell array.
odeplot                            - Time series ODE output function.
commonplotfunc        - PLOTPICKERFUNC  Support function for Plot Picker component.
plotpickerfunc                     - Support function for Plot Picker component.
sharedplotfunc        - PLOTPICKERFUNC  Support function for Plot Picker component.
dokeypress                         - Handle key press functions for plot editor figures
...                                  ...
plotPortfDemoGroupModel            - Helper function for portfolio optimization demo
plotPortfDemoStandardModel         - Helper function for portfolio optimization demo
plotSulfurDioxide                  - Plot sulfur dioxide for air pollution example
plotSulfurDioxideUncertain         - Plot sulfur dioxide for air pollution example
plotdatapoints                     - Helper function for DATDEMO
updateSalesmanPlot                 - Plotting function for tsp_intlinprog example
```

单击 MATLAB 窗口上的 Help 快捷按钮，即可打开"帮助"窗口，如图 1-22 所示。

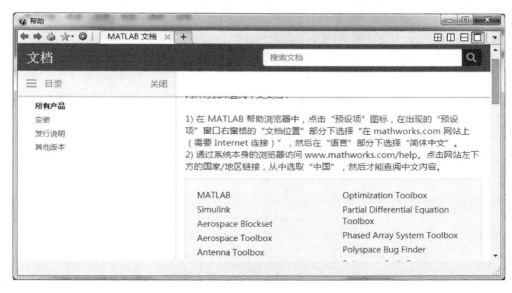

图 1-22　"帮助"窗口

如果需要查询某个函数，即可在右上角的"搜索文档"框中输入对应的函数名，单击搜索按钮即可查询，如图 1-23 所示。

图 1-23　查询 plot 函数

在命令窗口中输入 demo 或 demos，即可进入 MATLAB 帮助系统的主演示页面，如图 1-24 所示。

单击相应的实例资源即可进入具体的演示界面，如图 1-25 所示为选择 Graphics 实例资源的情况。

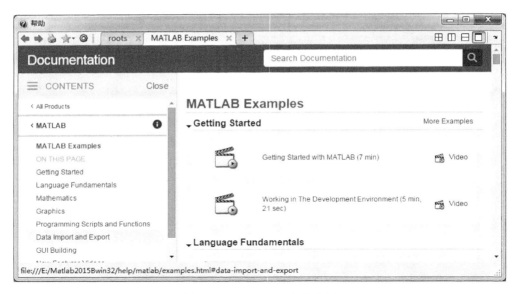

图 1-24　MATLAB 自带实例

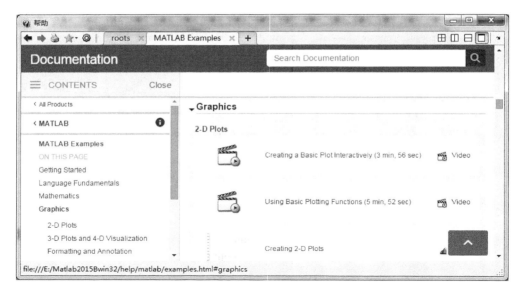

图 1-25　Graphics 实例

　　MATLAB 具有丰富的工具箱函数，能够满足用户各种需求，用户合理地使用 Help 工具，能够提高编程效率。

1.3　MATLAB 的语言基础

　　MATLAB 语言可读性强、形式自由。MATLAB 主要使用 C 语言编写完成，在语法上也与 C 语言比较相近，因此有一定编程基础的读者掌握起来会更加得心应手。

1.3.1　MATLAB 的数值

MATLAB 的数值采用十进制表示，可以带小数点及正负号，以下表示都正确：

```
2  -101  0.001  4.6e34  1.4e-4  1.567
```

科学技术计数法采用字符 e 或 E 表示 10 的幂，如 1e_5,6.789 12。

虚数单位采用 i 或 j 作为扩展名，如 i、1-3i、5e-j。

所有数值存储时都采用 IEEE 规定的浮点数标准的长格式(long format)形式，数值的相对精度为 eps(MATLAB 的一个预定义变量)，即大约保持有效数字 16 位，数值范围大约为 10e0308～10e＋308。

上面的记述都是正确的，但有时候会发现，输入同一个数值，在命令窗口显示数据的形式有差异，如 0.3 有时候显示为 0.2，有时候显示为 0.100，这是因为显示数据格式的不同。在 MATLAB 中，数据的显示格式用命令 format parameter 来规定，parameter 是可选的格式，在 MATLAB 中，有 long、short 等，默认的方式为 short，可以在命令窗口中输入 help format 进行查询得到。

1.3.2　MATLAB 的变量

变量，即为一个值(数值、字符串、数值)指定的名称。当一个值存在于内存时，不可能直接从内存中访问该值，只能通过其名称来访问该值。

变量，是要变化的，在程序运行中它的值可能会改变。

MATLAB 不需要事先声明变量，也不需要任何维数语句声明数组。当 MATLAB 遇到一个新变量名时，自动建立变量并分配适当的存储空间。

1. 变量命名

与其他计算机语言一样，MATLAB 也有变量命名规则。其变量命名规则如下。

(1) 变量名的第一个字符必须是英文字符，其后可以是任意字母、数字或下画线。

(2) 变量名区分字母大小写，如 A 与 a 分别代表两个不同的变量，这在 MATLAB 编程时要加以注意。

(3) 变量名最多不超过 63 个字符，第 63 个字符以后的字符将被 MATLAB 忽略。

(4) 标点符号在 MATLAB 中具有特殊的含义，所以变量名中不允许使用标点符号。

(5) 函数名必须用小写字母。

(6) 在 MATLAB 编程中使用的字符变量和字符串变量的值要用引号括起来，如"三角函数"。

需要注意的是，用户在对某个变量赋值时，如果该变量已经存在，系统会自动使用新值代替旧值。

【例 1-2】　变量的演示。

其 MATLAB 代码编程如下:

```
>> % d MATLAB 环境中说明变量 a 的变化
>> a = 5;
>> a = 9;
>> a
a =                              % 显示变量 a
     9
>> a = 'A'                       % 显示字符变量
a =
A
>> b = 'abcdfgd'                 % 显示字符串变量
b =
abcdfgd
```

2. 变量类型

变量又分为局部变量、全局变量和永久变量。

1) 局部变量

在函数中定义的变量。每个函数都有自己的局部变量(Local),只能被定义它的函数访问。当函数运行时,它的变量保存在自己的工作区中,一旦函数退出运行,内存中变量将不复存在。

局部变量不必特别定义,只要给了变量名,MATLAB 会自动建立。

脚本没有自己单独的工作区,只能共享脚本调用者的工作区。当从命令行调用脚本时,脚本的变量存在基本工作区中;当从函数调用脚本时,脚本的变量存在函数的工作区中。

2) 全局变量

几个函数共享的变量。每个使用它的函数都要用 global 语句声明它为全局变量(Global)。而每个共享它的函数都可以改变它的值,因此这些函数运行时要特别注意全局变量的动态。

如果函数的子函数也要使用全局变量,那么子函数也必须声明变量为全局的。MATLAB 的命令行要存取全局变量,则一定要在命令行中声明变量为全局的。

在函数最前面定义全局变量,全局变量定义先于其他变量的定义。

全局变量的名字最好全部用大写字符,并要具有描述性。这是为了增强代码的可读性,减少重复定义变量的机会。

3) 永久变量

永久变量(Persistent)类似于 Java 中的 Static 变量。只能在 M 文件函数中定义和使用,只允许定义它的函数存取。当定义它的函数退出时,MATLAB 不会从内存清除它,下次调用这个函数,将使用它被保留的当前值。只有清除函数时,才能从内存清除它们。

最好在函数开始处声明永久变量。定义永久变量,用 persistent 语句。例如,声明 SU_M 为永久变量:

```
persistent  SU_M
```

定义永久变量以后,MATLAB 把初始值设为空矩阵〔 〕。当然,也可以设置自己的初始值。

这里给出 MATLAB 常用的一些保留变量,如表 1-4 所示。

表 1-4　MATLAB 保留变量表

特殊变量	取　值	特殊变量	取　值
ans	MATLAB 中运行结果的默认变量名	i 或 j	复数中的虚数单位,$i=j=\sqrt{-1}$
pi	圆周率 π	nargin	函数输入变量数目
eps	计算机中的最小数	narout	函数输出变量数目
flops	浮点运算数	realmax	最大的可用正实数
inf	无穷大,如 1/0	realmin	最小的可用正实数
NaN	不定值,如 $0/0,\infty/\infty,0*\infty$		

【例 1-3】　运用以下命令,以便初步了解关于常数的预定义变量,为了方便观察,将各命令结果放入指令中。

各命令 MATLAB 代码如下:

```
>> clear all;
>> format short e            % 以"五位科学计数法"表示
>> RMAD = realmax('double')  % 双精度类型(默认)时最大实数
RMAD =
   1.7977e + 308
>> RMAs = realmax('single')  % 单精度类型时最大实数
RMAs =
   3.4028e + 38
>> IMA64 = intmax('int64')   % int64 整数类型时最大正整数
IMA64 =
   9223372036854775807
>> IMA32 = intmax            % int32(默认)整数类型时最大正整数
IMA32 =
   2147483647
>> IMA32 = intmax('int16')   % int16 整数类型时最大正整数
IMA32 =
   32767
>> format long e             % 以"十五位科学记数法"表示
>> e1 = eps                  % 双精度类型时的相对精度
e1 =
     2.220446049250313e - 16
>> e2 = eps(2)               % 表达 2 时的绝对精度
e2 =
     4.440892098500626e - 16
>> pi                        % 圆周率 π
ans =
     3.141592653589793e + 00
```

假如用户对任何一个预定义变量进行赋值,则该变量的默认值将被用户新赋的值

"临时"覆盖。所谓"临时"是指：假如使用 clear 指令清除 MATLAB 内存中的变量，或 MATLAB 命令窗口被关闭后重新启动，那么所有预定义变量将被重置为默认值。

MATLAB 中常用的标点符号的作用如表 1-5 所示，并且这些标点符号在 MATLAB 的英文状态下才可使用。

表 1-5 MATLAB 常用标点符号的作用

名　称	标　点	作　用
空格		(为机器辨认)用作输入量与输入量之间的分隔符、数组元素分隔符
逗号	,	要显示结果的指令与其后指令之间的分隔符、数组元素分隔符
黑点	.	数值表示中的小数点；运算符号前，构成"数组"运算符
分号	;	指令的"结尾"，抑制计算结果的显示；数组的行间分隔符
冒号	:	生成一维数值数组，用作下标援引
注释号	%	其后的所有物理行部分被看作非执行的注释
单引号对	' '	字符串记述符
圆括号	( )	改变运算次序，数组援引，函数指令输入量列表
方括号	[ ]	输入数组，函数指令输出量列表
花括号	{ }	元胞数组记述符，图形中被控特殊字符括号
赋值号	=	把右边的计算值赋给左边的变量
下画线	_	(为使人易读)一个变量、函数或文件名中的连字符
续行号	…	由 3 个以上连续黑点构成一个较长的完整指令
"At"号	@	放在函数名前，形成函数句柄；放在目录名前，形成用户对象类目录
感叹号	!	把其后的内容发送给 DOS 操作系统

1.3.3 MATLAB 数组

数值计算以矩阵为基础是 MATLAB 最大的特点和优势。一般来说，所有的数据都是矩阵或数组，标量可视为 1×1 矩阵，向量可视为 $1 \times N$ 或 $N \times 1$ 矩阵。二维数组称为矩阵，二维以上称为多维数组，有时矩阵也可以指多维数组。在 MATLAB 中可以通过赋值直接创建矩阵。

其 MATLAB 代码编程如下：

```
>> A = 1:6                 %行向量
A =
     1     2     3     4     5     6
>> B = [1 4 7;2 5 8;3 6 9]     %3×3 矩阵
B =
     1     4     7
     2     5     8
     3     6     9
>> C = B(:,2)              %取 B 的第 2 列
C =
     4
     5
     6
```

```
>> S = input('请输入一行字符串：','s');
```

请输入一行字符串"MATLAB MathWorks"：

```
>> S
S =
MATLAB MathWorks
```

在此用到了方括号和冒号操作符。也可以用预定义函数创建矩阵，input 就是一个预定义函数。MATLAB 中用于创建数组或矩阵的部分函数如表 1-6 所示。

表 1-6　创建数组或矩阵的函数

函 数 名	描 述
zeros(m,n)	创建 m 行 n 列零矩阵
ones(m,n)	创建 m 行 n 列全 1 矩阵
eye(m,n)	创建 m 行 n 列单位矩阵
rand(m,n)	创建 m 行 n 列服从 0～1 均匀分布的随机矩阵
randn(m,n)	创建 m 行 n 列服从标准正态分布的随机矩阵
magic(n)	创建 n 阶魔方矩阵
linspace(x1,x2,n)	创建线性等分向量
logspace(x1,x2,n)	创建对数等分向量
diag	创建对角矩阵

MATLAB 中矩阵或数组元素的访问有三种方法。

(1) 全下标方式，全下标方式使用形如 a(m,n,p,…)的方式访问数组元素，m、n、p 是元素在各个维度上的索引值。

(2) 单下标方式，单下标是以列优先的方式将矩阵的全部元素重新排列为一个列向量，再指定元素的索引，形如 a(index)。

(3) 逻辑 1 方式，逻辑 1 方式是建立一个与矩阵同型的逻辑型数组，抽取该数组等于 1 的位置对应的元素。

其 MATLAB 代码如下：

```
>> rand('seed',2)
>> a = rand(2,2)              %2×2 矩阵
a =
    0.0258    0.7008
    0.9210    0.1901
>> a(2,1)                     %全下标方式
ans =
    0.9210
>> a(2)                       %单下标方式
ans =
    0.9210
>> b = a > 0.75
b =
    0    0
    1    0
```

```
>> a(b)                          %逻辑1方式
ans =
     0.9210
```

矩阵的操作中,还可能用到":"操作符、end 函数和空矩阵[]。其中,冒号操作符表示抽取一整行或一整列,end 函数表示下标的最大值,即最后一行或最后一列,空矩阵可以充当右值,用于删除矩阵或矩阵的一部分。右值就是赋值表达式中位于等号右边,赋值给其他变量或表达式的值。

其 MATLAB 代码如下:

```
>> rand('seed',2)
>> a = rand(3,4)                 %3×4 矩阵
a =
     0.0258    0.1901    0.2319    0.0673
     0.9210    0.8673    0.1562    0.3843
     0.7008    0.4185    0.7385    0.9427
>> a(2,:)                        %矩阵的第 2 行
ans =
     0.9210    0.8673    0.1562    0.3843
>> a(2,2:end)                    %矩阵的第 2 行中从第 2 个元素到最后一个元素
ans =
     0.8673    0.1562    0.3843
>> a(3,:) = [ ]                  %删除矩阵的第 3 行
a =
     0.0258    0.1901    0.2319    0.0673
     0.9210    0.8673    0.1562    0.3843
```

1.3.4　基本数值类型

整型从字节数、有符号还是无符号两个方面可以分为 int8、uint8、int16、uint16、int32、uint32、int64 和 uint64 等几种细分的类型。首字母为 u 表示无符号,末尾的数字表示所占的比特数。因此 MATLAB 能提供 1～4 字节宽度的有符号或无符号整数。如 int8 表示一个字节长度的有符号整数,uint8 表示一个字节的无符号整数,常在图像处理中表示一个像素的颜色或亮度值。整型数之间的运算是封闭的,整型数相除,结果四舍五入为新的整型数。不同细分类型的整型数之间不能直接运算。例如:

```
>> a = uint8(10)                 %a 为无符号一个字节整数
a =
     10
>> b = int16(8)                  %b 为有符号两个字节整数
b =
      8
>> a/b                           %无法直接运算
错误使用  /
```

整数只能与相同类的整数或标量双精度值组合使用。

```
>> b = uint8(9)                  %b 改为无符号一个字节整数
```

```
b =
    9
>> a/b                        % 此时可以运算,除法运算只保留整数部分
ans =
    1
```

浮点数包括单精度浮点数(single)和双精度浮点数(double)。realmax('double')和realmax('single')分别返回两者能表示的最大值。

```
>> a = realmax('double'),     % 双精度浮点数的最大值
a =
  1.7977e + 308
>> b = realmax('single')      % 单精度浮点数的最大值
b =
  3.4028e + 38
>> a = realmin('double')      % 双精度浮点数的最小值
a =
  2.2251e - 308
>> b = realmin('single')      % 单精度浮点数的最小值
b =
  1.1755e - 38
>> class(pi)                  % 常数数字的默认数据类型为 double 型
ans =
double
>> class(2)
ans =
double
```

class 函数返回输入参数的数据类型,可以看出,没有预先声明的变量类型默认为 double 型。

1.3.5　字符类型

字符在 MATLAB 中用一对单引号分隔,字符串存储为字符数组。如 s = "MATLAB MathWorks",s 即为 1 行 13 列的字符向量。多个字符串可以形成矩阵,但每个字符串长度必须相等,在命令窗口输入 a=['MATLAB';'Java'],由于第一行与第二行长度不相等,系统将会报错。解决方法是人为加入空格,使矩阵的各行对齐,即 a=['MATLAB';'Java   '],也可以使用 char 函数;a=char('MATLAB','Java')。这两种形式是等效的。

字符串操作在任何一种语言中都非常重要。常用的字符串函数如表 1-7 所示。

表 1-7　字符串常用函数

字符串函数	描　　述
blanks(n)	返回 n 个空字符
deblank(s)	移除字符串尾部包含的空字符
strfind(s1,s2)	在 s1 中寻找 s2,返回 s2 第一个字符所在的位置索引
ischar(s)	判断是否为字符串

字符串函数	描　述
isletter	判断是否为字母
lower(s)	字母转换为小写
upper(s)	字母转换为大写
strcat(s1,s2,…,sn)	连接各字符串
strcmp(s1,s2)	按字典顺序比较两个字符串
strncmp(s1,s2,n)	比较字符串中的前 n 个字符
strrep(s1,s2,s3)	s1 中的 s2 部分用 s3 替换

逻辑型(logical)变量只能取 true(1)或 false(0),在访问矩阵元素时可以使用逻辑型变量,取出符合某种条件的元素。

```
>> ele = 1:9                      %定义一个向量
ele =
     1     2     3     4     5     6     7     8     9
>> l = ele > 4                    %向量中大于 5 的元素位置
l =
     0     0     0     0     1     1     1     1     1
>> ele(l)                         %取出大于 5 的元素
ans =
     5     6     7     8     9
```

1.3.6　函数句柄

函数句柄可以方便函数名称的管理,也可以加快程序运行的速度。使用函数句柄可以提高运行速度的原因是,将一个函数名称赋值给某函数句柄,则使用该函数句柄时,关于该函数的信息已经载入到工作空间中了,系统不需要在每次调用时重新搜索一遍路径,而是在函数句柄包含的信息中直接可以找到函数的路径,因此,对于一个经常使用的函数,函数句柄可以提高程序的运行速度。另外,也正因为函数句柄包含了路径信息,因此在系统切换工作路径时,不需要将函数文件复制过来就可以使用该函数。

函数句柄中包含函数的路径、函数名、类型及可能存在的重载方法等信息,可以用function(function_handle)来显示函数句柄所包含的函数信息。

句柄的声明可用如下方法。

(1) 直接使用@符号声明函数句柄,形式为:变量名＝@函数名。

(2) 用 str2func 函数,形式为:变量名＝str2func('函数名')。

(3) 声明匿名函数句柄,形式为:变量名＝@(输入参数列表)函数表达式。

此处的函数可以是预定义函数,也可以是用户自定义的函数。声明函数句柄以后,就可以像使用函数名一样使用该函数句柄了。如声明 h＝@cos,就可以使用 h(pi)代替cos(pi)。

其 MATLAB 代码如下:

```
>> x = [1 5 8 9]                  %向量 x
```

```
x =
      1     5     8     9
>> h = @sum                        % 直接声明 h 为 sum 函数的句柄
h =
     @sum
>> hb = str2func('sum')            % 用 str2func 声明 hb 为 sum 函数的句柄
hb =
     @sum
>> functions(h)                    % 函数句柄 h 包含的信息
ans =
     function: 'sum'
         type: 'simple'
         file: ''
>> functions(hb)                   % 函数句柄 hb 包含的信息
ans =
     function: 'sum'
         type: 'simple'
         file: ''
>> sum(x)                          % 使用 sum 求和
ans =
     23
>> h(x)                            % 使用 h 代替 sum
ans =
     23
>> feval('sum',x)                  % 不使用函数句柄,使用 feval 函数求和
ans =
     23
```

函数句柄中的函数可以是自定义函数。定义一个名为 func 的函数,声明其句柄如下:

```
>> hc = @func
hc =
     @func
>> functions(hc)                   % 句柄包含信息
ans =
     function: 'func'
         type: 'simple'
         file: 'D:\\My Documents\\MATLAB\\func.m'
```

匿名函数的例子如下:

```
>> hd = @(x,y)x^(-3) + y^(-3) - 1;     % 定义匿名函数句柄
>> functions(hd)                       % 函数句柄包含的信息
ans =
                function: '@(x,y)x^(-3) + y^(-3) - 1'
                    type: 'anonymous'
                    file: ''
               workspace: {[1x1 struct]}
       within_file_path: '__base_function'
```

Java 对象用于在 MATLAB 中使用 Java 语言。Java 是一种可开发跨平台应用软件

的面向对象的程序设计语言。从 MATLAB 5.3 起,Java 虚拟机就被包含进来了。可在命令窗口中查看当前的Java 虚拟机(JVM)版本:

```
>> version - java
ans =
Java 1.7.0_60 - b19 with Oracle Corporation Java HotSpot(TM) Client VM mixed mode
```

1.3.7　结构体和元胞数组

普通的矩阵只能包含同一种数据类型的数据,且矩阵的行、列必须对齐。结构体包含若干字段,字段的值可以是任意数据类型和任意维数的变量,也可以是另一个结构数组。元胞数组的元素也可以是任意数据类型、任意维度的数据。与矩阵不同,元胞数组引用元素时使用"{}"操作符,此时得到的数据的类型是元素本身的类型,而使用"[]"操作符引用元素时,得到的是一个小一些的元胞数组。元胞数组的内存空间是动态分配的,因此更加灵活,但运行效率欠佳。

元胞数组可以直接创建,也可以使用 cell 函数创建。结构类型数据的创建也有两种方法,一种是直接创建,另一种是利用 struct 函数创建。

【例 1-4】　利用不同方式创建元胞数组。

其 MATLAB 代码编程如下:

```
%利用单元索引创建一个 2×2 的元胞数组
>> A(1,1) = {[1 4 3; 0 5 8; 7 2 9]};
A(1,2) = {'Anne Smith'};
A(2,1) = {3 + 7i};
A(2,2) = { - pi:pi/4:pi};
A                                        %显示所创建的元胞数组
A =
            [3x3 double]    'Anne Smith'    []
    [3.0000 + 7.0000i]    [1x9 double]    []
                     []            []    [5]
%利用内容索引创建元胞数组
>> A(1,1) = {[1 4 3; 0 5 8; 7 2 9]};
A(1,2) = {'Anne Smith'};
A{1,1} = [1 4 3; 0 5 8; 7 2 9];
A{1,2} = 'Anne Smith';
A                                        %显示元胞数组
A =
            [3x3 double]    'Anne Smith'    []
    [3.0000 + 7.0000i]    [1x9 double]    []
                     []            []    [5]
%利用 cell 函数创建元胞数组
>> strArray = java_array('java.lang.String', 3);
strArray(1) = java.lang.String('one');
strArray(2) = java.lang.String('two');
strArray(3) = java.lang.String('three');
cellArray = cell(strArray)
```

```
cellArray =
    'one'
    'two'
    'three'
```

【例 1-5】 利用不同方式创建结构数组。

其 MATLAB 代码编程如下：

```
% 通过字段赋值创建结构体
>> patient.name = 'John Doe';
patient.billing = 127.00;
patient.test = [79 75 73; 180 178 177.5; 220 210 205];
patient                              % 显示结构体数据
patient =
        name: 'John Doe'
     billing: 127
        test: [3x3 double]
% 通过圆括号索引指派,用字段赋值的方法创建结构体数组
>> patient(1).name = 'John Doe';
>> patient(1).billing = 127.00;
>> patient(1).test = [79 75 73; 180 178 177.5; 220 210 205];
>> patient(2).name = 'Ann Lane';
>> patient(2).billing = 29.3;
>> patient(2).test = [67 89 71;111 118 120;176 167 190];
>> patient
patient =
1x2 struct array with fields:
    name
    billing
    test
>> patient(3).name = 'Alan Johnson'
patient =
1x3 struct array with fields:
    name
    billing
    test
>> patient(3).billing
ans =
     []
>> patient(3).test
ans =
     []
% 通过 struct 数组创建结构数组
>> field1 = 'f1';   value1 = zeros(1,10);
field2 = 'f2';   value2 = {'a', 'b'};
field3 = 'f3';   value3 = {pi, pi.^2};
field4 = 'f4';   value4 = {'fourth'};
s = struct(field1,value1,field2,value2,field3,value3,field4,value4)
s =
1x2 struct array with fields:
    f1
```

```
            f2
            f3
            f4
>> s(1)
ans =
            f1:[0 0 0 0 0 0 0 0 0 0]
            f2:'a'
            f3:3.1416
            f4:'fourth'
```

  字段完全相同的结构体常常放在一起构成数组,成为结构数组。此时,可以用"[ ]"抽取不同结构体的同一字段值,构成单独的数值数组。

  与结构数组相关的函数如表 1-8 所示。与元胞数组相关的函数如表 1-9 所示。

表 1-8 结构数组相关函数

函 数 名	描 述
struct(field1,value1,field2,value2,…)	创建结构或将其他数据类型转换为结构
fieldnames(s)	获得结构数组 s 的字段名
getfield(a,fieldname)	相当于 ans=a.fieldname
setfield(a,fieldname,v)	相当于 a.fieldname=v
rmfield(a,fieldname)	删除 a 中由 fieldname 指定的字段
isfield(a,fieldname)	判断 fieldname 是否为 a 的字段
isstruct(a)	判断 a 是否为结构数组,返回 0 或 1
orderfields	按字典顺序排列字段
structfun	对一个标量结构体,对其中的每一个字段应用某函数

表 1-9 元胞数组相关函数

函 数 名	描 述
cell(m,n,p)	创建 m×n×p 的空元胞数组
iscell(c)	判断 c 是否为元胞数组
celldisp(c)	显示元胞数组 c 所有元素的内容
cellplot(c)	用图形方式显示元胞数组 c 的内容
cell2mat(c)	将元胞数组转换为普通数组
cell2struct(c,field,dim)	元胞数组 c 沿着 dim 维度转换为结构数组
cellfun(func,c)	对元胞数组 c 中的每一个元素执行函数 func
cellfun	对元胞数组中的每一个元素应用某函数

  此处的 structfun、cellfun 和普通数组处理有关的函数 arrayfun,可以对数组或结构体中的元素单独处理,常用来代替循环。循环一般比较耗时,因此熟练掌握这几个函数的用法是提高程序效率的方法之一。

1.3.8 运算符

  MATLAB 语言的运算符主要有算术运算符、关系运算符、逻辑运算符及其他运算符。

1. 算术运算符

算术运算符可分为矩阵运算符和数组运算符两大类。矩阵运算是按线性代数的规则进行计算,而数组运算是在矩阵或数组中的对应元素之间进行运算。表 1-10 所示列出了矩阵运算和数组运算的运算符。

表 1-10　矩阵运算符和数组运算符

运算符	运算符类型	描　　述	运算符	运算符类型	描　　述
＋,－	矩阵运算	矩阵加减运算	＋,－	数组运算	数组元素的加减运算
*	矩阵运算	矩阵相乘	.*	数组运算	矩阵或数组中对应元素相乘
/	矩阵运算	矩阵相除	./	数组运算	矩阵或数组中对应元素相除
\	矩阵运算	矩阵左除,左边为除数	.\	数组运算	矩阵或数组中对应元素左除
^	矩阵运算	矩阵的乘方	.^	数组运算	矩阵或数组中的每一元素的乘方
,	矩阵运算	取共轭转置	.'	数组运算	取转置

进行矩阵运算时应注意矩阵大小必须符合特定要求。如矩阵加减中,矩阵大小必须相同,$A*B$ 中,矩阵 A 的列数必须等于矩阵 B 的行数。标量与矩阵进行的运算,是标量与矩阵中每个元素进行的数组运算。转置与共轭转置运算的区别是,共轭转置会在对矩阵取转置的同时取每一个元素的共轭。

【例 1-6】　矩阵与数组的算术运算符。

其 MATLAB 代码如下:

```
>> clear all;
>> a = [1 2 3;5 9 7]'        %a 为 3×2 矩阵
a =
     1     5
     2     9
     3     7
>> b = [1;3]                 %b 为 2×1 矩阵
b =
     1
     3
>> a * b                     %矩阵相乘,得 3×1 矩阵
ans =
    16
    29
    24
>> A = [3,2;1,5]             %线性方程组 3×x1 + 2×x2 = 1,x1 + 5x2 = 2,即 Ax = B
A =
     3     2
     1     5
>> B = [1 2]'
B =
     1
```

```
        2
>> x = A\\B                          %利用矩阵左除求解线性方程组
x =
    0.0769
    0.3846
>> A = 4;B = 2;C = 6;                %C = (A÷B)
>> D = A/B\C
D =
    3
>> E = A\C/B                         %(C÷A)÷B
E =
    0.7500
```

如上所示,矩阵左除可以用来求解线性方程组:$A\backslash B$ 相当于 $A^{-1}B$;数组左除是通常的除法运算,但操作数含义与右除相反;$A\backslash B$ 表示 $B÷A$。

【例 1-7】 实现复数矩阵的转置与共轭转置。

其 MATLAB 代码如下:

```
>> clear all;
>> A = [1 + i,2 - 4i;6 + 2i,i]       %A 是复数矩阵
A =
    1.0000 + 1.0000i   2.0000 - 4.0000i
    6.0000 + 2.0000i   0.0000 + 1.0000i
>> A'                                %A'的共轭转置
ans =
    1.0000 - 1.0000i   6.0000 - 2.0000i
    2.0000 + 4.0000i   0.0000 - 1.0000i
>> A.'                               %A 的转置
ans =
    1.0000 + 1.0000i   6.0000 + 2.0000i
    2.0000 - 4.0000i   0.0000 + 1.0000i
```

对于一个实数,其共轭等于它本身;对于一个复数,取共轭时实部不变,虚部等于原来的相反数。

2. 关 系 运 算 符

关系运算是同型数组对应元素之间进行的运算,运算结果是一个同型的逻辑数组。关系运算符如表 1-11 所示。

表 1-11　关系运算符

关系操作符	说　明	关系操作符	说　明
$<$	小于	$>=$	大于或等于
$<=$	小于或等于	$==$	等于
$>$	大于	$\sim=$	不等于

关系运算符的含义非常容易理解,常用于选择结构(如 if-end 语句)和 while 循环的判断中,"$==$"和"$\sim=$"运算符需要同时比较得数的实部与虚部,其他关系运算符均忽

略虚部。

3. 逻辑运算符

MATLAB 的逻辑运算符可分为一般逻辑运算符和先决逻辑运算符,如表 1-12 所示。

表 1-12　逻辑运算符

逻辑运算符	说　　明	逻辑运算符	说　　明
&	逻辑与	xor	逻辑异或
|	逻辑或	&&	先决与
～	逻辑非	||	先决或

逻辑运算是一种二值运算,所有非零值被当作 true(1),零值被当作 false(0)。表格中,"&&"与"||"是先决逻辑运算符,与普通逻辑运算符的区别如下。

(1) 一般逻辑运算符可以对标量或数组进行运算,先决逻辑运算符则只能对标量进行计算。

(2) 如果计算了一部分参与运算的表达式,就可以确定整个表达式的值,先决运算符就不会接下去计算其他剩下的运算表达式,这种方式提高了执行效率,也可以避免一些错误。如在逻辑与运算中,如果用于符号连接的各个表达式中,有一个为 false,那么剩下的表达式就不必计算了,整个表达式的值必为 false。

```
>> a = 4;
>> b = 1
b =
    1
>> a&b                    % 与运算
ans =
    1
>> c = 0;
>> x = (c&&(b/c > 2))     % 先决与。由于 c = 0,因此不计算(b/c > 2),直接返回 0
x =
    0
```

另外,由于浮点数存在误差,"=="与"～="的使用常常会出现意想不到的结果,这种错误通常称为 round off 错误。此时可以设定一定的精确度范围,忽略小于精确度值的误差。对浮点数作关系运算要有精度的概念。

```
>> 0 == cos(pi)          % 返回 0,表示系统认为 cos(pi)不等于 0
ans =
    0
>> cos(pi)               % cos(pi)的值确实不等于零
ans =
    -1
>> (cos(pi) - 0) < 1e - 15    % 设定精度为 1e - 15,误差小于精确度,认为两者相等
ans =
    1
```

1.4　MATLAB 流程控制

结构化程序设计包括三种结构：顺序结构、选择结体、循环结体。与 C 语言类似，MATLAB 也采用 if、else、switch、for 等关键字来实现选择结构和循环结构。不同的是，C 语言用一对大括号来标记一个语句块，而 MATLAB 则使用 end 关键字来标记语句块的结束。

1.4.1　选择结构

MATLAB 的选择结构有 if 语句和 switch 语句两种实现形式。if 语句最为常用，switch 语句则适用于选择分支比较整齐、分支较多、没有优先关系的场合。

1. if 选择

对 if 语句来说，只有一种选择是其中最简单的一种，其格式如下：

（1）如果判决条件 expression 为真，则执行命令组，否则跳过该命令组。语法格式为

```
if expression
    commands
end
```

注意：如果判决条件 expression 为一个空数组，则在 MATLAB 中默认该条件为假。

（2）如果可供选择的执行命令组有两组，则采用如下结构。

```
if expression        % 判决条件
    commands1         % 判决条件为真，执行命令组 1，并结束此结构
else
    commands2         % 判决条件为真，执行命令组 2，并结束此结构
end
```

（3）如果可供选择的执行命令组有 $n(n>2)$ 组，则采用的结体如下。

```
if expression1       % 判决条件
    commands1         % 判决条件 expression1 为真，执行 commands1，并结束此结构
elseif expression2
    commands2         % 判决条件 expression1 为假，expression2 为真，执行 command2，并结束此结构
…
else
    commandsn         % 前面所有判决条件均为假，执行 commandsn，并结束此结构
end
```

说明：判决条件有时是由多个逻辑子条件组合而成的，MATLAB 将尽可能地减少检测这些子条件的次数。例如，判决条件为子条件 1& 子条件 2，如果 MATLAB 检测到子条件 1 为假时，则认为判决条件为假，而不再检测子条件 2 的真值。

【例 1-8】 计算以下分段函数的值：

$$y = \begin{cases} \dfrac{\sin x}{x}, & x \neq 0 \\ 1 & x = 0 \end{cases}$$

其 MATLAB 代码编程如下：

```
>> clear all;
fprintf('n = % d',n)
n = 24 >> n = 24;fprintf('n = % f',n)
n = 24.000000 >> clear all;
x = input('请输入 x = ');
if x~ = 0
    y = sin(x)/x;
else
    y = 1;
end
y
```

在 MATLAB 命令窗口，输入 $x = 3.5$ 回车，其输出如下：

```
请输入 x = 3.5
y =
    - 0.1002
```

2. switch 选择

switch 语句执行基于变量或表达式值的语句组，关键字 case 和 otherwise 用于描述语句组。只执行第一个匹配的情形。用到 switch 则必须用 end 与之搭配。swtich-case 的语法格式如下。

```
switch switch_expression    % switch_expression 为需要进行判决的标量或字符串
    case case_expression1
        statements1    % 如果 switch_expression1 等于 case_expression1,执行 statements1,并结
束此结构
    case case_expression2
        statements2    % 如果 switch_expression 等于 case_expression2,执行 statements2,并结
束此结构
        …
    otherwise
        statementsn    % 如果 switch_expression 不等于前面所有值,执行 statementsn,并结束此
结构
end
```

说明

(1) swtich-case 结构的语法格式保证了至少有一组指令组将会被执行。

(2) switch 指令之后的表达式 switch_expression 应为一个标量或一个字符串。当表达式为标量时，比较命令为表达式 = = 检测值 i；而当表达式为字符串时，MATLAB 将会调用字符串函数 strcmp 来进行比较，strcmp(表达式,检测值 i)。

（3）case 指令之后的检测值不仅可以是一个标量或一个字符串,还可以是一个单元数组。如果检测时是一个单元数组,则 MATLAB 将会把表达式的值与单元数组中的所有元素进行比较。如果单元数组中有某个元素与表达式的值相等,MATLAB 则认为此次比较的结果为真,从而执行与该次检测相对应的命令组。

【例 1-9】 在做空间运动分析时经常要用到坐标转换矩阵。在一个坐标系中矢量 $\boldsymbol{r}$,在旋转后的新坐标系以 $\boldsymbol{r'}$ 表示,如果平面 y-z、z-x 和 x-z 分别绕 x、y 和 z 轴转动角度 θ 的话,则有

$$\begin{cases} \boldsymbol{r'} = \boldsymbol{R}_x(\theta)\boldsymbol{r} \\ \boldsymbol{r'} = \boldsymbol{R}_y(\theta)\boldsymbol{r} \\ \boldsymbol{r'} = \boldsymbol{R}_z(\theta)\boldsymbol{r} \end{cases}$$

其中,

$$\boldsymbol{R}_x(\theta) = \begin{bmatrix} 1 & 0 & 0 \\ 0 & \cos\theta & \sin\theta \\ 0 & -\sin\theta & \cos\theta \end{bmatrix}$$

$$\boldsymbol{R}_y(\theta) = \begin{bmatrix} \cos\theta & 0 & -\sin\theta \\ 0 & 1 & 0 \\ \sin\theta & 0 & \cos\theta \end{bmatrix}$$

$$\boldsymbol{R}_z(\theta) = \begin{bmatrix} \cos\theta & \sin\theta & 0 \\ \sin\theta & \cos\theta & 0 \\ 0 & 0 & 1 \end{bmatrix}$$

$\boldsymbol{R}(\theta)$ 即旋转矩阵,它有一个重要的性质 $\boldsymbol{R}^{-1}(\theta) = \boldsymbol{R}^{\mathrm{T}}(\theta) = \boldsymbol{R}(-\theta)$。下面通过 switch-case 结构语句实现旋转矩阵的计算。

其 MATLAB 代码编程如下:

```
function m = Spatial_rotation(a,x)
% 计算旋转矩阵
x = x * pi/180;                      % 把角度化为弧度
m = zeros(3,3);
switch a
    case 1                           % 绕 x 轴旋转
        m(1,1) = 1;
        m(2,2) = cos(x);
        m(2,3) = sin(x);
        m(3,2) = - sin(x);
        m(3,3) = cos(x);
    case 2                           % 绕 y 轴旋转
        m(1,1) = cos(x);
        m(1,2) = - sin(x);
        m(2,2) = 1;
        m(3,1) = sin(x);
        m(3,3) = cos(x);
    case 3                           % 绕 z 轴旋转
        m(1,1) = cos(x);
```

```
            m(1,2) = sin(x);
            m(2,1) = - sin(x);
            m(2,2) = cos(x);
            m(3,3) = 1;
        end
```

调用旋转矩阵函数,在命令窗口中输入:

```
>> m1 = Spatial_rotation(1,40)          % 绕 x 轴旋转 40°的旋转矩阵
m1 =
     1.0000          0          0
          0     0.7660     0.6428
          0   - 0.6428     0.7660
>> m2 = Spatial_rotation(2,55)          % 绕 y 轴旋转 55°的旋转矩阵
m2 =
     0.5736   - 0.8192          0
          0     1.0000          0
     0.8192          0     0.5736
>> m3 = Spatial_rotation(3,85)          % 绕 z 轴旋转 85°的旋转矩阵
m3 =
     0.0872     0.9962          0
   - 0.9962     0.0872          0
          0          0     1.0000
```

1.4.2 循环结构

与 C 语言类似,MATLAB 中有两种循环结构的语句: for 循环和 while 循环,但 MATLAB 没有 do-while 语句。

1. for 循环

for 循环格式一般采用如下形式:

```
for index = values
    statements
end
```

说明

(1) for 指令后面的变量 x 称为循环变量,而 for 与 end 之间的组命令 statements 被称为循环体。循环体被重复执行的次数是确定的,该次数由 values 数组的列数来确定。因此,在 for 循环过程中,循环变量 index 被依次赋值为数组 values 的各列,每次赋值,循环体都被执行一次。

(2) for 循环内部语句末尾的分号隐藏重复的打印。如果 statements 指令中包含变量,则循环后在命令行窗口直接输入变量 r 来显示变量 r 经过循环后的最终结果。

【例 1-10】 利用 for 循环创建一个 7 阶(Hilbert)希尔伯特矩阵。

其 MATLAB 代码编程如下:

```
>> clear all;
```

```
s = 7;
H = zeros(s);
for c = 1:s
    for r = 1:s
        H(r,c) = 1/(r + c - 1);
    end
end
disp('显示所创建的 Hilbert 矩阵: ')
H
```

运行程序,输出如下:

```
显示所创建的 Hilbert 矩阵:
H =
    1.0000    0.5000    0.3333    0.2500    0.2000    0.1667    0.1429
    0.5000    0.3333    0.2500    0.2000    0.1667    0.1429    0.1250
    0.3333    0.2500    0.2000    0.1667    0.1429    0.1250    0.1111
    0.2500    0.2000    0.1667    0.1429    0.1250    0.1111    0.1000
    0.2000    0.1667    0.1429    0.1250    0.1111    0.1000    0.0909
    0.1667    0.1429    0.1250    0.1111    0.1000    0.0909    0.0833
    0.1429    0.1250    0.1111    0.1000    0.0909    0.0833    0.0769
```

2. while 循环

while 循环在一个逻辑条件的控制下重复执行一组语句一个不定的次数,匹配的 end 描述语句。while 循环的语法格式如下:

```
while expression
    statements
end
```

说明

(1) 在 while 和 end 之间的命令组被称为循环体。MATLAB 在运行 while 循环之前,首先检测 expression 的值,如果其逻辑值为真,则执行命令组 statements;命令组 statements 第一次执行完毕后,继续检测 expression 的逻辑值,如果其逻辑值仍为真,则循环执行命令组 statements,直到表达式 expression 的逻辑值为假时,结束 while 循环。

(2) while 循环和 for 循环的区别在于,while 循环结构的循环体被执行的次数是不确定的,而 for 循环中循环体的被执行次数是确定的。

(3) 一般情况下,表达式的值都是标量值,但是 MATLAB 中也同样运行表达式为数组的情况。如果表达式数组且数组所有元素的逻辑值均为真时,while 循环才继续执行命令组。

(4) 如果 while 指令后的表达式为空数组,那么 MATLAB 默认表达式的值为假,直接结束循环。

(5) if-else-end 分支结构中提到的有关变量比较的注意事项,对 while 语句也同样适用。

【例 1-11】 利用 while 循环求数的阶乘。

其 MATLAB 代码编程如下：

```
>> clear all;
i = 1;
while i <= 5,                        % 计算 1、2、3、4、5 的阶乘
    s(i) = 1;
    j = 1;
    while j <= i                     % 内层循环用于求阶乘
        s(i) = s(i) * j;
        j = j + 1;
    end
    i = i + 1;
end
s
```

运行程序,输出如下：

```
s =
    1    2    6    24    120
```

除了 if 语句、switch 语句、for 语句和 while 语句外,MATLAB 还有其他流程控制。

① break：break 通常与 if 语句一起使用,用于在一定条件下跳出循环的执行。在有多重循环时,只能跳出 break 所在的最里层循环,无法跳出整个循环。

② continue：continue 用于结束本次 for 或 while 循环,紧接着程序开始执行下一次循环,并不跳出整个循环的执行。continue 命令也常常与 if 一起出现。continue 与 break 的区别是,continue 只结束本次循环,而 break 则跳出该循环。

③ return：return 命令可以直接结束程序的运行,并返回到上一层函数。

④ cho on/off：执行 M 文件时,显示/关闭显示文件中的命令。

⑤ pause：pause 指令用于暂停程序,等待用户按任意键继续,pause(n)则暂停 n 秒后继续执行。

1.5 M 文件

在 MATLAB 命令窗口中,输入命令系统就会马上执行,属于命令驱动模式。当命令较多时,采用命令驱动模式比较烦琐,不易保存和管理,此时就应使用 MATLAB 的 M 文件驱动模式。M 文件扩展名为".m",是一种文本文件,可以用记事本打开,又分为脚本文件和函数文件。MATLAB 的 M 文件编辑器提供了一个编辑、运行和调试程序的集成环境。创建 M 文件的方法如下。

(1) 在"文件"菜单下选择"新建",再选择"脚本"或"子文件",即可创建 M 脚本文件或 M 函数文件。

(2) 在工具栏中单击"新建"按钮,即新建了一个 M 脚本文件。

(3) 在命令窗口输入 edit,并按 Enter 键,即新建了一个 M 脚本文件。edit 后加文件名,可以新建指定文件名的 M 文件或打开已存在的 M 文件。

1.5.1　M 脚本文件

M 脚本文件是一系列命令的集合,运行时,其中的变量保存于工作空间中。因此,它可以使用工作空间原有的变量。但反过来,不需要使用原有工作空间中的变量时,这种机制可能会造成不可预知的错误。因此,规范的脚本文件往往以 clear、close all 等命令开头,以清除变量,关闭其他的图形窗口。

脚本文件名注意不要与预定义或用户自定义的函数文件重名,以免发生错误。执行脚本文件有以下几种方法。

(1) 在 M 文件编辑窗口中单击工具栏上的运行按钮;

(2) 在 M 文件编辑窗口中按 F5 键;

(3) 在 MATLAB 命令窗口中输入脚本文件名按 Enter 键。

【例 1-12】　用 M 脚本文件对一组数据作线性回归,并绘图。

其 MATLAB 代码编程如下:

```
>> clear all;                          % 清理工作空间
 % 输入数据 x 和 y
x = [143 145 146 148 149 150 153 154 157 158 159 160 162 164]';
y = [11 13 14 15 16 18 20 21 22 25 26 28 29 31]';
x = [ones(length(x),1),x];
 % 线性回归
 [b,bint,r,rint,stats] = regress(y,x);
 % r2 越接近 1,F 越大,p 越小(<0.05),回归效果越显著
 r2 = stats(1)
 F = stats(2)
 p = stats(3)
 % 绘制原始数据和拟合的直线
 z = b(1) + b(2) * x;
 subplot(2,1,1);
 plot(x,y,'o',x,z,'-');
 axis([0  180  0  50]);
 % 绘制残差图
 subplot(2,1,2);
 rcoplot(r,rint);
```

运行程序,输出如下,效果如图 1-26 所示。

```
r2 =
    0.9873
F =
  935.8833
p =
    9.3377e-13
```

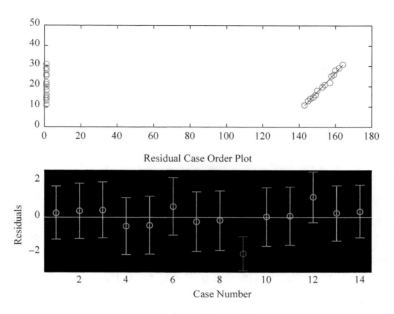

图 1-26　线性回归执行效果

1.5.2　M 函数文件

与主程序文件不同的另一类 M 文件就是函数文件。它与主程序文件的主要区别有3点。

(1) 由 function 起头,后跟的函数名必须与文件名相同。

(2) 有输入/输出变元(变量),可进行变量传递。

(3) 除非用 global 声明,程序中的变量均为局部变量,不保存在工作空间中。

通常,函数文件由 5 部分构成:函数定义行、H1 行、函数帮助文本、函数体和注释。

下面以 MATLAB 的函数文件 mean.m 为例,来说明函数文件的各个部分。在命令窗口输入。

【例 1-13】　创建一个 func.m 函数,如果输入参数只有一个 x,则返回 x;如果输入参数有两个(x、y),则返回 sqrt(x^2+y^2)。

其 MATLAB 代码编程如下:

```
function b = func(x,y)
% 距离函数
% 假如 nargin = 1,返回 x
% 假如 nargin = 2,返回 sqrt(x^2 + y^2)
if nargin == 1
    b = x;
else
    b = sqrt(x.^2 + y.^2);
end
```

保存 func.m 函数,在命令窗口中调用 func 函数:

```
>> func([3,5])                          % 只有 1 个输入参数[3,5]
ans =
     3      5
>> func(3,5)                            % 2 个输入参数 3,5
ans =
    5.8310
>> help func                           % 使用 help,显示注释内容:
距离函数
假如 nargin = 1,返回 x
假如 nargin = 2,返回 sqrt(x^2 + y^2)
```

说明

（1）H1 行：%MEAN　Average or mean value。在函数文件中,其第 2 行一般是注释行,这一行称为 H1 行,实际上它是帮助文本中的第一行。H1 行不仅可以由"help 函数文件名"命令显示,而且 lookfor 命令只在 H1 行内搜索,因此这一行内容提供了这个函数的重要信息。

（2）函数帮助文本。这一部分内容是从 H1 行开始到第一个非%开头行结束的帮助文本,它用来比较详细地说明这一函数。当在 MATLAB 命令窗口下执行"help 函数文件名"时,可显示出 H1 行和函数帮助文本。

（3）函数体。函数体是完成指定功能的语句实体,它可采用任何可用的 MATLAB 命令,包括 MATLAB 提供的函数和用户自己设计的 M 函数。

（4）注释。注释行是以"%"开头的行,它可出现在函数的任意位置,也可以加在语句行之后,以便对本行进行注释。

在函数文件中,除了函数定义行和函数体之外,其他部分都是可以省略的,不是必须有的。但作为一个函数,为了提高函数的可用性,应加上 H1 行和函数帮助文本；为了提高函数的可读性,就加上适当的注释。

1.5.3　M 文件技巧

M 文件编辑器集成了很多方便实用的功能,其中与注释有关的功能如下。

（1）选中一块区域,按 Ctrl＋R 组合键可以将此区域变为注释。实现原理是在每一行的行首添加百分号注释符%。

（2）选中一块区域,按 Ctrl＋T 组合键可以将此区域由注释转为非注释。实现原理是去掉每一行出现的第一个百分号%(如果有的话)。但如果一行中包含多个百分号,则只能去掉第一个。

（3）由"%{"开始,"%}"结束,可以作为段落的注释,相当于 C 语言中的/ * */。

（4）使用 cell 模式。如果需要对 M 文件中的一段进行反复修改,可以考虑使用 cell 符即定义一个 cell 模式相当于将代码复制到命令窗口中运行,在代码上方用两个%后接一个空格组合键将直接执行一个 cell。将输入光标放在 cell 中,背景颜色会发生改变。在 cell 中按 Ctrl＋Enter 组合键将直接执行 cell 中的代码。

【例 1-14】 几种不同的注释形式。

其 MATLAB 代码如下:

```
>> clear all;
% % 打开文件
fid = fopen('data.txt','mb');
% 读取内容
data = fread(fid,12,'uint8');          % 读取 12 个数据
d = data.^2;
% {
plot(data,d);
title('散点图');
xlabel('x');
ylabel('y');
% }
% 关闭文件
fclose(fid);
```

第 2 章 概率与数理统计概述

概率与数理统计是研究随机现象的数理规律性的一门应用数学学科,是经济数学的重要组成部分,是统计学的一个基本工具。它在经济和管理领域的应用日趋广泛与深入。

数理统计研究的内容概括起来可分为两大类:其一是研究怎样对随机现象进行观察、实验,以便更合理和更有效地获取观察资料的方法,即实验的设计和研究;其二是研究怎样对所获得的有限数据进行整理、加工,并对所讨论的问题做出尽可能可靠、精确的判断,这就是统计推断问题。

2.1 概率论基础

概率论是数理统计的基础。

2.1.1 随机事件与概率

从随机现象说起,在自然界和现实生活中,一些事物都是相互联系和不断发展的。在它们彼此间的联系和发展中,根据它们是否有必然的因果联系,可以分成截然不同的两大类:一类是确定性的现象。这类现象是在一定条件下,必定会导致某种确定的结果。举例来说,在标准大气压下,水加热到 100℃,就必然会沸腾。事物间的这种联系是属于必然性的。通常的自然科学各学科就是专门研究和认识这种必然性的,寻求这类必然现象的因果关系,把握它们之间的数量规律。

另一类是不确定性的现象。这类现象是在一定条件下,它的结果是不确定的。举例来说,同一个工人在同一台机床上加工同一种零件若干个,它们的尺寸总会有一点差异。又如,在同样条件下,进行小麦品种的人工催芽试验,各颗种子的发芽情况也不尽相同,有强弱和早晚的分别等等。为什么在相同的情况下,会出现这种不确定的结果呢?这是因为,我们说的"相同条件"是指一些主要条件来说的,除了这些主要条件外,还会有许多次要条件和偶然因素又是人们无法事先一一能够掌握的。正因为这样,我们在这一类现象中,就无法用必然性的因果关系,对个别现象的结果事先做出确定的答案。事物间的这种关系是属于偶然性的,这种现象叫做偶然现象,或者叫做随机现象。

在自然界,在生产、生活中,随机现象十分普遍,也就是说随机现象是大量存在的。例如每期体育彩票的中奖号码、同一条生产线上生产的灯泡的寿命等,都是随机现象。因此,随机现象就是在同样条件下,多次进行同一试验或调查同一现象,所得结果不完全一样,而且无法准确地预测下一次所得结果的现象。随机现象这种结果的不确定性,是由于一些次要的、偶然的因素影响所造成的。

随机现象从表面上看,似乎是杂乱无章的、没有什么规律的现象。但实践证明,如果同类的随机现象大量重复出现,它的总体就呈现出一定的规律性。大量同类随机现象所呈现的这种规律性,随着我们观察的次数的增多而愈加明显。例如掷硬币,每一次投掷很难判断是哪一面朝上,但是如果多次重复掷这枚硬币,就会发现它们朝上朝下的次数大体相同。

我们把这种由大量同类随机现象所呈现出来的集体规律性,叫做统计规律性。概率论和数理统计就是研究大量同类随机现象的统计规律性的数学学科。

2.1.2 概率论的产生

概率论产生于17世纪,本来是由保险事业的发展而产生的,但是来自于赌博者的请求,却是数学家们思考概率论中问题的源泉。

早在1654年,有一个赌徒梅累向当时的数学家帕斯卡提出一个使他苦恼了很久的问题:"两个赌徒相约赌若干局,谁先赢 m 局就算赢,全部赌本就归谁。但是当其中一个人赢了 $a(a<m)$ 局,另一个人赢了 $b(b<m)$ 局的时候,赌博中止。问:赌本应该如何分法才合理?"后者曾在1642年发明了世界上第一台机械加法计算机。

三年后,也就是1657年,荷兰著名的天文、物理兼数学家惠更斯企图自己解决这一问题,结果写成了《论机会游戏的计算》一书,这就是最早的概率论著作。

2.1.3 概率论的发展

近几十年来,随着科技的蓬勃发展,概率论大量应用到国民经济、工农业生产及各学科领域。许多兴起的应用数学,如信息论、对策论、排队论、控制论等,都是以概率论作为基础的。

概率论和数理统计是一门随机数学分支,它们是密切联系的同类学科。但是应该指出,概率论、数理统计、统计方法又都各有它们自己所包含的不同内容。

1. 概率论

概率论是根据大量同类随机现象的统计规律,对随机现象出现某一结果的可能性做出一种客观的科学判断,对这种出现的可能性大小做出数量上的描述;比较这些可能性的大小、研究它们之间的联系,从而形成一整套数学理论和方法。

2. 数理统计

数理统计是应用概率的理论来研究大量随机现象的规律性；对通过科学安排的一定数量的实验所得到的统计方法给出严格的理论证明；并判定各种方法应用的条件以及方法、公式、结论的可靠程度和局限性。使我们能从一组样本来判定是否能以相当大的概率来保证某一判断是正确的，并可以控制发生错误的概率。

3. 统计方法

统计方法是上面提供的方法在各种具体问题中的应用，它不去注意这些方法的理论根据、数学论证。

应该指出，概率统计在研究方法上有它的特殊性，和其他数学学科的不同点主要表现如下。

（1）由于随机现象的统计规律是一种集体规律，必须在大量同类随机现象中才能呈现出来，所以，观察、试验、调查就是概率统计这门学科研究方法的基石。但是，作为数学学科的一个分支，它依然具有本学科的定义、公理和定理的，这些定义、公理和定理是来源于自然界的随机规律，但这些定义、公理和定理是确定的，不存在任何随机性。

（2）在研究概率统计中，使用的是"由部分推断全体"的统计推断方法。这是因为它研究的对象——随机现象的范围是很大的，在进行试验、观测的时候，不可能也不必要全部进行。但是由这一部分资料所得出的一些结论，要全体范围内推断这些结论的可靠性。

（3）随机现象的随机性，是指试验、调查之前来说的。而真正得出结果后，对于每一次试验，它只可能得到这些不确定结果中的某一种确定结果。我们在研究这一现象时，应当注意在试验前能不能对这一现象找出它本身的内在规律。

2.1.4 概率论的内容

概率论作为一门数学分支，它所研究的内容一般包括随机事件的概率、统计独立性和更深层次上的规律性。

概率是随机事件发生的可能性的数量指标。在独立随机事件中，如果某一事件在全部事件中出现的频率，在更大的范围内比较明显的稳定在某一固定常数附近。就可以认为这个事件发生的概率为这个常数。对于任何事件的概率值一定介于 0～1 之间。

有一类随机事件，它具有两个特点：第一，只有有限个可能的结果；第二，各个结果发生的可能性相同。具有这两个特点的随机现象叫做"古典概型"。

在客观世界中，存在大量的随机现象，随机现象产生的结果构成了随机事件。如果用变量来描述随机现象的各个结果，就叫做随机变量。

随机变量有有限和无限的区分，一般又根据变量的取值情况分成离散型随机变量和非离散型随机变量。一切可能的取值能够按一定次序一一列举，这样的随机变量叫做离散型随机变量；如果可能的取值充满了一个区间，无法按次序一一列举，这种随机变量就叫做非离散型随机变量。

在离散型随机变量的概率分布中,比较简单而应用广泛的是二项式分布。如果随机变量是连续的,都有一个分布曲线,实践和理论都证明:有一种特殊而常用的分布,它的分布曲线是有规律的,这就是正态分布。正态分布曲线取决于这个随机变量的一些表征数,其中最重要的是平均值和差异度。平均值也叫数学期望,差异度也就是标准方差。

2.1.5 数理统计的内容

数理统计包括抽样、适线问题、假设检验、方差分析与相关分析等内容。抽样检验是要通过对子样的调查,来推断总体的情况。究竟抽样多少,这是十分重要的问题,因此,在抽样检查中就产生了"小样理论",这是在子样很小的情况下,进行分析判断的理论。

适线问题也叫曲线拟合。有些问题需要根据积累的经验数据来求出理论分布曲线,从而使整个问题得到了解。但根据什么原则求理论曲线?如何比较同一问题中求出的几种不同曲线?选配好曲线,又如何判断它们的误差?……就属于数理统计中的适线问题的讨论范围。

假设检验是只在用数理统计方法检验产品的时候,先做出假设,在根据抽样的结果在一定可靠程度上对原假设做出判断。

方差分析也叫做离差分析,就是用方差的概念去分析由少数试验就可以做出的判断。

由于随机现象在人类的实际活动中大量存在,概率统计随着现代工农业、近代科技的发展而不断发展,因而形成了许多重要分支。如:随机过程、信息论、极限理论、试验设计及多元分析等。

2.1.6 事件的独立性

设 A,B 是两个随机事件,如果 $P(AB)=P(A)P(B)$,则称事件 A,B 相互独立(简称独立)。设 $A_1,A_2,\cdots,A_n$ 为 n 个事件,如果对任意的 $k(2\leqslant k\leqslant n)$ 和任意一组 $1\leqslant i_1<i_2<\cdots<i_k\leqslant n$ 都有,

$$P(A_{i_1},A_{i_2},\cdots,A_{i_k})=P(A_{i_1})P(A_{i_2})\cdots P(A_{i_k})$$

成立,则称 n 个事件 $A_1,A_2,\cdots,A_n$ 相互独立。

2.2 随机变量

随机变量是概率论中另一个重要概念。引进随机变量的概念后,可把对事件的研究转化为对随机变量的研究。由于随机变量是以数量的形式来描述随机现象,因此它给理论研究和数学运算都带有极大方便。

设随机实验 E 的样本空间 Ω,如果对于每一个样本点 e,都有一个实数 X 与之对应,则称 X 为随机变量。

随机变量分为连续型随机变量和离散型随机变量。

2.2.1 连续型随机变量

对于随机变量 X,如果存在非负可积函数 $f(x)(-\infty<x<\infty)$,使对任意实数 a、b $(a<b)$ 均有,

$$P(a < X \leqslant b) = \int_a^b f(x)\mathrm{d}x$$

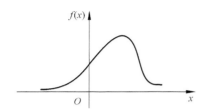

则称 X 为连续型随机变量,称 $f(x)$ 为 X 的分布密度或概率密度。分布密度 $f(x)$ 的图形如图 2-1 所示。

由定义知道,概率密度 $f(x)$ 具有如下性质:

(1) $f(x) \geqslant 0$;

(2) $\int_{-\infty}^{+\infty} f(x)\mathrm{d}x = 1$;

图 2-1　连续型随机变量分布密度曲线

(3) $P(a < X \leqslant b) = \int_a^b f(x)\mathrm{d}x$。

2.2.2 离散型随机变量

如果随机变量 X 的所有可能的取值只有有限多个或可列无限多个,则称为离散型随机变量。离散型随机变量的取值规律称为分布律。设离散型随机变量 X 所有可能的取值为 $x_k(k=1,2,\cdots)$,取这些值的概率为 $p_k(k=1,2,\cdots)$,称式

$$P(X = x_k) = p_k, \quad k = 1,2,\cdots$$

为随机变量 X 的分布列(或分布律或概率分布)。

分布律也可用表 2-1 所示。

表 2-1　X 的分布律表

X	x_1	x_2	$\cdots$	x_k	$\cdots$
P	p_1	p_2	$\cdots$	p_k	$\cdots$

离散型随机变量的概率分布图见图 2-2,图中横轴上点的横坐标表示随机变量所取的值,横坐标上各点对应的纵轴的平行线表示随机变量取该值的概率。

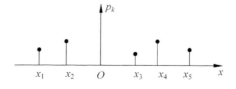

图 2-2　离散型随机变量概率分布图

根据概率的基本性质,随机变量的随机分布必须满足:

(1) $p_k \geqslant 0(k=1,2,\cdots)$;

(2) $\sum_{k=1}^{\infty} p_k = 1$。

2.2.3 随机变量的分布函数

设 X 为随机变量，x 为任意实数，称函数

$$F(x) = P, \quad X \leqslant x$$

为随机变量 X 的分布函数。

如果 X 为一离散型随机变量，则

$$F(x) = P(X \leqslant x) = \sum_{x_k \leqslant x} p_k$$

分布函数有如下性质。

(1) $0 \leqslant F(x) \leqslant 1$ 且 $F(+\infty) = 1, F(-\infty) = 1$；

(2) $F(x)$ 单调递减，即对任意 $x_1 < x_2$，有 $F(x_1) \leqslant F(x_2)$；

(3) $F(x)$ 右连续，即对任意 x_0，有 $\lim\limits_{x \to x_0^+} F(x) = F(x_0)$；

(4) $P(a < X \leqslant b) = P(X \leqslant b) - P(X \leqslant a) = F(b) - F(a)$。

2.3 随机分布

在概率与统计学中常用的分布有：二项分布、几何分布、泊松分布、指数分布、正态分布、均匀分布、贝塔分布、伽马分布、T 分布、χ^2 分布、F 分布、威布尔分布等。

2.3.1 正态分布

随机变量的分布形式有多种，但是重要的，在生产实践中最常用的是正态分布。自然界中许多随机变量的分布都是服从正态分布的。此外，还有很大一类随机变量近似地服从正态分布。

1. 正态分布的定义

如果随机变量 X 的概率密度为

$$f(x) = \frac{1}{\sigma \sqrt{2\pi}} \exp\left\{ -\frac{(x-\mu)^2}{2\sigma^2} \right\}, \quad -\infty < x < +\infty$$

其中 μ、σ^2 为常数，则称 X 服从参数为 μ、σ^2 的正态分布，记为 $X \sim N(\mu, \sigma^2)$。

由于，

$$P(X \leqslant x) = \int_{-\infty}^{x} f(x) \mathrm{d}x = \int_{-\infty}^{x} \frac{1}{\sigma \sqrt{2\pi}} \mathrm{e}^{-\frac{(x-\mu)^2}{2\sigma^2}} \mathrm{d}x$$

所以正态分布函数为

$$F(x) = \int_{-\infty}^{x} \frac{1}{\sigma \sqrt{2\pi}} \mathrm{e}^{-\frac{(x-\mu)^2}{2\sigma^2}} \mathrm{d}x, \quad -\infty < x < +\infty$$

特别地，当 $\mu = 0, \sigma = 1$ 时，称 X 为标准正态分布，记作 $X \sim N(0,1)$。此时，其概率密度用 $\varphi(x)$ 表示，即有

$$\varphi(x) = \frac{1}{\sqrt{2\pi}}e^{-\frac{x^2}{2}}, \quad -\infty < x < +\infty$$

相应地,分布函数用 $\Phi(x)$ 表示为

$$\Phi(x) = \frac{1}{\sqrt{2\pi}}e^{-\frac{x^2}{2}}, \quad -\infty < x < +\infty$$

2. 正态分布密度函数图形的特点

正态分布密度 $f(x)$ 是一条"钟形"曲线,又称高斯曲线。图 2-3 是当 σ^2 固定,μ 不同的正态分布的密度图像;图 2-4 是当 μ 固定,σ^2 不同的正态分布密度图像。

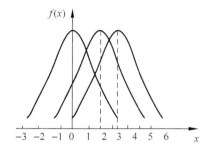

图 2-3 σ^2 固定、μ 不同的正态分布密度函数   图 2-4 μ 固定、σ^2 不同的正态分布密度函数

通过图像可看到:

(1) $f(x)$ 处处大于 0,曲线是位于 x 轴上方的连续曲线;

(2) $f(x)$ 以 $x=\mu$ 为中心左右对称,即 $f(\mu-x)=f(\mu+x)$;

(3) $f(x)$ 在 $(-\infty,\mu)$ 内单调递增,在 $(\mu,+\infty)$ 内单调递减,在 $x=\mu$ 处有极大值 $\frac{1}{\sigma\sqrt{2\pi}}$;

(4) $f(x)$ 在 $x=\mu\pm\sigma$ 处有拐点;

(5) 当 $x\to+\infty$ 时,x 轴为 $f(x)$ 的渐近线。

μ 和 σ 是正态分布的两个重要参数,决定着正态分布密度的位置和形状。如果 σ 不变,仅改变 μ 的大小,由图 2-3 可见图形形状不变,仅沿 x 轴平移,因此图形的位置完全由 μ 确定,因此,称 μ 为位置参数;如果 μ 不变,仅改变 σ,由图 2-4 可见,σ 越小图形越细高,σ 越大图形越平坦,σ 表示了随机变量取值的离散程度。

3. 正态分布的概率计算

标准正态分布函数 $\Phi(x) = \int_{-\infty}^{x} \frac{1}{\sqrt{2\pi}}e^{-\frac{t^2}{2}}dt$ 在实际工作中应用十分广泛。由于被积函数的原函数不能用初等函数的形式表示出来,而需借助于级数展开。

如果 $X\sim N(0,1)$,则对任意 $a<b$,有

$$P(|X|\leqslant x) = \Phi(x) - \Phi(-x) = 2\Phi(x) - 1$$

4. 正态分布概率函数

在 MATLAB 中,提供了相应的函数用于实现正态分布概率函数。

1) rand 函数

MATLAB 中给出了[0,1]区间均匀分布伪随机数的产生函数 rand。对于没有伪随机产生函数的计算机语言，可用以上算法来产生均匀分布的伪随机数。

对于在区间[0,M]上均匀分布的随机数 x，其期望和方差为

$$\mu_x = E[x] = \frac{M}{2}$$

$$\sigma_x^2 = E[(x - \mu_x)^2] = \frac{M^2}{12}$$

例如，在区间[0,1]上均匀分布的随机数的期望是 0.5，方差为 1/12。

【例 2-1】　调用 rand 函数生成 6×6 的随机数矩阵，并将矩阵按列拉长画出频数直方图。

其 MATLAB 代码编程如下：

```
>> clear all;
x = rand(6)                  % 创建 6×6 的随机数矩阵，其元素服从 P[0,1]上均匀分布
x =
    0.8147    0.2785    0.9572    0.7922    0.6787    0.7060
    0.9058    0.5469    0.4854    0.9595    0.7577    0.0318
    0.1270    0.9575    0.8003    0.6557    0.7431    0.2769
    0.9134    0.9649    0.1419    0.0357    0.3922    0.0462
    0.6324    0.1576    0.4218    0.8491    0.6555    0.0971
    0.0975    0.9706    0.9157    0.9340    0.1712    0.8235
>> y = x(:);                 % 将 x 按列拉长生成一个列向量
>> hist(y);                  % 绘制频数直方图
>> title('[0,1]上均匀分布随机数');
>> xlabel('x');ylabel('频数');
```

运行程序，效果如图 2-5 所示。

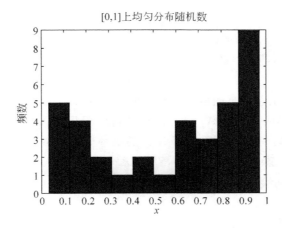

图 2-5　均匀分布随机数频数直方图

2) normrnd 函数

在 MATLAB 中，提供了 normrnd 函数用于生成正态分布的随机数。函数的调用格式如下。

R＝normrnd(mu,sigma)：生成服从均值参数为 mu 和标准差参数 sigma 的正态分布的随机数。mu 和 sigma 可能是有相同大小的向量、矩阵或多维数组,也和 R 有相同的大小。如果 mu 或 sigma 是标量,则被扩展为和另一个输入有相同维数的数组。

R＝normrnd(mu,sigma,v)：生成服从均值参数为 mu 和标准差参数 sigma 的正态分布的 v 个随机数组,其中 v 是行向量。如果 v 是 1×2 的向量,则 R 是有 v(1)行和 v(2)列的矩阵。如果 v 是 1×n 的向量,则 R 是一个 n 维数组。

R＝normrnd(mu,sigma,m,n)：生成服从均值参数为 mu 和标准差参数 sigma 的正态分布的 m×n 的随机数矩阵。

【例 2-2】 利用 normrnd 函数产生随机数据。

其 MATLAB 代码编程如下：

```
>> clear all;
>> n1 = normrnd(1:6,1./(1:6))
n1 =
    1.3252    1.6225    3.4568    3.5721    4.9796    5.9598
>> n2 = normrnd(0,1,[1 5])
n2 =
    0.3192    0.3129   − 0.8649   − 0.0301   − 0.1649
>> n3 = normrnd([1 2 3;4 5 6],0.1,2,3)
n3 =
    1.0628    2.1109    3.0077
    4.1093    4.9136    5.8786
```

3）normpdf 函数

该函数用于求取正态分布的概率密度函数。函数的调用格式如下。

```
Y = normpdf(X,mu,sigma)
Y = normpdf(X)
Y = normpdf(X,mu)
```

其中,X 为选定的一组横坐标向量,Y 为 X 各点处的概率密度函数的值,参数 mu 为均值,sigma 为标准差,即方差的平方根。

4）normcdf 函数

该函数用于求取正态分布的值。函数的调用格式如下。

P＝normcdf(X,MU,SIGMA)：求解数学期望为 MU,标准差为 SIGMA 的正态分布随机变量的累积概率分布函数,X 表示 X 处的概率分布函数值,若输入时 MU,SIGMA 为空,则默认为标准正态分布,MU 为 0,SIGMA 为 1。

【例 2-3】 试分别绘制(μ,σ^2)为$(-1,1),(0,0.1),(0,1),(0,10),(1,1)$时正态分布的概率密度函数与分布函数曲线。

其 MATLAB 代码编程如下：

```
>> clear all;
x = [ − 5:0.02:5]';
y1 = [ ];y2 = [ ];
mu1 = [ − 1,0,0,0,1];
sig1 = [1 0.1 1 10 1];
```

```
sig1 = sqrt(sig1);
for i = 1:length(mu1)
    y1 = [y1,normpdf(x,mu1(i),sig1(i))];
    y2 = [y2,normcdf(x,mu1(i),sig1(i))];
end
figure;plot(x,y1);
gtext('μ = - 1,σ^2 = 1');
gtext('μ = 0,σ^2 = 0.1');
gtext('μ = 0,σ^2 = 1');
gtext('μ = 1,σ^2 = 1');
gtext('μ = 0,σ^2 = 10');
figure;plot(x,y2);
gtext('μ = - 1,σ^2 = 1');
gtext('μ = 0,σ^2 = 0.1');
gtext('μ = 0,σ^2 = 10');
gtext('μ = 1,σ^2 = 1');
gtext('μ = 1,σ^2 = 1');
```

运行程序,得到效果如图 2-6 及图 2-7 所示。

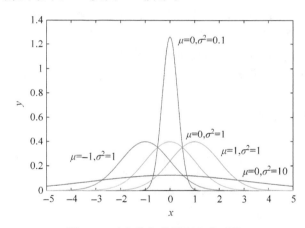

图 2-6　正态分布的概率密度函数

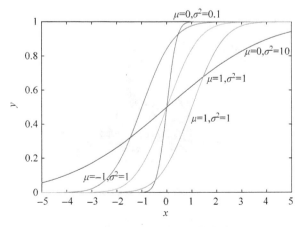

图 2-7　正态分布的分布函数曲线图

2.3.2 标准正态分布

正态分布也称高斯分布,可采用函数变换法产生标准正态分布随机数。设 r_1 和 r_2 是两个独立的在区间 $[0,1]$ 上均匀分布的随机数,则

$$r_1 = \sqrt{-2\ln r_1} \cos 2\pi r_2$$
$$r_2 = \sqrt{-2\ln r_1} \sin 2\pi r_2$$

是两个独立同分布的标准高斯随机数,即其均值为零,方差为 1,记为 $x_1 \sim N(0,1)$ 和 $x_2 \sim N(0,1)$。MATLAB 中用函数 randn 产生标准正态分布随机数。

中心极限定理指出,无穷多个任意分布的独立随机变量之和的分布趋近于正态分布。基于此,另外一种产生近似高斯随机数的方法是:用 12 个独立同分布于 $[0,1]$ 区间的均匀分布随机数之和来构成正态分布,其均值为 6,方差为 1。因此得到标准正态分布随机数的方法是:

$$y = \sum_{i=1}^{12} x_i - 6$$

其中,x_i 是在 $[0,1]$ 区间的独立均匀分布的随机数。与函数变换法相比,该方法计算简单,避免了函数运算,但是产生一个正态随机数需要 12 个独立均匀分布的随机数,计算效率较低,而且这样产生的正态分布随机数的区间是 $[-6,6]$。

【例 2-4】 调用 randn 函数生成 6×6 的正态随机数矩阵,并将矩阵按列拉长画出频数直方图。

其 MATLAB 代码编程如下:

```
>> clear all;
x = randn(6)              % 创建6×6的正态随机数矩阵,其元素服从标准正态分布
y = x(:);                 % 将 x 按列拉长生成一个列向量
hist(y);                  % 绘制频数直方图
title('标准正态分布');
xlabel('x');ylabel('频数');
```

运行程序,输出如下,效果如图 2-8 所示。

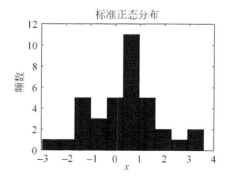

图 2-8 标准正态分布频率直方图

```
x =
    0.5377    − 0.4336    0.7254     1.4090     0.4889     0.8884
    1.8339    0.3426    − 0.0631     1.4172     1.0347    − 1.1471
   − 2.2588    3.5784     0.7147     0.6715     0.7269    − 1.0689
    0.8622    2.7694   − 0.2050    − 1.2075    − 0.3034    − 0.8095
    0.3188   − 1.3499   − 0.1241     0.7172     0.2939    − 2.9443
   − 1.3077    3.0349     1.4897     1.6302    − 0.7873     1.4384
```

2.3.3　Γ 分布

Γ 分布的概率密度函数为

$$p_\Gamma(x) = \begin{cases} \dfrac{\lambda^a x^{a-1}}{\Gamma(a)} e^{-\lambda x}, & x \geqslant 0 \\ 0, & x < 0 \end{cases}$$

其中，$\Gamma(a) = \int_0^\infty x^{a-1} e^{-x} dx$，$\Gamma(a)$ 函数满足 $\Gamma(a) = a\Gamma(a-1)$，$\Gamma(1) = 1$，$\Gamma\left(\dfrac{1}{2}\right) = \pi$，其余的值可以通过积分求得，也可以由 gamma 函数直接求出。例如，$\Gamma(\pi)$ 的值可以由 gamma(pi) 函数求出为 2.288 037 795 340 03。

Γ 分布的概率密度函数是参数 a、λ 的函数，MATLAB 工具箱中提供了 gampdf、gamcdf 和 gaminv 函数，可以分别求取 Γ 分布的概率密度函数、分布函数及逆概率分布的值。函数的调用格式如下。

```
Y = gampdf(x, a, b)
Y = gamcdf(x, a, b)
Y = gaminv(F, a, λ)
```

其中，x 为选定的一组横坐标向量，Y 为 x 各点处的概率密度函数的值。

【**例 2-5**】　试分别绘制 (a, λ) 为 $(-1, 1)$、$(0, 0.1)$、$(0, 1)$、$(0, 10)$、$(1, 1)$ 时 Γ 分布的概率密度函数与分布函数曲线。

其 MATLAB 代码编程如下：

```
>> clear all;
x = [ − 5:0.02:5]';
y1 = [ ]; y2 = [ ];
a1 = [1 1 2 1 3];
lam1 = [1 0.5 1 2 1];
for i = 1:length(a1)
    y1 = [y1, gampdf(x, a1(i), lam1(i))];
    y2 = [y2, gamcdf(x, a1(i), lam1(i))];
end
figure; plot(x, y1);
gtext('a = 1, λ = 1');
gtext('a = 1, λ = 1');
gtext('a = 1, λ = 2');
gtext('a = 2, λ = 1');
gtext('a = 3, λ = 1');
```

```
figure;plot(x,y2);
gtext('a = 1, λ = 0.5');
gtext('a = 1, λ = 1');
gtext('a = 1, λ = 2');
gtext('a = 2, λ = 1');
gtext('a = 3, λ = 1');
```

运行程序,效果如图 2-9 及图 2-10 所示。

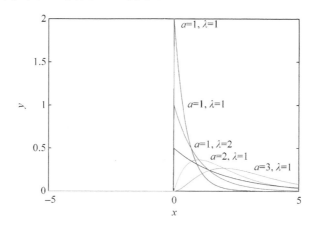

图 2-9 Γ分布的概率密度函数曲线图

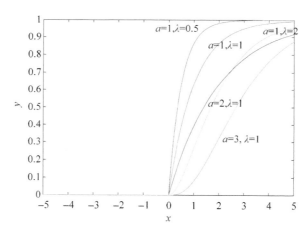

图 2-10 Γ分布的分布函数曲线图

2.3.4 χ^2 分布

χ^2 分布分为中心 χ^2 分布和非中心 χ^2 分布两种。

1. 中心 χ^2 分布

中心 χ^2 分布的随机变量由若干独立同分布的零均值高斯变量的平方和得出。设有

n 个独立同分布的零均值高斯随机数 $x_i \sim N(0,\sigma^2), i=1,2,\cdots,n$，则随机数

$$y = \sum_{i=1}^{n} x_i^2$$

服从自由度 n 的中心 χ^2 分布，其概率密度函数为

$$p(y) = \frac{1}{\sigma^2 2^{\frac{n}{2}} \Gamma\left(\frac{n}{2}\right)} y^{\frac{n}{2}-1} \exp\left(-\frac{y}{2\sigma^2}\right), \quad y \geqslant 0$$

其中，$\Gamma(x)$ 是伽马函数，在 MATLAB 中可通过命令 gamma(x) 求出，其定义是

$$\Gamma(x) = \int_0^\infty \mathrm{e}^{-t} t^{x-1} \mathrm{d}t, \quad x > 0$$

特别指出，当 x 为正整数时，有 $\Gamma(x)=(x-1)!$，当 x 为正整数加上 $\frac{1}{2}$ 时，有

$$\Gamma\left(\frac{1}{2}\right) = \sqrt{\pi}, \quad \Gamma\left(\frac{3}{2}\right) = \frac{\sqrt{\pi}}{2}$$

$$\Gamma\left(m+\frac{1}{2}\right) = \frac{(2m-1)!!}{2^m}\sqrt{\pi}$$

其中，$(2m-1)!! = 1 \times 3 \times 5 \times (2m-1), m=1,2,\cdots$。

自由度为 n 的中心 χ^2 分布随机变量 Y 的期望和方差分别为

$$E(Y) = n\sigma^2$$

$$\mathrm{Var}(Y) = 2n\sigma^4$$

MATLAB 中给出了 $\sigma^2=1$ 的自由度为 n 的中心 χ^2 分布的计算函数：χ^2 分布的分布函数 chi2cdf，分布函数的反函数 chi2inv，概率密度函数 chi2pdf，随机数发生函数 chi2rnd 等。它们的调用格式如下。

```
Y = chi2pdf(x,k)
F = chi2cdf(x,k)
x = chi2inv(F,k)
```

其中，x 为选定的一组横坐标向量，y 为 x 各点处的概率密度函数的值。

【例 2-6】 分别绘制自由度 $n=1,5,15$ 的 χ^2 分布概率密度函数曲线，并求出自由度为 15 的 χ^2 分布的均值与方差。

其 MATLAB 代码编程如下：

```
>> clear all;
x = 0:0.1:30;            % 给出 x 的取值
y1 = chi2pdf(x,3);       % 计算出对应于 x 的自由度 1 的概率密度函数数值
plot(x,y1,'r:');
hold on;
y2 = chi2pdf(x,5);
plot(x,y2,'kp');
y3 = chi2pdf(x,15);
plot(x,y3,'b-.');
gtext('自由度为 3');
gtext('自由度为 5');
gtext('自由度为 15');
```

```
axis([0 30 0 0.25])          % 指定显示的图形区域
[m,v] = chi2stat(15)
```

运行程序,输出如下,效果如图 2-11 所示。

```
m =
    15
v =
    30
```

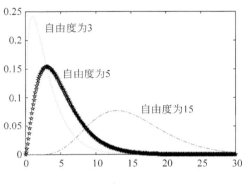

图 2-11　χ^2 分布密度曲线

2. 非中心 χ^2 分布

非中心 χ^2 分布的随机变量由若干独立同方差的均值不全为零的高斯变量的平方和得出。设有 n 个独立的高斯随机数 $x_i \sim N(m_i, \sigma^2)$, $i=1,2,\cdots,n$,其均值为 m_i,方差同为 σ^2,并设 $s^2 = \sum_{i=1}^{n} m_i^2$,则随机数

$$y = \sum_{i=1}^{n} x_i^2$$

服从自由度为 n 的非中心 χ^2 分布,其概率密度函数为

$$p(y) = \frac{1}{2\sigma^2}\left(\frac{y}{s^2}\right)^{\frac{n-2}{4}}\exp\left(-\frac{s^2+y}{2\sigma^2}\right)I_{\frac{n}{2}-1}\left(\sqrt{y}\,\frac{s}{\sigma^2}\right), \quad y \geqslant 0$$

其中 $I_a(x)$ 为第一类 a 阶修正贝塞尔函数,MATLAB 提供的计算指令是 besseli(a, x)。自由度为 n 的非中心 χ^2 分布随机变量 Y 的期望和方差分别为

$$E(Y) = n\sigma^2 + s^2$$
$$Var(Y) = 2n\sigma^2 + 4\sigma^2 s^2$$

MATLAB 统计工具箱中给出了指令 ncx2pdf,ncx2cdf,ncx2inv,ncx2rnd,以及 ncx2stat 来计算 $\sigma^2 = 1$ 的非中心 χ^2 分布问题。

【例 2-7】 实现非中心 χ^2 与中心 χ^2 分布。

其 MATLAB 代码编程如下:

```
>> clear all;
x = (0:0.1:10)';
```

```
ncx2 = ncx2pdf(x,4,2);
chi2 = chi2pdf(x,4);
plot(x,ncx2,'b-','LineWidth',2)
hold on
plot(x,chi2,'g--','LineWidth',2)
xlabel('x');ylabel('分布效果');
legend('ncx2','chi2')
```

运行程序,效果如图 2-12 所示。

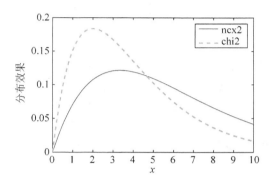

图 2-12 χ^2 分布效果

2.3.5 T 分布

T 分布的概率密度函数为

$$p_T(x) = \frac{\Gamma\left(\dfrac{k+1}{2}\right)}{\sqrt{k\pi}\,\Gamma\left(\dfrac{k}{2}\right)}\left(1+\frac{x^2}{k}\right)^{-\frac{k+2}{2}}$$

T 分布的概率密度是参数 k 的函数,且 k 为正整数。MATLAB 中提供了 tpdf、tcdf 和 tinv 函数,可以分别求取 T 分布的概率密度函数、分布函数和逆分布函数的值。

【例 2-8】 试分别绘制出 k 为 $1,2,5,10$ 时 T 分布的概率密度函数与分布函数曲线。

其 MATLAB 代码编程如下:

```
>> clear all;
x = [-5:0.02:5]';
y1 = [];y2 = [];
k1 = [1 2 5 10];
for i = 1:length(k1)
    y1 = [y1,tpdf(x,k1(i))];
    y2 = [y2,tcdf(x,k1(i))];
end
figure;plot(x,y1);
gtext('k = 1');gtext('k = 2');
gtext('k = 5');gtext('k = 10');
figure;plot(x,y2);
```

```
gtext('k = 1');gtext('k = 2');
gtext('k = 5');gtext('k = 10');
```

运行程序,效果如图 2-13 及图 2-14 所示。

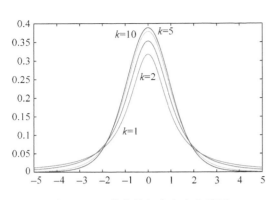

图 2-13 T 分布的概率密度曲线图

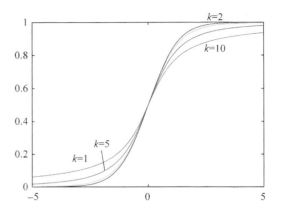

图 2-14 T 分布的分布函数曲线图

2.3.6 Rayleigh 分布

Rayleigh 分布的概率密度函数为

$$p_r(x) = \begin{cases} \dfrac{x}{b^2} e^{-\frac{x^2}{2b^2}}, & x \geqslant 0 \\ 0, & x < 0 \end{cases}$$

该函数是 b 的函数,MATLAB 中提供了 raylpdf、raylcdf 和 raylinv,可以分别求取 Rayleigh 分布的概率密度函数、分布函数与逆分布函数的值。函数的调用格式如下。

```
y = raylpdf(x,b)
F = raylcdf(x,b)
x = raylinv(F,b)
```

其中,x 为选定的一组横坐标向量,y 为 x 各点处的概率密度函数的值。

【例 2-9】 试分别绘制出 $b = 0.5,1,3,5$ 时 Rayleigh 分布的概率密度函数与分布函数曲线。

其 MATLAB 代码编程如下:

```
>> clear all;
x = [ - eps: - 0.02: - 0.05,0:0.02:5];
x = sort(x');
b1 = [0.5,1,3,5];
y1 = [ ];y2 = [ ];
for i = 1:length(b1)
    y1 = [y1,raylpdf(x,b1(i))];
    y2 = [y2,raylcdf(x,b1(i))];
end
```

```
figure;plot(x,y1);
gtext('b = 0.5');gtext('b = 1');
gtext('b = 3');gtext('b = 5');
figure;plot(x,y2);
gtext('b = 0.5');gtext('b = 1');
gtext('b = 3');gtext('b = 5');
```

运行程序,效果如图 2-15 及图 2-16 所示。

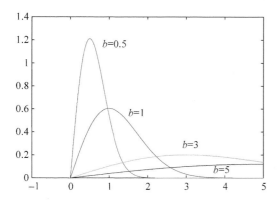

图 2-15　Rayleigh 分布的概率密度曲线图

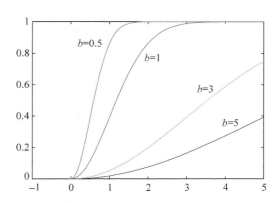

图 2-16　Rayleigh 分布的分布函数曲线图

2.3.7　F 分布

设随机变量 X 和 Y 相互独立,分别服从自由度为 m 和 n 的 χ^2 分布(其中 $\sigma = 1$)即 $X \sim \chi^2(m)$,$Y \sim \chi^2(n)$,那么随机变量

$$F = \frac{X/m}{Y/n}$$

服从自由度为 (m,n) 的 F 分布,其概率密度函数为

$$p_F(x) = \frac{\Gamma\left(\dfrac{m+n}{2}\right)}{\Gamma\left(\dfrac{m}{2}\right)\Gamma\left(\dfrac{n}{2}\right)}\left(\frac{m}{n}\right)^{\frac{m}{2}} x^{\frac{m-2}{2}}\left(1+\frac{m}{n}x\right)^{-\frac{m+n}{2}}, \quad x \geqslant 0$$

F 分布常用于两个独立 χ^2 分布随机变量相除运算的问题,显然,一个自由度为 (m, n) 的 F 分布随机变量的倒数也服从 F 分布,但其自由度变为 (n,m)。

在 MATLAB 中,fpdf、fcdf、finv 函数分别求取 F 分布的概率密度函数、分布函数与逆分布函数的值。函数的调用格式如下。

```
y = fpdf(x,a,b)
y = fcdf(x,p,q)
x = finv(F,p,q)
```

其中,x 为选定的一组横坐标向量,y 为 x 各点处的概率密度函数的值。

【例 2-10】　试分别绘制出 (p,q) 对为 $(1,1)$,$(2,1)$,$(3,1)$,$(3,2)$,$(4,1)$ 时 F 分布的概率密度函数与分布曲线。

其 MATLAB 代码如下:

```
>> clear all;
x = [ - eps: - 0.02: - 0.05,0:0.02:5];
x = sort(x');
p1 = [1 2 3 4];q1 = [1 1 1 2 1];
y1 = [ ];y2 = [ ];
for i = 1:length(p1)
    y1 = [y1,fpdf(x,p1(i),q1(i))];
    y2 = [y2,fcdf(x,p1(i),q1(i))];
end
figure;plot(x,y1);
gtext('(1,1)');gtext('(2,1)');
gtext('(3,1)');gtext('(4,1)');gtext('(3,2)');
figure;plot(x,y2);
gtext('(1,1)');gtext('(2,1)');
gtext('(3,1)');gtext('(4,1)');gtext('(3,2)');
```

运行程序,效果如图 2-17 及图 2-18 所示。

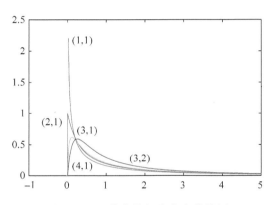

图 2-17　F 分布的概率密度曲线图

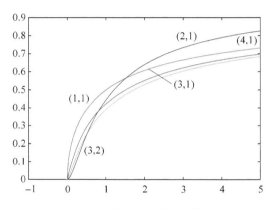

图 2-18　F 分布的分布函数曲线图

2.3.8　泊松分布

如果离散随机变量 ξ 的取值为非负整数值 $k=0,1,2,\cdots$ 且取值等于 k 的概率为

$$p_k = P(\xi = k) = \frac{\lambda^k}{k!}\exp(-\lambda)$$

则称离散随机变量 ξ 服从泊松分布。泊松分布随机变量的期望和均值为

$$(F,\xi) = \lambda$$
$$Var(\xi) = \lambda$$

两个分别服从参数为 λ_1 和 λ_2 的独立泊松分布的随机变量之和也是泊松分布的,其参数为 $\lambda_1 + \lambda_2$。

在对二项分布的概率计算中,需要计算组合数,这在独立试验次数很多的情况下是不方便的。泊松定理指出,当一次试验的事件概率很小 $p \to 0$,独立试验次数很大 $n \to \infty$,

而两者之乘积 $np=\lambda$ 为有限值时，二项分布 $P_k(n,p)$ 趋近于参数为 λ 的泊松分布，即有 $\lim\limits_{n\to\infty}P_k(n,p)=\dfrac{\lambda^k}{k!}\mathrm{e}^{-\lambda}$。利用泊松分布可以对单次事件概率很小而独立试验次数很大的二项分布概率进行有效的建模及近似计算。

例如，在排队论中，假设总的顾客数 n 趋于无穷多，而每个顾客到达(请求服务)的概率 p 趋于无穷小，所有顾客的到达与否服从相同的概率模型，且相互独立。如果将观察一个顾客的到达与否视为一次随机试验，那么在单位时间内观察全部顾客(无穷多)的到达情况就是无穷多次的独立随机试验，这样，单位时间上顾客到达数目 k 将服从参数为 λ 的泊松分布，参数 λ 的意义是单位时间上的平均到达顾客数，即顾客到达率。

在以上例子中，相继两个顾客到达的时间间隔、相继两次系统故障之间的时间间隔 T 是一个连续随机变量。设在时间 t 上顾客到达数(或出现故障数)ξ 服从参数为 λt 泊松分布，即

$$p_k = P(\xi = k) = \frac{(\lambda t)^k}{k!}\exp(-\lambda t)$$

显然，在时间 $t<T$ 上，顾客到达数(或出现故障数)为零，相继两个顾客到达的时间间隔为 t 的事件等价于在该时间上顾客到达数为零这一事件$\{\xi=k=0\}$，根据概率分布函数的定义，时间间隔随机变量 T 的分布函数为

$$F(t) \triangleq P(T\leqslant t) = 1-P(T>t) = 1-P(\xi=0) = 1-\mathrm{e}^{-\mu}$$

因此，相继两个顾客到达(故障发生)的时间间隔服从参数为 λ 的指数分布，平均(到达或故障)时间间隔为 $\dfrac{1}{\lambda}$。于是可得出指数分布和泊松分布之间的关系：如果相继出现的两事件之间的时间间隔 T 服从参数为 λ 的指数分布，那么在 t 时间内事件发生的次数 k 服从参数为 λt 的泊松分布。注意，在单位时间 $t=1$ 上事件发生的次数 k 服从参数 λ 的泊松分布。

利用指数分布和泊松分布之间的关系可以由指数分布产生泊松分布的随机数。

如果产生一系列参数同为 λ 的指数分布的随机数 $t_i(i=1,2,\cdots)$ 可认为在时间段 $\sum\limits_{i=1}^{k}t_i$ 上发生了 k 个事件，因此在单位时间段 $t=1$ 上发生的事件数 k 满足方程

$$\sum_{i=1}^{k}t_i \leqslant 1 < \sum_{i=1}^{k+1}t_i$$

利用这一关系，即可产生参数为 λ 的泊松分布随机数，即不断产生参数为 λ 的指数分布的随机数 $t_i,i=1,2,\cdots$，并将它们累加起来，如果累加到 $k+1$ 个的结果大于 1，则将计数值 k 作为泊松分布的随机数输出。

设随机数 x_i 是均匀分布在区间 $[0,1]$ 上的随机数，则根据前述反函数法，$t_i = -\dfrac{1}{\lambda}\ln x_i$ 将是参数为 λ 的指数分布随机数。将其代入上式可得

$$\sum_{i=1}^{k}-\frac{1}{\lambda}\ln x_i \leqslant 1 < \sum_{i=1}^{k+1}-\frac{1}{\lambda}\ln x_i$$

利用上式计算时需要计算对数求和，效率较低。事实上，上式可简化为

$$\prod_{i=1}^{k} x_i \geqslant \exp(-\lambda) > \prod_{i=1}^{k+1} x_i$$

这样,泊松随机数的产生就简化为连乘运算和条件判断,具体算法如下。

(1) 初始化。置计数器 $i:=0$,以及乘积变量 $v:=1$。

(2) 计算连乘。产生一个区间 $[20,1]$ 上均匀分布的随机数 x_i,并赋值 $v:=v\times x_i$。

(3) 判断。如果 $v\geqslant\exp(\lambda)$,则令 $i:=i+1$,返回(2);否则,将当前计数值作为泊松随机数输出,然后转到(1)。

MATLAB 统计工具箱提供的泊松分布计算指令包括 poisspdf、poisscdf、poissfit、poissinv、poissrnd、poissstats 等。

【例 2-11】 分别绘制出 $\lambda=1,3,6,10$ 时泊松分布的概率密度函数与分布函数曲线。

其 MATLAB 代码编程如下:

```
>> clear all;
x = [0:15]';
y1 = [];
y2 = [];
lam1 = [1,3,6,10];
for i = 1:length(lam1)
    y1 = [y1,poisspdf(x,lam1(i))];
    y2 = [y2,poisscdf(x,lam1(i))];
end
figure;plot(x,y1)
xlabel('x');ylabel('y1');
gtext('λ = 1');gtext('λ = 3');
gtext('λ = 6');gtext('λ = 10');
figure;plot(x,y2)
xlabel('x');ylabel('y2');
gtext('λ = 1');gtext('λ = 3');
gtext('λ = 6');gtext('λ = 10');
```

运行程序,效果如图 2-19 及图 2-20 所示。

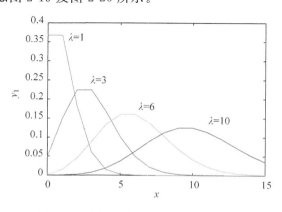

图 2-19　泊松分布的概率密度函数曲线

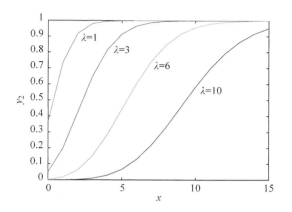

图 2-20　泊松分布的分布函数曲线图

2.3.9　指数分布

参数为 λ 的指数分布的概率密度函数为

$$p(x) = \lambda e^{-\lambda x}, \quad x \geqslant 0$$

其概率分布函数为

$$F(x) = 1 - e^{-\lambda x}, \quad x \geqslant 0$$

概率分布函数的反函数为

$$F^{-1}(x) = -\frac{1}{\lambda}\ln(1-x)$$

由于 x 和 $1-x$ 都是在 [0 1] 区间的均匀分布随机数，为计算简单，可用 x 来代替 $1-x$。于是得到指数分布的随机数 η 的产生公式如下

$$\eta = -\frac{1}{\lambda}\ln\xi$$

其中，ξ 是在区间 [0,1] 上均匀分布的随机数。

指数分布随机变量的期望为 $\frac{1}{\lambda}$，方差为 $\frac{1}{\lambda^2}$。在 MATLAB 统计工具箱中提供了 exprnd 函数用于创建指数分布。其调用格式如下。

```
R = exprnd(mu)
R = exprnd(mu,m,n,…)
R = exprnd(mu,[2m,n,…])
```

其中，参数 mu 为给定的参数，m,n 为返回的指数随机变量的维数。

【例 2-12】 生成指数分布的随机数。

其 MATLAB 代码编程如下：

```
>> clear all;
% 设置指数分布的参数
mu = 4;
% 产生 len 个随机数
```

```
len = 5;
y1 = exprnd(mu, [1 len])
%产生P行Q列的矩阵
P = 3;
Q = 4;
y2 = exprnd(mu, P,Q)
%显示指数分布的柱状图
M = 1000;
y3 = exprnd(mu, [1 M]);
figure(1);
t = 0:0.2:max(y3);
hist(y3,t);
axis([0 max(y3) 0 100]);
xlabel('取值');ylabel('计数值');
```

运行程序,输出如下,效果如图2-21所示。

```
y1 =
    2.3538     1.8434     9.2916     5.6150     1.9398
y2 =
    4.7503    12.9252     0.1257     2.3262
    1.0612     4.8620     1.4893     2.5143
    5.2786     2.3453     1.3258     0.5308
```

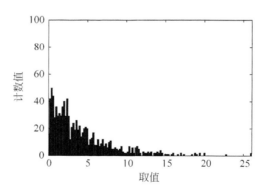

图 2-21　指数分布直方图

2.3.10　均匀分布

设连续型随机变量 X 具有概率密度

$$f(x) = \begin{cases} \dfrac{1}{b-a}, & a < x < b \\ 0, & 其他 \end{cases} \tag{2-1}$$

则称 X 在区间 (a,b) 上服从均匀分布,记为 $X \sim U(a,b)$,其中 a、b 是分布参数。

在区间 (a,b) 上服从均匀分布的随机变量 X,具有下述意义,即它落在区间 (a,b) 中任意等长度的子区间内的可能性是相同的。或者说它落在子区间的概率只依赖于子区间的长度而与子区间的位置无关。事实上,对于任一长度 l 的子区间 $(c, c+l)$, $a \leqslant c < c+l \leqslant b$,有

$$p\{c < X \leqslant c+l\} = \int_c^{c+l} f(x)\mathrm{d}x = \int_c^{c+l} \frac{1}{b-a}\mathrm{d}x = \frac{1}{b-a} \tag{2-2}$$

由式(2-1)及式(2-2)得 X 的分布函数为

$$F(x) = \begin{cases} 0, & x < a \\ \dfrac{x-a}{b-a}, & a \leqslant x < b \\ 1, & x \geqslant b \end{cases} \tag{2-3}$$

在 MATLAB 中提供了 unifrnd 函数创建均匀分布。

【例 2-13】 (投掷硬币的计算机模拟)投掷硬币 1000 次,试模拟掷硬币的结果。

其 MATLAB 代码编程如下:

```
>> clear all;
n = 1000;
t1 = 0; t2 = 0; a = [ ];
for j = 1:n
    a(j) = unifrnd(0,1);
    if a(j)<0.5
        t1 = t1 + 1;
    else
        t2 = t2 + 1;
    end
end
p1 = t1/n
p2 = t2/n
```

运行程序,输出如下。

```
p1 =
    0.4910
p2 =
    0.5090
```

说明:当再次运行程序时,结果与上面的不一定相同,因为这相当于又做了一次投掷硬币 1000 次的实验。当程序中 $n=1000$ 改为 $n=100\ 000$ 时,就相当于投掷硬币 100 000 次的实验。

2.3.11 二项分布

将试验 E 重复进行 n 次,若各次试验的结果互不影响,即每次试验结果出现的概率都不依赖于其他各次试验的结果,则称这 n 次试验是相互独立的。

设试验 E 只有两个可能结果 A 及 $\bar{A}$,$P(A)=p$,$P(\bar{A})=1-p=q(0<p<1)$。将 E 独立重复地进行 n 次,则称这一串重复的独立试验为 n 重伯努利试验,简称伯努利试验。伯努利试验是一种很重要的数学模型。它有广泛的应用,是研究得最多的模型之一。

以 X 表示 n 重伯努利试验中事件 A 发生的次数，X 是一个随机变量，求它的分布律。X 所有可能取的值为 $0,1,2,\cdots,n$。由于各次试验是相互独立的，因此事件 A 在指定的 $k(0 \leqslant k \leqslant n)$ 次试验中发生，其他 $n-k$ 次试验中不发生（例如在前 k 次试验中发生，而后 $n-k$ 次试验中不发生）的概率为

$$\underbrace{p \cdot p \cdots p}_{k \text{个}} \cdot \underbrace{(1-p) \cdot (1-p) \cdots (1-p)}_{n-k \text{个}} = p^k(1-p)^{n-k}$$

由于这种指定的方式共有 C_n^k 种，它们是两两互不相容的，故在 n 次试验中 A 发生 k 次的概率为 $C_n^k p^k(1-p)^{n-k}$，即

$$P\{X = k\} = C_n^k p^k q^{n-k}, \quad k = 0,1,2,\cdots,n \tag{2-4}$$

显然

$$P\{X = k\} \geqslant 0, \quad k = 0,1,2,\cdots,n$$

$$\sum_{k=0}^{n} C_n^k p^k q^{n-k} = (p+q)^n = 1 \tag{2-5}$$

即 $P\{X=k\}$ 满足条件式(2-4)、式(2-5)。注意到 $C_n^k p^k q^{n-k}$ 刚好是二项式 $(p+q)^n$ 的展开式中出现 p^k 的一项，故我们称随机变量 X 服从参数为 n、p 的二项分布，记为

$$X \sim B(n, p)$$

特别的，当 $n=1$ 时二项分布化为

$$P\{X = k\} = p^k q^{1-k}, \quad k = 0,1$$

这就是 0-1 分布。

MATLAB 统计工具箱提供了二项分布的计算指令，包括 binopdf、binocdf、binofit、binoinv、binornd、binostat 等。

【例 2-14】 生成二项分布的随机数。

其 MATLAB 代码编程如下：

```
>> clear all;
% 设置二项式分布的参数
N = 100;
p = 0.5;
% 产生 len 个随机数
len = 5;
y1 = binornd(N,p,[1 len])
% 产生 P 行 Q 列的矩阵
P = 3;
Q = 4;
y2 = binornd(N,p,P,Q)
% 显示二项式分布的柱状图
M = 1000;
y3 = binornd(N,p,[1 M]);
figure(1);
t = 0:2:N;
hist(y3,t);
axis([0 N 0 300]);
xlabel('取值');ylabel('计数值');
```

运行程序,输出如下,效果如图 2-22 所示。

```
y1 =
    56    50    56    45    55
y2 =
    47    51    39    54
    48    64    52    44
    50    54    51    50
```

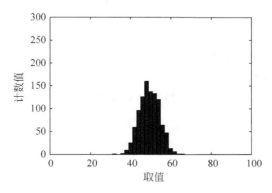

图 2-22　二次项分布直方图

2.4　多维随机变量及分布

有些随机实验的结果同时涉及若干个随机变量,这就是多维随机变量问题。多维随机变量的性质不仅与各个随机变量有关,而且还与各随机变量之间的相互联系有关。

设随机实验 E 的样本空间为 $S=\{e\}$,$X_1,X_2,\cdots,X_n$ 是定义在 $S=\{e\}$ 上的 n 个随机变量,它们构成的随机向量 $(X_1,X_2,\cdots,X_n)$ 称为 n 维随机变量。

2.4.1　分布律

如果随机变量 (X,Y) 的取值只有有限多个或可列无限多个,则称 (X,Y) 为离散随机变量。设 (X,Y) 所有可能的取值为 $(x_i,y_j)(i,j=1,2,\cdots)$,取这些值的概率为 $p_{ij}(i,j=1,2,\cdots)$,称式 $P(X=x_i,Y=y_j)=p_{ij}(i,j=1,2,\cdots)$ 为随机变量 (X,Y) 的联合分布列(或分布律、概率分布),它具有以下性质:

$$\sum_{i=1}^{\infty}\sum_{j=1}^{\infty}p_{ij}=1,\quad p_{ij}\geqslant 0$$

如果 (X,Y) 为离散型随机变量,其联合分布列为

$$P(X=x_i,Y=y_j)=p_{ij}\quad (i,j=1,2,\cdots)$$

则

$$P(X=x_i)=\sum_{j=1}^{\infty}p_{ij}=p_{i\cdot}\quad (i=1,2,\cdots)$$

$$P(X = y_j) = \sum_{i=1}^{\infty} p_{ij} = p_{\cdot j}, \quad (j = 1, 2, \cdots)$$

分别称为(X,Y)关于X、Y的边缘分布律。

2.4.2　相互独立性

随机事件的独立性具有重要的意义和广泛的应用,下面讨论的随机变量的独立性,也是一个很重要的问题。

如果(X,Y)为连续型随机变量,其联合分布律和边缘分布律分别为 $p_{ij}, p_i \cdot , p \cdot_j$,则 X、Y 相互独立的充要条件是对任意i、j,有 $p_{ij} = p_i \cdot \; p \cdot_j (j = 1, 2, \cdots)$。

如果(X,Y)为连续型随机变量,其联合密度函数和边缘密度函数分别为 $f(x,y)$, $f_X(x,y), f_Y(x,y)$,则 X、Y 相互独立的充分必要条件是对任意x、y,有 $f(x,y) = f_X(x, y)f_Y(x,y)$。

2.4.3　数字特征

随机变量的概率分布完整地描述了随机变量的取值规律,但在很多实际问题中,我们仅需要知道随机变量的某些特征就够了。随机变量的数字特征,就是刻画随机变量某些特征(如平均值、偏差程度)的量,它在理论和实践上都具有重要意义。

1. 数学期望(均值)

先看一个例子,设对某食品的水分进行了 n 次测量,有 m_i 次的测量结果为 x_1, m_2 次的测量结果为 $x_2, \cdots, m_k$ 次的测量结果为 x_k,则测量结果的平均值为

$$X = \frac{1}{n}(x_1 m_1 + x_2 m_2 + \cdots + x_k m_k) = \sum_{i=1}^{k} x_i \frac{m_i}{n}$$

其中,$m_1 + m_2 + \cdots + m_k = n$,$m_i$ 为 x_i 出现的频数,$\frac{m_i}{n}$ 为 x_i 出现的频率,因此,所求的平均值就是随机变量所取值与对应的频率乘积之和。由于频率具有偶然性,所以用频率的稳定值——概率代替,就消除了偶然性,从本质上反映了随机变量的平均值,习惯上,把这个平均结果叫做数学期望或均值。数学期望的意思是通过大量观察,可以期望这个随机变量取这个值。

1)离散型随机变量的数学期望

设离散型随机变量 X 的分布列为 $P(X = x_k) = p_k (k = 1, 2, \cdots)$,如果 $\sum_{k=1}^{\infty} |x_k| p_k < \infty$,则称 $\sum_{k=1}^{\infty} |x_k| p_k$ 为随机变量 X 的数学期望,记作 EX 或 $E(X)$,即 $EX = E(X) = \sum_{k=1}^{\infty} |x_k| p_k$。

数学期望是算术平均值概念的拓广,说得明确些,就是概率意义下的平均,因而也称数学期望为均值。

2）连续型随机变量的数学期望

设 X 为连续型随机变量，其概率密度为 $f(x)$，如果 $\int_{-\infty}^{+\infty} |x| f(x)\mathrm{d}x < \infty$，则称 $\int_{-\infty}^{+\infty} xf(x)\mathrm{d}x$ 为随机变量 X 的数学期望，记作 EX 或 $E(X)$，即 $EX = E(X) = \sum_{k=1}^{\infty} xf(x)\mathrm{d}x$。

3）随机变量函数的数学期望

设有随机变量 X 的连续函数 $Y = g(X)$，$E(g(X))$ 存在。

（1）对离散型随机变量 X，如果 $P(X=x_k)=p_k(k=1,2,\cdots)$，则

$$E(g(X)) = \sum_{k=1}^{\infty} g(x_k) p_k$$

（2）对连续型随机变量 X，如果有密度函数 $f(x)$，则

$$E(g(X)) = \int_{-\infty}^{+\infty} g(x)f(x)\mathrm{d}x$$

4）数学期望的性质

（1）设 C 为常数，则 $E(C)=C$；

（2）设 X 是一个随机变量，C 为常数，则有 $E(CX)=CE(X)$；

（3）设 X,Y 为两个随机变量，则有 $E(X,Y)=E(X)+E(Y)$；

（4）设 X,Y 为两个相互独立的随机变量，则有 $E(XY)=E(X)E(Y)$。

在 MATLAB 中，提供了 mean 函数用于求随机变量的均值。函数的调用格式如下。

M＝mean(A)：当 A 为向量时，M 返回 A 中各元素的算术平均值，当 A 为矩阵时，M 返回 A 中各列元素的算术平均值构成的向量。

M＝mean(A,dim)：M 返回给出的维数 dim 内的算术平均值。

【例 2-15】 试求一组随机数的均值。

其 MATLAB 代码如下。

```
>> A = rand(8,7)
A =
    0.6319    0.0311    0.4779    0.4062    0.9538    0.4286    0.4781
    0.9133    0.6489    0.3151    0.9337    0.1922    0.2679    0.1552
    0.3149    0.4757    0.8046    0.8998    0.8839    0.6116    0.8067
    0.5338    0.6674    0.9070    0.9869    0.7325    0.8323    0.8066
    0.0350    0.1551    0.5635    0.5840    0.3606    0.4148    0.3663
    0.0747    0.3475    0.9204    0.6859    0.6994    0.3988    0.6911
    0.9823    0.3316    0.6572    0.7458    0.7192    0.3746    0.2823
    0.7045    0.3970    0.6064    0.1581    0.0387    0.4111    0.0410
>> mean(A)                    % 求随机变量的均值
ans =
    0.5238    0.3818    0.6565    0.6751    0.5725    0.4675    0.4534
```

2. 方差

数学期望是描述随机变量取值的集中位置的一个数字特征，在实际问题中，有时只

知道数学期望是不够的。例如，一批灯泡，知其平均寿命是 $E(X)=1000h$。仅由这一指标不能断定这批灯泡的质量好坏。实际上，有可能其中绝大部分灯泡的寿命都是在 $950 \sim 1050h$ 之间；也有可能大约只有 $700h$。为了评定这批灯泡质量的好坏，还需进一步考察灯泡寿命 X 与其均值 $E(X)=1000$ 的偏离程度。如果偏离程度较小，表示质量比较稳定。从这个意义上来说，认为质量较好。由此可见，研究随机变量与其均值的偏离程度是十分必要的。

设 X 为变量，如果 $E(X-E(X))^2$ 存在，定义 $E(X-E(X))^2$ 为 X 的方差，记为 DX 或 $D(X)$。称 $\sqrt{D(X)}$ 为随机变量 X 的均方差或标准差。

方差表达了随机变量 X 的取值与均值 $E(X)$ 的偏离程度。X 的取值越集中，则 $D(X)$ 越小。反之，如果 X 的取值比较分散，则 $D(X)$ 较大。因此，方差 $D(X)$ 是刻画 X 取值分散程度的量，是衡量 X 取值分散程度的尺度。

由定义

$$D(X) = E(X-E(X))^2 = E(X^2 - 2XE(X) + E(X))^2$$
$$= E(X^2) - 2(E(X))^2 + (E(X))^2$$

得到方差的计算公式为

$$D(X) = E(X^2) - (E(X))^2$$

方差还具有以下性质（设以下出现的随机变量的方差都存在）。

（1）设 C 为常数，则 $D(C)=0$；

（2）设 X 为随机变量，C 为常数，则有 $D(CX)=C^2 D(X)$；

（3）如果 X,Y 为两个随机变量，则

$$D(X+Y) = D(X) + D(Y) + 2E((X-E(X))(Y-E(Y)))$$

特别是当 X,Y 相互独立时，有 $D(X+Y)=D(X)+D(Y)$。

在 MATLAB 中，提供了 var 函数用于求随机变量的方差，提供了 std 函数用于求随机变量的标准差。它们的调用格式如下。

$V=\mathrm{var}(X)$：返回样本数据的方差，当 X 为向量时，该命令返回 X 向量的样本方差；当 X 为矩阵时，返回由 X 矩阵的列向量的样本方差构成的行向量。

$V=\mathrm{var}(X,1)$：返回向量（矩阵）X 的简单方阵（即置前因子为 $1/n$ 的方差）。

$V=\mathrm{var}(X,w)$：返回以 w 为权重的向量（矩阵）X 的方差。

$V=\mathrm{var}(X,w,\mathrm{dim})$：返回给出 X 的维数 dim 内的方差。

$s=\mathrm{std}(X)$：返回向量（矩阵）X 的样本标准差（置前因子为 $1/(n-1)$）即

$$\mathrm{std} = \sqrt{\frac{1}{n-1}\sum_{i=1}^{n}(x_i - \bar{x})^2}$$

$s=\mathrm{std}(X,\mathrm{flag})$：返回向量（矩阵）$X$ 的标准差（置前因子为 $1/n$）。

$s=\mathrm{std}(X,1,\mathrm{dim})$：返回向量（矩阵）$X$ 的标准差（置前因子为 $1/n$）。

$s=\mathrm{std}(X,\mathrm{flag},\mathrm{dim})$：返回向量（矩阵）中维数为 dim 的标准差值，其中 $\mathrm{flag}=0$ 时，置前因子为 $1/(n-1)$；否则置前因子为 $1/n$。

【例 2-16】 试生成一组 40 000 个正态分布随机数，使其均值为 0.5，标准差为 1.5，试分析这样数据实际的均值、方差和标准差。

其 MATLAB 代码编程如下：

```
>> clear all;
p = normrnd(0.5,1.5,40000,1);
disp('实际均值为：');
mean(p)
disp('实际方差为：')
var(p)
disp('实际标准差为：')
std(p)
```

运行程序，输出如下。

```
实际均值为：
ans =
    0.5031
实际方差为：
ans =
    2.2488
实际标准差为：
ans =
    1.4996
```

如果减小随机变量个数，会有什么结果？例如选择 400 个随机数，则可以由以下的代码得出新生成随机数的均值与方差。

```
>> clear all;
p = normrnd(0.5,1.5,400,1);
disp('实际均值为：');
mean(p)
disp('实际方差为：')
var(p)
disp('实际标准差为：')
std(p)
```

运行程序，输出如下。

```
实际均值为：
ans =
    0.5330
实际方差为：
ans =
    2.4062
实际标准差为：
ans =
    1.5512
```

可见，得出的随机数标准差与理论值相差较大，所以在进行较精确的统计分析时不能选择太少的样本点。

3. 协方差、相关系数

对二维随机变量 (X,Y)，除了讨论的 (X,Y) 的数学期望和方差外，还需讨论描述 X

与 Y 之间关系的数字特征。

设二维随机变量 (X,Y)、$E(X)$、$E(Y)$ 存在,定义 $\text{cov}(X,Y)=E[(X-E(X))(Y-E(Y))]$ 为随机变量 X,Y 的协方差;又设 $D(X),D(Y)$ 均不为零,则称 $\dfrac{\text{cov}(X,Y)}{\sqrt{D(X)}\sqrt{D(Y)}}$ 为随机变量 X、Y 的相关系数,记作 ρ_{XY},即 $\rho_{XY}=\dfrac{\text{cov}(X,Y)}{\sqrt{D(X)}\sqrt{D(Y)}}$。

对随机变量 X、Y 分别进行标准化,得到

$$X^* = \frac{X-E(X)}{\sqrt{D(X)}}, \quad Y^* = \frac{Y-E(X)}{\sqrt{D(Y)}}$$

$$\begin{aligned}
\text{cov}(X^*,Y^*) &= E(X^*,Y^*) - E(X^*)E(Y^*) \\
&= E\left(\frac{X-E(X)}{\sqrt{D(X)}}\frac{Y-E(Y)}{\sqrt{D(Y)}}\right) - 0 \\
&= \frac{E((X-E(X))(Y-E(Y)))}{\sqrt{D(X)}\sqrt{D(Y)}}
\end{aligned}$$

由定义则有 $\text{cov}(X^*,Y^*)=\rho_{XY}$。

通常称 $\text{cov}(X^*,Y^*)$ 为标准协方差。由上式知道,X^*、Y^* 的协方差就是 X、Y 的相关系数。所以相关系数又称为标准协方差。

相关系数 ρ_{XY} 具有如下性质。

(1) $\rho_{XY}\leqslant 1$;

(2) $\rho_{XY}=1\Leftrightarrow P(Y=aX+b)=1$,即表示 X、Y 几乎线性相关。

相关系数 ρ_{XY} 是描述 X、Y 之间线性关系紧密程度的量。$|\rho_{XY}|$ 越接近于 1,X、Y 取值的线性近似程度越高;反之,$|\rho_{XY}|$ 越接近于 0,X、Y 取值的线性近似程度越低。

$\rho_{XY}=0$ 时,称 X、Y 不相关;$|\rho_{XY}|=1$ 时,称 X、Y 完全线性相关。

在 MATLAB 中提供了 cov 函数实现求矩阵的协方差。其调用格式如下。

cov(x):x 为向量时,计算其方差;x 为矩阵时,计算其协方差矩阵,其中协方差矩阵的对角元素是 x 矩阵的列向量的方差,使用的是 $n-1$ 标准化。

cov(x,y):计算 x,y 的协方差矩阵,要求 x,y 维数相同。

cov(x,1):使用的是 n 标准化。

cov(x,y,1):使用的是 $n-1$ 标准化。

【例 2-17】 试用 MATLAB 代码产生 4 个满足标准正态分布的随机变量,并求出其协方差矩阵。

其 MATLAB 代码编程如下:

```
>> clear all;
p = randn(30000,4);
cov(p)
```

运行程序,输出如下。

```
ans =
    1.0032    0.0043    - 0.0064    0.0089
    0.0043    1.0046    - 0.0012    - 0.0019
```

-0.0064	-0.0012	0.9881	0.0009
0.0089	-0.0019	0.0009	1.0023

MATLAB 中,提供了 corrcoef 函数用于求矩阵的相关系数。其调用格式如下。

R＝corrcoef(X)：返回从矩阵 X 形成的一个相关系数矩阵。此相关系数矩阵的大小与矩阵 X 一样。它把矩阵 X 的每列作为一个变量,然后求它们的相关系数。

R＝corrcoef(X,Y)：X,Y 为向量,它们的作用与 corrcoef([X,Y]) 的作用一致。

[R,P]＝corrcoef(…)：返回一个矩阵 P,用于测试矩阵的 p-值。

[R,P,RLO,RUP]＝corrcoef(…)：返回矩阵 RLO 与 RUP,其大小与 R 相同,其分别为置信区间在 95% 相关系数的上限与下限。

[…]＝corrcoef(…,'param1',val1,'param2',val2,…)：param1,param2,…与 val1,var2,…为指定的额外参数名与参数值。

【例 2-18】　试用 MATLAB 代码产生 3 个满足标准正态分布的随机变量,并求出其相关系数矩阵。

其 MATLAB 代码编程如下：

```
>> clear all;
A = randn(50,3);
A(:,4) = sum(A,2);
[R,P] = corrcoef(A)
```

运行程序,输出如下。

```
R =
    1.0000   - 0.0763     0.0173     0.5056
  - 0.0763     1.0000     0.1139     0.5720
    0.0173     0.1139     1.0000     0.6832
    0.5056     0.5720     0.6832     1.0000
P =
    1.0000     0.5985     0.9049     0.0002
    0.5985     1.0000     0.4308     0.0000
    0.9049     0.4308     1.0000     0.0000
    0.0002     0.0000     0.0000     1.0000
```

4. 矩

矩的概念是从力学中引进的,在此它是随机变量的各种数字特征的抽象。有了矩的概念。期望、方差和协方差可以统一归结为矩。矩,实际上就是随机变量及其各种函数的期望值。

设 X 为随机变量,$k \geqslant 0$,称 $\mu_k = E((X - E(X))^k)$ 为 X 的 k 阶中心矩;称 $a_k = E(X^k)$ 为随机变量 X 的 k 阶原点矩。显然,数学期望 $E(X)$ 为 X 的一阶原点矩;方差 $D(X)$ 为 X 的二阶中心矩。

设随机变量 $X_1, X_2, \cdots, X_n$ 的二阶混合中心矩

$$c_{ij} = \mathrm{cov}(X_i, X_j) = E(X_i - E(X_i))(X_j - E(X_j))$$

存在,称

$$C = \begin{bmatrix} c_{11} & c_{12} & \cdots & c_{1n} \\ c_{21} & c_{22} & \cdots & c_{2n} \\ \vdots & \vdots & & \vdots \\ c_{n1} & c_{n2} & \cdots & c_{nn} \end{bmatrix}$$

为协方差矩阵,在此 $c_{ij}=c_{ji}$；即 $C^T=C, c_{ij}=\sigma_i^2 (i=1,2,\cdots,n)$。

MATLAB 中,提供了 moment 函数,用于求出向量 x 的中心高阶矩,但没有直接函数可以求出原点矩。其中,可以用以下的语句求出给定随机向量 x 的 r 阶原点矩与中心矩如下。

```
Ar = sum(x.^r)/length(x);
Br = moment(x,r)。
```

【例 2-19】 考虑前面的正态分布随机数,求随机数的各阶矩。

其 MATLAB 代码编程如下：

```
>> clear all;
A = [ ];B = [ ];
p = normrnd(0.5,1.5,40000,1);
n = 1:5;
for r = n,
    A = [A,sum(p.^r)/length(p)];
    B = [B,moment(p,r)];
end
A,B
```

运行程序,输出如下。

```
A =
    0.4920    2.4827    3.4005    18.1900    38.3610
B =
         0    2.2407   - 0.0256    14.9278    - 0.9939
```

由下面的代码还可以求出各阶矩的理论值。

```
>> syms x;
A1 = [ ];B1 = [ ];
p = 1/(sqrt(2 * pi) * 1.5) * exp( - (x - 0.5)^2/(2 * 1.5^2));
for i = 1:5
    A1 = [A1,vpa(int(x^i * p,x, - inf,inf),12)];
    B1 = [B1,vpa(int((x - 0.5)^i * p,x, - inf,inf),12)];
end
A1,B1
```

运行程序,输出如下。

```
A1 =
[ 0.500000000000000066014359777721115, 2.50000000000000003300853514132118,
3.50000000000000462086965913322, 18.6250000000000002458970527197124,
40.8125000000000005388051116383963]
B1 =
```

[0, 2.250000000000000002970713952610282, 0, 15.1875000000000002005123497794692, 0]

5. 几何均值

样本数据 $x_1, x_2, \cdots, x_n$ 的几何均值 m 可以根据下式求得

$$m = \left[\prod_{i=1}^{n} x_i \right]^{\frac{1}{n}}$$

在 MATLAB 中,提供 geomean 函数用于计算样本的几何均值,函数的调用格式如下。

m = geomean(x):函数计算样本的几何均值。对于矢量,geomena(x)为数据 x 中元素的几何均值。对于矩阵,geomean(x)为一个矢量,包含每列数据的几何均值。对于多维数组,geomean(x)沿 x 的第一个成对维进行计算。

geomean(X,dim):函数计算 x 的第 dim 维的几何均值。

【例 2-20】 样本均值大于或等于样本的几何均值。

其 MATLAB 代码编程如下:

```
>> clear all;
>> x = exprnd(1,10,6);
geometric = geomean(x)
geometric =
    0.5911    0.9583    0.6653    0.4289    0.8580    1.2420
>> average = mean(x)
average =
    1.5869    1.2839    0.9145    0.6246    1.2394    1.7260
```

6. 调和均值

样本数据 $x_1, x_2, \cdots, x_n$ 的调和平均值 m 定义为

$$m = \frac{n}{\sum\limits_{i=1}^{n} \dfrac{1}{x_i}}$$

在 MATLAB 中,用 harmmean 函数计算样本数据的调和平均值,函数的调用格式如下。

m = harmmean(X):对于矢量,harmmean(X)函数为 X 中元素的调和平均值;对于矩阵,harmmean(X)函数为包含每列元素调和均值的行矢量;对于多维数组,harmmean(X)沿 X 的第一个成对维进行计算。

harmmean(X,dim):计算 X 的第 dim 维的调和均值。

【例 2-21】 样本均值大于或等于样本的调和均值。

其 MATLAB 代码编程如下:

```
>> clear all;
>> x = exprnd(1,10,6);
harmonic = harmmean(x)
harmonic =
    0.1773    0.2110    0.5499    0.0863    0.5174    0.6839
```

```
>> average = mean(x)
average =
    1.1479    1.1867    1.1694    1.1361    0.7347    1.9069
```

7. 中值

所谓中值,是指在数据序列中其值的大小恰好在中间。例如,数据序列 9,-2,5,7,12 的中值为 5。如果为偶数个时,则中值等于中间的两项之平均值。

在 MATLAB 中,提供了 median 函数用于计算数据的中值,函数的调用格式如下。

M = median(A):将返回的矩阵 A 各列元素的中值赋予行向量 M。如果 A 为向量,则 A 为单变量。

M = median(A,dim):按数组 A 的第 dim 维方向的元素求其中值并赋予向量 M。如果 dim=1,为按列操作;如果 dim=2,为按行操作。如果 A 为二维数组,M 为一个向量;如果 A 为一维数组,则 M 为单变量。

【例 2-22】 利用不同维方向求出二维数组 A 的中值。

其 MATLAB 代码编程如下:

```
>> clear all;
>> A = [0 1 1;2 3 2;1 3 2;4 2 2]    %二维数组
A =
     0     1     1
     2     3     2
     1     3     2
     4     2     2
>> M1 = median(A)
M1 =
    1.5000    2.5000    2.0000
>> M1 = median(A,2)
M1 =
     1
     2
     2
     2
```

8. 截尾均值

对于样本数据进行排序后,去掉两端的部分极值,然后对剩下的数据求算术平均值,得到截尾均值。在 MATLAB 中,提供了 trimmean 函数用于计算截尾均值,函数的调用格式如下。

m = trimmean(X,percent):剔除测量中最大和最小的数据以后,计算样本 X 的均值。如果 X 为矢量,则 m 为 X 中元素的截尾均值;如果 X 为多维数组,则 m 沿 X 中的第 1 个成对维进行计算。percent 为 0 和 100 之间的数。

trimmean(X,percent,dim):沿 X 的第 dim 维计算截尾均值。

截尾均值为样本位置参数的稳健性估计。如果数据中有异常值,截尾均值为数据中心的一个更有代表性的估计。如果所有数据取自服从同一分布的总体,则使用样本均值比使用截尾均值更有效。

【例2-23】 下面用蒙特卡罗模拟正态数据的 10% 截尾均值相对于样本均值的有效性。值小于 1,说明正态条件下截尾均值不如算术平均值有效。

其 MATLAB 代码编程如下:

```
>> clear all;
rng default;                    % 设置重复性
x = normrnd(0,1,100,100);
m = mean(x);
trim = trimmean(x,10);
sm = std(m);
strim = std(trim);
efficiency = (sm/strim).^2
```

运行程序,输出如下:

```
efficiency =
    0.9663
```

9. 内四分极值

内四分极值是属于描述离中趋势的统计量的,在 MATLAB 中,提供了 iqr 函数计算样本的内四分极值(IQR),iqr 函数的调用格式如下。

ts_iqr = iqr(ts):计算 ts 的内分极值。IQR 是数据极差的稳健性估计。因为上下 25%4 数据变化对其没有影响。对于多维数组,iqr 函数沿 ts 的第 1 个成对维进行计算。

iqr(ts, Name, Value):设置内四分极值的属性 Name 及其对应的属性值 Value。

【例2-24】 用蒙特卡罗法模拟正态数据的 IQR 相对于样本标准差的有效性。结果仅为 0.22,说明正态条件下 IQR 不如标准差有效。

其 MATLAB 编程如下:

```
>> clear all;
x = normrnd(0,1,100,100);
s = std(x);
s_iqr = 0.7413 * iqr(x);
eff = (norm(s - 1)./norm(s_iqr - 1)).^2
```

运行程序,输出如下:

```
eff =
    0.5021
```

10. 均值绝对差

在 MATLAB 中,提供了 mad 函数用于计算数据样本的均值或绝对值(MAD)。函数的调用格式如下。

y=mad(X):计算 X 中数据的均值绝对差。如果 X 为矢量,y 用 mean(abs(x − mean(x)))计算;如果 X 为矩阵,则 y 为包含 X 中每列数据均值绝对差的行矢量;如果

X 为多维数组,则 mad 函数计算第 1 个成对维元素的均值绝对差。

Y＝mad(X,1):基于中值计算 Y,即 median(abs(x－median(X)))。

Y＝mad(X,0):与 mad(X)相同,使用均值。

Y＝mad(X,flag,dim):沿 X 的第 dim 维计算 MAD。

该函数将 NAN 视为缺失值并删除。当数据取值正态分布时,均值绝对差用于数据范围估计的有效值比标准差要差一些。可以用均值标准差乘以 1.3 来估计 σ。

【例 2-25】 说明正态条件下用标准差衡量数据范围比均值绝对差更有效。

其 MATLAB 代码编程如下:

```
>> clear all;
x = normrnd(0,1,1,50);
xo = [x 10];                      % 添加异常
r1 = std(xo)/std(x)
r1 =
    1.7964
>> r2 = mad(xo,0)/mad(x,0)
r2 =
    1.2543
>> r3 = mad(xo,1)/mad(x,1)
r3 =
    1.0209
```

11. 极差

极差指的是样本中最小值与最大值之间的差值。用 range 函数计算样本的极差,函数的调用格式如下。

range(X):对矢量而言,range(X)为 X 中元素的极差;对矩阵而言,range(X)为包含 X 中列中元素极差的行矢量。对于多维数组,range 函数沿 X 的第 1 个成对维进行计算。

y = range(X,dim):计算 X 的第 dim 维元素的极差。

用极差估计样本数据的范围具有计算简便的优点,缺点是异常值对它的影响较大,因此它是一个不可靠的估计值。

【例 2-26】 大样本标准正态分布随机数的极差近似为 6。下面首先生成 5 个包含 1000 个服从标准正态分布的随机数的样本,然后求极差。

其 MATLAB 代码编程如下:

```
>> clear all;
>> rv = normrnd(0,1,1000,5);
near6 = range(rv)
```

运行程序,输出如下:

```
near6 =
    7.0172    6.7378    6.4858    7.5891    6.4757
```

12. 自助统计量

在 MATLAB 中,提供了 bootsrtp 函数计算数据重复取样的自助统计量。函数的调用格式如下。

bootstat = bootstrp(nboot,bootfun,d1,…):从输入数据集 d1 中提取 nboot 个自助数据样本并传给 bootfun 函数进行分析。bootfun 是一个函数句柄。nboot 必须为正整数,并且每个输入数据集必须包含相同的行数 n,每个自助样本包含 n 行,它们随机取自对应的输入数据集 d1 等。输出 bootstat 的每一行包括将 bootfun 函数应用于一个自助样本时生成的结果。如果 bootfun 函数返回多个输出参数,只在 bootstat 中保存第 1个。如果 bootfun 函数的第 1 个输出为矩阵,则该矩阵重塑为行矢量,以便保存到 bootstat 中。

[bootstat,bootsam] = bootstrp(…):返回一个 $n \times n$ 的自动编号导入矩阵 bootsam。bootsam 中的每一列包含从原始数据集中提取出来组成对应自助样本的值的编号。例如如果 d1 等每个都包含了 16 个值,nboot＝4,则 bootsam 是一个 16×4 的矩阵。第 1 列包含从 d1 等数据集中提取出来形成前 4 个自助样本的 16 个值的编号,第 2列包含随后 4 个自助样本的 16 个值的编号,以此类推。

bootstat = bootstrp(…,'Name',Value):设置自动统计量的属性名 Name 及对应的属性值 Value。

【**例 2-27**】 计算 15 个学生的 LSAT 分数和法学院 GPA 之间的关系。通过对这 15个数据点进行重复采样,创建 1000 个不同的数据集,然后计算每个数据集中这两个变量之间的相关关系。

其 MATLAB 代码编程如下:

```
>> clear all;
load lawdata
rng default                        %设置重复性
[bootstat,bootsam] = bootstrp(1000,@corr,lsat,gpa);
>> bootstat(1:5,:)
ans =
    0.9874
    0.4918
    0.5459
    0.8458
    0.8959
>> bootsam(:,1:5)
figure
histogram(bootstat)                %效果如图 2-23 所示
ans =
    13    3   11    8   12
    14    7    1    7    4
     2   14    5   10    8
    14   12    1   11   11
    10   15    2   12   14
```

2	10	13	5	15
5	1	11	11	9
9	13	5	10	3
15	15	15	3	3
15	11	1	2	4
3	12	7	8	13
15	12	6	15	4
15	6	12	6	13
8	10	12	9	4
13	3	3	4	14

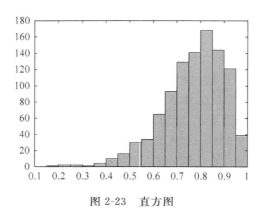

图 2-23　直方图

该直方图显示了整个自助样本的相关系数的变化。样本最小值为正,表示 LSAT 和 GPA 之间是相关的。

2.5　大数定律

事件发生的频率具有稳定性,即随着实验次数的增加,事件发生的频率逐渐稳定于某个常数。如何从数学上描述这种规律呢?伯努利大数定律给出了描述。

设随机变量 $X_1, X_2, \cdots, X_n$ 相互独立,并都服从参数为 p 的 0-1 分布,则对任意给定的 $\varepsilon > 0$,都有

$$\lim_{n \to \infty} \left(\left| \frac{1}{n} \sum_{i=1}^{n} X_i - p \right| < \varepsilon \right) = 1$$

如果用 n_A 表示 n 次独立重复实验中事件 A 发生的次数,$p(0 < p < 1)$ 的事件 A 在每次实验中发生的概率,则 $\forall \varepsilon > 0$,有

$$\lim_{n \to \infty} P \left(\left| \frac{n_A}{n} - p \right| < \varepsilon \right) = 1$$

即

$$\frac{n_A}{n} \xrightarrow{p} p$$

这说明频率是以概率收敛于 p 的,即频率是概率的反映。

在实践中人们还认识到大量测量值的算术平均值也具有稳定性。

设随机变量序列 $\{X_n\}$ $(n=1,2,\cdots)$ 独立同分布,且具有 $E(X_n)=\mu$,则 $\forall \varepsilon>0$,都有

$$\lim_{n\to\infty}\left(\left|\frac{1}{n}\sum_{i=1}^{n}X_i-\mu\right|<\varepsilon\right)=1$$

即

$$\frac{1}{n}\sum_{i=1}^{n}X_i\xrightarrow{p}\mu$$

这是辛钦大数定律所描述的。

【例 2-28】 往 $(0,1)$ 区间上随机投一个质点,其坐标 $\xi\sim U(0,1)$。重复投点,将前 n 个观测值的算术平均值计算结果列在表 2-2 中,总结前 n 个观测值的算术平均值随 n 增加的变化规律。

表 2-2 n 个 $U(0,1)$ 的随机变量的算术平均值的变化规律

n	1	11	21	31	41	51	61	71
平均值	0.162	0.388	0.455	0.471	0.482	0.514	0.498	0.519
n	500	510	520	530	540	550	560	570
平均值	0.517	0.517	0.515	0.513	0.513	0.513	0.510	0.515
n	1000	1010	1020	1030	1040	1050	1060	1070
平均值	0.504	0.505	0.504	0.504	0.504	0.504	0.505	0.505
n	2000	2010	2020	2030	2040	2050	2060	2070
平均值	0.497	0.496	0.495	0.496	0.495	0.495	0.495	0.494
n	3000	3010	3020	3030	3040	3050	3060	3070
平均值	0.498	0.498	0.498	0.498	0.498	0.498	0.498	0.498
n	4000	4010	4020	4030	4040	4050	4060	4070
平均值	0.495	0.495	0.495	0.495	0.495	0.495	0.495	0.495
n	5000	5010	5020	5030	5040	5050	5060	5070
平均值	0.495	0.495	0.495	0.495	0.495	0.495	0.496	0.496
n	6000	6010	6020	6030	6040	6050	6060	6070
平均值	0.496	0.496	0.496	0.496	0.496	0.496	0.496	0.496
n	7000	7010	7020	7030	7040	7050	7060	7070
平均值	0.499	0.5000	0.499	0.499	0.499	0.499	0.499	0.499
n	8000	8010	8020	8030	8040	8050	8060	8070
平均值	0.500	0.500	0.500	0.500	0.500	0.499	0.499	0.499

从表 2-2 中可以发现:当 n 比较小时,相应的观测值的算术平均值的变化幅度比较大;随着 n 的增加,平均值的变化幅度有变化小的趋势,并且有稳定于 0.500 的趋势。因此可以猜想 n 个观测的平均值随着 n 的增加而趋向于 0.5 的概率很大,即可以猜想

$$\lim_{n\to\infty}\frac{1}{n}\sum_{k=1}^{n}\xi_k=0.5$$

成立的概率应该很大,其中 ξ_k 表示 ξ 的第 k 次重复观测值。

其 MATLAB 代码编程如下。

```
>>clear all;
x = unidrnd(6,1000,1);
f = [];
```

```
for i = 1:12
    if i < 11
        n = i * 10;
    elseif i == 11
        n = 50 * 10;
    else
        n = 100 * 10;
    end
    y = x(1:n);
    f = [f;sum([y == 1,y == 2,y == 3,y == 4,y == 5,y == 6])/n];
end
```

运行这段程序代码后,计算出的前 $i×10$ 次的各个地区结果出现的频率依次存放在 $12×6$ 维矩阵 f 的各个行中。

事实上,不仅对于均匀分布 $U(0,1)$ 的重复观测值有上述规律,对于其他的常用分布,也有相同的规律。一般地,在概率论中有如下的定理,对证明过程感兴趣的读者可以在相关的概率论教科书中找到其证明。

2.6　中心极限定理

在客观实际中有许多随机变量,它们是由大量的相互独立的随机因素的综合影响所形成的,而其中每一个因素在总的影响中所起的作用都是微小的。这种随机变量往往近似地服从正态分布,这种现象就是中心极限定理的客观背景。

设随机变量序列 $\{X_n\}(n=1,2,\cdots)$ 独立同分布,且具有 $E(X_n)=\mu,D(X_n)=\sigma^2>0$,则随机变量之和 $\sum\limits_{i=1}^{n} X_i$ 的标准化变量为

$$Y_n = \frac{\sum\limits_{i=1}^{n} X_i - n\mu}{\sqrt{n}\,\sigma} = \frac{\sum\limits_{i=1}^{n} X_i - E\left(\sum\limits_{i=1}^{n} X_i\right)}{\sqrt{D\left(\sum\limits_{i=1}^{n} X_i\right)}}$$

的分布函数 $F_n(x)$ 对于任意 x 满足

$$\lim_{x \to \infty} F_n(x) = \lim_{n \to \infty} P\left(\frac{\sum\limits_{i=1}^{n} X_i - n\mu}{\sqrt{n}\,\sigma} \leqslant x\right) = \int_{-\infty}^{x} \frac{1}{\sqrt{2\pi}} e^{-\frac{t^2}{2}} \, dt = \Phi(x)$$

这就是说,均值为 μ,方差为 $\sigma^2>0$ 的独立同分布的随机变量 $X_1,X_2,\cdots,X_n$ 之和 $\sum\limits_{i=1}^{n} X_i$ 的标准化变量 Y_n,当 n 充分大时,有

$$Y_n = \frac{\sum\limits_{i=1}^{n} X_i - n\mu}{\sqrt{n}\,\sigma} \approx N(0,1)$$

即 n 充分大 $(n \geqslant 45)$ 时,有

$$\sum\limits_{i=1}^{n} X_i \approx (n\mu, n\sigma^2)$$

【例 2-29】　设有 30 个电子元件 $D_1, D_2, \cdots, D_{30}$，其寿命分别为 $T_1, T_2, \cdots, T_{30}$，都服从参数为 $\frac{1}{10}$h 的指数分布，即 $T_i \sim \mathrm{e}\left(\frac{1}{10}\right)$，$i = 1, 2, \cdots, 30$。它们的使用情况如下：$D_i$ 损坏后立即使用 D_{i+1}，$i = 1, 2, \cdots, 29$。求这批元件使用的总计时间 T 不小于 350h 的概率为多少？

解：显然 $T_i \sim \mathrm{e}\left(\frac{1}{10}\right)$，$i = 1, 2, \cdots, 30$，其概率密度函数为

$$p(x) = \begin{cases} \dfrac{1}{10} \mathrm{e}^{-\frac{1}{10}x}, & x \geq 0 \\ 0, & \text{其他} \end{cases}$$

那么 $E(T_i) = \dfrac{1}{\lambda} = 10$，$D(T_i) = \dfrac{1}{\lambda^2} = 100$。

总计时间 $T = \sum\limits_{i=1}^{30} T_i$，$E(T) = \sum\limits_{i=1}^{30} E(T_i) = 300$，$D(T) = \sum\limits_{i=1}^{30} D(T_i) = 3000$。

所求的是 $P\{T > 350\}$。而

$$T > 350 \Rightarrow T - E(T) > 350 - E(T) \Rightarrow T - 300 > 350 - 300$$

进而

$$\frac{T - E(T)}{\sqrt{D(T)}} = \frac{T - 30 \times 10}{\sqrt{30 \times 100}} > \frac{350 - 300}{\sqrt{3000}} = 0.913$$

那么

$$P\{T > 350\} = P\left\{ \frac{T - E(T)}{\sqrt{D(T)}} > 0.913 \right\} \approx 1 - \Phi(0.913) = 1 - 0.8186 = 0.1814$$

这说明元件使用的总计时间 T 不小于 350h 的概率近似等于 18.14%。

2.7　偏斜度与峰值

为了描述随机变量分布的形状与对称形式或正态分布的偏离程度，引入了特征量的偏斜度和峰度。

2.7.1　偏斜度

偏斜度的定义为

$$v_1 = E\left[\left(\frac{x - E(x)}{\sqrt{D(x)}} \right)^3 \right]$$

此函数表示分布形状偏斜对称的程度，如果 $v_1 = 0$，则可以认为分布是对称的；如果 $v_1 > 0$，则称为右偏态，此时位于均值右边的值比位于左边的值多一些；如果 $v_1 < 0$，则称为左偏态，即位于均值左边的值比位于右边的值多一些。

在 MATLAB 中提供了 skewness 函数实现偏斜度的计算。其调用格式如下。

y=skewness(X)：如果 X 为向量，则函数返回此向量的偏斜度；如果 X 为矩阵，则返回矩阵列向量的偏斜度行向量。

y＝skewness(X,flag)：指定是否纠正偏离(flag＝0 时，即纠正偏离；flag＝1 时，即不纠正偏离)后，再返回偏斜度。

y＝skewness(X,flag,dim)：返回给出 X 的维数 dim 的偏斜度。

【例 2-30】 求矩阵的偏斜度。

其 MATLAB 代码编程如下：

```
>> clear all;
X = randn([5 4])
X =
   -2.0518    0.2820   -0.2991   -0.8314
   -0.3538    0.0335    0.0229   -0.9792
   -0.8236   -1.3337   -0.2620   -1.1564
   -1.5771    1.1275   -1.7502   -0.5336
    0.5080    0.3502   -0.2857   -2.0026
>> y = skewness(X)
y =
    0.1704   -0.6850   -1.3596   -0.8741
>> y = skewness(X,0)
y =
    0.2540   -1.0211   -2.0267   -1.3031
>> y = skewness(X,1)                    % 纠正偏离
y =
    0.1704   -0.6850   -1.3596   -0.8741
>> y = skewness(X,1,2)                  % 矩阵列的偏斜度
y =
   -0.4844
   -0.7294
    0.5496
    0.6694
   -0.8749
```

2.7.2 峰值

峰值的定义为

$$v_2 = E\left[\left(\frac{x - E(x)}{\sqrt{D(x)}}\right)^4\right]$$

如果 $v_2 > 0$，表示分布有沉重的"尾巴"，即数据中含有较多偏离均值的数据，对于正态分布，$v_2 = 0$，故 v_2 的值也可看成是数据偏离正态分布的尺度。在 MATLAB 中此函数由 kurtosis 实现。其调用格式如下。

k＝kurtosis(X)：如果 X 为向量，则函数返回此向量的峰值；如果 X 为矩阵，则返回矩阵列向量的峰值行向量。

k＝kurtosis(X,flag)：指定是否纠正偏离(flag＝0 时，即纠正偏离；flag＝1 时，即不纠正偏离)后，再返回峰值。

k＝kurtosis(X,flag,dim)：返回给出 X 的维数 dim 的峰值。

【例 2-31】 求矩阵的峰值。

其 MATLAB 代码编程如下：

```
>> X = randn([5 4])
X =
     0.9642     1.0187    -0.5890     1.6555
     0.5201    -0.1332    -0.2938     0.3075
    -0.0200    -0.7145    -0.8479    -1.2571
    -0.0348     1.3514    -1.1201    -0.8655
    -0.7982    -0.2248     2.5260    -0.1765
>> k = kurtosis(X)
k =
     2.0172     1.4161     3.0422     2.0996
>> k = kurtosis(X,0)
k =
     3.0690     0.6645     7.1688     3.3985
>> k = kurtosis(X,0,1)
k =
     3.0690     0.6645     7.1688     3.3985
>> k = kurtosis(X,0,2)
k =
     5.5054
    -0.7206
     4.5459
     3.3389
     6.3967
```

第 3 章 统计估计

统计估计是统计推断的主要内容,包括两个方面的任务。

(1) 变量的分布形态未知,根据样本数据对变量的分布形态做出推测(估计)。

(2) 变量的分布形态已知,即已知其概率分布函数(或概率分布律,或概率密度函数)的数学表达式,但是某些参数(或数字特征)未知,根据样本数据对未知的参数(或未知参数的函数)做出估计。

3.1 点估计

点估计(point estimation)是用样本统计量来估计总体参数,因为样本统计量为数轴上某一点值,估计的结果也以一个点的数值表示,所以称为点估计。点估计和区间估计属于总体参数估计问题。何为总体参数统计,当在研究中从样本获得一组数据后,如何通过这组信息,对总体特征进行估计,也就是如何从局部结果推论总体的情况,称为总体参数估计。

点估计也称定估计,它是以抽样得到的样本指标作为总体指标的估计量,并以样本指标的实际值直接作为总体未知参数的估计值的一种推断方法。

点估计的方法有矩估计法、顺序统计量法、最大似然法、最小二乘法等。

3.1.1 矩估计

在统计学中,矩是指以期望为基础而定义的数字特征,一般分为原点矩和中心矩。

设 X 为随机变量,对任意正整数 k,称 $E(X^k)$ 为随机变量 k 阶原点矩,记为

$$m^k = E(X^k)$$

当 $k=1$ 时,$m_1 = E(X) = \mu$。可见一阶原点矩为随机变量 X 的数学期望。我们把 $c_k = E[X - E(X)^k]$ 称为以 $E(X)$ 为中心的 k 阶中心矩。

显然,当 $k=2$ 时,$c_2=E[X-E(X)^2]=\sigma^2$。可见,二阶中心矩为随机变量 X 的方差。

【例 3-1】 已知某种灯泡的寿命 $X\sim N(\mu,\sigma^2)$,其中,μ、σ^2 都是未知的,今随机取得 4 只灯泡,测得寿命(单位:小时)为 1052、1453、1367、1650,试估计 μ 和 σ。

解:因为 μ 为全体灯泡的平均寿命,$\bar{x}$ 为样本的平均寿命,很自然地会想到用 $\bar{x}$ 去估计 μ;同理用 S 去估计。由于

$$\bar{x}=\frac{1}{4}(1502+1453+1367+1650)=1493$$

$$S^2=\frac{(1502-1493)^2+(1453-1493)^2+(1367-1493)^2+(1650-1493)^2}{4-1}=14\,068.7$$

$$S=118.61$$

因此,μ 和 σ 的估计值分别为 1493 小时及 118.61 小时。

矩估计简便、直观、比较常用,但是矩估计法也有其局限性。首先,它要求总体的 k 阶原点矩存在,如果不存在则无法估计;其次,矩估计法不能充分地利用估计时已掌握的有关总体分布形式的信息。

通常设 θ 为总体 X 的待估计参数,一般用样本 $X_1,X_2,\cdots,X_n$ 构成一个统计量 $\hat{\theta}=\hat{\theta}(X_1,X_2,\cdots,X_n)$ 来估计 θ,则称 $\hat{\theta}$ 为 θ 的估计量。对于样本的一组数值 $x_1,x_2,\cdots,x_n$,估计量 $\hat{\theta}$ 的值 $\hat{\theta}(x_1,x_2,\cdots,x_n)$ 称为 θ 的估计值。于是点估计即是寻求一个作为待估计参数 θ 的估计量 $\hat{\theta}(x_1,x_2,\cdots,x_n)$ 的问题。但是必须注意,对于样本的不同数值,估计值是不相同的。

如在上例中,分别用样本平均数和样本修正方差来估计总数数学期望和总体均方差,即有

$$\hat{\mu}=\hat{\mu}(X_1,X_2,\cdots,X_n)=\frac{1}{n}\sum_{i=1}^{n}X_i=\bar{X}$$

$$\hat{\sigma}=\hat{\sigma}(X_1,X_2,\cdots,X_n)=\sqrt{\frac{\sum_{i=1}^{n}(X_i-\bar{X})^2}{n-1}}=S$$

其中对应于给定的估计值 $\mu=\bar{x}=1493\mathrm{h}$,$\hat{\sigma}=S=118.61\mathrm{h}$。

3.1.2　极大似然估计

极大似然估计方法(Maximum Likelihood Estimate,MLE)也称为最大概率似然估计或最大似然估计,是求估计的另一种方法,1821 年首先由德国数学家 C. F. Gauss(高斯)提出,但是这个方法通常被归功于英国的统计学家 R. A. Fisher(罗纳德·费希尔),他在 1922 年的论文 *On the mathematical foundations of theoretical statistics*,*reprinted in Contributions to Mathematical Statistics*(by R. A. Fisher,1950,J. Wiley & Sons,New York)中再次提出了这个思想,并且首先探讨了这种方法的一些性质,极大似然估计这一名称也是费希尔给的。这是一种目前仍然得到广泛应用的方法。

下面分别讨论 X 为离散型和连续型随机变量时总体中某些参数 θ 的最大似然估计。

设总体 X 是离散型随机变量,其分布律 $P\{X=x\}=p\{x;\theta\}$,其中 θ 是未知参数,如果取得样本观测值为 $x_1,x_2,\cdots,x_n$,则表示随机事件 $X_1=x_1,X_2=x_2,\cdots,X_n=x_n$ 发生了。考虑 n 个事件 $X_1=x_1,X_2=x_2,\cdots,X_n=x_n$ 的交点的概率,注意到 $X_1,X_2,\cdots,X_n$ 的独立性,即有

$$
\begin{aligned}
L(\theta) &= P\{X_1=x_1,X_2=x_2,\cdots,x_n=x_n\} \\
&= P\{X_1=x_1\}P\{X_2=x_2\}\cdots P\{X_n=x_n\} \\
&= p\{x_1;\theta\}p\{x_2;\theta\}\cdots p\{x_n;\theta\} \\
&= \prod_{i=1}^{n} p\{x;\theta\}
\end{aligned}
\tag{3-1}
$$

函数 $L(\theta)$ 称为似然函数,对于已给定的 $x_1,x_2,\cdots,x_n$,它是未知参数 θ 的函数。

按极大似然估计法的直观想法是:若抽样的结果得到样本观测值 $x_1,x_2,\cdots,x_n$,则应当这样选取参数 $L(\theta)$ 的值,使这组样本观测值出现的可能性最大,也就是使似然函数 $L(\theta)$ 达到最大值,从而求得参数 θ 的估计值 $\hat{\theta}$,利用极大似然估计法求得的参数估计值称为极大似然估计值。

极大似然估计值的问题,就是求似然函数 $L(\theta)$ 的最大值问题,这个问题可以通过解下面的方程

$$
\frac{\mathrm{d}L}{\mathrm{d}\theta}=0
\tag{3-2}
$$

来解决。因为 $\ln L$ 是 L 的增函数,所以 $\ln L$ 与 L 在 θ 的同一值处取得最大值。因此,也可将方程(3-2)换成下面的方程

$$
\frac{\mathrm{d}\ln L}{\mathrm{d}\theta}=0
\tag{3-3}
$$

解方程(3-2)或式(3-3)得到的 $\hat{\theta}$ 就是参数 θ 的最大似然估计值,而从后一方程求解往往比较方便,式(3-3)称为对数似然方程。

【例 3-2】 设有甲、乙两个布袋,甲袋中有 99 个白球和 1 个黑球,乙袋中有 1 个白球和 99 个黑球。由于某种原因已不能识别哪一个是甲袋,哪一个是乙袋。你能否用统计的方法识别出来?

解:下面对这一问题进行数学描述与分析。

不妨设变量 X 表示袋中的白球数,则 $X\sim\begin{pmatrix}1 & 99 \\ p & 1-p\end{pmatrix}$,$p$ 是未知的分布参数,其取值依赖于变量 X 代表的是甲袋中的白球数还是乙袋中的白球数。显然,变量 X 代表的是甲袋中的白球数与 $p=99/100$ 是等价的,变量 X 的代表是乙袋中的白球数与 $p=1/100$ 是等价的。

可以通过抽样(任取一袋,从该袋中任取一球,观察其颜色)的方法来确定 $p=99/100$ 还是 $p=1/100$。

设事件 A 表示"取出的一袋为甲袋",事件 B 表示"从袋子中取出的是白球",则
$$
P(A)=0.5, \quad P(B\mid A)=99/100, \quad P(B\mid \overline{A})=1/100
$$

假定取出的是白球。在已知取出的是白球的条件下,判断该球来自甲袋还是乙袋的问题,可由贝叶斯公式,通过比较概率 $P(B\mid A)$ 和 $P(\overline{A}\mid B)$ 的大小来做出判断。由于在一

次试验中大概率事件容易发生，因此，若 $P(A|B) > P(\overline{A}|B)$，则该球来自甲袋；如果 $P(A|B) < P(\overline{A}|B)$，收该球来自乙袋。

因为

$$P(A \mid B) = \frac{P(AB)}{P(B)} = \frac{P(A)P(B \mid A)}{P(A)P(B \mid A) + P(\overline{A})P(B \mid \overline{A})},$$

$$P(\overline{A} \mid B) = \frac{P(\overline{A}B)}{P(B)} = \frac{P(\overline{A})P(B \mid \overline{A})}{P(A)P(B \mid A) + P(\overline{A})P(B \mid \overline{A})}$$

这两个式子的分母相同，分子中 $P(A) = P(\overline{A})$，故其大小取决于 $P(B|A)$ 和 $P(B|\overline{A})$ 的大小，而 $P(B|A)$ 和 $P(B|\overline{A})$ 的取值恰好等于变量 X 的分布参数 p 的两个可能的取值。这说明参数的取值同逆概率 $P(B|A)$ 和 $P(B|\overline{A})$ 之间的大小是相互决定的，即 $p = 99/100$ 等价于 $P(A|B) > P(\overline{A}|B)$，$p = 1/100$ 等价于 $P(A|B) > P(\overline{A}|B)$。

通过计算可知，$P(A|B) > P(\overline{A}|B)$，因此 $p = 99/100$，即现在取出的这一袋是甲袋。

概括这里的思想方法，就可以得到极大似然估计法的数学原理——大概率原理：大概率事件在一次试验中容易发生。或者说，在一次试验中已经发生的事件具有较大的概率，而变量的分布参数有助于关于该变量的大概率事件的发生。

【例 3-3】 设 $X \sim N(\mu, \sigma^2)$，求 μ 和 σ^2 的极大似然估计。

解：正态样本 $N(\mu, \sigma^2)$ 的密度函数是 $\dfrac{1}{\sqrt{2\pi}\sigma} \cdot \mathrm{e}^{-\frac{(x-\mu)^2}{2\sigma^2}}$，则似然函数为

$$L(\mu, \sigma^2) = \prod_{i=1}^{n} \frac{1}{\sqrt{2\pi}\sigma} \cdot \mathrm{e}^{-\frac{(x_i - \mu)^2}{2\sigma^2}} = \left(\frac{1}{2\pi\sigma^2}\right)^{\frac{n}{2}} \cdot \mathrm{e}^{\frac{\sum_{i=1}^{n}(x_i - \mu)^2}{2\sigma^2}}$$

将其取对数，并令关于 μ、σ^2 的一阶导数为零，则得

$$\frac{\partial \ln L(\mu, \sigma^2)}{\partial \mu} = \frac{1}{\sigma^2} \sum_{i=1}^{n} (x_i - \mu) = 0$$

$$\frac{\partial \ln L(\mu, \sigma^2)}{\partial \sigma^2} = -\frac{n}{2\sigma^2} + \frac{1}{2(\sigma^2)^2} \sum_{i=1}^{n} (x_i - \mu)^2 = 0$$

解此关于 μ, σ^2 的方程组，得驻点

$$\mu = \bar{x} = \frac{1}{n} \sum_{i=1}^{n} x_i, \quad \sigma^2 = \frac{1}{n} \sum_{i=1}^{n} (x_i - \mu)^2$$

又可求得对数似然函数的二阶导函数矩阵是非正定矩阵，因此驻点处即为似然函数的极大值点处，并将 μ 的样本表达式代入 σ^2 的驻点表达式，得 μ 与 σ^2 的极大似然估计为

$$\hat{\mu} = \bar{x} = \frac{1}{n} \sum_{i=1}^{n} x_i, \quad \hat{\sigma}^2 = \frac{1}{n} \sum_{i=1}^{n} (x_i - \bar{x})^2$$

表 3-1 所示函数的返回值为数据向量 x 的参数最大似然估计值，以及置信度为 $(1 - a) \times 100\%$ 的置信区间。a 的默认值为 0.05，即置信度为 95%。

表 3-1 参数估计函数

函数名	调用格式	函数说明
binofit	phat = binofit(x, n)	二项分布的概率最大似然估计
	[phat, pci] = binofit(x, n)	置信度为 95% 的参数估计和置信区间
	[phat, pci] = binofit(x, n, alpha)	返回水平 a 的参数估计和置信区间

函数名	调 用 格 式	函 数 说 明
poissfit	lambdshat ＝ poissfit(data)	泊松分布的参数的最大似然估计
	[lambdahat,lambdaci] ＝ poissfit(data)	置信度为 95% 的参数估计和置信区间
	[lambdahat,lambdaci] ＝ poissfit(data,alpha)	返回水平 a 的参数估计和置信区间
normfit	[muhat,sigmahat] ＝ normfit(data)	正态分布的最大似然估计，置信度为 95%
	[muhat,sigmahat,muci,sigmaci] ＝ normfit(data,alpha)	返回水平 a 的期望、方差值和置信区间
betafit	phat ＝ betafit(data)	返回 β 分布参数 a 和 b 的最大似然估计
	[phat,pci] ＝ betafit(data,alpha)	返回最大似然估计值和水平 a 的置信区间
unifit	[ahat,bhat] ＝ unifit(data)	均匀分布参数的最大似然估计
	[ahat,bhat,ACI,BCI] ＝ unifit(data)	置信度为 95% 的参数估计和置信区间
	[ahat,bhat,ACI,BCI] ＝ unifit(data,alpha)	返回水平 a 的参数估计和置信区间
expfit	muhat ＝ expfit(data)	指数分布参数的最大似然估计
	[muhat,muci] ＝ expfit(data)	置信度为 95% 的参数估计和置信区间
	[muhat,muci] ＝ expfit(data,alpha)	返回水平 a 的参数估计和置信区间
gamfit	phat ＝ gamfit(data)	r 分布参数的最大似然估计
	[phat,pci] ＝ gamfit(data)	置信度为 95% 的参数估计和置信区间
	[phat,pci] ＝ gamfit(data,alpha)	返回最大似然估计值和水平 a 的置信区间
wblfit	parmhat ＝ wblfit(data)	韦伯分布参数的最大似然估计
	[parmhat,parmci] ＝ wblfit(data)	置信度为 95% 的参数估计和置信区间
	[parmhat,parmci] ＝ wblfit(data,alpha)	返回水平 a 的参数估计及其区间估计
mle	[phat＝mle('dist', data)	分布函数名为 dist 的最大似然估计
	[phat, pci]＝mle('dist', data)	置信度为 95% 的参数估计和置信区间
	[phat, pci]＝mle('dist', data, alpha)	返回水平 a 的最大似然估计值和置信区间
	[phat, pci]＝mle('dist', data, alpha, p1)	仅用于二项分布，p1 为试验总次数

【例 3-4】 随机产生 100 个服从正态分布 $N(2,0.5^2)$ 的样本数据 X，并用这些数据估计总体 $N(\mu,\sigma^2)$ 中的参数 μ、σ，求出参数的最大似然估计值和置信水平为 99% 的置信区间。

分析：随机产生的 100 个数据可视为总体中抽出容量为 100 的样本，样本的观测值就是这具体的 100 个数据，可用命令 normfit(X, alpha) 求出参数 μ、σ 的估计。

其 MATLAB 代码编程如下。

```
>> clear all;
X = normrnd(2,0.5,100,1);              % 产生 100 个样本数据
[muhat,sigmahat,muci,sigmaci] = normfit(X,0.01)
```

运行程序，输出如下。

```
muhat =
    2.0240
sigmahat =
    0.4343
muci =
    1.9099
```

```
     2.1380
sigmaci =
     0.3665
     0.5298
```

说明：参数 μ、σ 的估计最大似然值分别为 2.0240、0.4343，参数 μ，σ 的置信水平为 99% 的置信区间分别为 $[1.9099，2.1380]$、$[0.3665，0.5298]$。这一估计结果和总体 $N(\mu，\sigma^2)$ 中的参数真实数值 $\mu=2$，$\sigma=0.5$ 是非常接近的。

可以概括出求极大似然估计值的一般步骤如下。

(1) 明确变量的分布律和密度函数；

(2) 写出似然函数 $L(\theta)$；

(3) 求似然函数 $L(\theta)$ 的最大值点，得 $\hat{\theta}_{MLE}$；

(4) 应用问题中，将样本数据代入 $\hat{\theta}_{MLE}$，求出具体的估计值。

值得注意的是，求解对数似然方程组是在假定其可导并且导数变号的基础上，如果不满足这一条件，需针对似然函数 $L(\theta_1，\theta_2，\cdots，\theta_k)$ 的单调性，利用极大似然估计的基本原理直接进行 $L(\theta_1，\theta_2，\cdots，\theta_k)$ 的最大值问题的讨论。

极大似然估计量有一个简单而有用的性质：设 θ 的函数 $g=g(\theta)$ 是 Θ 上的实值函数，且有唯一反函数。如果 $\hat{\theta}$ 是 θ 的极大似然估计量，则 $g(\hat{\theta})$ 也是 $g(\theta)$ 的极大似然估计量。这个性质称为极大似然估计的不变性。根据这一性质可以使一些复杂结构的参数的极大似然估计问题简单化。

极大似然估计法是在变量分布类型已知的情况下使用的一种参数估计法。一般地，用极大似然法所得的估计的性质比用矩估计法所得的要好，故通常多用极大似然法。

在 MATLAB 中，提供了 mle 函数进行极大似然估计，函数的调用格式如下。

```
phat = mle(data)
[phat,pci] = mle(data)
[…] = mle(data,'distribution',dist)
[…] = mle(data, …,name1,val1,name2,val2, … )
[…] = mle(data,'pdf',pdf,'cdf',cdf,'start',start, … )
[…] = mle(data,'logpdf',logpdf,'logsf',logsf,'start',start, … )
[…] = mle(data,'nloglf',nloglf,'start',start, … )
[phat, pci] = mle(data, 'distribution', dist, 'alpha', a, 'ntrials', n)
```

其中，输出参数 phat 是指定分布的参数的极大似然估计值（多参数时为行向量），pci 是参数的区间估计的置信上限和下限（与参数对应的二维列向量，可以缺省）。输入参数 data 是样本数据向量（不可缺省）。引用参数 'distribution' 及其取值 dist 设置变量的分布类型（应用中 dist 要用具体的分布名称字符串替换并用单引号引起），二者要成对出现（可以同时缺省，缺省时分布类型默认为正态分布）。引用参数 'alpha' 及其取值 a 设置区间估计的显著性水平，二者成对出现（可以同时缺省，缺省时默认为 0.05，即置信水平为 0.95）。引用参数 'ntrials' 及其取值 n 仅在分布类型为二项分布时引用（对于其他分布可以缺省），设置二项分布中试验的次数。

dist 的取值包括：Beta，Bernoulli，Binomial，Discrete Uniform，Exponential，Extreme Value，Gamma，Geometric，Lognormal，Negative Binomial，Normal，Poisson，Rayleigh，

Uniform,Weibull。

【例 3-5】 引用常数的测定值服从均值为 μ、标准差为 σ 的正态分布。某人在实验中使用金球测定引力常数,6 次测定观察值为:$6.683,6.681,6.676,6.678,6.679,6.672$。试用极大似然估计法对未知参数 μ 和 σ 做出估计。

其 MATLAB 代码编程如下:

```
>> clear all;
x = [6.683,6.681,6.676,6.678,6.679,6.672];
phat = mle(x,'distribution','norm','alpha',0.05)
```

运行程序,输出如下:

```
phat =
    6.6782    0.0035
```

即金球测定的 μ 估计值为 6.6782,σ 的估计值为 0.0035。其实,此例计算中 mle 函数的调用可以简化为 p=mle(x)。

3.1.3 顺序统计量

1. 统计量法的定义

设 $\varsigma_1,\varsigma_2,\cdots,\varsigma_n$ 是总体 ς 的样本,将其按大小排列为 $\varsigma_1^* \leqslant \varsigma_2^* \leqslant \cdots \leqslant \varsigma_n^*$,则称 $\varsigma_1^*,\varsigma_2^*,\cdots,\varsigma_n^*$ 为顺序统计量。

明显地,ς_1^* 与 ς_n^* 分别为样本的最小值与最大值。称 $\bar{\varsigma} = \begin{cases} \varsigma_{k+1}^*, & n=2k+1 \\ \dfrac{\varsigma_k^* + \varsigma_{k+1}^*}{2}, & n=2k \end{cases}$ 为样本中位数。

样本中位数的取值规则为:将样本值 $x_1,x_2,\cdots,x_n$ 从小至大排成 $x_1^* \leqslant x_2^* \leqslant \cdots \leqslant x_n^*$,当 $n=2k+1$ 时,$\bar{\varsigma}$ 取居中的数据 x_{k+1}^* 为其观测值;当 $n=2k$ 时,$\bar{\varsigma}$ 取居中的两个数据的平均值 $\dfrac{\varsigma_k^* + \varsigma_{k+1}^*}{2}$ 为其观测值,中位数 $\bar{\varsigma}$ 带来了总体 ς 取值的平均数的信息,因此用 $\bar{\varsigma}$ 估计总体 ς 的数学期望是合适的。

用样本中位数 $\bar{\varsigma}$ 估计总体 ς 的数学期望的方法称为数学期望的顺序统计量估计法。

顺序统计量估计法的优点是计算简便,且不易受个别异常数据的影响。如果一组样本值某一数据异常(如过小或过大),则这个异常数据可能是总体 ς 的随机性造成的,也可能是受外来干扰造成的(如工作人员粗心,记录错误),当原因属于后者,用样本平均值 $\bar{x}$ 估计 $E(x)$ 显然受到影响,但用样本中位数 $\bar{\varsigma}$ 估计 $E(x)$ 时,由于一个(甚至几个)异常的数据不易改变中位数取值,所以估计值不易受到影响。即称 $R=\varsigma_n^* - \varsigma_1^*$ 为样本极差。

由于样本极差带来总体样本取值离散程度的信息,因此可以用 R 作为对总体 ς 的标准差 σ 的估计(R 与 σ 量纲相同)。用样本极差对总体 ς 的标准差做估计的方法称为极差估计法。

极差估计法的优点是计算简便,但不如用 S 可靠,n 越大两者可靠的程度差别越大,这时一般不用极差估计。

2. 顺序统计量法主要适用范围

顺序统计量法主要适用于正态总体,当总体不是正态分布,但是连续型且分布密度对称时,也常用样本中位数来估计总体的期望。

3.1.4 最小二乘法

在科学实验数据处理中,往往要根据一组给定的实验数据 $(x_i, y_i)(i=0,1,\cdots,m)$,求出自变量 x 与因变量 y 的函数关系 $y=s(x,a_0,\cdots,a_n)(n<m)$,这是 a_i 为待定参数,由于观测数据总有误差,且待定参数 a_i 的数量比给定数据点的数量少(即 $n<m$),因此它不同于插值问题。这类问题不要求 $y=s(x)=s(x,a_0,\cdots,a_n)$ 通过点 $(x_i,y_i)(i=0,1,\cdots,m)$,而只要求在给定点 x_i 上的误差 $\delta_i=s(x_i)-y_i(i=0,1,\cdots,m)$ 的平方和 $\sum\limits_{i=0}^{m}\delta_i^2$ 最小。当 $S(x)\in \mathrm{span}\{\varphi_0,\varphi_1,\cdots,\varphi_n\}$ 时,即

$$s(x)=a_0\varphi_0(x)+a_1\varphi_1(x)+\cdots+a_n\varphi_n(x) \tag{3-4}$$

这里 $\varphi_0(x),\varphi_1(x),\cdots,\varphi_n(x)\in C[a,b]$ 是线性无关的函数族,假定在 $[a,b]$ 上给出一组数据 $\{(x_i,y_i),i=0,1,\cdots,m\}$,$a\leqslant x_i\leqslant b$ 以及对应的一组权 $\{\rho_i\}_0^m$,这里 $\rho_i>0$ 为权系数,要求 $s(x)=\mathrm{span}\{\varphi_0,\varphi_1,\cdots,\varphi_n\}$ 使 $I(a_0,a_1,\cdots,a_n)$ 最小,其中

$$I(a_0,a_1,\cdots,a_n)=\sum_{i=0}^{m}\rho_i[s(x_i)-y_i]^2 \tag{3-5}$$

这就是最小二乘逼近,得到的拟合曲线为 $y=s(x)$,这种方法称为曲线拟合的最小二乘法。

式(3-5)中 $I(a_0,a_1,\cdots,a_n)$ 实际上是关于 $a_0,a_1,\cdots,a_n$ 的多元函数,求 I 的最小值就是求多元函数 I 的极值,由极值必要条件,可得

$$\frac{\partial I}{\partial a_k}=2\sum_{i=0}^{m}\rho_i[a_0\varphi_0(x_i)+a_1\varphi_1(x_i)+\cdots+a_n\varphi_n(x_i)-y_i]\varphi_k(x_i),\quad k=0,1,\cdots,n$$

$$\tag{3-6}$$

根据内积定义引入相应带权内积记号

$$\begin{cases} (\varphi_j,\varphi_k)=\sum\limits_{i=0}^{m}\rho_i\varphi_j(x_i)\varphi_k(x_i) \\[2mm] (y,\varphi_k)=\sum\limits_{i=0}^{m}\rho_i y_i\varphi_k(x_i) \end{cases} \tag{3-7}$$

则(3-6)可改写为

$$(\varphi_0,\varphi_k)a_0+(\varphi_1,\varphi_k)a_1+\cdots+(\varphi_n,\varphi_k)a_n=(y,\varphi_k),\quad k=0,1,\cdots,n$$

这是关于参数 $a_0,a_1,\cdots,a_n$ 的线性方程组,用矩阵表示为

$$\begin{bmatrix} (\varphi_0,\varphi_0) & (\varphi_0,\varphi_1) & \cdots & (\varphi_0,\varphi_n) \\ (\varphi_1,\varphi_0) & (\varphi_1,\varphi_1) & \cdots & (\varphi_1,\varphi_n) \\ \vdots & \vdots & & \vdots \\ (\varphi_n,\varphi_0) & (\varphi_n,\varphi_1) & \cdots & (\varphi_n,\varphi_n) \end{bmatrix} \begin{bmatrix} a_0 \\ a_1 \\ \vdots \\ a_n \end{bmatrix} = \begin{bmatrix} (y,\varphi_0) \\ (y,\varphi_1) \\ \vdots \\ (y,\varphi_n) \end{bmatrix} \tag{3-8}$$

式(3-8)称为法方程。当$\{\varphi_j(x);j=0,1,\cdots,n\}$线性无关,且在点集 $X=\{x_0,x_1,\cdots,x_m\}(m{\geqslant}n)$上至多只有 n 个不同零点,则称$\varphi_0,\varphi_1,\cdots,\varphi_n$在 X 上满足 Haar 条件,此时式(3-8)的解存在唯一。记式(3-8)的解为

$$a_k=a_k^*,\quad k=0,1,\cdots,n$$

从而得到最小二乘拟合曲线

$$y=s^*(x)=a_0^*\varphi_0(x)+a_1^*\varphi_1(x)+\cdots+a_n^*\varphi_n(x) \tag{3-9}$$

可以证明对$\forall(a_0,a_1,\cdots,a_n)^{\mathrm{T}}\in R^{n+1}$,有

$$I(a_0^*,a_1^*,\cdots,a_n^*)\leqslant I(a_0,a_1,\cdots,a_n)$$

故式(3-9)得到的 $s^*(x)$ 即为所求的最小二乘解。它的平方误差为

$$\|\delta\|_2^2=\sum_{i=0}^m\rho_i[s^*(x_i)-y_i]^2 \tag{3-10}$$

均方误差为

$$\|\delta\|_2=\sqrt{\sum_{i=0}^m\rho_i[s^*(x_i)-y_i]^2}$$

在最小二乘逼近中,若取$\varphi_k(x)=x^k(k=0,1,\cdots,n)$,则$s(x)\in\mathrm{span}\{1,x,\cdots,x^n\}$,表示为

$$s(x)=a_0+a_1x+\cdots+a_nx^n \tag{3-11}$$

此时关于系数 $a_0,a_1,\cdots,a_n$ 的方程(3-8)是病态方程,通常当 $n\geqslant3$ 时都不直接取 $\varphi_k(x)=x^k$ 作为基。

3.1.5 点估计的优良性准则

样本统计量,如样本均值,样本标准差 S,样本成数如何用于对相应总体参数 μ、σ 和 p 的点估计值。直观上,这些样本统计量对相应总体参数的点估计值是很有吸引力的。然而,在用一个样本统计量作为点估计量之前,统计学应检验说明这些样本统计量是否具有某些与好的点估计量相联系的性质。本节讨论点估计量的性质:无偏性、有效性和一致性。

1. 无偏性

设$\hat\theta=\hat\theta(X_1,X_2,\cdots,X_n)$的数学期望等于$\theta$,即

$$E(\hat\theta)=\theta$$

则称$\hat\theta$是参数θ的无偏估计量;如果样本观测值为$x_1,x_2,\cdots,x_n$,则称$\hat\theta(x_1,x_2,\cdots,x_n)$为参数$\theta$的无偏估计值。

在科学技术中$E(\hat\theta)-\theta$称为以$\hat\theta$作为θ的估计的系统误差,无偏估计的实际意义就是无系统误差。

无偏性是对估计量的一个最重要、最常见的要求,它的实际意义在于,当这个估计量经常使用时,在多次重复的平均意义下,给出了接近于真值θ的估计,在此应当指出,同一个参数θ的无偏估计量不是唯一的。例如,有$E(X_i)=\mu$,这表明任一样本的每一分量 X_i

$(i=1,2,\cdots,n)$ 都是总体均值 μ 的无偏估计量,在参数 θ 的许多无偏估计中,当然是以对 θ 的平均偏差较小者为好,即较好的估计量应当有尽可能小的方差。因此,便有了第二个评选标准。

下面列举出关于无偏性的几个重要结论。

(1) 无论变量 X 服从何种分布,样本的 k 阶原点矩 $A_k = \dfrac{1}{n}\sum\limits_{i=1}^{n} X_i^k (i=1,2,\cdots,n)$ 是变量 X 的 k 阶原点矩 $E(X^k)$ 的无偏估计。自然,$\overline{X}$ 是 $E(X)$ 的无偏估计。

(2) 无论变量 X 服从何种分布,样本(修正)方差 $S^2 = \dfrac{1}{n-1}\sum\limits_{i=1}^{n}(X_i - \overline{X})^2$ 是变量 X 的方差 σ^2 的无偏估计。

(3) 样本方差(二阶中心矩)B_2 不是变量方差 σ^2 的无偏估计,但是 $\lim\limits_{n\to\infty} E(B_2) = \sigma^2$,所以 B_2 是 σ^2 的渐近无偏估计。

(4) 样本标准差 $S = \sqrt{\dfrac{1}{n-1}\sum\limits_{i=1}^{n}(X_i - \overline{X})^2}$ 不是变量 X 的标准差 σ 的无偏估计。但是,在变量的正态性假设下,可将样本标准差修正为 $\hat{\sigma}_S = C_n S$,$\hat{\sigma}_S$ 是 σ 的无偏估计,其中 $C_n = \sqrt{\dfrac{n-1}{2}} \dfrac{\Gamma\left(\dfrac{n-1}{2}\right)}{\Gamma\left(\dfrac{n}{2}\right)}$ 称为正态标准差的无偏系数。由于 $\lim\limits_{n\to\infty} C_n = 1$,所以 S 是 σ 的渐近无偏估计。

无偏性准则是对估计量的一个基本要求。无偏性估计的统计意义是指估计量不产生系统性的偏差。例如,用样本均值 $\overline{X}$ 作为变量均值 μ 的估计时,由于 $\overline{X}$ 是随机变量,因此在一次估计中 μ 的实现值与其真值之间存在偏差 $\overline{X} - \mu$。这种偏差是随机的,虽无法说明一次估计所产生的偏差,但是对同一统计问题大量重复使用 $\overline{X}$ 估计 μ 时,实际产生的偏差 $\overline{X} - \mu$ 随机地在 0 的周围波动,不会产生系统的 $\overline{X}$ 偏大(小)于 μ 的情况。

渐近无偏差是指估计量存在系统性的偏差,但是这种系统性偏差随着样本容量的增加而趋向于消失。

【例 3-6】 设总体 $X \sim X^2(n)$,$X_1,X_2,\cdots,X_{20}$ 为来自总体的简单随机样本,想要估计总体均值 μ(注意 n 未知),比较以下三个点估计量的好坏:$\hat{\mu}_1 = 101X_1 - 100X_2$,$\hat{\mu}_2 = \dfrac{1}{2}(X_{10} + X_{11})$,$\hat{\mu}_3 = \overline{X}$。

实例中给出了利用 MSE 评价点估计量的随机模拟方法。由于 $X^2(n)$ 的总体均值为 n,因此可以先取定一个固定值,例如 $n = \mu_0 = 5$,然后在这个参数已知且固定的总体中抽取容量为 20 的样本,分别用样本值依照三种方法分别计算估计值,看看哪种方法误差大,哪种方法误差小。一次估计的比较一般不能说明问题,正如低手射击也可能命中 10 环,高手射击也可能命中 9 环,如果连续射击 10 000 次,比较总环数,多者一定是高手。同理,如果抽取容量为 20 的样本 $N = 10\,000$ 次,分别计算:$\mathrm{MSE}(\hat{\mu}_i) \approx \dfrac{1}{N}\sum\limits_{k=1}^{n}[\hat{\mu}_i(k) - \mu_0]^2$,值小者为好。

其 MATLAB 代码编程如下：

```
>> clear all;
N = 10000;
m = 5;n = 20;
mse1 = 0;mse2 = 0;mse3 = 0;
for k = 1:N
    x = chi2rnd(m,1,n);
    m1 = 101 * x(1) - 100 * x(2);
    m2 = median(x);
    m3 = mean(x);
    mse1 = mse1 + (m1 - m)^2;
    mse2 = mse2 + (m2 - m)^2;
    mse3 = mse3 + (m3 - m)^2;
end
mse1 = mse1/N
mse2 = mse2/N
mse3 = mse2/N
```

运行程序,输出如下:

```
mse1 =
    1.9716e + 05
mse2 =
    0.9909
mse3 =
    9.9087e - 05
```

2. 有效性

一个未知参数 θ 的估计量 $\hat{\theta}$ 仅有无偏性是不够的。因为一方面,无偏性仅反映估计量在参数真值周围波动,而没有反映出"集中"的程度;另一方面,一个参数的无偏估计量可能不止一个,对于数学期望 μ,样本均值 $\overline{X}$ 是它的无偏估计量,样本的第一个观测值 X_1 也是它的无偏估计量(因 $E(X_1)=\mu$),那么哪个更好呢? 仅有无偏性一个标准是不能确定的。一个自然的想法是进一步比较它们的方差,方差越小,表示 $\hat{\theta}$ 越集中在 θ 的附近,从这个意义上讲方差越小的无偏估计量越好。

设 $\hat{\theta}_1,\hat{\theta}_2$ 都是 θ 的无偏估计量,若 $D(\hat{\theta}_1)<D(\hat{\theta}_2)$,则称 $\hat{\theta}_1$ 比 $\hat{\theta}_2$ 有效。

【例 3-7】 试比较总体期望 μ 的 2 个无偏估计量 $\overline{X} = \dfrac{1}{n}\sum\limits_{i=1}^{n} X_i$ 及 $\hat{\alpha} = X_1$ 的有效性。

设总体方差为 σ^2,则

$$D(\overline{X}) = \frac{1}{n}\sigma^2, \quad D(\hat{\alpha}) = D(X_1) = \sigma^2$$

显然 $D(\overline{X})<D(\hat{\alpha})$,故 $\overline{X}$ 较 $\hat{\alpha}$ 有效。

可以证明,无偏估计 $\hat{\theta}$ 的方差 $D(\hat{\theta})$ 有一个非零的下界,即最小方差 $D_0(\hat{\theta})$,它等于

$$D(\hat{\theta}) \geqslant \frac{1}{nE\left(\left(\dfrac{\partial \ln f(X,\theta)}{\partial \theta}\right)^2\right)} = D_0(\hat{\theta})$$

其中 $f(X,\theta)$ 为总体分布的概率密度函数。如果 $\ln f(X,\theta)$ 存在关于 θ 的二阶偏导数,则可证明

$$D(\hat{\theta}) \geqslant \frac{1}{-nE\left(\left(\frac{\partial^2 \ln f(X,\theta)}{\partial \theta^2}\right)^2\right)} = D_0(\hat{\theta})$$

若 $\hat{\theta}$ 满足 $E(\hat{\theta}) = \theta, D(\hat{\theta}) = D_0(\theta)$,则称 $\hat{\theta}$ 为 θ 的方差一致最小无偏估计量,称为 UMVUE 估计。

可以证明 $\overline{X}$ 和 S^2 是总体均值 μ 和方差 σ^2 的 UMVUE 估计,$\overline{X}$ 和 S^2 使用率很高,一是由于 μ 和 σ^2 是很重要且常用的总体参数,二是 μ 和 σ^2 有很好的统计性质。

3. 一致性

无偏性准则和均方误差准则是在样本容量 n 固定的情形下讨论估计量优劣的。设变量 $X \sim F(x)$,$F_n(x)$ 为样本的经验分布函数,由 $\Gamma_{\text{ЛИНВЕНКО}}$ 定理,得

$$P\left\{\lim_{n\to\infty} \sup_{-\infty < x < +\infty} |\hat{F}_n(x) - F(x)| = 0\right\} = 1$$

当样本容量 n 趋向于无穷时,样本的经验分布函数以概率 1 一致收敛于变量的分布函数。也即是说,当样本容量 n 趋向于无穷时,样本中包含的关于变量分布的信息不断增加,以致充分到可以将变量分布刻画到任意精确的程度。因此,有理由要求,一个"好的"估计量,当样本容量 n 趋向于无穷时,在一定的数学意义下收敛于被估参数。

设 $\hat{\theta}(X_1, X_2, \cdots, X_n)$ 为参数 θ 的估计量,如果对任意的 $\varepsilon > 0$,有

$$\lim_{n\to\infty} P\{|\hat{\theta} - \theta| \geqslant \varepsilon\} = 0$$

而且这对 θ 的一切可能取的值都成立,则称 $\hat{\theta}$ 是参数 θ 的一个一致性估计。

一致性准则是对一个估计量最基本的要求。它说明,随着样本容量的增大,一个"好的"估计量 $\hat{\theta}$ 应该越来越靠近参数 θ 的真值,使绝对偏差 $|\hat{\theta} - \theta|$ 较大的概率越来越小。如果一个估计量没有一致性,那么,不论样本取多大,我们也不可能把未知参数估计到预定的精度。这种估计量显然是不可取的。

下面给出一致性估计的几个重要结论。

(1) 一致性估计具有不变性。即当 $\hat{\theta}_1, \hat{\theta}_2, \cdots, \hat{\theta}_k$ 分别是 $\theta_1, \theta_2, \cdots, \theta_k$ 的一致性估计时,如果 $g(\theta_1, \theta_2, \cdots, \theta_k)$ 为连续函数,则 $g(\hat{\theta}_1, \hat{\theta}_2, \cdots, \hat{\theta}_k)$ 是 $g(\theta_1, \theta_2, \cdots, \theta_k)$ 的一致性估计。

(2) 样本的 k 阶原点矩 $A_k = \frac{1}{n}\sum_{i=1}^{n} X_i^k$ 是变量 X 的 k 阶原点矩 $E(X^k)$ 的一致性估计,因此样本均值 $\overline{X}$ 是变量均值 μ 的一致性估计。

(3) 样本的二阶中心矩 $B_2 = \frac{1}{n}\sum_{i=1}^{n}(X_i - \overline{X})^2$ 是变量 X 的方差 σ^2 的一致性估计。

(4) 样本方差 $S^2 = \frac{1}{n-1}\sum_{i=1}^{n}(X_i - \overline{X})^2$ 是变量的方差 σ^2 的一致性估计,样本标准差 $S = \sqrt{\frac{1}{n-1}\sum_{i=1}^{n}(X_i - \overline{X})^2}$ 是变量的标准差 σ 的一致性估计。

（5）事件发生的频率是其概率的一致性估计。

（6）极大似然估计量往往具有一致性。

3.2 区间估计

上一节讨论了参数点估计，它是用样本算得的一个值去估计未知参数，但是，点估计值仅仅是未知参数的一个近似值，它没有反映出这个近似值的误差范围，使用起来把握不大，区间估计（interval estimation）正好弥补了点估计的这个缺陷。

3.2.1 区间估计简介

区间估计就是以一定的概率保证估计包含总体参数的一个值域，即根据样本指标和抽样平均误差推断总体指标的可能范围。它包括两部分内容：一是这一可能范围的大小；二是总体指标落在这个可能范围内的概率。区间估计既说清估计结果的准确程度，又同时表明这个估计结果的可靠程度，所以区间估计是比较科学的。

用样本指标来估计总体指标，要达到100%的准确而没有任何误差，几乎是不可能的，所以在估计总体指标时就必须同时考虑估计误差的大小。从人们的主观愿望上看，总是希望花较少的钱取得较好的效果，也就是说希望调查费用和调查误差越小越好。但是，在其他条件不变的情况下，缩小抽样误差就意味着增加调查费用，它们是一对矛盾。因此，在进行抽样调查时，应该根据研究目的和任务以及研究对象的标志变异程度，科学确定允许的误差范围。

区间估计必须同时具备 3 个要素。即具备估计值、抽样极限误差和概率保证程度3 个基本要素。

抽样误差范围决定抽样估计的准确性，概率保证程度决定抽样估计的可靠性，二者密切联系，但同时又是一对矛盾，所以，对估计的精确度和可靠性的要求应慎重考虑。

3.2.2 区间估计的含义

区间估计就是根据样本来确定统计量 $\underline{\theta}(X_1, X_2, \cdots, X_n)$ 和 $\bar{\theta}(X_1, X_2, \cdots, X_n)$，使

$$P(\underline{\theta}(X_1, X_2, \cdots, X_n) < \theta < \bar{\theta}(X_1, X_2, \cdots, X_n)) = 1 - \alpha \tag{3-12}$$

其中，$(\underline{\theta}, \bar{\theta})$ 为 θ 的置信区间，$1-\alpha$ 称为此置信区间的置信度，$\underline{\theta}$ 和 $\bar{\theta}$ 分别称为置信下限和置信上限。

显然，置信区间是一个随机区间，式（3-12）的含义是：如果反复抽样多次（每次取样本容量都是 n），在每次取样下，对样本的观察值 $x_1, x_1, \cdots, x_n$，就得到一个区间 $\underline{\theta}(X_1, X_2, \cdots, X_n), \bar{\theta}(X_1, X_2, \cdots, X_n)$，每个这样的区间要么包含 θ 的真值，要么不包含 θ 的真值，按伯努利大数定理，在这样多的区间中，大约有 $100(1-\alpha)\%$ 的区间包含未知参数 θ，而不包含 θ 的区间约占 $100\alpha\%$。例如，若 $\alpha=0.01$，反复抽样 1000 次，则得到的 1000 个区间中不包含 θ 真值的约仅有 10 个。通常 α 给得较小，这样式（3-12）的概率就较大。因此，置信区

间的长度的平均 $E(\bar{\theta}-\underline{\theta})$ 表达了区间估计的精确性;置信度 $1-\alpha$ 表达了区间估计的可靠性,它是区间估计的可靠概率,而显著性水平 α 表达了区间估计的不可靠概率。

置信度 $1-\alpha$ 一般要根据具体问题的要求来选定,并要注意:α 越小,$1-\alpha$ 越大,即区间 $(\bar{\theta}-\underline{\theta})$ 包含 θ 真值的可信度越大,但区间也越长,亦即估计的精确度就越差;反之,提高估计的精确度则会增大误判风险 α,即 $(\bar{\theta}-\underline{\theta})$ 不包含 θ 真值的概率会增大。从后面推出的置信区间公式可看出,如果其他条件不变,增大样本容量 n,可以缩短置信区间的长度,从而提高精度,但增大样本容量往往不现实。因此,通常是根据不同类型的问题,先确定一个较大的置信概率 $1-\alpha$,在这一前提下,寻找精度尽可能高的区间估计。如果对 $\alpha=0.05$,

$$P\left[-1.96<\frac{\overline{X}-\mu}{\frac{\sigma}{\sqrt{n}}}<1.96\right]=0.95,\quad P\left[-1.75<\frac{\overline{X}-\mu}{\frac{\sigma}{\sqrt{n}}}<2.33\right]=0.95$$

比较两个置信区间 $\left(\overline{X}-\frac{\sigma}{\sqrt{n}}u_{0.025},\overline{X}+\frac{\sigma}{\sqrt{n}}u_{0.025}\right)$ 和 $\left(\overline{X}-\frac{\sigma}{\sqrt{n}}u_{0.01},\overline{X}+\frac{\sigma}{\sqrt{n}}u_{0.04}\right)$,前者的区间长度 $2u_{0.025}\times\frac{\sigma}{\sqrt{n}}=3.92\times\frac{\sigma}{\sqrt{n}}$ 比后者的区间长度 $(u_{0.04}+u_{0.01})\times\frac{\sigma}{\sqrt{n}}=4.08\times\frac{\sigma}{\sqrt{n}}$ 短,置信区间越短表示估计的精度越高。由经验知,当 n 固定时,在给定的 $1-\alpha$ 下,对称区间的长度最短。

3.2.3 区间估计的基本思想

对于给定值 $\alpha(0<\alpha<1)$ 为得到满足 $P(\bar{\theta}<\theta<\underline{\theta})=1-\alpha$ 的统计量 $\underline{\theta}(X_1,X_2,\cdots,X_n)$ 和 $\bar{\theta}(X_1,X_2,\cdots,X_n)$,将随机区间 $(\underline{\theta},\bar{\theta})$ 包含 θ 的概率 $P(\bar{\theta}<\theta<\underline{\theta})=1-\alpha$,转化成某随机变量 $W(X_1,X_2,\cdots,X_n;\theta)$ 落在区间 (a,b) 上的概率

$$P(a<W(X_1,X_2,\cdots,X_n;\theta)<b)=1-\alpha$$

然后通过解不等式 $a<W(X_1,X_2,\cdots,X_n;\theta)<b$ 得到

$$\underline{\theta}(X_1,X_2,\cdots,X_n)<\theta<\bar{\theta}(X_1,X_2,\cdots,X_n)$$

为实现这个目的,我们所要找的函数 $W(X_1,X_2,\cdots,X_n;\theta)$ 必须满足两个条件:

(1) 仅是样本 $X_1,X_2,\cdots,X_n$ 和待估计参数 θ 的函数,而不再含有其他未知参数;

(2) (a,b) 必须是确定的。为此要求 $W(X_1,X_2,\cdots,X_n;\theta)$ 的分布已知。

3.2.4 区间估计的方法

在实际抽样调查中,区间估计根据给定的条件不同,有两种估计方法:

(1) 给定极限误差,要求对总体指标做出区间估计;

(2) 给定概率保证程度,要求对总体指标做出区间估计。

【例 3-8】 某企业对某批电子元件进行检验,随机抽取 100 只,测得平均耐用时间为 1000h,标准差为 50h,合格率为 94%,求:

（1）以耐用时间的允许误差范围 $\triangle x = 10\text{h}$，估计该批产品平均耐用时间的区间及其概率保证程度。

（2）以合格率估计的误差范围不超过 2.45%，估计该批产品合格率的区间及其概率保证程度。

（3）试以 95% 的概率保证程度，对该批产品的平均耐用时间做出区间估计。

（4）试以 95% 的概率保证程度，对该批产品的合格率做出区间估计。

解：求（1）的计算步骤如下。

① 求样本指标。

$$\bar{x} = 100\text{h}, \quad \sigma = 50\text{h}$$

$$\mu_x = \frac{\sigma}{\sqrt{n}} = \frac{50}{\sqrt{100}} = 5\text{h}$$

② 根据给定的 $\triangle x = 10\text{h}$，计算总体平均数的上、下限。

下限：
$$\bar{x} - \triangle x = 1000 - 10 = 990\text{h}$$

上限：
$$\bar{x} + \triangle x = 1000 + 10 = 1010\text{h}$$

③ 根据 $t = \dfrac{\triangle x}{\mu_x} = \dfrac{10}{5} = 2$，由概率表得 $F(t) = 95.45\%$，由计算结果，估计该批产品的平均耐用时间在 $990 \sim 1010\text{h}$ 之间，有 95.45% 的概率保证程序。

求（2）的计算步骤如下。

① 求样本指标。

$$p = 94\%$$

$$\sigma_p^2 = p(1-p) = 0.94 \times 0.06 = 0.0564$$

$$\mu_p = \sqrt{\frac{p(1-p)}{n}} = \sqrt{\frac{0.0564}{100}} = 2.38\%$$

② 根据给定的 $\triangle p = 2.45\%$，求总体合格率的上、下限。

下限：
$$p - \triangle p = 94\% - 2.45\% = 91.55\%$$

上限：
$$p + \triangle p = 94\% + 2.45\% = 96.45\%$$

③ 根据 $t = \dfrac{\triangle p}{\mu_p} = \dfrac{2.45\%}{2.38\%} = 1.03$，查概率表得 $F(t) = 69.70\%$。

由以上计算结果，估计该批产品的合格率在 $91.55\% \sim 96.45\%$ 之间，有 69.70% 的概率保证程度。

求（3）的计算步骤如下。

① 求样本指标。

$$\bar{x} = 1000(\text{h}), \quad \sigma = 50\text{h}$$

$$\mu_x = \frac{\sigma}{\sqrt{n}} = \frac{50}{\sqrt{100}} = 5\text{h}$$

② 根据给定的 $F(t) = 95\%$，查概率表得 $t = 1.96$。

③ 根据 $\triangle x = t \times \mu_x = 1.96 \times 5 = 9.8$，计算总体平均耐用时间的上、下限。

下限：
$$\bar{x} - \triangle x = 1000 - 9.8 = 990.2\text{h}$$

上限：
$$\bar{x} + \triangle x = 1000 + 9.8 = 1009.8\text{h}$$

所以，以 95％的概率保证程度估计该批产品的平均耐用时间在 990.2～1009.8h 之间。

求（4）的计算步骤如下。

① 求样本指标。

$$p = 94\%$$

$$\sigma_p^2 = p(1-p) = 0.94 \times 0.06 = 0.0564$$

$$\mu_p = \sqrt{\frac{p(1-p)}{n}} = 2.37\%$$

$$\Delta p = t \times \mu_p = 1.96 \times 2.37\% = 0.046$$

② 计算总体平均耐用时间的上、下限。

下限：　　　　　　　　$p - \Delta p = 94\% - 4.6\% = 89.4\%$

上限：　　　　　　　　$p + \Delta p = 94\% + 4.6\% = 98.6\%$

所以，以 95％的概率保证程度估计该批产品的合格率在 89.4％～98.6％之间。

1. 单正总体均值的置信区间

对正态总体均值 μ 的区间估计分为两种情形：方差 σ^2 已知和未知。

1）σ^2 为已知时，均值 μ 的置信区间

以样本均值 $\overline{X}$ 作为 μ 的一个点估计，由正态分布公式可知

$$U = \frac{\overline{X} - \mu}{\frac{\sigma}{\sqrt{n}}} \sim N(0,1)$$

由正态分布的分位点知

$$P(|U| < u_{\frac{\alpha}{2}}) = 1 - \alpha$$

即

$$P\left[\left|\frac{\overline{X} - \mu}{\frac{\sigma}{\sqrt{n}}}\right| < u_{\frac{\alpha}{2}}\right] = 1 - \alpha$$

或

$$P\left(\overline{X} - \frac{\sigma}{\sqrt{n}}u_{\frac{\alpha}{2}} < \mu < \overline{X} + \frac{\sigma}{\sqrt{n}}u_{\frac{\alpha}{2}}\right) = 1 - \alpha$$

故

$$\left(\overline{X} - \frac{\sigma}{\sqrt{n}}u_{\frac{\alpha}{2}}, \overline{X} + \frac{\sigma}{\sqrt{n}}u_{\frac{\alpha}{2}}\right) \tag{3-13}$$

为 μ 的置信度 $1 - \alpha$ 的置信区间。

【例 3-9】 设 1.1, 2.2, 3.3, 4.4, 5.5 为来自正态总体 $N(\mu, 2.3)^2$ 的简单随机样本，求 μ 的置信水平为 95％的置信区间。

其 MATLAB 代码编程如下：

```
>> clear all;
x = [1.1 2.2 3.3 4.4 5.5];
n = length(x);
m = mean(x);
```

```
c = 2.3/sqrt(n);
d = c * norminv(0.975);
a1 = m - d;
b1 = m + d;
[a1,b1]
```

运行程序,输出如下:

```
ans =
    1.2840    5.3160
```

2) σ^2 为未知时,均值 μ 的置信区间

这时,自然会想到以样本标准差 S 代替总体均方差 σ,即知选取统计量

$$T = \frac{\overline{X} - \mu}{\frac{S}{\sqrt{n}}} \sim t(n-1)$$

对给定的数 α,由

$$P\left(\mid T \mid < t_{\frac{\alpha}{2}}(n-1)\right) = 1-\alpha$$

查概率表得 $t_{\frac{\alpha}{2}}(n-1)$,解不等式得 $\overline{X} - \frac{S}{\sqrt{n}} t_{\frac{\alpha}{2}}(n-1) < \mu < \overline{X} + \frac{S}{\sqrt{n}} t_{\frac{\alpha}{2}}(n-1)$,即 μ 的

$1-\alpha$ 的置信区间为

$$\left(\overline{X} - \frac{S}{\sqrt{n}} t_{\frac{\alpha}{2}}(n-1), \overline{X} + \frac{S}{\sqrt{n}} t_{\frac{\alpha}{2}}(n-1)\right)$$

简记为

$$\overline{X} \pm \frac{S}{\sqrt{n}} t_{\frac{\alpha}{2}}(n-1) \tag{3-14}$$

在实际问题中,很难找到一种情况,其总体均值未知,但方差已知。通常情况下,均值和方差都要通过样本进行估计,因此式(3-14)比式(3-13)更实用。

【例 3-10】 数据同例 3-9,求 σ^2 未知,均值 μ 的置信区间。

其 MATLAB 代码编程如下:

```
>> clear all;
x = [1.1 2.2 3.3 4.4 5.5];
n = length(x);
m = mean(x);
S = std(x);
dd = S * tinv(0.975,4)/sqrt(n);
a2 = m - dd;
b2 = m + dd;
[a2,b2]
```

运行程序,输出如下:

```
ans =
    1.1404    5.4596
```

3) 单正态方差的区间估计

设总体 $X \sim N(\mu, \sigma^2)$,$X_1, X_2, \cdots, X_n$ 是 X 的样本,求 σ^2 的 $1-\alpha$ 置信区间。由 χ^2 分

布知选取统计量

$$\frac{(n-1)S^2}{\sigma^2} \sim \chi^2(n-1)$$

对给定的 α，取 χ^2 分布分位点 $\chi^2_{\frac{\alpha}{2}}(n)$ 和 $\chi^2_{1-\frac{\alpha}{2}}(n)$，使

$$\left(\chi^2_{1-\frac{\alpha}{2}}(n-1) < \frac{(n-1)S^2}{\sigma^2} < \chi^2_{\frac{\alpha}{2}}(n-1)\right) = 1-\alpha$$

从而得到 σ^2 的 $1-\alpha$ 置信区间为

$$\left(\frac{(n-1)S^2}{\chi^2_{\frac{\alpha}{2}}}, \frac{(n-1)S^2}{\chi^2_{1-\frac{\alpha}{2}}}\right)$$

【例 3-11】 数据同例 3-9，求以下 σ^2 的置信区间。

其 MATLAB 代码编程如下：

```
>> clear all;
x = [1.1 2.2 3.3 4.4 5.5];
n = length(x);
c1 = chi2inv(0.025, 4);
c2 = chi2inv(0.975, 4);
T = (n-1) * var(x);
a3 = T/c2;
b3 = T/c1;
[a3, b3]
```

运行程序，输出如下：

```
ans =
    1.0859    24.9784
```

4）两正态总体均值差的置信区间

当方差已知时，设 $X_1, X_2, \cdots, X_m \sim N(\mu_1, \sigma_1^2)$，$Y_1, Y_2, \cdots, Y_m \sim N(\mu_2, \sigma_2^2)$，两样本独立，此时 $\mu_1 - \mu_2$ 的置信区间为

$$\left(\overline{X} - \overline{Y} - u_{\frac{\alpha}{2}}\sqrt{\frac{\sigma_1^2}{m} + \frac{\sigma_2^2}{n}}, \overline{X} - \overline{Y} + u_{\frac{\alpha}{2}}\sqrt{\frac{\sigma_1^2}{m} + \frac{\sigma_2^2}{n}}\right)$$

在此已经知道 $u_{\frac{\alpha}{2}}$ 可用 norminv(0.975) 求得。

当方差未知但相等时，此时 $\mu_1 - \mu_2$ 的置信区间为

$$\left(\overline{X} - \overline{Y} - t_{\frac{\alpha}{2}}C, \overline{X} - \overline{Y} + t_{\frac{\alpha}{2}}C\right)$$

其中，$C = \sqrt{\frac{1}{m} + \frac{1}{n}} \sqrt{\frac{(m-1)S_1^2 + (n-1)S_2^2}{m+n-2}}$，而 $t_{\frac{\alpha}{2}}$ 依照自由度 $m+n-2$ 计算。

5）两正态总体方差比的置信区间

查自由度为 $(m-1, n-1)$ 的 F 分布临界值表使得，

$$P(c_1 < F < c_2) = 1-\alpha$$

则 $\frac{\sigma_1^2}{\sigma_2^2}$ 的置信区间为 $\left(\frac{\left(\frac{S_1^2}{S_2^2}\right)}{c_2}, \frac{\left(\frac{S_1^2}{S_2^2}\right)}{c_1}\right)$。

【例 3-12】 设两台车床加工同一零件,各加工 8 件,长度的误差如下。

A: −0.12 −0.80 −0.05 −0.04 −0.01 0.05 0.07 0.21

B: −1.50 −0.80 −0.40 −0.10 0.20 0.61 0.82 1.24

求方差比的置信区间。

其 MATLAB 代码编程如下:

```
>> clear all;
x = [−0.12 −0.80 −0.05 −0.04 −0.01 0.05 0.07 0.21];
y = [−1.50 −0.80 −0.40 −0.10 0.20 0.61 0.82 1.24];
v1 = var(x);
v2 = var(y);
c1 = finv(0.025,7,7);
c2 = finv(0.975,7,7);
a4 = (v1/v2)/c1;
b4 = (v1/v2)/c1;
[a4,b4]
```

运行程序,输出如下:

```
ans =
    0.5720    0.5720
```

方差比小于 1 的概率至少达到 95%,说明车床 A 的精度明显高。

2. 单侧置信区间

上面的讨论中,对于未知参数 θ,给出两个统计量 $\underline{\theta}$ 和 $\bar{\theta}$,得到 θ 的置信区间为 $(\underline{\theta},\bar{\theta})$ 的形式。但在有些实际应用中,常常只关心参数的上限或下限。例如,对于设备、元件的寿命来说,我们只关心平均寿命 θ 至少是多少(θ 的"下限");与之相反,在考虑化学药品中杂质含量时,我们关心的却是平均杂质含量 θ' 最多是多少(θ' 的"上限")。这就引出了单侧置信区间的概念。

对于给定值 $\alpha(0<\alpha<1)$,若由样本 $X_1,X_2,\cdots,X_n$ 确定的统计量 $\underline{\theta}(X_1,X_2,\cdots,X_n)$ 满足对任意 θ 有

$$P(\theta > \underline{\theta}) = 1-\alpha$$

则称随机区间 $(\underline{\theta}(X_1,X_2,\cdots,X_n),+\infty)$ 是 θ 的置信水平为 $1-\alpha$ 的下侧置信区间,称 $\underline{\theta}(X_1,X_2,\cdots,X_n)$ 是置信水平为 $1-\alpha$ 的置信下限。

又如果统计量 $\bar{\theta}(X_1,X_2,\cdots,X_n)$ 满足对任意 θ 有

$$P(\theta < \bar{\theta}) = 1-\alpha$$

则称随机区间 $(-\infty,\bar{\theta}(X_1,X_2,\cdots,X_n))$ 是 θ 的置信水平为 $1-\alpha$ 的上侧置信区间,称 $\bar{\theta}(X_1,X_2,\cdots,X_n)$ 是置信水平为 $1-\alpha$ 的单侧置信上限。

【例 3-13】 从一批灯泡中随机地抽取 5 只做寿命试验,其寿命如下(单位:h)

1050   1100   1120   1250   1280

已知这批灯泡寿命 $X \sim N(\mu,\sigma^2)$,求平均寿命 μ 的置信度为 95% 的单侧置信下限

$$t = \frac{\bar{X}-\mu}{S/\sqrt{n}} \sim t(n-1)$$

对于给定置信度 $1-\alpha$，有

$$P\left\{\frac{\overline{X}-\mu}{S/\sqrt{n}} < t_a(n-1)\right\} = 1-\alpha$$

即

$$P\left\{\mu > \overline{X} - t_a(n-1)\frac{S}{\sqrt{n}}\right\} = 1-\alpha$$

可得 μ 的置信度为 $1-\alpha$ 的单侧置信下限为

$$\overline{X} - t_a(n-1)\frac{S}{\sqrt{n}}$$

由所得数据计算，有

$$\overline{x} = 1160,\quad s = 99.75,\quad n = 5,\quad \alpha = 0.05$$

查表得 $t_{0.05}(4)=2.14$，从而平均寿命 μ 的置信度为 95% 的置信下限为

$$\overline{x} - t_a(n-1)\frac{s}{\sqrt{n}} = 1064.56$$

也就是说，该批灯泡的平均寿命至少在 1064.56h 以上，可靠程度为 95%。

其 MATLAB 代码编程如下：

```
>> clear all;
x = [1050,1100,1120,1250,1280];
N = length(x);
muEST = mean(x)
muLOWER = muEST - tinv(0.95,N-1) * sqrt(var(x)/N)
```

上述指令的运行结果是：

```
muEST =
        1160
muLOWER =
  1.0649e + 003
```

计算结果表明，这批灯泡的平均寿命约为 1160h，以 95% 的概率保证这批灯泡的平均寿命不低于 1065h。

3.2.5 区间估计函数

在 MATLAB 的函数工具箱中，也提供了相关函数用于实现区间估计，下面分别对这些函数给予介绍。

1. nlinfit 函数

在 MALTAB 中，提供了 nlinfit 函数用于求解高斯-牛顿法的非线性最小二乘数据拟合。函数的调用格式如下。

beta = nlinfit(X,y,fun,beta0)：返回在 fun 中描述的非线性函数的系数。fun 为用户提供的形如 $\hat{y}=f(\beta,x)$ 的函数，该函数返回已给初始参数估计值 β 和自变量 x 的 y 的

预测值$\hat{y}$。

[beta,r,J,COVB,mse] = nlinfit(X,y,fun,beta0)：同时返回的 beta 为拟合系数，r 为残差，J 为 jacobi 矩阵，COVB 为评估的协方差矩阵，mse 为误差的方差。输入参数 beta0 为初始预测值。

[…] = nlinfit(X,y,fun,beta0,options)：指定控制参数后返回值。参数 options 包括 MaxIter、TolFun、TolX、Display、DerivStep 等。

当 X 为矩阵时，则 X 的每一列为自变量的取值，y 是一个相应的列向量。如果 fun 中使用了@,则表示函数的句柄。

【例 3-14】 使用 nlinfit 函数求高斯-牛顿法的非线性最小二乘数据拟合。

其 MATLAB 代码编程如下：

```
>> clear all;
S = load('reaction');
X = S.reactants;
y = S.rate;
beta0 = S.beta;
% 利用 nlinfit 函数求非线性最小二乘数据拟合
beta = nlinfit(X,y,@hougen,beta0)
```

运行程序，输出如下：

```
beta =
    1.2526
    0.0628
    0.0400
    0.1124
    1.1914
```

2. nlparci 函数

在 MATLAB 中，提供了 nlparci 函数用于求解非线性模型的参数估计的置信区间。函数的调用格式为

ci = nlparci(beta,resid,'covar',sigma)：返回置信度为 95％的置信区间，beta 为非线性最小二乘法估计的参数值，resid 为残差，sigma 为协方差矩阵系数。

ci = nlparci(beta,resid,'jacobian',J)：返回置信度为 95％的置信区间，beta 为非线性最小二乘法估计的参数值，resid 为残差，J 为 Jacobian 矩阵。

ci = nlparci(…,'alpha',alpha)：返回 $100 \times (1-\text{alpha})$％的置信区间。

【例 3-15】 利用 nlparci 函数求求非线性模型 $y_j = \partial_1 + \partial_2 \exp(-\partial_3 x_j) + \varepsilon_j$ 的参数估计的置信区间。

```
>> clear all;
% 用函数句柄表示模型
mdl = @(a,x)(a(1) + a(2) * exp(-a(3) * x));
rng(9845,'twister')                      % 可重复性
a = [1;3;2];
```

```
x = exprnd(2,100,1);              %指数分布
epsn = normrnd(0,0.1,100,1);      % 正态分布
y = mdl(a,x) + epsn;
% 数据拟合模型为随机的
a0 = [2;2;2];
[ahat,r,J,cov,mse] = nlinfit(x,y,mdl,a0);
ahat
% 检查在 95％的置信区间是否[1 3 2]是使用雅可比参数 nlparci
ci1 = nlparci(ahat,r,'Jacobian',J)
% 使用的协方差参数
ci2 = nlparci(ahat,r,'covar',cov)
```

运行程序,输出如下:

```
ahat =
    1.0153
    3.0229
    2.1070
ci1 =
    0.9869   1.0438
    2.9401   3.1058
    1.9963   2.2177
ci2 =
    0.9869   1.0438
    2.9401   3.1058
    1.9963   2.2177
```

3. nlintool 函数

在 MATLAB 中,提供了 nlintool 函数用于求解非线性拟合并显示交互图形。函数的调用格式如下。

nlintool(X,y,fun,beta0):返回数据(X,y)的非线性曲线的预测图形,它用两条红色曲线预测全局置信区间。beta0 为参数的初始预测值,默认值为 0.05,即置信度为 95％。

nlintool(X,y,fun,beta0,alpha):将置信度设置为(1-alpha)×100％。

nlintool(X,y,fun,beta0,alpha,'xname','yname'):给 X 和 y 的变量分别赋予变量名 xname 和 yname。

【例 3-16】 使用 nlintool 函数求非线性拟合并显示交互图形。

其 MATLAB 代码编程如下:

```
>> clear all;
>> load reaction
nlintool(reactants,rate,@hougen,beta,0.01,xn,yn)
```

运行程序,效果如图 3-1 所示。

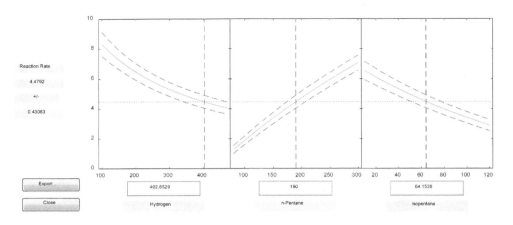

图 3-1　非线性拟合交互图形

4. nlpredci 函数

在 MATLAB 中,提供了 nlpredci 函数用于求解非线性模型置信区间预测。函数的调用格式如下。

[ypred,delta] = nlpredci(modelfun,x,beta,resid,'jacobian',J):返回预测值 ypred,fun 与前面相同,beta 为给出的适当参数,resid 为残差,J 为 Jacobi 矩阵,x 为非线性函数中的独立变量的矩阵值。返回的 delta 为非线性最小二乘法估计的置信区间长度的一半。当 resid 长度超过 beta 的长度,并且 J 的列满秩时,置信区间的计算才是有效的,[ypred−delta,ypred+delta]为置信度,是 95% 的不同步置信区间。

[ypred,delta] = nlpredci(modelfun,x,beta,resid,'covar',sigma):参数 sigma 为协方差矩阵系数。

[…] = nlpredci(…,param1,val1,param2,val2,…):设置多个参数的名称及其对应的值,参数包括:'alpha'、'mse'、'predopt'和'simopt'。

【例 3-17】　使用 nlpredci 函数求非线性最小二乘预测置信区间。

其 MATLAB 代码编程如下:

```
>> clear all;
S = load('reaction');
X = S.reactants;
y = S.rate;
beta0 = S.beta;
[beta,R,J] = nlinfit(X,y,@hougen,beta0);
[ypred,delta] = nlpredci(@hougen,mean(X),beta,R,'Jacobian',J)
```

运行程序,输出如下:

```
ypred =
    5.4622
```

```
delta =
    0.1921
```

3.3 参数估计实例

下面通过一个实例来演示怎样利用参数估计实现工程实际领域中的应用。

【例 3-18】　分别使用金球和铂球测定引力常数（单位：$10^{-11}\,\mathrm{m}^3\cdot\mathrm{kg}^{-1}\cdot\mathrm{s}^{-2}$）。

（1）用金球测定观察值为 $6.683,6.681,6.676,6.678,6.679,6.672$；

（2）用铂球测定观察值为 $6.661,6.661,6.667,6.667,6.664$。

设测定值总体为 $N(\mu,\sigma^2)$，试就（1）、（2）两种情况分别求 μ 的置信水平为 0.9 的置信区间，并求 σ 的置信水平为 0.9 的置信区间。

其 MATLAB 代码编程如下：

```
>> clear all;
data1 = [6.683 6.681 6.676 6.678 6.679 6.672];
alpha = 0.1;
[muhat1,sigmahat1,muci1,sigmaci1] = normfit(data1,alpha)
[phat1,pci1] = mle(data1,'distribution','normal','alpha',alpha)
data2 = [6.661 6.661 6.667 6.667 6.664];
[muhat2,sigmahat2,muci2,sigmaci2] = normfit(data2,alpha)
[phat2,pci2] = mle(data1,'distribution','normal','alpha',alpha)
```

运行程序，输出如下：

```
muhat1 =
    6.6782
sigmahat1 =
    0.0039
muci1 =
    6.6750
    6.6813
sigmaci1 =
    0.0026
    0.0081
phat1 =
    6.6782    0.0035
pci1 =
    6.6750    0.0026
    6.6813    0.0081
muhat2 =
    6.6640
sigmahat2 =
    0.0030
muci2 =
    6.6611
```

```
          6.6669
sigmaci2 =
          0.0019
          0.0071
phat2 =
          6.6782        0.0035
pci2 =
          6.6750        0.0026
          6.6813        0.0081
```

3.4　核密度估计

核密度估计(Kernel Density Estimation)是在概率论中用来估计未知的密度函数,属于非参数检验方法之一,由 Rosenblatt（1955）和 Emanuel Parzen(1962)提出,又名 Parzen 窗(Parzen Window)。Ruppert 和 Cline 基于数据集密度函数聚类算法提出修订的核密度估计方法。

3.4.1　核密度估计的概述

对于一组关于 X 和 Y 观测数据$\{(x_i, y_i)\}_{i=1}^n$,假设它们存在关系 $y_i = m(x_i) + \varepsilon_i$,通常我们的目的在于估计 $m(x)$ 的形式。在样本数量有限的情况下,我们无法准确估计 $m(x)$ 的形式。这时,可以采用非参数方法,在非参数方法中,并不假定也不固定 $m(x)$ 的形式,仅假设 $m(x)$ 满足一定的光滑性,函数在每一点的值都由数据决定。显然,由于随机扰动的影响数据有很大的波动,极不光滑,因此要去除干扰使图形光滑。

最简单最直接的方法就是取多点平均,也就是每一点 $m(x)$ 的值都由离 x 最近的多个数据点所对应的 y 值的平均值得到。显然,如果用来平均的点越多,所得的曲线越光滑。当然,如果用 n 个数据点来平均,则 $m(x)$ 为常数,这时它最光滑,但失去了大量的信息,拟合的残差也很大。所以说,这就存在了一个平衡的问题,也就是说,要决定每个数据点在估计 $m(x)$ 的值时要起到的作用问题。直观上,和 x 点越近的数据对决定 $m(x)$ 的值所起作用越大,这就需要加权平均。因此,如何选择权函数来光滑及光滑到何种程度即是我们这里所关心的核心问题。

3.4.2　核密度估计的形式

对于数据 $x_1, x_2, \cdots, x_n$,核密度估计的形式如下。

$$f'_h(x) = \frac{1}{nh} \sum_{i=1}^n k\left(\frac{x - x_i}{h}\right)$$

这是一个加权平均,而核函数(kernal function)$K()$ 为一个权函数,核函数的形状和值域控制着用来估计 $f(x)$ 在点 x 的值时所用数据点的个数和利用的程度,直观来看,核密度估计的好坏依赖于核函数和带宽 h 的选取。通常考虑的核函数关于原点对称且其

积分为 1,下面四个函数为最为常用的权函数:

Uniform:

$$\frac{1}{2}I(|t|\leqslant 1)$$

Epanechikov:

$$\frac{3}{4}I(1-t^2)I(|t|<1)$$

Quartic:

$$\frac{15}{16}(1-t^2)I(|t|<1)$$

Gaussian:

$$\frac{1}{\sqrt{2\pi}}e^{-\frac{1}{2}t^2}$$

对于均匀核函数,$K\left(\dfrac{x-x_i}{h}\right)=\dfrac{1}{2}I\left(\left|\dfrac{x-x_i}{h}\right|\leqslant 1\right)$用作密度函数,则只有$\dfrac{x-x_i}{h}$的绝对值小于 1(或者说离 x 的距离小于带宽 h 的点)才用来估计 $f(x)$ 的值,不过所有起作用的数据的权重都相同。

对于高斯函数,由 $f'_h(x)$ 的表达式可看出,如果 x_i 离 x 越近,$\dfrac{x-x_i}{h}$ 越接近于零,这时密度值 $\phi\left(\dfrac{x-x_i}{h}\right)$ 越大,因为正态密度的值域为整个实轴,所以所有的数据都用来估计 $f'_h(x)$ 的值,只不过离 x 点越近的点对估计的影响越大,当 h 很小的时候,只有特别接近 x 的点才起较大作用,随着 h 增大,则远一些的点的作用也随之增加。

如果使用形如 Epanechikov 和 Quartic 核函数,不但有截断(即离 x 的距离大于带宽 h 的点则不起作用),并且起作用的数据它们的权重也随着与 x 的距离增大而变小。一般说来,核函数的选取对和核估计的好坏的影响远小于带宽 h 的选取。

3.4.3　带宽的选取

带宽值的选择对估计量 $f'_h(x)$ 的影响很大,如果 h 太小,那么密度估计偏向于把概率密度分配得太局限于观测数据附近,致使估计密度函数有很多错误的峰值,如果 h 太大,那么密度估计就把概率密度贡献散得太开,这样会光滑掉 f 的一些重要特征。

所以,要想判断带宽的好坏,必须了解如何评价密度估计量 $f'_h(x)$ 的性质。通常使用积分均方误差 MSE(h),作为判断密度估计量好坏的准则。

$$\text{MSE}(h) = \text{AMISE}(h) + o\left(\frac{1}{nh} + h^4\right)$$

其中,

$$\text{AMISE}(h) = \frac{\int K^2(x)\,dx}{nh} + \frac{h^2\sigma^2\int\left[f''(x)\right]^2dx}{4}$$

称作渐进均方积分误差。要最小化 AMISE(h)，必须把 h 设在某个中间值，这样可以避免 $f_h'(x)$ 有过大的偏差或过大的方差。关于 h 最小化 AMISE(h) 表明最好是精确地平衡 AMISE(h) 中偏差项和方差项的阶数，显然最优的带宽是

$$h = \left(\frac{\displaystyle\int K^2(x)\,\mathrm{d}x}{n\sigma^2 \displaystyle\int [f''(x)]^2\,\mathrm{d}x} \right)^{\frac{1}{5}} \tag{3-15}$$

以下是几种常用的选择方法。

1. 拇指法

为简便起见，定义 $R(g) = \int g^2(z)\,\mathrm{d}z$，针对最小化 AMISE 得到的最优带宽中含有未知量 $R(f'')$，Silverman 提出一种初等的方法——Rule of Thumb（拇指法则，即根据经验的方法）。

把 f 用方差和估计方差相匹配的正态密度替换，这就等于用 $\dfrac{R(\phi')}{\sigma^5}$ 估计 $R(f'')$，其中 ϕ 为标准正态密度函数，如果取 K 为高斯密度核函数，而 σ 使用样本方差 $\hat{\sigma}$，Silverman 拇指法则得到 $h = \left(\dfrac{4}{3n} \right)^{\frac{1}{5}} \hat{\sigma}$。

2. Plug-in 法

该方法即代入法，其考虑在最优带宽中使用某适当的估计 $\hat{R}(f'')$ 来代替 $R(f'')$，在众多的方法中，最简单且最常用的即是 Sheather and Jones 在 1991 年所提出的 $\hat{R}(f'') = R(\hat{f}'')$，而 $\hat{f}''$ 的基于核的估计量为

$$\hat{f}''(x) = \frac{\partial^2}{\partial x^2} \left\{ \frac{1}{nh_0} \sum_{i=1}^{n} L\left(\frac{x-x_i}{h} \right) \right\} = \frac{1}{h^3 n} \sum_{i=1}^{n} L''\left(\frac{x-x_i}{h} \right)$$

其中 h_0 为带宽，L 为用来估计 f'' 的核函数。在对其平方并对 x 积分后即可得到 $R(\hat{f}'')$。估计 f 的最优带宽和估计 f'' 或 $R(f'')$ 的最优带宽是不同的。根据理论上以及经验上的考虑，Sheather and Jones 建议用简单的拇指法则计算带宽 h_0，该带宽用来估计 $R(f'')$，最后通过式（3-15）来计算带宽 h。

3.4.4 核密度估计的 MATLAB 实现

在 MATLAB 工具箱中，也提供了 ksdensity 函数用于实现核密度估计的相关函数，下面给予介绍。

在 MATLAB 统计工具箱中提供了 ksdensity 函数用于求核密度估计。其调用格式如下。

[f, xi] = ksdensity(x)：求样本观测值向量 x 的核密度估计。xi 是在 x 取值范围内等间隔选取的 100 个点构成的向量，f 是与 xi 相应的核密度估计值向量。这里所用的核

函数为 Gaussian 核函数,所用的窗宽是样本容量的函数。

　　f = ksdensity(x,xi):根据样本观测值向量 x 计算 xi 处的核密度估计值 f,xi 和 f 是等长的向量。

　　ksdensity(⋯):不返回任何输出,此时在当前坐标系中绘制出核密度函数图。

　　ksdensity(ax,⋯):不返回任何输出,此时在句柄值 ax 对应的坐标系中绘制出核密度函数图。

　　[f,xi,u] = ksdensity(⋯):同时返回窗宽 u。

　　[⋯] = ksdensity(⋯,'Name',value):通过可选的成对出现的参数名及参数值来控制核密度估计。可用的参数名及参数值如表 3-2 所示。

表 3-2　ksdensity 函数支持的参数名及对应的参数值

参数名	参数值	说　　明
'censoring'	与 x 等长逻辑向量	指定哪些项是截尾观测,默认是没有截尾
'kernel'	'normal'	指定用 Gaussian(高斯或正态)核函数,为默认情况
	'box'	指定用 Uniform 核函数
	'triangle'	指定用 Triangle 核函数
	'epanechnikov'	指定用 Epanechnikov 核函数
	函数句柄或函数名,如 @normpdf 或 'normpdf'	自定义核函数
'npoints'	正整数	指定 xi 中包含的等间隔点的个数,默认值为 100
'support'	'unbounded'	指定密度函数的支撑集为全体实数集,是默认情况
	'positive'	指定核密度函数的支撑集为正实数集
	包含两个元素的向量	指定密度函数的支撑集为上下限
'weights'	与 x 等长的向量	指定 x 中元素的权重
'width'	正实数	指定窗宽,默认值是由式(3-15)得到的最佳窗宽。取较小的窗宽,能反映较多的细节
'function'	'pdf'	指定对密度函数进行估计
	'cdf'	指定对累积分布函数进行估计
	'icdf'	指定对逆概率分布函数进行估计
	'survivor'	指定对生存函数进行估计
	'cumhazard'	指定对累积危险函数进行估计

【例 3-19】　利用 ksdensity 函数对给定的随机数据进行核密度估计。

其 MATLAB 代码编程如下:

```
>> clear all;
rng default
x = [randn(30,1); 5 + randn(30,1)];
[f,xi] = ksdensity(x);
figure
plot(xi,f);
```

运行程序,效果如图 3-2 所示。

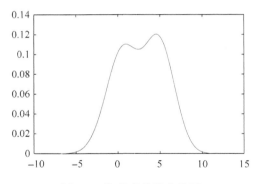

图 3-2　核密度估计曲线图

【例 3-20】　核密度估计的案例分析。

其 MATLAB 代码编程如下:

```
>> % 对 MATLAB 自带的数据绘制其直方图
clear all;
cars = load('carsmall','MPG','Origin');
MPG = cars.MPG;
hist(MPG)                            % 效果如图 3-3 所示
xlabel('样本');ylabel('直方图');
set(get(gca,'Children'),'FaceColor',[.8 .8 1])
% 绘制不同的窗宽核密度估计曲线,效果如图 3-4 所示
[f,x,u] = ksdensity(MPG);
plot(x,f)
title('MPG 的核密度估计')
hold on
[f,x] = ksdensity(MPG,'width',u/3);
plot(x,f,':r');
[f,x] = ksdensity(MPG,'width',u * 3);
plot(x,f,'-- g');
legend('默认窗宽','默认 1/3 窗宽','默认 3 倍窗宽');
xlabel('x');ylabel('f');
hold off
% 设置不同核密度估计参数,绘制相应曲线,效果如图 3-5 所示
hname = {'normal' 'epanechnikov' 'box' 'triangle'};
colors = {'r' 'b' 'g' 'm'};
for j = 1:4
    [f,x] = ksdensity(MPG,'kernel',hname{j});
    plot(x,f,colors{j});
    hold on;
end
legend(hname{:});
xlabel('x');ylabel('f');
hold off
```

```
% 比较密度估计,显示了从不同的原产地国家的汽车省油分布曲线,效果如图 3-6 所示
Origin = cellstr(cars.Origin);
I = strcmp('USA',Origin);
J = strcmp('Japan',Origin);
K = ~(I|J);
MPG_USA = MPG(I);
MPG_Japan = MPG(J);
MPG_Europe = MPG(K);
[fI,xI] = ksdensity(MPG_USA);
plot(xI,fI,':b')
hold on
[fJ,xJ] = ksdensity(MPG_Japan);
plot(xJ,fJ,'r')
[fK,xK] = ksdensity(MPG_Europe);
plot(xK,fK,'-- g')
legend('USA','Japan','Europe')
xlabel('样本');ylabel('核密度估计')
hold off
```

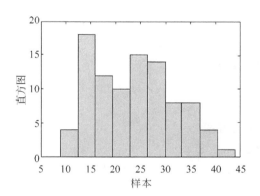

图 3-3　数据频率直方图

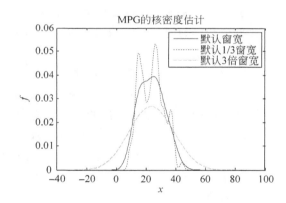

图 3-4　不同窗宽下的核密度估计曲线

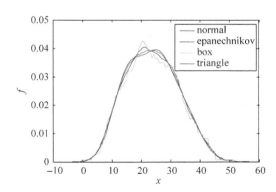

图 3-5　不同参数设置核密度估计曲线

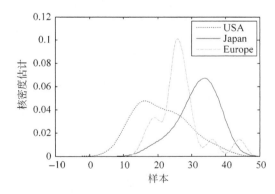

图 3-6　各个国家汽车省油核密度估计曲线图

3.5　统计作图

用图形表达样本数据的统计特征具有生动、直观的特点,MATLAB 提供了多种常用的统计图形函数来完成统计图绘制。

3.5.1　直方图

直方图又称质量分布图,它是表示资料变化情况的一种主要工具。用直方图可以解析出资料的规则性,比较直观地看出产品质量特性的分布状态,对于资料分布状况一目了然,便于判断其总体质量分布情况。在制作直方图时,牵涉统计学的概念,首先要对资料进行分组,因此如何合理分组是其中的关键问题。按组距相等的原则进行的两个关键数位是分组数和组距,是一种几何形图表,它是根据从生产过程中收集来的质量数据分布情况,画成以组距为底边、以频数为高度的一系列连接起来的直方型矩形图。

在 MATLAB 中,提供了 hist 函数用于实现绘制直方图。函数的调用格式如下。

hist(x):表示把矩阵 x 中的数据等距地划分为 10 个区间进行统计,并将每一区间内的数据个数作为返回值矢量的元素,最后画出 10 个柱形,如果 x 是矩阵,则将矩阵 x 的每一列进行统计。

hist(x,nbins):表示 nbins 是一个常量且指定了统计的区间个数。

hist(x,xbins):表示 x 是要统计的数据,nbins 为一个矢量,矢量 xbins 的长度指定了统计的区间数,并以该矢量的各元素为中心进行统计。

hist(ax,__):表示在 ax 指定的坐标系中画出直方图。

counts = hist(__):表示只返回数据的频数。

[counts,centers] = hist(__):表示返回矢量 counts 和 centers,分别表示频数和各个区间的位置。

【例 3-21】　利用函数 hist 绘制 randn 概率分布图。

其 MATLAB 代码编程如下:

```
>> clear all;
x = randn(1000,1);
subplot(3,1,1)
xbins1 = -4:4;
hist(x,xbins1)
subplot(3,1,2)
xbins2 = -2:2;
hist(x,xbins2)
subplot(3,1,3)
xbins3 = [-4 -2.5 0 0.5 1 3];
hist(x,xbins3)
```

运行程序,效果如图 3-7 所示。

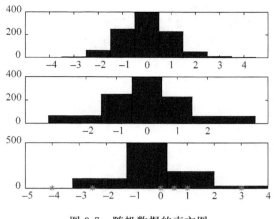

图 3-7 随机数据的直方图

3.5.2 频数表

在观察值个数较多时,为了解一组同质观察值的分布规律和便于指标的计算,可编制频数分布表,简称频数表。频数表是统计描述中经常使用的基本工具之一。

1. 频数分布的特征

由频数表可看出频数分布的两个重要特征:集中趋势(Central Tendency)和离散程度(Dispersion)。身高有高有矮,但多数人身高集中在中间部分组段,以中等身高居多,此为集中趋势;由中等身高到较矮或较高的频数分布逐渐减少,反映了离散程度。对于数值变量资料,可从集中趋势和离散程度两个侧面去分析其规律性。

2. 频数分布的类型

频数分布有对称分布和偏态分布之分。对称分布是指多数频数集中在中央位置,两端的频数分布大致对称。偏态分布是指频数分布不对称,集中位置偏向一侧,若集中位置偏向数值小的一侧,称为正偏态分布;集中位置偏向数值大的一侧,称为负偏态分布,如冠心病、大多数恶性肿瘤等慢性病患者的年龄分布为负偏态分布。临床上正偏态分布资料较多见。不同的分布类型应选用不同的统计分析方法。

3. 频数表的用途

频数表可以揭示资料分布类型和分布特征,以便选取适当的统计方法;便于进一步计算指标和统计处理;便于发现某些特大或特小的可疑值。

4. MATLAB 实现

在 MATLAB 中,提供了 tabulate 函数用于绘制频数表。函数的调用格式如下。
tb1 ＝ tabulate(x):表示对矢量 x 中的数据绘制频数表,返回值 tb1 的第 1 列是矢量 x 中的唯一值,第 2 列是每一个值出现的次数,第 3 列是每一个值出现的百分比例,如果 x 是一个数值型数组,则 tb1 是一个数值型矩阵,如果 x 的每一个元素都是非负整数,则 tb1 包含 0 到不包含在 x 中的从 1 到 max(x)的整数;如果 x 是一个分类变量、字符数组或字符串单元数组,则 tb1 是一个单元数组。

tabulate(x):表示不返回频数表。

例如,在命令窗口中输入:

```
>> clear all;
tb1 = tabulate([1 2 4 4 3 4])
```

运行程序,输出如下:

```
tb1 =
    1.0000    1.0000   16.6667
    2.0000    1.0000   16.6667
    3.0000    1.0000   16.6667
    4.0000    3.0000   50.0000
```

3.5.3　箱形图

箱形图可以比较清晰地表示数据的分布特征,MATLAB 提供了 boxplot 函数来绘制箱形图,它由 5 个部分组成:

(1)箱形上、下横线为样本的 25％和 75％分位数,箱形顶部和底部的差值为内四分位极值。

(2)箱形中间的横线为样本的中值,如果该横线没在箱形中央,则说明存在偏度。

(3)箱形向上或向下延伸的直线称为"触须",如果没有异常值,样本的最大值为上触须的顶部,样本最小值为下触须的底部。默认情况下,距离箱形顶部或底部大于 1.5 倍同四分极值的值为异常值。

(4)图中顶部的加号表示该处数据为一异常值,该值的异常可能是输入错误、测量失误或系统误差引起的。

(5)箱形两侧的 V 形槽口对应于样本中值的置信区间。默认情况下,箱形图没有 V 形槽口。

boxplot 函数的调用格式如下。

boxplot(X):对 X 中的每列数据绘制一个箱形图。

boxplot(X,notch):当 notch＝1,得到一个有凹口的盒子图;notch＝0,得到一个矩形箱形图。

boxplot(X,notch,'sym'):'sym'为标记符号,缺省符号为"＋"。

boxplot(X,nocth,'sym',vert,whis):参数 vert 控制箱形图水平放置还是垂直放置。当 vert＝0 时,箱形图水平放置;当 vert＝1 时(缺省),箱形图垂直放置;whis 定义虚线的长度,为内四分位间距(IQR)的函数(缺省情况为 15 * IQR)。如果 whis＝0,则 box 图用'sym'规定的标记显示"箱子"外所有的数据。

【例 3-22】　根据参数的设置不同,绘制对应的样本的盒子图。

其 MATLAB 代码编程如下：

```
>> clear all;
%产生正态分布的样本
%样本长度
N = 1024;
x1 = normrnd(5,1,N,1);
x2 = normrnd(6,1,N,1);
x = [x1 x2];
%参数
figure(1);
sym1 = '*';
notch1 = 1;                      %凹口
boxplot(x,notch1,sym1);
figure(2);
notch2 = 0;                      %矩形
boxplot(x,notch2);
figure(3);
vert = 0;                        %水平
boxplot(x,notch1,'+',vert);
```

运行程序，效果如图 3-8～图 3-10 所示。

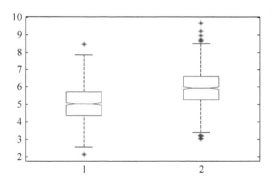

图 3-8　垂直、带凹口的盒子图

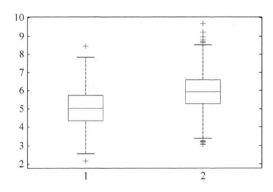

图 3-9　垂直、矩形的盒子图

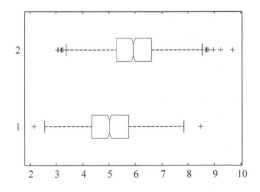

图 3-10　水平、带凹口的盒子图

3.5.4 经验累加分布图

称函数

$$F_n(x) = \begin{cases} 0, & x \leqslant x_{(1)} \\ \sum_{i=1}^{i} f_k, & x_{(i)} \leqslant x < x_{(i+1)}, \quad i = 1, 2, \cdots, l-1 \\ 1, & x \geqslant x_{(l)} \end{cases}$$

为样本分布函数(或经验分布函数)。经验分布函数图是阶梯状图,反映了样本观测数据的分布情况。

在 MATLAB 统计工具箱中提供了 cdfplot 函数用于绘制样本经验分布函数。可以把经验分布函数图和某种理论分布函数图叠放在一起,以对它们之间的区别。函数的调用格式如下。

cdfplot(X):表示绘制由矢量 X 指定的数据经验累加分布函数图,经验累加函数的定义是在 x 点处的值定义为 X 中小于等于 x 的数的比例。

h = cdfplot(X):表示绘制统计图的同时返回一个指向该曲线的一个句柄 h。

[h, stats] = cdfplot(X):除了返回句柄外还返回一个结构体 stats,该结构体包含域:min 最小值、max 最大值、mean 样本平均值、median 样本中值(50%的位置),以及 std 样本标准方差。

【例 3-23】 在同一图中绘制经验分布函数及理论正态分布函数图。

其 MATLAB 代码编程如下:

```
>> clear all;
rng default;                        % 设置重复性
y = evrnd(0, 3, 100, 1);
[h, stats] = cdfplot(y)
hold on
x = -20:0.1:10;
f = evcdf(x, 0, 3);
plot(x, f, 'm:')
legend('经验分布曲线', '理论上分布曲线', 'Location', 'NW')
```

运行程序,输出如下,效果如图 3-11 所示。

```
h =
  Line (具有属性):
              Color: [0 0.4470 0.7410]
          LineStyle: '-'
          LineWidth: 0.5000
             Marker: 'none'
         MarkerSize: 6
    MarkerFaceColor: 'none'
              XData: [1x202 double]
              YData: [1x202 double]
              ZData: [1x0 double]
```

显示所有属性

```
stats =
        min: -10.5349
        max: 4.4659
        mean: -2.0350
     median: -1.5294
        std: 3.7186
```

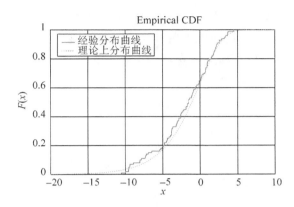

图 3-11   经验累积分布函数图

3.5.5   误差条图

误差条图通常用于统计或科学数据,显示潜在的误差或相对于系列中每个数据标志的不确定程度。误差条图可以用标准差(平均偏差)或标准误差来表示,它们的区别如下。

(1) 概念不同。标准差是离均差平方和平均后的方根,标准误差是标准误差定义为各测量值误差的平方和的平均值的平方根;

(2) 用途不同。标准差与均数结合估计参考值范围,计算变异系数,计算标准误差等。标准误差用于估计参数的可信区间,进行假设检验等;

(3) 它们与样本含量的关系不同。当样本含量 n 足够大时,标准差趋向稳定;而标准误等随 n 的增大而减小,甚至趋于 0。

误差条形图类型的序列具有三个 Y 值。虽然可以手动将这些值分配给每个点,但在大多数情况下,是从其他序列中的数据来计算这些值。Y 值的顺序十分重要,因为值数组中的每个位置都表示误差条形图上的一个值。在 MATLAB 统计工具箱中提供了errorbar 函数用于绘制误差条图。函数调用格式如下。

errorbar(Y,E):表示绘制 Y,以及对 Y 的每个元素绘制误差条,误差条的上半部分和下半部分都是长为 E(i)的对称条。

errorbar(X,Y,E):X、Y 与 E 必须有相同的大小,如果 X 与 Y 是矢量,则误差条以 (X(i),Y(i))为中心,上下各长为 E(i)的线段条,如果 X 与 Y 是矩阵,则误差条是以 (X(i,j),Y(i,j))为中心,上下各长为 E(i,j)的线段条。

errorbar(X,Y,L,U)：表示由 L 和 U 指定误差条的上下界，在此 X、Y、L、U 必须有相同的长度，如果 X 是矢量，则在误差条是以（X(i)，Y(i)）为中心，下长为 L(i) 上长为 U(i) 的线段条，如果 X 是矩阵则误差条是以（X(i,j)，Y(i,j)）为中心，下长为 L(i,j) 上长为 U(i,j) 的线段条。

errorbar(⋯,LineSpec)：表示由字符串 LineSpec 指定的线颜色、线类型来绘制误差条图。

errorbar(ax,⋯)：指定当前指定的坐标轴 ax 上绘制误差条图。

h ＝ errorbar(⋯)：表示返回误差条对象的一个句柄 h。

【例 3-24】 对所给定数据绘制其误差条图。

其 MATLAB 代码编程如下：

```
>> clear all;
X = 0:pi/10:pi;
Y = sin(X);
E = std(Y) * ones(size(X));
errorbar(X,Y,E)
xlabel('数据');ylabel('误差条图');
```

运行程序，效果如图 3-12 所示。

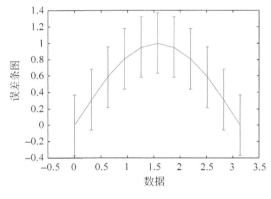

图 3-12   误差条图

3.5.6   交互等值线图

交互等值线图即是指既可用代码实现绘图也可以通过手工来实现绘图。在 MATLAB 统计工具箱中提供了 fsurfht 函数用于绘制交互等值线图。函数的调用格式如下。

fsurfht(fun,xlims,ylims)：表示生成由变量 fun 指定的交互式等值线图，x 轴的限制由 xlims＝[xmin,xmax] 来指定，y 轴的限制由 ylims＝[ymin,ymax] 来指定。

fsurfht(fun,xlims,ylims,p1,p2,p3,p4,p5)：表示允许函数 fun 提供 5 个选项参数，函数 fun 的前面两个变量分别为 x 轴变量和 y 轴变量。

图中有垂直参照线和水平参照线，两者的交点对应于当前点的 x 值和 y 值，可以通过拖拉这些带点的白色参考线来查看计算的 z 值（在图形上方）。另外，也可以通过在 x

轴和 y 轴的文本框中输入 z 值来得到指定的 z 值。

【例 3-25】 绘制由 gas.mat 文件提供数据的高斯似然函数图形。

其 MATLAB 代码编程如下：

```
function z = gauslike(mu,sigma,p1)
n = length(p1);
z = ones(size(mu));
for i = 1:n
z = z .* (normpdf(p1(i),mu,sigma));
end
```

调用 fsurfht 函数绘制高斯似然函数图形，代码为

```
>> clear al;
load gas
fsurfht('gauslike',[112 118],[3 5],price1)       % 求似然函数图形
mumax = mean(price1)                             % 求 price1 的均值
sigmamax = std(price1) * sqrt(19/20)             % 求 price1 的标准差
```

运行程序，输出如下，效果如图 3-13 所示。

```
mumax =
   115.1500
sigmamax =
     3.7719
```

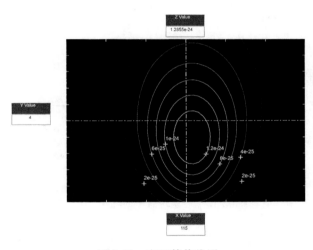

图 3-13　交互等值线图

3.5.7　散点图

散点图（Scatter Diagram）是指在回归分析中，数据点在直角坐标系平面上的分布图。其是表示因变量随自变量而变化的大致趋势，据此可以选择合适的函数对数据点进行拟合。在 MATLAB 中，提供了 gscatter 函数用于实现散点图的绘制。函数的调用格式

如下。

gscatter(x,y,group)：表示创建 x 和 y 的散点图，用 group 进行分组，其中 x 和 y 是矢量，且它们具有相同的大小，group 可以是矢量、字符串数组或字符串单元数组，具有相同 group 值的点分在一组，在图中用相同的标记和颜色来表示，另外，group 可以是包含一些分组变量（如[G1,G2,G3]）的单元数组。

gscatter(x,y,group,clr,sym,siz)：表示指定每组的颜色、标记类型和大小，默认是，clr='bgrcmyk'，sym 是可以被函数 plot 识别的字符串数组，其默认值为".",siz 是数组大小组成的矢量，其默认值由'DefaultLineMarkerSize'属性指定。

gscatter(x,y,group,clr,sym,siz,doleg)：表示由 doleg 指定是否在图中显示图例，当 deleg='on'时，表示显示图例，当 doleg='off'时表示不显示图例，默认值为'on'。

gscatter(x,y,group,clr,sym,siz,doleg,xnam,ynam)：表示由 xnam 和 ynam 指定 x 轴和 y 轴的名称，如果 x 和 y 的输入为简单的变量名，而且 xnam 和 ynam 被忽略，则函数 gscatter 用变量名标示坐标轴。

h=gscatter(…)：表示返回图中直线的句柄数组。

【例 3-26】 比较三种不同类型汽车的重量和里程数。

其 MATLAB 代码编程如下：

```
>> clear all;
%装载数据
load carsmall
%比较不同类型汽车的重量和里程数
gscatter(Weight,MPG,Model_Year,'','xos');
xlabel('重量');
ylabel('里程数');
```

运行程序，效果如图 3-14 所示。

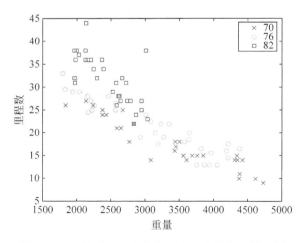

图 3-14　三种不同类型汽车的重量和里程数散度图

由图 3-14 可以看出，1982 年生产的汽车的里程数和重量明显区别于其他两种汽车。

3.5.8　最小二乘拟合线

最小二乘法(又称最小平方法)是一种数学优化技术。它通过最小化误差的平方和寻找数据的最佳函数匹配。利用最小二乘法可以简便地求得未知的数据,并使得这些求得的数据与实际数据之间误差的平方和为最小。最小二乘法还可用于曲线拟合。其他一些优化问题也可通过最小化熵或最大化熵用最小二乘法来表达。

在 MATLAB 中,提供了 lsline 函数用于添加最小二乘拟合线。函数的调用格式如下。

lsline:表示在当前轴中每一直线对象上添加最小二乘直线。

lsline(ax):在指定的坐标轴 ax 中添加最小二乘拟合线。

h=lsline(__):返回直线对象的句柄 h。

【例 3-27】　利用 lsline 函数绘制最小二乘拟合线。

其 MATLAB 代码编程如下:

```
>> clear all;
x = 1:10;
rng default;                          %设置重复性
figure;
y1 = x + randn(1,10);
scatter(x,y1,25,'b','*')
hold on
y2 = 2*x + randn(1,10);
plot(x,y2,'mo')
y3 = 3*x + randn(1,10);
plot(x,y3,'rx:')
```

运行程序,在一个图形中得到 3 条拟合曲线,效果如图 3-15 所示。

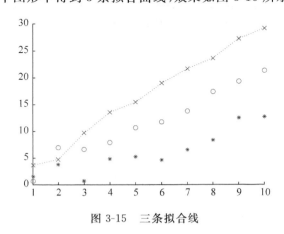

图 3-15　三条拟合线

在拟合曲线上添加最小二乘线,在命令窗口中输入:

```
>> lsline
```

运行程序,效果如图 3-16 所示。

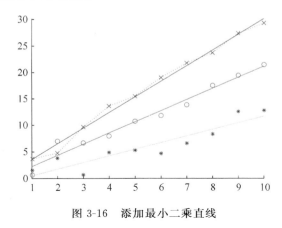

图 3-16　添加最小二乘直线

3.5.9　正态概率图

正态概率图用于检查一组数据是否服从正态分布,是实数与正态分布数据之间函数关系的散点图。如果这组实数服从正态分布,正态概率图将是一条直线。通常,概率图也可以用于确定一组数据是否服从任一已知分布,如二项分布或泊松分布。

在 MATLAB 统计工具箱中提供了 normplot 函数用于绘制图形化正态性检验的正态概率图。函数调用格式如下。

h = normplot(X):显示数据 X 的正态概率图,如果 X 为矩阵,则为 X 的每一列生成一条直线,该图中的样本数据用图形标记"＋"显示,并在图中添加 X 中每列数据 1/4 和 3/4 处的连线,该线可以看做样本次序统计量的稳健性直线拟合,它可帮助评价数据的线性特征,如果数据源于正态分布,则图形呈现直线形,否则为曲线。

【例 3-28】 利用 normplot 函数对给定的正态数据绘制概率图。

其 MATLAB 代码编程如下:

```
>> clear al;
%生成正态分布数据
M = 100;N = 1;
x = normrnd(0,1,M,N);
%生成均匀分布
y = rand(M,N);
z = [x,y];
%绘制正态概率图
h = normplot(z);
xlabel('数据');ylabel('概率');
title('正态概率图');
legend('正态分布数据','均匀分布数据');
grid on;
```

运行程序,效果如图 3-17 所示。

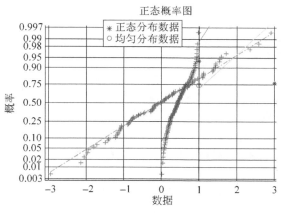

图 3-17　正态概率分布图

在正态概率图中有三个图形元素：“＋”号表示每一个样本点数值的经验概率；实线连接了数据的第 25 个和第 75 个百分点，表示一个线性拟合；点画线将实线延伸到样本的两端。

在正态概率图中，如果所有的样本点都在直线附近，则假设样本服从正态分布是合理的；否则，如果样本不是正态分布的，则“＋”号构成了一条曲线。通过观察图 3-17 中的两种不同分布样本的概率图可以验证这一点。

3.5.10　QQ 图

由两个样本的分位数绘制成的效果图称为 QQ 图，QQ 图亦称为“分位数图”。在MATLAB 中提供了 qqplot 函数用于绘制 QQ 图，其调用格式如下。

qqplot(X)：显示一个分位数——分位数图。如果绘制分位数图的样本 X 源于正态分布，则绘制的 QQ 图近似于直线。

qqplot(X,Y)：显示两个样本的分位数——分位数。如果两个样本来源于同一分布，那么，图中的曲线为直线。如果 X 与 Y 为乱阵，则为它们的每列数据绘制单独的曲线。图中样本数据以“＋”符号表示，并将位于第一分位数和第三分位数间的数据拟合绘制成一条线（这是两个样本顺序统计量的鲁棒性拟合）。此线外推到样本数据的两端，以帮助用户评估数据的线性程度。

qqplot(X,Y,pvec)：函数可在 pvec 矢量中规定分位数。

h＝qqplot(X,Y,pvec)：返回线段的句柄值 h。

【例 3-29】　绘制样本的 QQ 图。

其 MATLAB 代码编程如下：

```
>> clear all;
% 生成正态分布数据
M = 100;N = 1;
x = normrnd(0,1,M,N);
% 生成均匀分布
y = rand(M,N);
z = [x,y];
% 绘制 QQ 图
```

```
subplot(221);
h1 = qqplot(z);
xlabel('标准正态样本');ylabel('输入样本');title('QQ图');
legend('正态分布数据','均匀分布数据');
grid on;
% 生成两个正态分布样本
x = normrnd(0,1,100,1);
y = normrnd(0.5,2,50,1);
subplot(222)
h2 = qqplot(x,y);
xlabel('输入样本 x');ylabel('输入样本 y ');title('QQ图');
grid on;
% 生成两个不同分布的样本
x = normrnd(5,1,100,1);
y = weibrnd(2,0.5,100,1);
subplot(223)
h3 = qqplot(x,y);
xlabel('输入样本 x');ylabel('输入样本 y');title('QQ图');
grid on;
subplot(224)
% 生成一个正态分布的样本
x = normrnd(10,1,100,1);
subplot(224)
qqplot(x);
xlabel('输入样本 x');ylabel('输入样本 x');title('QQ图');
grid on;
```

运行程序,效果如图 3-18 所示。

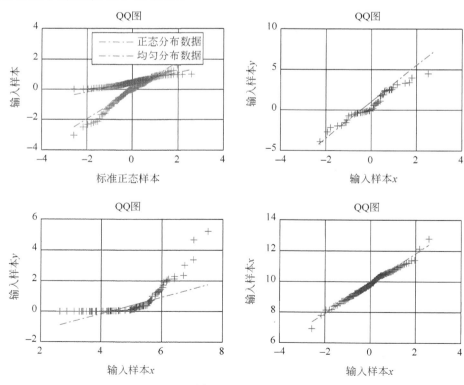

图 3-18　QQ 图

3.5.11　帕累托图

帕累托图又叫排列图、主次图,是按照发生频率大小顺序绘制的直方图,表示有多少结果是由已确认类型或范畴的原因所造成。它是将出现的质量问题和质量改进项目按照重要程度依次排列而采用的一种图表。可以用来分析质量问题,确定产生质量问题的主要因素。按等级排序的目的是指导如何采取纠正措施,项目班子应首先采取措施纠正造成最多数量缺陷的问题。从概念上说,帕累托图与帕累托法则一脉相承,该法则认为相对来说数量较少的原因往往造成绝大多数的问题或缺陷。

帕累托法则往往称为二八原理,即百分之八十的问题是百分之二十的原因所造成的。帕累托图在项目管理中主要用来找出产生大多数问题的关键原因,用来解决大多数问题。

在帕累托图中,不同类别的数据根据其频率降序排列的,并在同一张图中画出累积百分比图。帕累托图可以体现帕累托原则:数据的绝大部分存在于很少类别中,极少剩下的数据分散在大部分类别中。这两组经常被称为"至关重要的极少数"和"微不足道的大多数"。

帕累托图能区分"微不足道的大多数"和"至关重要的极少数",从而方便人们关注于重要的类别。帕累托图是进行优化和改进的有效工具,尤其应用在质量检测方面。

在 MATLAB 的统计工具箱中提供了 pareto 函数用于绘制帕累托图。函数调用格式如下。

pareto(Y):将矢量 Y 中的每个元素按元素数值递减顺序绘成直方条,并以其 Y 中的索引号进行标记。各直方条上方的折线显示累积频率。

pareto(Y,names):以字符串 names 中的名称对 Y 中相应的元素所绘的直方条进行标记。

pareto(Y,X):根据给定的 X 值对直方条进行标记。

H = pareto(…):返回帕累托图的句柄值 H。

【例 3-30】　根据给定的一组生产工的生产情况,绘制帕累托图。

其 MATLAB 代码编程如下:

```
>> clear all;
%给定生产力
codelines = [200 120 555 608 1024 101 57 687];
%生产工名
coders = {'Fred','Ginger','Norman','Max','Julia','Wally','Heidi','Pat'};
pareto(codelines, coders)                        %绘制帕累托图
title('生产力制帕累托图')
xlabel('数据');ylabel('效果图');
```

运行程序,效果如图 3-19 所示。

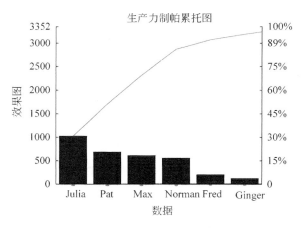

图 3-19　帕累托图

3.5.12　频率直方图

将样本观测值 $x_1, x_2, \cdots, x_n$ 从小到大排序并去除多余的重复值,得到 $x_{(1)} < x_{(2)} < \cdots < x_{(n)}$。适当选取略小于 $x_{(1)}$ 的数 a 与略大于 $x_{(n)}$ 的数 b,将区间 (a,b) 随意分为 k 个不相交的小区间,记第 i 个小区间为 I_i,其长度为 h_i。把样本观测值逐个分到各区间内,并计算样本观测值落在各区间内的频数 n_i 及频率 $f_i = \dfrac{n_i}{n}$。在 x 轴上截取各区间,并以各区间为底,以 n_i 为高作小矩形,就得到频数直方图;如果以 $\dfrac{f_i}{h_i}$ 为高作小矩形,就得到频率直方图。

在 MATLAB 统计工具箱中提供了 ecdfhist 函数用于绘制频率直方图。其调用格式如下。

n = ecdfhist(f,x):其中参数 f 为给定的经验分布函数,x 为给定的样本值。

n = ecdfhist(f,x,m):m 为划分的区间数,其为一个标量。

n = ecdfhist(f,x,c):c 也为一个标量,用于指定中心频率。

ecdfhist(…):绘制频率直方图。

【例 3-31】　绘制随机分布的频率直方图。

其 MATLAB 代码编程如下:

```
>> clear all;
y = exprnd(10,50,1);                          % 随机故障次数
d = exprnd(20,50,1);                          % 随机丢失次数
t = min(y,d);                                 % 最低次数
censored = (y > d);                           % 观察是否受失败
% 计算经验分布并绘制频率直方图
[f,x] = ecdf(t,'censoring',censored);
ecdfhist(f,x)
set(get(gca,'Children'),'FaceColor',[.8 .8 1])
```

```
hold on
% Superimpose a plot of the known population pdf
xx = 0:.1:max(t);
yy = exp( - xx/10)/10;
plot(xx,yy,'r - ','LineWidth',2)
hold off
```

运行程序,效果如图 3-20 所示。

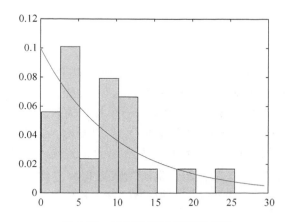

图 3-20　随机数据的频率直方图

第4章 假设检验

假设检验(Hypothesis Testing)是数理统计学中根据一定假设条件由样本推断总体的一种方法。具体操作方法是：根据问题的需要对所研究的总体作某种假设，记作 h_0；选取合适的统计量，这个统计量的选取要使得在假设 h_0 成立时，其分布为已知；由实测的样本，计算出统计量的值，并根据预先给定的显著性水平进行检验，做出拒绝或接受假设 h_0 的判断。常用的假设检验方法有 u 检验法、t 检验法、χ^2 检验法(卡方检验)、F 检验法、秩和检验等。

4.1 假设检验的简介

假设检验又称统计假设检验，是一种基本的统计推断形式，也是数理统计学的一个重要的分支，用来判断样本与样本，样本与总体的差异是由抽样误差引起还是本质差别造成的统计推断方法。

其基本原理是先对总体的特征做出某种假设，然后通过抽样研究的统计推理，对此假设应该被拒绝还是接受做出推断。

在统计应用中往往会遇到如下类型的问题。

【例 4-1】 一台自动车床在正常工作的情况下加工出的零件直径服从正态分布，零件规格是：标准直径 5cm，允许的最大加工误差 0.2cm。某日开工后，技术人员进行例行检查，以判断该车床工作是否正常。

这是一个生产设备运行稳定性的监督问题。在工业生产中监督设备的运行稳定性，通常的做法如下。

(1) 进行例行监督检查。此时，往往假定设备的工作是正常的，然后每隔一段时间随机抽查几个产品的控制指标(如零件直径)，如果没有发现异常情况，就认为生产是正常的；如果发现产品的质量有大的变动，超过了允许的限度，则认为生产不正常而需要停机检修。用统计语言描述就是，假设变量的分布形态已知，判断关于分布参数的一些已知信息是否为真，即进行变量分布参数的假设检验。

(2) 在生产环境发生变化，如设备大修或工艺改变等情况下，需要判断设备的运行是否符合正常状态要求，这不仅涉及(1)中所述的参数检验问题,首先要做的是判断产品的控制指标的概率分布是否与要求的一样。用统计语言描述就是,对变量的分布形态已有先验的知识,如变量曾经或者应该服从正态分布、威布尔分布等,判断目前的情况是否真如此。

4.1.1 基本思想

假设检验的基本思想是小概率反证法思想。小概率思想是指小概率事件($P < 0.01$ 或 $P < 0.05$)在一次试验中基本上不会发生。反证法思想是先提出假设(检验假设 h_0),再用适当的统计方法确定假设成立的可能性大小,如可能性小,则认为假设不成立,如果可能性大,则还不能认为假设不成立。

假设是否正确,要用从总体中抽出的样本进行检验,与此有关的理论和方法,构成假设检验的内容。设 A 是关于总体分布的一项命题,所有使命题 A 成立的总体分布构成一个集合 h_0,称为原假设(常简称假设)。使命题 A 不成立的所有总体分布构成另一个集合 h_1,称为备择假设。如果 h_0 可以通过有限个实参数来描述,则称为参数假设,否则称为非参数假设(见非参数统计)。如果 h_0(或 h_1)只包含一个分布,则称原假设(或备择假设)为简单假设,否则为复合假设。对一个假设 h_0 进行检验,就是要制定一个规则,使得有了样本以后,根据这规则可以决定是接受它(承认命题 A 正确),还是拒绝它(否认命题 A 正确)。这样,所有可能的样本所组成的空间(称样本空间)被划分为两部分 hA 和 hR(hA 的补集),当样本 $x \in hA$ 时,接受假设 h_0;当 $x \in hR$ 时,拒绝 h_0。集合 hR 常称为检验的拒绝域,hA 称为接受域。因此选定一个检验法,也就是选定一个拒绝域,故常把检验法本身与拒绝域 hR 等同起来。

4.1.2 基本方法

显著性检验有时根据一定的理论或经验,认为某一假设 h_0 成立,例如,通常有理由认为特定的一群人的身高服从正态分布。当收集了一定数据后,可以评价实际数据与理论假设 h_0 之间的偏离,如果偏离达到了"显著"的程度就拒绝 h_0,这样的检验方法称为显著性检验。偏离达到显著的程度通常是指定一个很小的正数 α(如 $0.05, 0.01$),使当 h_0 正确时,它被拒绝的概率不超过 α,称 α 为显著性水平。这种假设检验问题的特点是不考虑备择假设,考虑实验数据与理论之间拟合的程度如何,故此时又称为拟合优度检验。拟合优度检验是一类重要的显著性检验。

K. 皮尔森在 1900 年提出的 χ 检验是一个重要的拟合优度检验。设原假设 h_0 是:"总体分布等于某个已知的分布函数 $F(x)$"。把 $(-\infty, +\infty)$ 分为若干个两两无公共点的区间 $I_1, I_2, \cdots, I_k$,对任一个区间,以 v_j 记大小为 n 的样本 $X_1, X_2, \cdots, X_n$ 中落在 I_j 内的个数,称为区间 I_j 的观测频数。另外,求出 I_j 的理论频数(对 $j = 1, 2, \cdots, k$ 都这样做),再算出由下式定义的 χ 统计量,皮尔森证明了:如果 $j = 1, 2, \cdots, k$,则当 $n \to \infty$ 时,χ 的极限分布是自由度为 $k - 1$ 的 χ 分布。于是在样本大小 n 相当大时,从 χ 分布表可查得 χ 分布上的 α 分位数 $\chi_\alpha(k-1)$。由此即得检验水平为 α 的拒绝域:$\{\chi \geqslant \chi_\alpha(k-1)\}$。柯尔莫哥洛夫检验(见非参数统计)也是一个重要的拟合优度检验方法。

J.奈曼与E.S.皮尔森合作,从1928年开始,对假设检验提出了一项系统的理论。他们认为,在检验一个假设 h_0 时可能犯两类错误。

一类错误是:当 h_0 为真时,即样本观测值落入了 h_0 的接受域 C^*,但却做出了拒绝 h_0(即接受 h_1)的判断。这类错误称为第一类(弃真、拒真)错误。其发生的概率称为犯第一类错误的概率或拒真概率,通常记为 α,即

$$P(拒绝\ h_0\ |\ h_0\ 为真) = \alpha$$

另一类错误是:当 h_0 为假时,即样本观测值落入了 h_0 的拒绝域 C,但即做出了(拒绝 h_1)接受 h_0 的判断。这类错误称为第二类(受假、受伪)错误。其发生的概率称为犯第二类错误的概率或受伪概率。通常记为 β,即

$$P(拒绝\ h_0\ |\ h_0\ 为假) = \beta$$

对于给定的一对假设 h_0 和 h_1,总可以找出许多拒绝域。当然,我们希望寻得这种拒绝域——使犯两类错误的概率 α 和 β 都很小。但在样本容量 n 固定时,要使 α 和 β 都很小是不可能的。否则将会导致样本容量的无限增大,这又是不现实的。

基于这种情况,奈曼-皮尔森提出了一个原则:在控制犯第一类错误的概率 α 的条件下,尽量使犯第二类错误的概率 β 小。之所以提出这样的原则,是因为人们常常把拒绝 h_0 比错误地接受 h_0 看得更重要些。尽管基于奈曼-皮尔森的这一原则可以去讨论寻找最优检验的问题,但是有时最优检验法则很难找到,甚至可能不存在。因而,不得不将奈曼-皮尔森的这一原则放宽:只对犯第一类错误的概率 α 加以限制,而不考虑犯第二类错误的概率 β。如此,在寻找拒绝域 C 时只涉及原假设 h_0,而不涉及备选假设 h_1。这种只涉及原假设 h_0 的统计假设问题称为显著性假设检验问题,并称 α 为显著性水平。

4.1.3　基本步骤

假设检验的基本步骤如下。

(1) 提出原假设 h_0 及备择假设 h_1。

原假设是我们对问题的标准统计描述,是待验证的命题;而备择假设则是原假设的对立命题,是在否定原假设结论时的统计描述。

例 4-1 中,原假设 h_0:$\mu = \mu_0 = 5$;备择假设 h_1:$\mu \neq \mu_0$。

我们称这类假设检验为双侧假设检验,有时还会提出下述形式的假设。

$$h_0: \mu \leqslant \mu_0; \qquad h_1: \mu > \mu$$

或

$$h_0: \mu \geqslant \mu_0; \qquad h_1: \mu < \mu_0$$

我们称这类假设检验为单侧假设检验。

此外要注意,对于一个实际问题,原假设通常都可以有两种提法,即原假设和备择假设可以互换。应该如何提取原假设呢?这里给出一个原则性的建议:在实际问题中,往往把系统久已存在或样本信息明显支持的状态、不宜轻易否定的命题作为原假设 h_0,或者说把我们希望得到或反映系统新变化的结论作为备择假设 h_1。

（2）选取一个适当的检验统计量 T，并写出相应的检验准则。

如例 4-1 中，检验统计量为 $\overline{X}$，检验准则是 $P\{|\overline{X}-0.5|\geqslant\delta\}\leqslant\alpha$。

在这一环节应当注意，在 h_0 成立的条件下，所选定的检验统计量 T 的概率分布（或近似分布）应当是已知的，如例 4-1 中，如果 h_0 成立，即 $X\sim N(0.5,0.2^2)$ 时，有 $\overline{X}\sim N(5,0.0008)$。

拒绝域的临界值的计算依赖于检验统计量的概率分布。有时为了便于计算，特别是查表计算的情况下，需要对检验统计量进行分布形态规范化、标准化或渐近正态化变换。

如例 4-1 中，通常需要将检验统计量 $\overline{X}$ 标准化变换为 $U=\dfrac{\overline{X}-\mu}{\sigma/\sqrt{n}}$，在 $h_0: \mu=5$ 成立时 $U\sim N(0,1)$。

（3）给定显著性水平 α，并求出 h_0 的拒绝域 W。

如例 4-1 中，给定的显著性水平 $\alpha=0.05$，由检验准则

$$P\{|\overline{X}-0.5|\geqslant\delta\}\leqslant\alpha$$

可得

$$P\{\overline{X}\leqslant 0.5-\delta\}+P\{\overline{X}\geqslant 0.5+\delta\}\leqslant 0.05$$

即

$$W=(-\infty,a]\bigcup[b,+\infty)$$

其中 $a=0.5-\delta, b=0.5+\delta$。通常用等分配置显著性水平的方法确定拒绝域的临界值，即

$$P\{\overline{X}\leqslant 0.5-\delta\}\leqslant 0.025, \quad P\{\overline{X}\geqslant 0.5+\delta\}\leqslant 0.025$$

进而，根据 $\overline{X}\sim N(5,0.0008)$，由 MATLAB 计算拒绝域的临界值。

其 MATLAB 代码编程如下：

```
>> a = norminv(0.025,5,0.0008)
b = norminv(0.975,5,0.0008)
```

输出为：

```
a =
    4.9984
b =
    5.0016
```

即原假设 h_0 的拒绝域为 $W=(-\infty,4.9984]\bigcup[5.0016,+\infty)$。

（4）由样本算出检验统计量 T 的实测值，判断其是否落入拒绝域。

若实测值落入拒绝域，则认为差异显著而否定原假设 h_0；否则，就认为差异不显著而不能否定原假设，即保留（接受）原假设 h_0。

如例 4-1 中，$\overline{X}=4.8\in W$，故否定原假设 h_0，即认为这天生产不正常，须检修。

上面做出的否定原假设的判断，判断正确的可信程度为 0.95，判断错误的风险概率为 0.05。

4.1.4　假设检验的 p 值

在假设检验问题中，得出结论的依据是检验统计量 T 的观测值 t 是否落入原假设 h_0

的拒绝域 W。如果 $t \in W$，则拒绝原假设 h_0，否则保留原假设 h_0。这种非此即彼的结论有一个令人遗憾之处，即结论不能反映由当前的样本信息拒绝（或保留）原假设的理由是否充分。具体地讲，统计量 T 的观测值 t 虽然落入拒绝域 W，但其距离 W 的临界值有多远？如例 4-1 中，W 的左侧临界值为 4.998，检验统计量 $\overline{X}$ 的值为 4.8，小于 4.998，落入 W，我们拒绝原假设 h_0。问题是：依据 4.8 < 4.998 得出结论理由是否勉强？对此最好有一个数量上的刻画。"检验的 p 值"能够满足人们的这种要求。

定义 4-1（检验的 p 值） 设原假设为 h_0，T 是检验统计量，其观测值为 t，h_0 的拒绝域为 W，则称如下定义的概率 p 为原假设 h_0 的检验的 p 值。

如果 $W = \{T: T \geqslant c\}$，则 $p = P(T \geqslant t | h_0$ 为真$)$。

如果 $W = \{T: T \leqslant c\}$，则 $p = P(T \leqslant t | h_0$ 为真$)$。

如果 $W = \{T: T \leqslant c_1$ 或 $T \geqslant c_2\}$，则

① 当 t 值较小（偏左取值）时，$p = 2P(T \leqslant t | h_0$ 为真$)$；

② 当 t 值较大（偏右取值）时，$p = 2P(T \geqslant t | h_0$ 为真$)$。

在统计实践中，人们并不事先指定显著性水平 α 的值，而是很方便地利用上面定义的 p 值。对于任意大于 p 值的显著性水平，人们可以拒绝原假设，但不能在任何小于它的显著性水平下拒绝原假设。p 值是利用样本数据能够做出拒绝原假设的最小的显著性水平。

【例 4-2】 某人有 4 枚不同的硬币，他怀疑这 4 枚硬币的均匀性不同，想通过抛掷硬币观察出现正面的次数来鉴别硬币的均匀性。于是进行了掷币试验，4 枚硬币各抛掷 100 次，并记录了出现正面的次数，结果见表 4-1。

表 4-1　4 枚硬币各抛掷 100 次分别出现正面次数

硬币编号	1	2	3	4
出现正面的次数	50	55	60	65

分析：设在 100 次抛掷中每枚硬币出现正面的次数为 X_i，每次抛掷出现下面的概率分别为 $p_i (i=1,2,3,4)$，则 $X_i \sim b(100, p_i)$。检验的原假设为

$h_0^{(i)}: p_i = 0.5$（硬币是均匀的）$(i=1,2,3,4)$。

在 h_0 为真的假定下，即 $X_i \sim b(100, 0.5)$，出现正面的平均次数为 $E(X_i) = 100 \times 0.5 = 50$。由于实测出现正面的次数均不小于 50，因此可作单侧检验，即备择假设为

$$h_1^{(i)}: p_i > p_0 = 0.5 \quad (i=1,2,3,4)$$

在显著性水平 α 下，检验准则是

$$P\{X_i - 50 \geqslant \delta\} \leqslant \alpha$$

下面，我们利用 MATLAB 分别来求 h_0 的拒绝域和检验的 p 值。

（1）求拒绝域，这里指定显著性水平 $\alpha = 0.05$。由于检验统计量服从相同的分布，因此对每种硬币原假设的拒绝域是相同的。

其 MATLAB 代码编程如下：

```
>> clear;
```

```
Wlower = binoinv(0.95,100,0.5)    % 求拒绝域的临界值 50 + δ
```

运行程序,输出如下:

```
Wlower =
    58
```

(2) 求对每种硬币进行检验的 p 值:$p_i = P\{X_i > x_i\}(i = 1,2,3,4)$。

其 MATLAB 代码编程如下:

```
>> clear;
p1 = 1 - binocdf(50,100,0.5);
p2 = 1 - binocdf(55,100,0.5);
p3 = 1 - binocdf(60,100,0.5);
p4 = 1 - binocdf(65,100,0.5);
p = [p1,p2,p3,p4]
```

运行程序,输出如下:

```
p =
    0.4602    0.1356    0.0176    0.0009
```

根据上述计算可知,在 0.05 显著性水平下,检验认为第 1 和第 2 两种硬币是均匀的,而第 3 和第 4 两种硬币不是均匀的。

如果改变显著性水平,则需要重新拒绝域的临界值。但是利用检验的 p 值进行决策则不必重新计算,应用起来更为灵活方便。在 0.05 显著性水平下,检验的 p 值表明不必质疑第 1 种硬币均匀而第 4 种硬币不均匀的结论;如果严格均匀性的标准,即增大显著性水平(更容易拒绝原假设),如取 0.15,则统计推断不能认为第 2 种硬币是均匀的;如果放宽均匀性的标准,则减小显著性水平(不容易拒绝原假设),如取 0.01,则统计推断认为第 3 种硬币是均匀的。

4.1.5　假设检验与区间估计的关系

假设检验与区间估计是两种最重要的统计推断形式,这两者初看好像完全不同,其实两者之间有一定的联系。利用区间估计可建立假设检验,反之亦然。下面仍用例 4-1 作简要说明。

设总体 $X \sim N(\mu,\sigma^2)$,σ^2 已知,若求 μ 的区间估计,应选择枢轴量

$$U = \frac{\overline{X} - \mu}{\sigma/\sqrt{n}} \sim N(0,1)$$

按置信水平 $1 - \alpha$ 确定一个大概率事件

$$P\left\{ \left| \frac{\overline{X} - \mu}{\sigma/\sqrt{n}} \right| < u_{1-\alpha/2} \right\} = 1 - \alpha$$

由此得到 μ 的置信水平为 $1 - \alpha$ 的区间估计为

$$\left(\overline{X} - u_{1-\alpha/2} \frac{\sigma}{\sqrt{n}}, \overline{X} + u_{1-\alpha/2} \frac{\sigma}{\sqrt{n}} \right)$$

这个区间估计恰好是原假设 $h_0: \mu = \mu_0$ 的一个接受区域,显著性水平为 α。

问题如果是检验假设

$$h_0: \mu = \mu_0; \quad h_1: \mu \neq \mu_0$$

选取的统计量是

$$U = \frac{\overline{X} - \mu_0}{\sigma / \sqrt{n}} \sim N(0, 1)$$

对给定的显著性水平 α,得到小概率事件

$$P\left\{ \left| \frac{\overline{X} - \mu_0}{\sigma / \sqrt{n}} \right| \geqslant u_{1-\alpha/2} \right\} = \alpha$$

由实测值 $\left| \dfrac{\overline{X} - \mu_0}{\sigma / \sqrt{n}} \right| \geqslant u_{1-\alpha/2}$ 是否成立,决定是否拒绝原假设。

拒绝域为 $\left| \dfrac{\overline{X} - \mu_0}{\sigma / \sqrt{n}} \right| \geqslant u_{1-\alpha/2}$,则接受域为 $\left| \dfrac{\overline{X} - \mu_0}{\sigma / \sqrt{n}} \right| < u_{1-\alpha/2}$,再把 μ_0 改为 μ,那么结果正是 μ 的区间估计,置信水平为 $1-\alpha$。

需要注意的是,假设检验和区间估计的结果在解释上是有差别的。

例如,在检验 $h_0: \mu = \mu_0 = 0$(显著性水平 α)的同时对 μ 作区间估计(置信水平为 $1-\alpha$),可能会出现以下几种情况。

(1) 检验的结论与区间估计一致。如检验接受 h_0,区间估计为 $(-0.001, 0.001)$ 按假设检验,应接受 $\mu = 0$;按区间估计,μ 可能取到的最大值和最小值都很接近 0,这两者解释一致。

(2) 区间估计强化了检验的结论。如果检验拒绝 h_0,区间估计为 $(1000, 2000)$。按假设检验,应拒绝 $\mu = 0$;按区间估计,区间中不包含 0,即 0 不看作 μ 的一个可能值,而且,区间的最小值也有 1000,与 0 相去甚远,故认为 $\mu \neq 0$ 的理由很充分,区间估计的结论加强了假设检验的结论。

(3) 检验的结论与区间估计不协调。如检验拒绝 h_0,区间估计为 $(0.001, 0.002)$。按假设检验,应拒绝 $\mu = 0$;按区间估计,区间中不包含 0,从这个方面看两者一致。可是细看这区间,就发现它整个在 0 的附近,因此实质上可以认为 μ 就是 0。这样,区间估计的结论(在实质上)就与假设检验不同。又如检验接受 h_0,区间估计为 $(-1000, 1500)$。按假设检验,应接受 $\mu = 0$;按区间估计,这区间包含 0,即 0 是 μ 的一个可能值,在这一点上与假设检验的结论一致。但细看这区间,最大可以到 1500,最小可以到 -1000,这中间哪一个值都有可能。因此,从区间估计角度看,实在没有多大把握认为 μ 的取值都在 0 附近,这就与假设检验的结论不大协调了。

4.2 正态总体参数的假设检验

4.2.1 正态变量均值与方差的假设检验

检验的关键是根据问题的特点,正确提出检验假设,选择恰当的检验统计量,然后根据检验统计量的概率分布求原假设拒绝域。下面给出正态变量均值和方差假设检验的

方法要点。

设变量 $X \sim N(\mu, \sigma^2)$，其样本均值为 $\overline{X} = \frac{1}{n}\sum_{i=1}^{n} X_i$，样本方差为 $S^2 = \frac{1}{n-1}\sum_{i=1}^{n}(X_i - \overline{X})^2$ 或 $S^2 = \frac{1}{n}\sum_{i=1}^{n}(X_i - \mu)^2$，则正态变量均值和方差的假设检验法。

下面举例说明上述检验法的应用。

【例 4-3】 在正常生产情况下，印花棉布布幅的宽度服从正态分布 $N(1.4, 0.0048^2)$。某日选取该种棉布 5 匹，测得布幅宽度为 1.32,1.55,1.36,1.40,1.44,问该日印花棉布布幅宽度的标准差是否正常？（取 $\alpha = 0.05$）

分析：这是正态分布的方差检验问题。依题意，令 $h_0: \sigma = 0.0048$；$h_1: \sigma \neq 0.0048$。检验统计量选样本方差 S^2，双侧检验，检验准则为

$$P(S^2 \leqslant \delta_1 \mid \sigma = 0.0048) \leqslant \alpha/2 \quad 或 \quad P(S^2 \geqslant \delta_2 \mid \sigma = 0.0048) \leqslant \alpha/2$$

需对 S^2 进行变换以确定其概率分布。由抽样分布理论 $\chi^2 = \frac{(n-1)S^2}{\sigma_0^2} \sim \chi^2(n-1)$，故在 h_0 成立的条件下，$\chi^2 = 4S^2/0.0048^2 \sim \chi^2(4)$，即

$$P\{\chi^2 \leqslant 4\delta_1/0.0048^2\} \leqslant \alpha/2 \quad 或 \quad P\{\chi^2 \geqslant 4\delta_2/0.0048^2\} \leqslant \alpha/2$$

由此可求出 h_0 拒绝域的临界值。

其 MATLAB 代码编程如下：

```
>> clear all
x = [1.32,1.55,1.36,1.40,1.44];
% 求检验统计量的值
XVAR = var(x)
% 求拒绝域的左侧临界值
DETA1 = chi2inv(0.025,4) * 0.0048 ^2/4
% 求拒绝域的右侧临界值
DETA2 = chi2inv(0.975,4) * 0.0048 ^2/4
% 求检验的 p 值
p = 1 − chi2cdf(4 * XVAR/0.0048 ^2,4)
```

运行程序,输出如下：

```
XVAR =
    0.0078
DETA1 =
    2.7903e − 06
DETA2 =
    6.4185e − 05
p =
    0
```

由于检验统计量实测值 $S^2 = 0.0078 >$ DETA2 = 0.000 064 185,落入拒绝域，因此否定原假设，即认为该日生产棉布布幅宽度的标准差不正常；检验的 p 值近似为零，表明做出这一结论的理由是充分的。

在 MATLAB 统计工具箱中给出了两个用于正态分布均值检验的函数，它们是方差

已知条件下的 U 检验法函数 ztest 和方差未知条件下的 t 检验法函数 ttest。下面分别介绍这两种检验和其对应的函数。

1. U 检验法

假设总体变量 $X \sim N(\mu, \sigma_0^2)$，$X_1, X_2, \cdots, X_n$ 为 X 的重复观测样本，其中总体标准差 σ_0 为已知实数。感兴趣的假设检验问题分别为

$$h_0: \mu = \mu_0 \tag{4-1}$$
$$h_0: \mu \leqslant \mu_0 \tag{4-2}$$
$$h_0: \mu \geqslant \mu_0 \tag{4-3}$$

其中 μ_0 为已知实数。

此时样本均值 $\overline{X}$ 为总体均值的一个好的点估计，因此可以用

$$Z = \frac{\sqrt{n}(\overline{X} - \mu_0)}{\sigma_0}$$

作为检验统计量。

假设已经获得的重复观测数据为 $x_1, x_2, \cdots, x_n$，可以计算

$$\bar{x} = \frac{1}{n}\sum_{k=1}^{n} x_k \quad z_0 = \frac{\sqrt{n}(\bar{x} - \mu_0)}{\sigma_0}$$

对于双边检验问题式(4-1)，其尾概率等于

$$P_{(\mu_0, \sigma_0)}(|Z| > |z_0|) \tag{4-4}$$

对于单边检验问题式(4-2)，其尾概率等于

$$P_{h_0}(Z > z_0) = \sup_{\mu \leqslant \mu_0} P_{(\mu, \sigma_0)}(Z > z_0) \tag{4-5}$$

对于单边检验问题式(4-3)，其尾概率等于

$$P_{h_0}(Z < z_0) = \sup_{\mu \geqslant \mu_0} P_{(\mu, \sigma_0)}(Z < z_0) \tag{4-6}$$

借助于这些尾概率的计算公式，可以解决前面提到的假设检验问题。

注意：

(1) 这里 $P_{(\mu, \sigma_0)}$ 表示当 $X \sim N(\mu, \sigma_0^2)$ 检验统计量 Z 的概率分布。

(2) 当 $X \sim N(\mu, \sigma_0^2)$ 时，得 $\overline{X} \sim N\left(\mu, \sigma\frac{\sigma_0^2}{n}\right)$，这样就可以得到

$$P_{(\mu, \sigma_0)}(Z < z_0) = P_{(\mu, \sigma_0)}\left(\frac{\sqrt{n}(\overline{X} - \mu)}{\sigma_0} < \frac{\sqrt{n}(\bar{x} - \mu)}{\sigma_0}\right) = \Phi\left(\frac{\sqrt{n}(\bar{x} - \mu)}{\sigma_0}\right) \tag{4-7}$$

其中 Φ 为标准正态分布的分布函数。计算尾概率需要公式(4-7)。

在 MATLAB 中，提供了 ztest 函数实现 U 检验法，函数的调用格式如下。

h = ztest(x,m,sigma)：x 为正态总体的样本数据，m 为需要检验的均值，sigma 为已知的总体标准差，使用默认的显著水平 0.05，返回假设检测的结果 h，当 h 为 0 时表示在 0.05 的显著水平下，接受原假设。

h= ztest(x,m,sigma,Name,Value)：指定正态总体样本数据的属性名 Name 及对应的属性值 Value。

［h,p］= ztest(___)：返回 h 为假设检验，p 为观察值的概率，当 p 为小概率时则对

原假设提出质疑。

$[h,p,ci,zval] = ztest(\_\_\_)$：检验后返回的参数除了反映拒绝或接受原假设变量 h 外，还包括 p（拒绝原假设的最小显著概率值）、ci（真实均值的 $1-alpha$ 置信区间）和 zval（z 统计量的值）。

【例 4-4】 某切割机正常工作时，切割的金属棒的长度服从正态分布 $N(100,4)$。从该切割机切割的一批金属棒中随机抽取 15 根，测得它们的长度（单位：mm）如下。

$98,103,100,99,105,101.2,94,100.8,96,99,104,98,103,102.3,99.8$。

假设总体方差不变，试检验该切割机工作是否正常，即总体均值是否等于 100mm。

某 MATLAB 代码编程如下：

```
>> clear all;
x = [98 103 100 99 105 101.2 94 100.8 96 99 104 98 103 102.3 99.8];
[h,p,mu,zva] = ztest(x,100,2,0.05)
```

运行程序，输出如下：

```
h =          % 接受原假设，即检验该切割机工作正常，即总体均值等于 100mm
     0
p =
   0.6890
mu =
   99.1945   101.2188
zva =
   0.4002
```

结果表明，在 0.05 显著性水平下，可接受原假设，即认为切割机工作正常。

【例 4-5】 某车间用一台包装机包装葡萄糖，每袋装的糖重是一个随机变量，它服从正态分布。当机器正常时，其均值为 0.5kg，标准差为 0.015。某日开工后检验包装机是否正常，随机地抽取包装的 9 袋糖，称得净重为（kg）

$0.498,0.505,0.512,0.489,0.521,0.543,0.481,0.52,0.511$

问机器是否正常？

其 MATLAB 代码编程如下：

```
>> clear all;
X = [0.498    0.505    0.512    0.489    0.521    0.543    0.481    0.52    0.511];
[h,p,ci,zval] = ztest(X,0.5,0.015,0.05,0)
```

运行程序，输出如下：

```
h =
     0
p =
   0.0754
ci =
   0.4991    0.5187
zval =
   1.7778
```

结果表明：h＝0,说明在水平 $\alpha = 0.05$ 下,可以接受原假设,即认为包装机工作正常。

2. t 检验法

假设总体变量 $X \sim N(\mu, \sigma^2)$,其中,σ 为未知实数,$X_1, X_2, \cdots, X_n$ 为 X 的重复观测样本。感兴趣的还是总体均值的双边检验问题式(4-1)、单边检验问题式(4-2)和式(4-3)。

此时 $Z = \dfrac{\sqrt{n}(\overline{X} - \mu_0)}{\sigma}$ 含有未知的总体标准差 σ,不是检验统计量。为解决此问题,人们用样本标准差代替总体标准差,得到检验统计量

$$T = \frac{\sqrt{n}(\overline{X} - \mu_0)}{S}$$

此外 $S = \sqrt{\dfrac{1}{n-1} \sum_{k=1}^{n} (X_i - \overline{X})^2}$。

注意：由于这里用样本标准差来近似总体标准差,这种近似会使得检验结果犯第一类错误的概率变大,因此,当已知总体标准差时应该基于检验统计量 Z 确定检验准则；当总体标准差未知时,才基于检验统计量 T 确定检验准则。

假设已经获得的重复观测数据 $x_1, x_2, \cdots, x_n$,可以计算

$$\bar{x} = \frac{1}{n} \sum_{k=1}^{n} x_k, \quad s_0 = \sqrt{\frac{1}{n-1} \sum_{k=1}^{n} (x_k - \bar{x})^2}, \quad t_0 = \frac{\sqrt{n}(\bar{x} - \mu_0)}{s_0}$$

对于双边检验问题式(4-1),其尾概率等于

$$P_{(\mu, \sigma_0)}(|T| < |t_0|) \tag{4-8}$$

对于单边检验问题式(4-2),其尾概率等于

$$P_{h_0}(T > t_0) = \sup_{\mu \leqslant \mu_0} P_{(\mu, \sigma)}(T > t_0) \tag{4-9}$$

对于单边检验问题式(4-3),其尾概率等于

$$P_{h_0}(T < t_0) = \sup_{\mu \geqslant \mu_0} P_{(\mu, \sigma)}(T < t_0) \tag{4-10}$$

借助于这些尾概率的计算公式,可以解决前面提到的假设检验问题。

在 MATLAB 统计工具箱中,提供了 ttest 函数实现 t 检验法。函数的调用格式如下。

h = ttest(x)：对正态总体 x 作均值为 0 的假设检验,默认的显著水平为 0.05,返回假设检验的结果,h＝0 即接受原假设,h＝1 则拒绝原假设。

h = ttest(x,y)：对正态总体 x 作均值为 0 的假设检验,y 为来自正态分布的均值。

h = ttest(x,y,Name,Value)：对正态总体 x 作均值为 0 的假设检验,并设置假设检验的属性名 Name 及其对应的属性值 Value。

h = ttest(x,m)：对正态总体 x 作均值为 m 的假设检验。

h = ttest(x,m,Name,Value)：对正态总体 x 作均值为 m 的假设检验,并设置假设检验的属性名 Name 及其对应的属性值 Value。

[h,p]＝ttest(___)：同时返回假设检验的最小拒绝原假设的最小显著概率值 p。

[h,p,ci,stats]＝ ttest(___)：同时返回真实均值的 1－alpha 置信区间 ci 和 t 检验的统计量 stats,其中包括 t 值、自由度和估计标准差。

【**例 4-6**】 某种电子元件的寿命 X（以小时计）服从正态分布，μ、σ^2 均未知。现测得 16 只元件的寿命如下：

160,278,198,200,236,257,270,167,150,250,194,224,137,185,167,255

问是否有理由认为元件的平均寿命大于 220h？

其 MATLAB 代码编程如下：

```
>> clear all;
X = [160  278  198  200  236  257  270  167  150  250  194  224  137  185 167  255];
[h,p,ci] = ttest(X,220,0.005,1)
```

运行程序，输出如下：

```
h =
     0
p =
    0.8457
ci =
  174.4465        Inf        % 均值 225 在该置信区间内
```

结果表明：h＝0，表示在水平 α＝0.05 下应该接受原假设 h_0，即认为元件的平均寿命不大于 220h。

【**例 4-7**】 数据如例 4-5 所示，忽视每袋葡萄糖质量的标准差已知的条件，则可调用函数 ttest 完成检验工作，其 MATLAB 代码编程如下：

```
>> clear all;
X = [0.498    0.505    0.512    0.489    0.521    0.543    0.481    0.52    0.511];
[h,p,ci,T] = ttest(x,0.5,0.05,1)
```

运行程序，输出如下：

```
h =
     1
p =
    0.0036
ci =
    0.5054        Inf
T =
    tstat: 3.5849
       df: 8
       sd: 0.0094
```

结果表明在 0.05 显著性水平下，T 检验亦拒绝原假设，即认为包装机工作不正常，每袋葡萄糖的平均质量大于 0.5kg；且由 p 值可知，这个结论在 0.01 显著性水平下也是站得住脚的。由 ci 的值可知每袋葡萄糖的平均质量不低于 0.5054kg 的可信程度为 0.99，结论错误的风险概率是 0.01。输出参数 T 报告检验统计量的观测值 tstat＝3.5849，T 分布的自由度 df＝8，对每袋葡萄糖质量标准的估计 sd＝0.0094。

在此对例 4-5 稍作引申，生产商为确保产品投放市场后不出现较多的因质量指标不合格而引起的消费者投诉，在生产过程中实际的装袋质量往往大于向市场承诺的标准质量。在此例中,如果我们将袋装葡萄糖的平均质量0.5kg、标准差0.015kg理解成是生产商对产品质量指标的承诺(而不是包装机的实际生产控制指标),则由每袋葡萄糖质量的样本标准差小于0.01kg(更小于0.015kg)可以认为,包装机的工作状态是平稳的。因此,样本均值大于0.5kg应是生产商确保质量指标承诺的体现。实际上,如果以样本均值和样本标准差作为包装机的实际控制参数(估计),则可以推算出该生产商投放到市场上的袋装葡萄糖每袋质量大于0.5kg的比率,其MBTLAB代码编程如下:

```
>> p = 1 − normcdf(0.5,mean(X),std(X))
```

运行程序,输出如下:

```
p =
    0.6840
```

即0.68%的袋装葡萄糖的质量大于0.5kg。

4.2.2　两个正态变量的均值与方差的比较

两个正态变量均值和方差的比较,等价于两个正态变量均值差和方差比的假设检验。检验的思维逻辑与步骤同前所述一致,问题的关键是正确提出检验假设,选择恰当的检验统计量,然后根据检验统计量的概率分布求出原假设的拒绝域。下面给出两个正态变量均值差和方差比检验的方法要点。

根据方差齐与不齐两种情况,应用不同的统计量进行检验。

方差不齐时,检验统计量为

$$T = -\frac{\overline{X} - \overline{Y}}{\sqrt{\dfrac{S_X^2}{m} + \dfrac{S_Y^2}{n}}}$$

式中,$\overline{X}$ 和 $\overline{Y}$ 表示样本1和样本2的均值;S_X^2 和 S_Y^2 为样本1和样本2的方差;m 和 n 为样本1和样本2的数据个数。

方差齐时,检验统计量为

$$T = -\frac{\overline{X} - \overline{Y}}{S_w \sqrt{\dfrac{1}{m} + \dfrac{1}{n}}}$$

式中,S_w 为两个样本的标准差,它是样本1和样本2的方差的加权平均值的平方根,为

$$S_w = \sqrt{\frac{(m-1)S_X^2 + (n-1)S_Y^2}{m + n + 1}}$$

当两个总体的均值差异不显著时,该统计量应服从自由度为 $m+n-2$ 的 T 分布。

下面举几个例子,以巩固对上述检验法的理解。

【例4-8】 设甲、乙两煤矿出煤的含灰率(单位:%)都服从正态分布,即 $X \sim N(\mu_1, 7.5)$,$Y \sim N(\mu_2, 2.6)$,为检验两煤矿的煤含灰率有无显著性差异,从两矿中各取样若干份,分析结果如下。

甲矿:24.3,20.8,23.7,21.3,17.4;

乙矿：18.2,16.9,20.2,16.7。

试在显著性水平 $\alpha = 0.05$ 下,检验"含灰率无差异"这个假设。

分析：检验假设为

$$h_0: \mu_1 = \mu_2, \quad h_1: \mu_1 \neq \mu_2$$

取检验统计量 $\overline{X} - \overline{Y}$,由于 σ_1^2、σ_2^2 均已知,统计量规范化为 $U = \dfrac{\overline{X} - \overline{Y}}{\sqrt{\dfrac{\sigma_1^2}{n_1} + \dfrac{\sigma_2^2}{n_2}}} \sim N(0,1)$,

检验准则是 $P\{|U| \geqslant \delta\} \leqslant \alpha$,即拒绝域为 $|U| \geqslant \delta$。

其 MATLAB 代码编程如下：

```
>> clear all;
x = [24.3,20.8,23.7,21.3,17.4];
y = [18.2,16.9,20.2,16.7];
% 设定显著性水平
alpha = 0.05;
% 计算检验统计量的观测值
U = (mean(x) - mean(y))/sqrt(7.5/5 + 2.6/4);
% 求拒绝域的临界值
DETA = norminv((1 - alpha/2),0,1);
% 求拒绝原假设的最小显著性概率
p = 1 - normcdf(U,0,1);
% 决策,拒绝原假设则返回 h = 1,否则返回 h = 0
if abs(U) > DETA
h = 1;
else
h = 0;
end
alpha,h,p,U,DETA
```

运行程序,输出如下：

```
alpha =
    0.0500
h =
    1
p =
    0.0085
U =
    2.3870
DETA =
    1.9600
```

结果表明在 0.05 的显著性水平下,认为甲矿含灰率与乙矿含灰率有显著差异。

如果注意到含灰率数据的均值甲矿明显大于乙矿,进行单侧检验更为恰当,检验假设可表示为

$$h_0: \mu_1 = \mu_2; \quad h_1: \mu_1 > \mu_2$$

此时,检验准则是 $P\{U \geqslant \delta\} \leqslant \alpha$,即拒绝域为 $|U| \geqslant \delta$。相应的数据处理过程只需在上述 MATLAB 指令集中,将语句

```
DETA = norminv((1 − alpha/2),0,1)
```

修改为

```
DETA = norminv((1 − alpha),0,1)
```

即可。此时 DETA＝1.6449,其他计算结果不变。相应的检验结论是：在 0.05 的显著性水平下,认为甲矿含灰率显著地大于乙矿含灰率。由 p 值可知,这个结论在 0.01 的显著性水平下也是成立的。

在 MATLAB 统计工具箱中,提供了 ttest2 函数实现了方差未知但等方差条件下用于两个正态变量均值差的检验,函数的调用格式如下。

h = ttest2(x,y)：检验的置信度是默认值 0.05。输入参数 x、y 是两个向量时,如果接受原假设,即认为两个总体的均值相等,则返回 h＝0；否则,返回 h＝1。输入参数 x、y 为矩阵时,必须列数相等,则按对应的列进行检验,返回值 h 为一个向量。

h = ttest2(x,y,alpha)：指定显著水平为 alpha。

h = ttest2(x,y,alpha,tail)：用 tail 指定进行双边检验还是单边检验,它的可能取值为字符串'both'、'right'和'left',对应的对立假设分别为（双侧检验）、右尾检验和左尾检验。

h = ttest2(x,y,alpha,tail,vartype)：参数 vartype 用来执行相等或不相等的总体方差的假设检验,其取值如下。

① 当 vartype＝'equal'时即假设方差相等,其为默认值；

② 当 vartype＝'unequal'时即假设方差不相等。

[h,p] = ttest2(⋯)：返回 p 值,p 值很小则拒绝原假设。

[h,p,ci] = ttest2(⋯)：返回值 ci 为置信区间。

[h,p,ci,stats] = ttest2(⋯)：ststs 为结构体变量,其取值如下。

① tstat：两个正态总体均值的比较 t 检验统计量观测值。

② df：两个正态总体均值的比较 t 检验的测试自由度。

③ sd：两个正态总体均值的比较 t 检验的样本的标准差。

【例 4-9】 在平炉上进行一项试验以确定改变操作方法的建议是否会增加钢的产率（单位：%）,试验是在同一只平炉上进行的。每炼一炉钢时除操作方法外,其他条件都尽可能做到相同。先用标准方法炼一炉,然后用建议的新方法炼一炉,以后交替进行,各炼 10 炉,其产率分别如下。

（1）标准方法：78.1,72.4,76.2,74.3,77.4,78.4,76.0,75.5,76.7,77.3；

（2）新方法：79.1,81.0,77.3,79.1,80.0,79.1,79.1,77.3,80.2,82.1。

设这两个样本相互独立,并且钢的产率服从正态分布。问建议的新操作方法能否提高产率？（取 $\alpha＝0.05$）

分析：这是两个正态变量均值的比较问题,应作均值差的检验。由于变量的方差未知且样本容量较小,故应在等方差的假定下进行 t 检验。因此,此问题严谨的分析应当分如下两步。

（1）作方差齐性检验,即检验 $h_0: \sigma_1^2 = \sigma_2^2$；$h_1: \sigma_1^2 \neq \sigma_2^2$。

（2）方差齐次检验通过的情况下作均值差 t 检验（若等方差的假定不成立，则只能作近似 t 检验），即检验 $h_0 : \mu_1 = \mu_2 ; h_1 : \mu_1 \neq \mu_2$。

（1）方差齐性检验，取检验统计量 $F = \dfrac{S_1^2}{S_2^2} \sim F(9,9)$，$h_0$ 的拒绝域为 $F \leqslant F_{0.025}(9,9)$ 或 $F \geqslant F_{0.975}(9,9)$。

其 MATLAB 代码编程如下：

```
>> clear all;
x = [78.1,72.4,76.2,74.3,77.4,78.4,76.0,75.5,76.7,77.3];
y = [79.1,81.0,77.3,79.1,80.0,79.1,79.1,77.3,80.2,82.1];
F = var(x)/var(y);
p = 1 - fcdf(F,9,9)
```

运行程序，输出如下：

```
p =
    0.2795
```

结果表明，可以拒绝 h_0 的最小显著性概率 $p = 0.2795 > \alpha = 0.05$，故不能拒绝 h_0，即认为标准方法与新方法钢的产率方差是一致的，这也说明试验中除操作方法外，其他条件都得到了较好的控制。

（2）均值差 t 检验，调用函数 ttest2。

其 MATLAB 代码编程如下：

```
[h,p,ci,TT] = ttest2(x,y,0.05,-1)
```

运行程序，输出如下：

```
h =
    1
p =
  2.1759e-004
ci =
      -Inf    -1.9083
TT =
    tstat: -4.2957
       df: 18
       sd: 1.6657
```

结果表明，可以拒绝 h_0，即新操作方法能显著提高钢的产率。由 p 值可知结论错误的可能性极低（小于 1%），由 ci 的上限值可知 $\mu_2 - \mu_1 > 1.9$，即有 99% 以上的把握新方法能提高钢的产率（经计算）约 2.5 个百分点，实际生产中钢的产率在 ± 1.67 范围内波动。

【例 4-10】 下面分别给出文学家马克·吐温的 8 篇小品文，以及斯诺特格拉斯的 10 篇小品文中的 3 个字母组成的单词的比例。

马克·吐温 0.225,0.262,0.217,0.240,0.230,0.229,0.235,0.217；

斯诺特格拉斯 0.209,0.205,0.196,0.210,0.202,0.207,0.224,0.223,0.220, 0.201。

设两组数据分别来自正态总体,且两总体方差相等,但参数均未知。两样本相互独立,问两个作家所写的小品文中包含由3个字母组成的单词的比例是否有显著差异。零假设为两个作家对应的比例没有显著差异。

其 MATLAB 代码编程如下:

```
>> clear all;
x = [0.225 0.262 0.217 0.240 0.230 0.229 0.235 0.217];
y = [0.209 0.205 0.196 0.210 0.202 0.207 0.224 0.223 0.220 0.201];
[h,signnificance,ci] = ttest2(x,y)
```

运行程序,输出如下:

```
h =
     1
signnificance =
     0.0013
ci =
     0.0101     0.0343
```

结果表明:h=1,拒绝零假设,认为两个作家所写小品文中包含3个字母组成的单词的比例有显著差异。

4.2.3 非正态变量分布参数的检验

关于非正态变量分布参数的检验,除少数特殊分布可在小样本条件下进行检验之外,通常都是在大样本条件下进行近似检验。

1. 几种特殊分布参数的小样本检验

(1) 0-1 分布参数 p 的检验

0-1 分布参数 p 的检验,是最重要的、应用广泛的非正态分布参数的检验问题,人们习惯上称为比率 p 的检验。

下面,结合实例来阐述比率 p 的检验方法。

【例 4-11】 某机床加工的零件长期以来不合格不超过 0.01,某天开工后,为检验机床工作是否稳定,随机抽检了 15 件产品,发现其中有一件不合格,试问该机床是否需要检修。

设 X 为抽检出的一件产品的不合格数,则 X 服从 0-1 分布 $B(1,p)$,其中 p 为产品的不合格率,$0<p<1$。当机床工作稳定时 $p \leqslant 0.01$,当机床工作不稳定时 $p>0.01$。因此,判断该机床是否需要检修的问题可由如下假设检验问题做出推断。

$$h_0: p \leqslant 0.01; \quad h_1: p > 0.01$$

这是一个离散分布的单边检验问题。设 $X_1, X_2, \cdots, X_n$ 是取自 X 的一个样本,由于 $E(X)=p$,所以选取 $\overline{X} = \dfrac{1}{n} \sum\limits_{i=1}^{n} X_i$ 为检验统计量,在 n 确定时可以用 $T = \sum\limits_{i=1}^{n} X_i$。

当 h_0 为真时,$\overline{X}$ 不应过大,即 T 不会过大;反之,当 h_0 不真时,$\overline{X}$ 较大,即 T 会取较大的值。因此,h_0 的拒绝域的形式为 $W=\{T \geqslant c\}$,这里 c 是临界值。问题的关键是如何

求得临界值 c。

当 $p = p_0$ 时，统计量 $T \sim B(n, p_0)$，故可用二项分布来决定临界值 c。由于 T 取非负整数，故 c 亦应取非负整数。

给定显著性水平 α，检验准则为 $P(T \geqslant c \mid p = p_0) \leqslant \alpha$，此时拒绝域 W 的大小受到限制（即存在 c_0，当 $c = c_0$ 时，拒绝域 W 不能再扩大）。于是，临界值 c 可取满足

$$P_{p_0} \{T \geqslant c\} = \sum_{i=c}^{n} \binom{n}{i} p_0^i (1 - p_0)^{n-i} \leqslant \alpha$$

的最小整数。

其 MATLAB 代码编程如下：

```
>> clear all;
% 检验统计量的观测值
T = 1;
% 显著性水平
alpha = 0.05;
% 为确定拒绝域临界值计算 的概率
p = 1 - binocdf(0:15,15,0.01);
% 求拒绝域临界值
for byk = 1:16
if p(byk) > alpha&p(byk + 1) < = alpha
c = byk;
end
end
% 检验决策,h = 1(0)拒绝(接受)原假设
if T > = c
h = 1
else
h = 0
end
```

运行程序，输出如下：

```
h =
    1
```

由上结果表明：h=1，拒绝原假设，即统计推断认为应检修机床。

（2）泊松分布参数 λ 的检验

泊松分布在描述稀有事件发生次数方面发挥着重要的作用。下面结合实例来阐述泊松分布参数 λ 的检验方法。

【例 4-12】 通常认为放射性物质在单位时间内放射的 α 粒子数 X 服从泊松分布 $P(\lambda)$。其中 λ 是单位时间内平均放射的 α 粒子数。要测试某放射性污染地区的单位时间内平均放射的 α 粒子数是否超过临界值 λ_0。

这是泊松分布参数 λ 的检验问题，所要检验的假设是

$$h_0 : \lambda \leqslant \lambda_0, \quad h_1 : \lambda > \lambda_0$$

设在 n 个单位时间内测得的 α 粒子数 $X_1, X_2, \cdots, X_n$ 是取自总体 X 的一个样本。由于 $E(X) = \lambda$，因此选择 $\overline{X} = \dfrac{1}{n} \sum_{i=1}^{n} X_i$ 为检验统计量，在 n 确定时可以用 $T = \sum_{i=1}^{n} X_i$。很显

然，T 值越大对 h_0 越不利，因此 h_0 的拒绝域应具有 $T \geqslant c$ 的形式。由泊松分布的可知性，$T \sim P(n\lambda)$，所以检验准则为 $P(T \geqslant c \mid \lambda = \lambda_0) \leqslant \alpha$（显著性水平），即拒绝域的临界值 c 应是满足

$$P_{\lambda_0}\{T \geqslant c\} = \sum_{k=c}^{\infty} \frac{(n\lambda_0)^k}{k!} \mathrm{e}^{-n\lambda_0} \leqslant \alpha$$

的最小正整数。在实际计算中，常常利用泊松分布与 χ^2 分布的如下关系。

对给定的 λ 及 $T \sim P(n\lambda)$，有

$$P\{T \geqslant c\} = \sum_{k=c}^{\infty} \frac{(n\lambda_0)^k}{k!} \mathrm{e}^{-n\lambda_0} = \chi^2(2n\lambda ; 2c)$$

其中，$\chi^2(2n\lambda ; 2c)$ 表示自由度为 $2c$ 的 χ^2 分布在 $2n\lambda$ 处的值。显然，$P\{T \geqslant c\}$ 是 λ 的单调增函数。

于是，拒绝域的临界值 c 应是满足 $\chi^2(2n\lambda_0 ; 2c) \leqslant \alpha$ 即 $2n\lambda_0 \leqslant \chi^2_{1-\alpha}(2c)$ 的最小正整数。

检验原假设为 $H_0 : \lambda \leqslant 0.6$，取显著性水平为 0.1。

其 MATLAB 代码编程如下：

```
>> clear all;
% 粒子数数据
A = [0,1,2,3,4];
% 频数数据
N = [4,7,2,1,1];
% 检验统计量的观测值
T = N * A'
% 显著性水平
alpha = 0.1;
% 样本容量
n = sum(N);
% 待检验分数值
lambda0 = 0.6;
% 求拒绝域临界值
c = 0.5 * chi2inv(1 - alpha,2 * n * lambda0)
% 检验决策,h = 1(0)拒绝(接受)原假设
if T >= c
h = 1
else
h = 0
end
```

运行程序，输出如下：

```
T =
    18
c =
   12.9947
h =
    1
```

结果表明：T＜c，h＝1，拒绝原假设，即放射性污染地区的单位时间内平均放射的 α 粒子数超过临界值 0.6。

（3）指数分布参数 θ 的检验

指数分布是一类重要的分布，应用广泛，下面结合实例来阐述指数分布参数 θ 的检验方法。

【例 4-13】 设一批电子元件，其寿命 X（单位：h）服从参数为 θ 的指数分布。假定从这批元件中随机抽取 n 个样品，进行加速寿命试验，并测得全部 n 个样品的失效时间。假定按照国家标准，这种电子元件的平均寿命不得低于 θ_0 h。又假定在加速寿命试验中样品的平均寿命为正常状态下的 $\dfrac{1}{10}$。如何根据上述信息判定这批电子元件是否合乎标准？

根据上述信息判定这批电子元件是否合乎标准的问题，等价于指数分布参数 θ 的检验问题

$$h_0: \theta \geqslant \theta_0, \quad h_1: \theta < \theta_0$$

设 n 个样品在正常情况下的失效时间 $X_1, X_2, \cdots, X_n$ 是取自总体 X 的一个样本。由于 $E(X) = \theta$，因此选择 $\overline{X} = \dfrac{1}{n}\sum\limits_{i=1}^{n} X_i$ 为检验统计量。很显然，$\overline{X}$ 值越小对 h_0 越不利，因此 h_0 的拒绝域应具有 $\overline{X} \leqslant c$ 的形式。

又由指数分布是特殊的伽马分布，即 $\mathrm{Exp}(1/\theta) = \mathrm{Ga}(1, 1/\theta)$，$n$ 个独立同分布指数变量之和为伽马变量可知，$n\overline{X} = \sum\limits_{i=1}^{n} X_i \sim \mathrm{Ga}(n, 1/\theta)$。为计算简便，通常利用伽马分布的性质引进一个 χ^2 统计量作为检验统计量，在 $\theta = \theta_0$ 时，$\chi^2 = 2n\overline{X}/\theta_0 \sim \chi^2(2n)$。

于是，在显著性水平 α 下，由检验准则 $P(\overline{X} \leqslant c \mid \theta = \theta_0) \leqslant \alpha$ 可知，h_0 的拒绝域取 $\overline{X} \leqslant c$ 与取 $\chi^2 \leqslant \chi^2_\alpha(2n)$ 是等价的。

假定 $\theta_0 = 3000$h，若加速寿命试验中 20 件受检样品的平均失效时间为 237h，问在 0.1 显著性水平下这批电子元件能否通过检验？于是，检验原假设为 $h_0: \theta \geqslant \theta_0 = 3000$。

其 MATLAB 代码编程如下：

```
>> clear all;
% 待检验参数值
theta0 = 3000;
% 显著性水平
alpha = 0.1;
% 样本容量
n = 20;
% 加速寿命试验中样品平均失效时间
EoLife = 237;
% 检验统计量的观测值
x2stat = 2 * n * (10 * EoLife) /theta0
% 求拒绝域临界值
c = chi2inv(alpha, 2 * n)
% 检验决策,h = 1(0)拒绝(接受)原假设
if x2stat < = c
```

```
h = 1
else
h = 0
end
```

运行程序,输出如下:

```
x2stat =
    31.6000
c =
    29.0505
h =
     0
```

结果表明:$\chi^2 > \chi_a^2(2n)$,$h = 0$,不能拒绝原假设,即这批电子元件应当通过检验。

2. 非正态总体大样本的参数检验

前面讨论的假设检验都是针对正态总体,而且对样本 n 没有任何条件限制,也就是说,无论 n 有多大,其检验法都是有效的。但在实际应用中,不时会遇到总体不服从正态分布的甚至于不知道总体分布的情况。这时,检验统计量及其分布便很难确定,在一般条件下,中心极限定理对非正态总体成立,因而常常可以借助于统计量的极限分布对总体参数作近似检验。这种检验要求样本容量 n 必须大,n 越大近似检验效果越好。要多大才好呢?没有一个统一的标准,因为这与所采用的统计量趋于它的极限分布的速度有关。实际上,一般至少要求 $n \geq 30$,最好 $n \geq 50$ 或 100。

对于非正态总体均值的假设检验,以及两个非正态总体均值差异性的显著性检验,在大样本的条件下,都归结果为 U 检验,只是当方差 σ^2 已知时,只要 $n \geq 50$(至少 $n \geq 30$);而当 σ^2 未知时,通常用样本方差 S^2 去估计 σ^2,这时要求 $n \geq 100$,才能保证检验的精度。

【例 4-14】 一个市郊商业区林荫路的管理人员说,每到周末,停车场上汽车的平均停靠时间超过 90min。随机抽查 100 辆周末到达该停车场的汽车,算出平均停靠时间为 88min,标准差为 30min,在 $\alpha = 0.05$ 水平下,检验管理员说法的真实性。

分析:要判断的是汽车平均停靠时间是否超过 90min,即要检验假设

$$h_0: \mu \geq 90; \quad h_1: \mu < 90$$

因总体的分布类型和方差都未知,但大样本 $n \geq 100$,所以当 h_0 为真时,统计量 $U = \dfrac{(\overline{X} - \mu_0)\sqrt{n}}{S}$ 近似服从正态分布 $N(0,1)$。

于是,对给定的 $\alpha = 0.05$,查标准正态分布表,取临界值 $u_a = 1.645$ 使,

$$P\left(\frac{\overline{X} - \mu_0}{S/\sqrt{n}} \leq -u_a\right) = \alpha$$

得 h_0 的拒绝域为 $\dfrac{\overline{X} - \mu_0}{S/\sqrt{n}} \leq -u_a$。

计算得,$U_0 = \dfrac{\overline{X} - \mu_0}{S/\sqrt{n}} = \dfrac{88 - 90}{30/\sqrt{100}} = -0.6667 > -1.645$。

故接受 h_0,即认为周末汽车平均停靠时间是超过 90min。

【例 4-15】 从某一试验中随机抽取 50 个样品,测得样品的发热量(单位:J)数据记录如下:

11 756,12 000,11 377,12 118,11 955,12 282,12 255,11 776,12 345,11 664

12 121,12 117,11 600,11 842,12 330,11 932,12 117,12 041,12 453,11 386

11 882,11 760,12 059,11 735,11 968,11 704,11 652,11 668,11 754,11 963

12 063,11 969,12 080,11 856,12 110,11 712,11 976,12 288,12 072,11 967

12 173,11 831,12 100,11 208,12 005,12 208,12 243,12 260,12 076,12 073

试问,以 0.05 的显著性水平是否可认为发热量的期望值为 12 000?

分析:由题意知,检验假设为 $h_0:\mu=\mu_0$;$h_1:\mu\neq\mu_0$。检验统计量 $U=\dfrac{\overline{X}-\mu_0}{S/\sqrt{n}}\sim N(0,1)$,拒绝域的形式为 $|U|\geqslant u_{1-\alpha/2}$。

其 MATLAB 代码编程如下:

```
>> clear all;
X = [11756    12000    11377    12118    11955    12282    12255    11776    12345    11664 …
     12121    12117    11600    11842    12330    11932    12117    12041    12453    11386 …
     11882    11760    12059    11735    11968    11704    11652    11668    11754    11963 …
     12063    11969    12080    11856    12110    11712    11976    12288    12072    11967 …
     12173    11831    12100    11208    12005    12208    12243    12260    12076    12073];
alpha = 0.05;                              % 显著性水平
mu0 = 12000;                               % 待检验参数值
U = (mean(X) − mu0)/(std(X)/sqrt(length(X)))    % 检验统计量的观测值
c = norminv(1 − alpha/2,0,1)               % 求拒绝域临界值
if abs(U) >= c                             % 检验决策,h = 1(0)拒绝(接受)原假设
    h = 1
else
    h = 0
end
```

运行程序,输出如下:

```
U =
    −1.1463
c =
    1.9600
h =
    0
```

结果表明,拒绝原假设,也即说试验物的发热量符合期望值。

实际上,由于大样本均值检验为 U 检验,故可直接调用 MATLAB 的 U 检验函数 ztest,需要注意的是要用样本标准差 std(X)代替正态分布的标准差 sigma 作为输入参数。用 ztest 函数实现检验的 MATLAB 代码编程如下:

```
>>[h,p,CI,U] = ztest(X,mu0,std(X),alpha)
```

运行程序,输出如下:

```
h =
      0
p =
    0.2517
CI =
  1.0e + 004 *
    1.1885    1.2030
U =
    - 1.1463
```

显然,计算出的统计量 U 的观测值与检验结论相一致。

在大样本均值检验问题中,一个重要的应用是两个比率的比较。其一般描述如下。

设 $X_1, X_2, \cdots, X_n$ i. i. d $\sim b(1, p_1), Y_1, Y_2, \cdots, Y_m$ i. i. d $\sim b(1, p_2)$,两样本独立,需要对 p_1 与 p_2 进行比较,这等价于下列 3 种假设检验问题之一。

(1) $h_0: p_1 \leqslant p_2; h_1: p_1 > p_2;$

(2) $h_0: p_1 \geqslant p_2; h_1: p_1 < p_2;$

(3) $h_0: p_1 = p_2; h_1: p_1 \neq p_2$。

由概率极限定理知,当样本容量 n 很大时,在 $p_1 = p_2$ 的假定下,检验统计量为

$$U = \frac{\hat{p}_1 - \hat{p}_2}{\sqrt{\left(\frac{1}{n} + \frac{1}{m}\right)\hat{p}(1 - \hat{p})}} \sim N(0, 1)$$

其中,

$$\hat{p}_1 = \frac{1}{n}\sum_{i=1}^{n}X_i, \quad \hat{p}_2 = \frac{1}{m}\sum_{i=1}^{m}Y_i, \quad \hat{p} = \frac{n\hat{p}_1 + m\hat{p}_2}{n + m}$$

于是,3 类检验问题的拒绝域分别为

(1) $W = \{U \geqslant u_{1-\alpha}\};$

(2) $W = \{U \leqslant u_\alpha\};$

(3) $W = \{U \geqslant u_{1-\alpha}\}$。

4.2.4　变量分布形态检验

通过前面章节的讨论,我们已经了解了假设检验的基本思想,并讨论了当分布形式已知时关于其中未知参数的假设检验问题。然而,可能遇到这样的情形,如例 4-9 中,认为标准方法下的钢的产率服从正态分布通常是合理的,但是新操作方法下钢的产率是否仍服从正态分布是需要斟酌的,因为影响钢的产率的条件毕竟发生了改变。因此在例 4-9 问题的分析中,更为严谨的思考应当包括识别新操作方法下钢的产率是否为某个正态变量。此类问题通常称为变量分布形态的检验,属于非参数检验问题。本节讨论非参数检验的几个基本方法及其应用。

1. K. Pearson-Fisher 检验

K. Pearson-Fisher 检验是非参数检验的基本方法,主要有两个方面的应用:一是关于变量分布形态拟合优度检验,通常称为 χ^2 拟合优度检验;二是关于二维变量独立性的

检验,通常称为列联表的独立性检验。

1) χ^2 检验

设总体 X 的分布函数为具有明确表达式的 $F(x)$（例如它可以属于正态分布、指数分布、泊松分布、二项分布等）。把随机变量 X 的值域 R 划分成 k 个互不相容的区间 $A_1=(a_0,a_1], A_2=(a_1,a_2], \cdots, A_k=(a_{k-1},a_k]$，每个小区间的长度不一定相同。

设 $x_1, x_2, \cdots, x_n$ 是容量为 n 的样本的一组观测值，n_i 为样本观测值落入区间 A_i 内的频数，$\sum_{i=1}^{k} n_i = n$，则在 n 次试验中事件 A_i 出现的频率 $f(A_i) = \dfrac{n_i}{n}$。

现在要检验原假设 $h_0: F(x) = F_0(x)$。设在原假设 h_0 成立的条件下，总体 X 落入区间 A_i 内的概率为 p_i，即

$$p_i = P(A_i) = F_0(a_i) - F(a_{i-1}), \quad i = 1, 2, \cdots, k$$

那么，此时 n 个观测值中，恰有 n_1 个落入 A_1 中，n_2 个落入 A_2 中，$\cdots$，n_k 个落入 A_k 中的概率为 $\dfrac{n!}{n_1! \; n_2! \; \cdots n_k!} p_1^{n_1} p_2^{n_2} \cdots p_k^{n_k}$，这是一个多项分布。

按照大数定律，在 h_0 为真时，频率 $f(A_i) = \dfrac{n_i}{n}$ 与频率 p_i 的差异不应太大。根据这个思想，皮尔逊构造了一个统计量：$\chi^2 = \sum_{i=1}^{k} \dfrac{(n_i - np_i)^2}{np_i}$，称作皮尔逊 χ^2 统计量。

当原假设 $h_0: F(x) = F_0(x)$ 为真时，即 $p_1, p_2, \cdots, p_k$ 为总体的真实概率时，皮尔逊 χ^2 统计量 $\chi^2 = \sum_{i=1}^{k} \dfrac{(n_i - np_i)^2}{np_i}$ 的渐近分布是自由度为 $k-1$ 的 χ^2 分布。

设 $F(x; \theta_1, \theta_2, \cdots, \theta_m)$ 为总体的真实分布，含有 m 个未知参数。在 $F(x; \theta_1, \theta_2, \cdots, \theta_m)$ 中用 $\theta_1, \theta_2, \cdots, \theta_m$ 的极大似然估计 $\hat{\theta}_1, \hat{\theta}_2, \cdots, \hat{\theta}_m$ 代替 $\theta_1, \theta_2, \cdots, \theta_m$，并且以 $F(x; \hat{\theta}_1, \hat{\theta}_2, \cdots, \hat{\theta}_m)$ 来估计 p_i，即 $\hat{p}_i = F(a_i; \hat{\theta}_1, \hat{\theta}_2, \cdots, \hat{\theta}_m) - F(a_{i-1}; \hat{\theta}_1, \hat{\theta}_2, \cdots, \hat{\theta}_m)$，则统计量 $\chi^2 = \sum_{i=1}^{k} \dfrac{(n_i - n\hat{p}_i)^2}{n\hat{p}_i}$，当 n 充分大时，服从自由度为 $k-m-1$ 的 χ^2 分布。

用总体分布假设的皮尔逊 χ^2 检验法的检验步骤如下。

(1) 把总体的值域划分成 k 个互不相容的区间 $A_i = (a_1, a_{i+1}), i = 1, 2, \cdots, k$。

其中，a_1, a_{k+1} 可以分别取 $-\infty, +\infty$（每个区间内必须包含不少于 5 个个体，否则，可把包含少于 5 个个体的区间并入其相邻的区间，或把几个频数都少于 5 的但不一定相邻的区间并成一个区间）。

(2) 当 $h_0: F(x) = F_0(x)$ 为真时，用极大似然估计总体分布所含的未知参数。

(3) 当 $h_0: F(x) = F_0(x)$ 为真时，计算理论概率 $p_i = F_0(a_{i+1}) - F_0(a_i), i = 1, 2, \cdots, k$，并计算出理论频数 np_i。

(4) 按照样本观测值 $x_1, x_2, \cdots, x_n$ 落在区间 $A_i = (a_1, a_{i+1}]$ 中的个数，即实际频数 $n_i (i = 1, 2, \cdots, k)$ 和理论频数 np_i，计算 $\dfrac{(n_i - np_i)^2}{np_i}$ 的值。

(5) 按照给定的显著性水平 α，查自由度为 $k-m-1$ 的 χ^2 分布表得 $\chi_\alpha^2(k-m-1)$，其中 m 是未知参数的个数。

（6）若 $\chi^2 = \sum\limits_{i=1}^{k} \dfrac{(n_i - np_i)^2}{np_i} \geqslant \chi_a^2(k-m-1)$，则拒绝 h_0；否则，接受 h_0。

【例 4-16】 表 4-2 中数据是 200 个零件的直径 X（单位：cm）。能否验证直径 X 服从正态分布？

表 4-2 200 个零件的直径数据

直径	2.23	2.35	2.45	2.55	2.65	2.75	2.85	2.95
频数	3	4	5	11	12	17	19	26
直径	3.05	3.15	3.25	3.35	3.45	3.55	3.65	3.75
频数	24	22	19	13	13	7	3	2

分析：依题意检验的假设是 h_0：零件直径 X 服从正态分布 $N(\mu, \sigma^2)$。其中，参数 μ、σ^2 均未知。因此，首先要求出参数 μ、σ^2 的极大似然估计：

$$\hat{\mu}_{\text{MLE}} = \frac{1}{n}\sum_{i=1}^{k} f_i x_i \text{（分组数据的样本均值）}$$

$$\hat{\sigma}_{\text{MLE}}^2 = \frac{1}{n}\sum_{i=1}^{k} f_i x_i - \mu_{\text{MLE}}^2 \text{（分组数据的样本方差）}$$

然后按照以下步骤进行 χ^2 拟合优度检验。

（1）输入原始数据，并求分布参数的极大似然估计。

其 MATLAB 代码编程如下：

```
>> clear all;
x = [2.23, 2.35, 2.45, 2.55, 2.65, 2.75, 2.85, 2.95, 3.05, 3.15, 3.25, 3.35, 3.45, 3.55, 3.65, 3.75];
f = [3, 4, 5, 11, 12, 17, 19, 26, 24, 22, 19, 13, 13, 7, 3, 2];
n = sum(f);
MU = sum(f.*x)./n
SIGMA = sqrt(sum(f.*(x.^2))./n - MU.^2)
```

运行程序，输出结果如下：

```
MU =
    3.0087
SIGMA =
    0.3217
```

根据计算结果，检验的原假设修正为 h_0：$X \sim N(3.009, 0.3210^2)$。

（2）样本数据分组

题目给出的数据已是分组数据，共分为 16 组，且每组的频数已经统计出。但是，前 3 组数据和后 2 组数据的频数偏小，故分别将前、后 3 组数据进行合并，这样可得 12 组数据。这 12 组数据所属的数据组的区间边界值 MATLAB 代码编程如下：

```
>>a = [];
for k = 1:11
    aa = (x(2 + k) + x(3 + k))/2;    % 小区间边界点取相邻两个数据的中点
```

```
        a = [a,aa];
end
a = [ - inf,a,inf]'    % 由于正态变量在整个数轴上取值,最小边界点的 - ∞ 最大边界点为 + ∞
```

运行程序,输出结果如下:

```
a =
       - Inf
    2.5000
    2.6000
    2.7000
    2.8000
    2.9000
    3.0000
    3.1000
    3.2000
    3.3000
    3.4000
    3.5000
        Inf
```

（3）统计经验频数。

经验频数题目已经给出,只需分别合并前、后 3 组的频数。

其 MATLAB 代码如下:

```
>> f = [f(1) + f(2) + f(3),f(4:13),f(14) + f(15) + f(16)]'
```

运行程序,输出如下:

```
f =
    12
    11
    12
    17
    19
    26
    24
    22
    19
    13
    13
    12
```

（4）计算理论频数。

其 MATLAB 代码编程如下:

```
>> PEST = [ ];
for i = 1:12
    pp = normcdf(a(i + 1),MU,SIGMA) - normcdf(a(i),MU,SIGMA);
    PEST = [PEST,pp];
end
THEF = n * PEST'
```

运行程序,输出如下:

```
THEF =
    11.3794
     9.0111
    13.3332
    17.9247
    21.8947
    24.2992
    24.5027
    22.4494
    18.6880
    14.1347
     9.7136
    12.6692
```

(5) 计算检验统计量的观测值。

其 MATLAB 代码编程如下:

```
>> CHI2EST = sum((f - THEF).^2./THEF)
```

运行程序,输出如下:

```
CHI2EST =
    2.4184
```

(6) 检验决策。

其 MATLAB 代码编程如下:

```
k = 12;
r = 2;
alpha = 0.05;
df = k - r - 1;
REFCR = chi2inv(1 - alpha, df);        % 拒绝域临界值
p = 1 - chi2cdf(CHI2EST, df);          % 检验的 p 值
if CHI2EST > REFCR
    h = 1;
else
    h = 0;
end
alpha, h, p
stat = [k, r, CHI2EST, REFCR]
```

运行程序,输出如下:

```
alpha =
    0.0500
h =
     0
p =
    0.9830
stat =
```

```
      12.0000      2.0000      2.4184    16.9190
```

计算结果表明,在 0.05 显著性水平下,h＝0 保留原假设 h_0,即 χ^2 拟合优度检验认为零件直径 $X \sim N(3.009, 0.1030)$。最小显著性概率 $p=0.9823$ 表明,当前样本数据下不能拒绝原假设 h_0 的置信程度高达 98%。

在 MATLAB 统计工具箱中提供了 vartest 函数用于实现总体均值未知时的单个正态总体方差的 χ^2 检验。其调用格式如下:

h ＝ vartest(x,v):参数 x 为样本观测值向量;v 为原假设值;输出参数 h 是否接受假设检验值。

h ＝ vartest(x,v,Name,Value):设置假设检验的一个或多个属性名 Name 及其对应的属性值 Value。

[h,p] ＝ vartest(___):返回 p 为观察值的概率。

[h,p,ci,stats] ＝ vartest(___):总体方差的置信水平为 $1-\alpha$ 的置信区间 ci 和结构体变量 stats。

【例 4-17】 化肥厂用自动包装机包装化肥,某日测得 9 包化肥的质量(单位:kg)如下:

$$49.4, 50.5, 50.7, 51.7, 49.8, 47.9, 49.2, 51.4, 48.9$$

根据以上观测数据检验每包化肥的质量的方差是否等于 1.5?取显著性水平 $\alpha = 0.05$。

分析:这里总体均值未知时的单个正态总体方差的检验,根据题目要求可写出如下假设:

$$h_0: \sigma^2 = \sigma_0^2 = 1.5, \quad h_1: \sigma^2 \neq \sigma_0^2$$

其 MATLAB 代码编程如下:

```
>> clear all;
% 定义样本观测值向量
X = [49.4  50.5  50.7  51.7  49.8  47.9  49.2  51.4  48.9];
var0 = 1.5;                              % 原假设中的常数
alpha = 0.05;                            % 显著性水平为 0.05
tail = 'both';                           % 尾部类型为双侧
vartest (X, var0, alpha, tail)
```

运行程序,输出如下:

```
vartest(X, var0, alpha, tail)
Number of inputs = 4
  Inputs from individual arguments(2):
     4.940000e + 001
     5.050000e + 001
     5.070000e + 001
     5.170000e + 001
     4.980000e + 001
     4.790000e + 001
     4.920000e + 001
     5.140000e + 001
```

```
        4.890000e + 001
        1.500000e + 000
  Inputs packaged in varargin(2):
        5.000000e − 002
        98
        111
        116
        104
```

由以上结果可知,即认为每包化肥的质量方差等于1.5。

2）列联表的独立性检验

K. Perason-Fisher 的 χ^2 统计量有一个很特别的应用,即可以用来检验两个分类变量的独立性。

设 X 与 Y 为两个分类变量,不妨设 X 有 s 个类别 $A_1, A_2, \cdots, A_s, Y$ 有 t 个类别 $B_1, B_2, \cdots, B_t$,将被调查的 n 个样品按其所属类别进行分类,列成如下一张 $s \times t$ 的二维表,如表 4-3 所示。

表 4-3 也称 $s \times t$ 列联表,其中,f_{ij} 表示同时具有属性 A_i 和 B_j 的样品频数 $(i=1,2,\cdots, s; j=1,2,\cdots,t)$,$f_{i\cdot} = \sum_{j=1}^{t} f_{ij}, f_{\cdot j} = \sum_{i=1}^{s} f_{ij}, \sum_{i=1}^{s} f_{ij} \sum_{j=1}^{t} f_{ij} = \sum_{i=1}^{s} f_{i\cdot} = \sum_{j=1}^{t} f_{\cdot j} = n$。

表 4-3　$s \times t$ 列联表

A_i	B_i					$\sum$
	B_1	B_2	$\cdots$		B_t	
A_1	f_{11}	f_{12}	$\cdots$		f_{1t}	$f_{1\cdot}$
A_2	f_{21}	f_{22}			f_{2t}	$f_{2\cdot}$
$\vdots$	$\vdots$	$\vdots$	$\cdots$		$\vdots$	$\vdots$
A_s	f_{s1}	f_{s2}			f_{st}	$f_{s\cdot}$
$\sum$	$f_{\cdot 1}$	$f_{\cdot 2}$	$\cdots$		$f_{\cdot t}$	n

用 K. Pearson-Fisher 的 χ^2 的统计量来检验变量 X 与 Y 的独立性,检验假设是 h_0: X 与 Y 是独立的;h_1: X 与 Y 不独立。

对 h_0 的检验依赖表 4-3,因此这类问题亦称为列联表的独立性检验。记

$$p_{ij} = P\{X \in A_i, Y \in B_j\}, \quad p_{i\cdot} = \sum_{j=1}^{t} p_{ij} = P\{X \in A_i\}, \quad p_{\cdot j} = \sum_{i=1}^{s} p_{ij} = P\{Y \in B_j\}$$

其中,$i=1,2,\cdots,s; j=1,2,\cdots,t$,于是检验假设可进一步明确如下。

h_0: $p_{ij} = p_{i\cdot} \cdot p_{\cdot j}$,对所有 i,j 均成立;

h_1: $p_{ij} \neq p_{i\cdot} \cdot p_{\cdot j}$,至少存在一对 i,j 使之成立。

又记 p_{ij}、$p_{i\cdot}$ 和 $p_{\cdot j}$ 的极大似然估计分别为 $\hat{p}_{ij}$、$\hat{p}_{i\cdot}$ 和 $\hat{p}_{\cdot j}$,并且

$$\hat{p}_{ij} = \frac{f_{ij}}{n}, \quad \hat{p}_{i\cdot} = \frac{f_{i\cdot}}{n}, \quad \hat{p}_{\cdot j} = \frac{f_{\cdot j}}{n}$$

因此,对 h_0 的检验可通过分析偏差平方和 $\sum_{i=1}^{s} \sum_{j=1}^{t} (\hat{p}_{ij} - \hat{p}_{i\cdot} \cdot \hat{p}_{\cdot j})^2$ 得到,当 h_0 成立时这个偏差平方和不应过分偏大。基于这种理解,可得 K. Pearson-Fisher 的 χ^2 统计量的变式

表达为

$$\chi^2 = \sum_{i=1}^{s} \sum_{j=1}^{t} \frac{(f_{ij} - n\,\hat{p}_{i\cdot}\,\hat{p}_{\cdot j})^2}{n\,\hat{p}_{i\cdot}\,\hat{p}_{\cdot j}} \sim \chi^2((s-1)(t-1))$$

当 h_0 成立时 χ^2 统计量的观测值不应过分偏大。于是,对于给定的显著性水平 α,检验准则为

$$P\{\chi^2 > \chi^2_{1-\alpha}((s-1)(t-1))\} \leqslant \alpha$$

即当检验统计量的实测值 $\chi^2 > \chi^2_{1-\alpha}((s-1)(t-1))$ 时,则在显著性水平 α 下拒绝原假设 h_0。否则保留 h_0,在 χ^2 统计量观测值的计算中注意,$n\,\hat{p}_{i\cdot}\,\hat{p}_{\cdot j} = \dfrac{f_{i\cdot}\,f_{\cdot j}}{n}$ $(i=1,2,\cdots,s;\ j=1,2,\cdots,t)$。

【例 4-18】 某地调查了 3000 名失业人员,按性别和文化程度分类,如表 4-4 所示。试在 0.05 显著性水平下检验失业人员的性别与文化程度是否有关。

表 4-4　3000 名失业人员信息

性别	大专以上	中专技校	高中	初中及以下	合计
男	40	138	620	1043	1841
女	20	72	442	625	1159
合计	60	210	1062	1668	3000

分析:这是列联表的独立性检验问题,检验原假设为 h_0:失业人员的性别与文化程度无关。

其 MATLAB 代码编程如下:

```
>> clear all;
alpha = 0.05;
f = [40 138 620 1043;20 72 442 625];
[s,t] = size(f);                        % 提取列联表的行、列数
df = (s-1) * (t-1);
f_i = sum(f');                          % 行边际频数
f_j = sum(f);                           % 列边际频数
n = sum(sum(f));
nfi_f_j = zeros(s,t);
for i = 1:2
    for j = 1:4
        nf_i_f_j(i,j) = f_i(i) * f_j(j)/n;   % 联合分布律
    end
end
chi2 = sum(sum((f - nfi_f_j).^2./nf_i_f_j));  % 检验统计量的值
refcr = chi2inv(1 - alpha,df);          % 拒绝域临界值
p = 1 - chi2cdf(chi2,df);               % 检验的 p 值
if chi2 > refcr
    h = 1;
else
    h = 0;
end
alpha,h,p,chi2,refcr
```

运行程序,输出如下:

```
alpha =
    0.0500
h =
    1
p =
    0
chi2 =
    3.0073e + 03
refcr =
    7.8147
```

计算结果表明,在 0.05 显著性水平下,h＝0,p＞alpha 不能拒绝原假设,即认为失业人员的性别与文化程度无关。

2. $K_{OJIMOFOPOB}$-C_{MHPHOB}检验

假设变量 X 的分布函数 $F(x)$ 连续但未知,在给定显著性水平 α 下,要检验假设

$$h_0: F(x) = F_0(x); \quad h_1: F(x) \neq F_0(x)$$

这个问题可以用 χ^2 拟合优度检验法来检验。

但是,χ^2 拟合优度检验的实质是比较样本频率 $\frac{v_i}{n}$ 与理论频率 $\hat{p}_i = F_0(a_i) - F_0(a_{i-1})$,也就是说只是检验了。

$$h_0: F(a_i) - F(a_{i-1}) = F_0(a_i) - F_0(a_{i-1}), \quad i = 1, 2, \cdots, k$$

其中 a_i 是在连续变量离散化的区间划分过程中得到的,也就是说只是检验了在区间的分点处 h_0 是否成立而已,这样导致了伪风险的增加。于是,人们转而研究更加完善的检验方法。

早在 20 世纪 30 年代初,$K_{LJIMOROPOB}$对分布拟合优度检验问题进行了深入的研究,得到了 $K_{LJIMOROPOB}$定理,进而建立了分布拟合优度检验问题的 $K_{LJIMOROPOB}$ 检验法和 C_{MHPHOB}检验法。

1) $K_{OJIMOFOPOB}$检验法

$K_{LJIMOROPOB}$检验法也是比较样本经验函数 $F_n(x)$ 和变量分布函数 $F_0(x)$ 的。但它不是在划分的区间上考虑 $F_n(x)$ 与原假设的分布函数 $F_0(x)$ 之间的偏差,而是在每一点上考虑它们之间的偏差。这就克服了 χ^2 检验法依赖于区间划分的缺点,但其应用范围要窄一些,仅适应于变量的分布函数是连续函数的情形。

根据 $T_{LJIMOROPOB}$ 定理,当 n 充分大时,样本经验分布函数 $F_n(x)$ 是变量的分布函数 $F(x)$ 的近似,$F_n(x)$ 与 $F(x)$ 的偏差一般不应太大。$K_{LJIMOROPOB}$用 $F_n(x)$ 与 $F(x)$ 之间的偏差的最大值构造一个统计量

$$D_n = \sup_{-\infty < x < +\infty} |F_n(x) - F_0(x)|$$

并且得到了下面的定理。

$K_{LJIMOROPOB}$定理:设 $X_1, X_2, \cdots, X_n$ i. i. d. $\sim F(x)(n=1, 2, \cdots)$,$F(x)$ 为连续的分布函数,在 $F(x) = F_0(x)$(已知)的条件下,有

$$\lim_{x \to \infty} P\left\{ D_n < \frac{x}{\sqrt{n}} \right\} = K(x)$$

其中

$$K(x) = \begin{cases} \sum_{k=-\infty}^{+\infty} (-1)^k \mathrm{e}^{-2k^2 x^2}, & x > 0 \\ 0, & x \leqslant 0 \end{cases}$$

称为 $K_{LJIMOROPOB}$ 分布。

根据 $K_{LJIMOROPOB}$ 定理检验 $h_0: F(x) = F_0(x)$，若假定 h_0 为真，则当 n 充分大时，检验统计量 $D_n = \sup\limits_{-\infty < x < +\infty} |F_n(x) - F_0(x)|$ 的值一般应该比较小，如果 D_n 的值较大就应该拒绝 h_0。于是，对给定的显著性水平 α，拒绝域形式为 $D_n \geqslant c$，检验准则为求满足条件 $P(D_n \geqslant c \mid h_0$ 为真$) \leqslant \alpha$ 的拒绝域临界值 c。

记 $D_n \geqslant D_{n,1-\alpha}$ 为 $K_{LJIMOROPOB}$ 分布的上侧 α 分位数，即 $P\{D_n \geqslant D_{n,1-\alpha}\} = \alpha$，则 $K_{LJIMOROPOB}$ 检验法的决策法则是：根据样本数据计算出检验统计量 D_n 的观测值，如果

（1）当 $D_n \geqslant D_{n,1-\alpha}$ 时，拒绝 h_0，即认为 $F(x) \neq F_0(x)$；

（2）当 $D_n < D_{n,1-\alpha}$ 时，接受 h_0，即认为 $F(x) = F_0(x)$。

应用 $K_{LJIMOROPOB}$ 检验法，原假设 $h_0: F(x) = F_0(x)$ 中的 $F_0(x)$ 的参数应该是已知的。当参数未知时，对于正态分布，可用参数的大样本估计代替，不过此时的检验是近似的，且显著性水平 α 在 0.1～0.2 为宜。

下面概括地给出显著性水平 α 下，用 $K_{LJIMOROPOB}$ 检验法检验假设

$$h_0: F(x) = F_0(x); \quad h_1: F(x) \neq F_0(x)$$

的步骤，其中分布函数 $F(x)$ 是连续函数。

（1）样本数据排序。将样本数据 $x_1, x_2, \cdots, x_n$（通常 $n \geqslant 50$）按由小到大的次序排列得 $x_{(1)} \leqslant x_{(2)} \leqslant \cdots \leqslant x_{(n)}$。

（2）求出经验分布函数。

$$F_n(x) = \begin{cases} 0, & x < x_{(1)} \\ \dfrac{1}{n} \sum_{i=1}^{k} v_i, & x_{(k)} \leqslant x < x_{(k+1)}, \quad k = 1, 2, \cdots, n-1 \\ 1, & x \geqslant x_{(n)} \end{cases}$$

其中 v_i 为样本数据 $x \in [x_{(i)}, x_{(i+1)}]$ 的频数，且 $\sum v_i = n$。

（3）计算检验统计量 D_n 的值。$D_n = \sup\limits_{-\infty < x < +\infty} |F_n(x) - F_0(x)| = \max\limits_{\forall i} \{ |F_n(x_{(i)}) - F_0(x_{(i)})|, |F_n(x_{(i+1)}) - F_0(x_{(i)})| \}$，其中，规定 $F_n(x_{(n+1)}) = 1$。

（4）求 $K_{LJIMOROPOB}$ 分布的上侧 α 分位数 $D_{n,1-\alpha}$，当 $n > 100$ 时，常用 $D_{n,1-\alpha}$ 近似公式如下：

$$D_{n,0.80} \approx 1.07/\sqrt{n}, \quad D_{n,0.90} \approx 1.23/\sqrt{n}, \quad D_{n,0.90} \approx 1.36/\sqrt{n}, \quad D_{n,0.99} \approx 1.63/\sqrt{n}$$

（5）检验决策

若 $D_n \geqslant D_{n,1-\alpha}$，则拒绝 h_0，认为样本数据非来自理论分布 $F_0(x)$ 的；

若 $D_n < D_{n,1-\alpha}$，则接受 h_0，认为样本数据是来自理论分布 $F_0(x)$ 的。

2) C_{MHPHOB} 检验法

C_{MHPHOB} 检验法是对 $K_{LJIMOROPOB}$ 检验法的一种推广。

设 $X_1, X_2, \cdots, X_n$ i. i. d. $\sim F(x), Y_1, Y_2, \cdots, Y_m$ i. i. d. $\sim G(x)(n, m = 1, 2, \cdots), F(x)$ 和 $G(x)$ 均为连续的分布函数，$-\infty < x < +\infty$，在显著性水平 α 下，检验假设

$$h_0: F(x) = G(x); \quad h_1: F(x) \neq G(x)$$

用 $F(x)$ 和 $G_m(x)$ 分别表示两样本的经验分布函数，用它们构造检验统计量

$$D_{nm} = \sup_{-\infty < x < +\infty} |F_n(x) - G_m(x)|$$

G_{MHPHOB} 证明了下面的定理。

$K_{LJIMOROPOB}$-C_{MHPHOB} 定理：当 h_0 为真且样本容量 n 和 m 分别趋向于 ∞ 时，有

$$\lim_{n, m \to \infty} P\left\{\sqrt{\frac{nm}{n+m}} D_{nm} < x\right\} = K(x)$$

其中 $K(x)$ 是 $K_{LJIMOROPOB}$ 分布函数。

根据 $K_{LJIMOROPOB}$-C_{MHPHOB} 定理，可得检验 $h_0: F(x) = G(x)$ 的 C_{MHPHOB} 检验法则（近似）：

(1) 若 $D_{nm} \geqslant D_{nn, 1-\alpha}$，则拒绝 h_0，认为 $F(x) \neq G(x)$；

(2) 若 $D_{nm} < D_{nn, 1-\alpha}$，则接受 h_0，认为 $F(x) = G(x)$。

应用中，确定 $K_{LJIMOROPOB}$ 分布的分位数 $D_{nn, 1-\alpha}$ 时，用 $N = \left[\dfrac{nm}{n+m}\right]$ 代替前述分位数近似公式中的 n，而计算 D_{nm} 的观测值用公式

$$D_{nm} = \max_{\forall i} |F_n(x_{(i)}) - G_m(x_{(i)})|$$

其中，x_i 为划分变量值域的第 i 个小区间的组中值。

3) $K_{LJIMOROPOB}$-C_{MHPHOB} 检验的 MATLAB 实现

MATLAB 将这两种检验方法统称为 $K_{LJIMOROPOB}$-C_{MHPHOB}（英文书写为 Kolmogorov-Smirnov）检验，并提供了两个检验函数 kstest 和 kstest2。

（1）kstest 函数

kstest 函数用来作单个样本的 Kolmogorov-Smirnov 检验；它可以作为双侧检验，检验样本是否服从指定的分布；也可以作为单侧检验，检验样本的分布函数是否在指定的分布函数之上或之下，这里的分布是完全确定的，不含有未知参数。kstest 函数根据样本的经验分布函数 $F_n(x)$ 和指定的分布函数 $G(x)$ 构造检验统计量

$$KS = \max(|F_n(x) - G(x)|)$$

kstest 函数中也有内置的临界值表，这个临界值表对应 5 种不同的显著性水平。对于用户指定的显著性水平，当样本容量小于或等于 20 时，kstest 函数通过在临界值表上作线性插值来计算临界值；当样本容量大于 20 时，通过一种近似方法求临界值。如果用户指定的显著性水平超出了某个范围（双侧检验是 0.01～0.2，单侧检验是 0.005～0.1）时，计算出的临界值为 NaN。kstest 函数把计算出的检验的 p 值与用户指定的显著性水平 α 作比较，从而做出拒绝或接受原假设的判断。对于双侧检验，当 $p \leqslant \dfrac{\alpha}{2}$ 时，拒绝原假设；对于单侧检验，当 $p \leqslant \alpha$ 时，拒绝原假设。

kstest 函数的调用格式如下。

h = kstest(x)：检验样本 x 是否服从标准正态分布，原假设是 x 服从标准正态分

布,对立假设是 x 不服从标准正态分布。当输出 h＝1 时,在显著性水平 $\alpha＝0.05$ 下拒绝原假设;当 h＝0 时,则在显著性水平 $\alpha＝0.05$ 下接受原假设。

h ＝ kstest(x,CDF):检验样本 x 是否服从由 CDF 定义的连续分布。这里的 CDF 可以是包含两列元素的矩阵,也可以是概率分布对象,如 ProbDistUnivParam 类对象或 ProbDistUnivKernel 类对象。当 CDF 是包含两列元素的矩阵时,它的第 1 列表示随机变量的可能取值,可以是样本 x 中的值,也可以不是,但是样本 x 中的所有值必须在 CDF 的第 1 列元素的最小值与最大值之间。CDF 的第 2 列是指定分布函数 G(x) 的取值。如果 CDF 为空(即[]),则检验样本 x 是否服从标准正态分布。

h ＝ kstest(x,CDF,alpha):指定检验的显著性水平 alpha,默认值为 0.05。

h ＝ kstest(x,CDF,alpha,type):用 type 参数指定检验的类型(双侧或单侧)。type 参数的可能取值为,

① 当 type＝'unequal'时即为双侧检验,对立假设是总体分布函数不等于指定的分布函数。

② 当 type＝'larger'时为单侧检验,对立假设是总体分布函数大于指定的分布函数。

③ 当 type＝'smaller'时为单侧检验,对立假设是总体分布函数小于指定的分布函数。

其中,后两种情况下算出的检验统计量不用绝对值。

[h,p,ksstat,cv] ＝ kstest(…):返回检验的 p 值、检验统计量的观测值 ksstat 和临界值 cv。

【例 4-19】 在 20 天内,从维尼纶正常生活时的生产报表中看到的维尼纶纤度(纤维的粗细程度的一种度量)的情况,有如下 100 个数据:

$$1.36,1.49,1.43,1.41,1.37,1.40,1.32,1.43,1.47,1.39,$$
$$1.41,1.36,1.40,1.34,1.42,1.42,1.45,1.35,1.42,1.39,$$
$$1.44,1.42,1.39,1.42,1.42,1.30,1.34,1.42,1.37,1.36,$$
$$1.37,1.34,1.37,1.37,1.44,1.45,1.32,1.48,1.40,1.45,$$
$$1.39,1.46,1.39,1.53,1.36,1.48,1.40,1.39,1.38,1.40,$$
$$1.36,1.45,1.50,1.43,1.38,1.43,1.41,1.48,1.39,1.45,$$
$$1.37,1.37,1.39,1.45,1.31,1.41,1.44,1.44,1.42,1.42,$$
$$1.35,1.36,1.39,1.40,1.38,1.35,1.42,1.43,1.42,1.42,$$
$$1.42,1.40,1.41,1.37,1.46,1.36,1.37,1.27,1.37,1.38,$$
$$1.42,1.34,1.43,1.42,1.41,1.41,1.44,1.48,1.55,1.37$$

试根据这 100 个样本数据在 0.10 显著性水平下,用 Kolmogorov-Smirnov 检验对维尼纶纤度数据进行正态性检验。

分析:检验的原假设是维尼纶纤度服从正态分布。

其 MATLAB 代码编程如下:

```
>> clear all;
% 也可以把数据保存到.dat 文件,放到根目录下,调用即可
X = [1.36,1.49,1.43,1.41,1.37,1.40,1.32,1.43,1.47,1.39, …
1.41,1.36,1.40,1.34,1.42,1.42,1.45,1.35,1.42,1.39, …
1.44,1.42,1.39,1.42,1.42,1.30,1.34,1.42,1.37,1.36, …
```

```
1.37,1.34,1.37,1.37,1.44,1.45,1.32,1.48,1.40,1.45, …
1.39,1.46,1.39,1.53,1.36,1.48,1.40,1.39,1.38,1.40, …
1.36,1.45,1.50,1.43,1.38,1.43,1.41,1.48,1.39,1.45, …
1.37,1.37,1.39,1.45,1.31,1.41,1.44,1.44,1.42,1.42, …
1.35,1.36,1.39,1.40,1.38,1.35,1.42,1.43,1.42,1.42 , …
1.42,1.40,1.41,1.37,1.46,1.36,1.37,1.27,1.37,1.38, …
1.42,1.34,1.43,1.42,1.41,1.41,1.44,1.48,1.55,1.37];
[mu,sigma] = normfit(X)
x = (X − mu)/sigma;
[h,p,stats,cv] = kstest(x,[],0.10,0)
```

运行程序,输出如下:

```
mu =
    1.4038
sigma =
    0.0474
h =
     0
p =
    0.4238
stats =
    0.0862
cv =
    0.1207
```

结果表明,接受原假设,即认为维尼纶纤度服从均值为 1.4038、标准差为 0.0474 的正态分布。

(2) kstest2 函数

在 MATLAB 统计工具箱中提供了 kstest2 函数用来作两个样本的 Kolmogorov-Smirnov 检验,它可以作为双侧检验,检验两个样本是否服从相同的分布,也可以作为单侧检验,检验一个样本的分布函数是否在另一个样本的分布函数之上或之下,这里的分布是完全确定的,不含有未知参数。kstest2 函数对比两样本的经验分布函数,构造检验统计量

$$KS = \max(\mid F_1(x) - F_2(x) \mid)$$

其中,$F_1(x)$ 和 $F_2(x)$ 分别为两样本的经验分布函数。kstest2 函数把计算出的检验的 p 值与用户指定的显著性水平 α 作比较,从而做出拒绝或接受原假设的判断。

kstest2 函数的调用格式如下:

h = kstest2(x1,x2):检验样本 x1 与 x2 是否具有相同的分布,原假设是 x1 与 x2 来自相同的连续分布,对立假设是来自于不同的连续分布。当输出 h=1 时,在显著性水平 α=0.05 下拒绝原假设;当 h=0 时,则在显著性水平 α=0.05 下接受原假设。这里并不要求 x1 与 x2 具有相同的长度。

h = kstest2(x1,x2,alpha,type):指定检验的显著性水平 alpha,默认值为 0.05;并用参数 type 指定检验的类型(双侧或单侧)。type 参数的可能取值如下。

① 当 type='unequal' 时即为双侧检验,对立假设是两个总体的分布函数不相等。

② 当 type='larger' 时即为单侧检验,对立假设是第 1 个总体的分布函数大于 2 个总体的分布函数。

③ 当 type＝'smaller'时即为单侧检验,对立假设是第 1 个总体的分布函数小于第 2 个总体的分布函数。

$[h, p]$ = kstest2($\cdots$)：返回检验的渐近值 p,当 p 值小于或等于给定的显著性水平 alpha 时,拒绝原假设。样本容量越大,p 值越精确,通常要求

$$\frac{n_1 n_2}{n_1 + n_2} \geqslant 4$$

其中,n_1、n_2 分别为样本 x1 和 x2 的样本容量。

$[h, p, ks2stat]$ = kstest2($\cdots$)：返回检验统计量的观测值 ks2stats。

【例 4-20】 利用 kstest2 函数对创建的标准正态随机分布是否接受原假设,并绘制其分布曲线图。

其 MATLAB 代码编程如下：

```
>> clear all;
x = -1:1:5;
y = randn(20,1);
[h,p,k] = kstest2(x,y)
% 以下代码用于绘制测试统计图
F1 = cdfplot(x);
hold on
F2 = cdfplot(y);
set(F1,'LineWidth',2,'Color','r')
set(F2,'LineWidth',2)
legend([F1 F2],'F1(x)','F2(x)','Location','NW')
```

运行程序,输出如下,效果如图 4-1 所示。

```
h =
    0
p =
    0.2387
k =
    0.4214
```

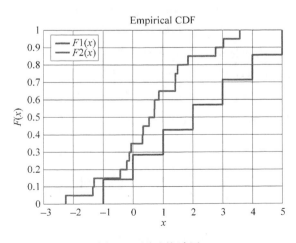

图 4-1　测试统计图

结果表明,由于 h＝0,所以在默认显著性水平下接受原假设。

3. 正态性检验

检验变量是否服从正态分布是统计应用中最常见也是最重要的问题,此类问题当然可以 $K_{LJIMOROPOB}$-C_{MHPHOB} 检验法进行。但是,由于受样本容量因素的影响,有时检验效果可能不理想,因此,人们发现了一些专门的正态性检验方法,其检验效果一般比通常方法好,下面介绍几种常用的正态性检验方法。

（1）正态概率纸检验法

正态概率纸是一种现场统计常用的判断变量正态性的简单工具,使用它可以很快地判断变量是否服从正态分布,还能够粗略地估计出分布的数字特征。

首先介绍正态概率纸的构造原理。

设变量 X 的分布函数为 $F(x)$,需要检验

$$h_0: X \sim N(\mu, \sigma^2) \quad (-\infty < \mu < +\infty, \quad \sigma^2 > 0)$$

在原假设 h_0 成立时,$\dfrac{X-\mu}{\sigma}=U \sim N(0,1)$,而且 $F(x)$ 可用标准正态分布 $N(0,1)$分布函数 $\Phi(x)$ 来表示

$$F(x) = \Phi\left(\frac{X-\mu}{\sigma}\right) = \Phi(u)$$

其中

$$u = \frac{1}{\sigma}(x-\mu)$$

在 xOu 直角坐标平面上,假定横轴（x 轴）与纵轴（u 轴）的单位长度相等,函数 $u = \dfrac{1}{\sigma}(x-\mu)$ 的图像是一条直线,过点 $(\mu, 0)$,斜率为 $\dfrac{1}{\sigma}$。

为使这条直线能够直观地解释变量的取值 x 与 $P\{X \leqslant x\}$ 之间的关系,进行如下坐标刻度更新:在直角坐标系 xOu 中,保持横轴上 x 的刻度不变,而把纵轴上 u 的刻度更新为 $y=100\Phi(u)$,并规定 $100\Phi(-\infty)=0, 100\Phi(+\infty)=100$。这样就将直角坐标 xOu 更新为直角坐标系 xOy。由于 y 轴上的刻度 0 与 100 分别对应 u 轴上的 $-\infty$ 和 $+\infty$,因此 y 轴上无法标示出 0 与 100,一般 y 轴上的刻度标示限于 0.01～99.99 之间。称以直角坐标系 xOy 为刻度体系的坐标纸为正态概率纸。

根据正态概率纸的构造原理可知,在 xOu 直角坐标系中 x 与 u 的关系,在 xOy 直角坐标系中就成为 x 与 $y=100P\{X \leqslant x\}(=100F(x)=100\Phi(u))$ 的关系;反之亦然。特别对于正态概率纸上的一条直线,若该直线能表示为 $u=\dfrac{1}{\sigma}(x-\mu)$,则 $100F(x)$ 与 x 的关系为

$$100F(x) = 100\Phi(u) = 100\Phi\left(\frac{x-\mu}{\sigma}\right)$$

即

$$F(x) = \Phi\left(\frac{x-\mu}{\sigma}\right)$$

也就是说，$F(x)$是一个正态分布的分布函数。

这表明，正态概率纸上斜率存在且大于零的全体直线所组成的集合与全体正态分布所组成的正态分布族之间存在一一对应关系。

【**例 4-21**】 淮河流域（包括河南、安徽、山东）历史上经常发生洪水灾害，据统计1949—1991 年流域成灾面积（单位：万亩）每年总计分别为

　　　　3383.4,4687.4,1631.1,2244.5,2011.7,6123.1,1918.0,6232.4,

　　　　5453.9,1412.4,321.5,2185.0,1285.4,4079.6,10 124.2,5532.7,

　　　　3809.3,389.4,412.1,809.7,870.6,1055.7,1451.8,1532.9,765.9,

　　　　1987.6,2765.5,739.9,515.6,428.4,3794.5,242.3,4812,2204.7,

　　　　4407.1,2885,1124.7,1190,191.4,2227.9,2079,6934.1

试检验全流域的成灾面积是否服从正态分布？

分析：该问题可归结为正态分布拟合的检验问题，分别选用概率纸检验与选用命令 jbtest 检验。

其 MATLAB 程序代码如下：

```
>> clear all;
X = [3383.4,4687.4,1631.1,2244.5,2011.7,6123.1,1918.0,6232.4, …
     5453.9,1412.4,321.5,2185.0,1285.4,4079.6,10 124.2,5532.7, …
     3809.3,389.4,412.1,809.7,870.6,1055.7,1451.8,1532.9,765.9, …
     1987.6,2765.5,739.9,515.6,428.4,3794.5,242.3,4812,2204.7, …
     4407.1,2885,1124.7,1190,191.4,2227.9,2079,6934.1];    % 输入原始数据
normplot(X);                               % 用概率纸检验数据是否服从正态分布
title('正态概率纸图')
xlabel('数据');ylabel('概率')
```

运行程序，效果如图 4-2 所示。

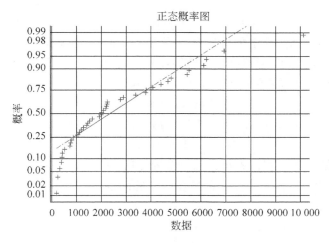

图 4-2　正态概率纸图

从图上可以看出散点并不聚集在直线上，因此流域成灾面积（原始数据）不服从正态分布。

（2）Jarque-Bera 检验

Jarque-Bera 检验是一种常用的、基于峰度与偏度联合检验的正态性检验方法。

设 $X_1,X_2,\cdots,X_n$ i.i.d. $\sim X$，X 的分布未知。需要检验

$$h_0: X \sim N(\mu,\sigma^2) \quad (-\infty < \mu < +\infty, \quad \sigma^2 > 0)$$

令 $B_k = \dfrac{1}{n}\sum_{i=1}^{n}(X_i - \overline{X})^k$，Jarque 和 Bera 由样本峰度 KU $=\dfrac{B_4}{B_2^2}$ 和偏度 SK $=\dfrac{B_3}{B_2^{3/2}}$ 定义了如下的统计量：

$$J = \frac{n}{6}\left[\mathrm{SK}^2 + \frac{(\mathrm{KU}-3)^2}{4}\right]$$

并证明了在 h_0 为真的条件下，J 渐近地服从自由度为 2 的 χ^2 分布。

由于正态分布的峰度 KU$=3$，偏度 SK$=0$，因此检验统计量 J 的观测值越大越对 h_0 不利。于是，对于给定的显著性水平 α，检验准则为 $P\{J>\chi_{1-\alpha}^2(2)\}\leqslant\alpha$。当检验统计量的实测值 $J>\chi_{1-\alpha}^2(2)$ 时，则在显著性水平 α 下拒绝原假设 h_0，否则保留 h_0。

由于检验依据是渐近分布，因此该方法应在大样本条件下使用。

在 MATLAB 中，提供了 jbtest 函数用于实现 Jarque-Bera 检验。函数的调用格式如下。

h = jbtest(x)：返回未知均值的正态分布的假设检验，其中 x 为正态分布的样本，h=0 为接受正态分布的假设，h=1 为拒绝正态分布的假设。

h = jbtest(x,alpha)：在 100 * alpha%水平上检验。

[h,p] = jbtest(…)：返回 p 为观察值的概率。

[h,p,jbstat] = jbtest(…)：jbstat 为返回的统计检验。

[h,p,jbstat,critval] = jbtest(…)：critval 为返回的测试临界值，当 critval<jbstat 时，零假设被拒绝。

[h,p,…] = jbtest(x,alpha,mctol)：直接计算出 p 蒙特卡罗逼近。

【例 4-22】 从一批滚珠中随机抽取 50 个，测得它们的直径（单位：mm）为

15.0,15.8,15.2,15.1,15.9,14.7,14.8,15.5,15.6,15.3,
15.1,15.3,15.0,15.6,15.7,14.8,14.5,14.2,14.9,14.9,
15.2,15.0,15.3,15.6,15.1,14.9,14.2,14.6,15.8,15.2,
15.9,15.2,15.0,14.9,14.8,14.5,15.1,15.5,15.5,15.1,
15.1,15.0,15.3,14.7,14.5,15.5,15.0,14.7,14.6,14.2

是否可以认为这批钢珠的直径服从正态分布呢？（$\alpha=0.05$），并求出总体的均值。

分析：该问题可归结为正态分布拟合的检验问题，且样本较大，选用命令 jbtest，显著性水平为 $\alpha=0.05$。

其 MATLAB 代码编程如下：

```
>> clear all;
X = [15.0,15.8,15.2,15.1,15.9,14.7,14.8,15.5,15.6,15.3,…
    15.1,15.3,15.0,15.6,15.7,14.8,14.5,14.2,14.9,14.9,…
    15.2,15.0,15.3,15.6,15.1,14.9,14.2,14.6,15.8,15.2,…
    15.9,15.2,15.0,14.9,14.8,14.5,15.1,15.5,15.5,15.1,…
```

```
      15.1,15.0,15.3,14.7,14.5,15.5,15.0,14.7,14.6,14.2];
[h,P,Jbstat,CV] = jbtest(X,0.05)
mu = mean(X)
```

运行程序,输出如下:

```
h =
     0
P =
     0.5000
Jbstat =
     0.4573
CV =
     4.9697
mu =
     15.0780
```

结果表明:h=0 表示在置信水平 $\alpha=0.05$ 下接受原假设,且 P = 0.5000 表明接受假设的概率也很大,测试值 Jbstat=0.4573 小于临界值 CV=4.9697,所以接受原假设。此时均值为 mu=15.0780。

(3) Lilliefors 检验

Lilliefors 检验法是对 $K_{LJIMOROPOB}$ 检验法的一种改进。

设 $X_1,X_2,\cdots,X_n$ i. i. d. $\sim X,X$ 的分布未知。需要检验
$$h_0: X \sim N(\mu,\sigma^2) \quad (-\infty < \mu < +\infty, \quad \sigma^2 > 0)$$

令 $\overline{X} = \dfrac{1}{n}\sum_{i=1}^{n}x_i, S = \sqrt{\dfrac{1}{n-1}\sum_{i=1}^{n}(X_i-\overline{X})^2}, Z_i = \dfrac{X_i-\overline{X}}{S}(i=1,2,\cdots,n)$,则当 h_0 为真时,标准化样本 $Z_1,Z_2,\cdots,Z_n$ i. i. d. $\sim N(0,1)$,于是 $K_{LJIMOROPOB}$ 统计量可修正为
$$D_n = \sup_{-\infty < x < +\infty} | S_n(x) - \Phi(x) |$$

其中,$S_n(x)$ 是标准化样本的经验分布函数。这就是 Lilliefors 检验的检验统计量。

由 Lilliefors 检验的检验统计量的构造特点可知,该方法与 $K_{LJIMOROPOB}$ 检验法的最大不同之处是检验不需要已知分布参数,样本的标准化避免了在正态拟合优度检验之前对分布参数的估计,因此该方法可在小样本条件下使用。

在 MATLAB 中,提供了 lillietest 函数用于实现 Lilliefors 假设检验。函数的调用格式如下。

h = lillietest(x):检验样本 x 是否服从均值和方差未知的正态分布,原假设是 x 服从正态分布。当输出 h=1 时,表示在显著性水平 $\alpha=0.05$ 下拒绝原假设;当 h=0 时,则在显著性水平 $\alpha=0.05$ 下接受原假设。lillietest 函数会把 x 中的 NaN 作为缺失数据而忽略它们。

h = lillietest(x,alpha):指定显著性水平 alpha 进行分布的检验,原假设和对立假设同上。alpha 的取值范围是[0.001,0.5],如果 alpha 的取值超出了这个范围,请用 lillietest 函数的最后一种调用格式。

h = lillietest(x,alpha,distr):检验样本 x 是否服从参数 distr 指定的分布,distr 为字符串变量,可能的取值为'norm'(正态分布,默认情况)、'exp'(指数分布)、'ev'(极值

分布)。

[h,p] = lillietest(…):返回检验的 p 值,当 p 值小于或等于给定的显著性水平 alpha 时,拒绝原假设。p 值是通过在内置的临界值表上反插值计算得到,如果在区间 [0.001,0.5]上找不到合适的 p 值,lillietest 函数会给出一个警告信息,并返回区间的端点,此时应用 lillietest 函数的最后一种调用格式,计算更精确的 p 值。

[h,p,kstat] = lillietest(…):返回检验统计量的观测值 kstat。

[h,p,kstat,critval] = lillietest(…):返回检验的临界值 critval。当 kstat≥critval 时,在显著性水平 alpha 下拒绝原假设。

[h,p,…] = lillietest(x,alpha,distr,mctol):指定一个终止容限 mctol,直接利用蒙特卡罗模拟法计算 p 值的近似值,而不是插值法。当 alpha 或 p 的取值不在区间[0.001, 0.5]上时,就需要利用这种调用格式。lillietest 函数会进行足够多次的蒙特卡罗模拟,使得 p 值满足蒙特卡罗标准误差。

【例 4-23】 某工厂生产一种白炽灯,其流明为随机变量 ξ,假设 ξ 满足正态分布 $N(\mu,\sigma^2)$,现从产品中随机抽取 120 个样本,其指标(流明数)如下,试检验正态分布的假设是否正确。

216,203,197,208,206,209,206,208,202,203,206,213,218,207,208,202,194,
203,213,211,193,213,208,208,204,206,204,206,208,209,213,203,206,207,196,
201,208,207,213,208,210,208,211,211,214,220,211,203,216,224,211,209,218,
214,219,211,208,221,211,218,218,190,219,211,208,199,214,207,207,214,206,
217,214,201,212,213,211,212,216,206,210,216,204,221,208,209,214,214,199,
204,211,201,216,211,209,208,209,202,211,207,202,205,206,216,206,213,206,
207,200,198,200,202,203,208,216,206,222,213,209,219。

其 MATLAB 代码编程如下:

```
>> clear all;
x =
[216,203,197,208,206,209,206,208,202,203,206,213,218,207,208,202,194,203,213,211,…
193,213,208,208,204,206,204,206,208,209,213,203,206,207,196,201,208,207,213,208,…
210,208,211,211,214,220,211,203,216,224,211,209,218,214,219,211,208,221,211,218,…
218,190,219,211,208,199,214,207,207,214,206,217,214,201,212,213,211,212,216,206,…
210,216,204,221,208,209,214,214,199,204,211,201,216,211,209,208,209,202,211,207,…
202,205,206,216,206,213,206,207,200,198,200,202,203,208,216,206,222,213,209,219];
[h,p,kstat,critval] = lillietest(x,0.05)
```

运行程序,输出如下:

```
h =
     1
p =
    0.0292
kstat =
    0.0863
critval =
    0.0814
```

结果表明：h＝1，即试验是拒绝假设结果的。

4.3 其他检验

除了前面介绍的检验外，下面再介绍两种常用的检验方法。

4.3.1 秩和检验

在实践中我们常常会遇到以下一些资料，如需比较患者和正常人的血清铁蛋白、血铅值、不同药物的溶解时间、实验鼠发癌后的生存日数、护理效果评分等，我们将非参数统计中一种常用的检验方法——秩和检验，其中"秩"又称等级、即上述次序号的和称"秩和"，秩和检验就是用秩和作为统计量进行假设检验的方法。

1. 秩 和 检 验 的 类 型

下面介绍几种常用的秩和检验。

（1）配对

对配对比较的资料应采用符号秩和检验（Signed-Rank Test），其基本思想是：如果检验假设成立，则差值的总体分布应是对称的，因此正负秩和相差不应悬殊。检验的基本步骤如下。

① 建立假设。

h_0：差值的总体中位数为 0；

h_1：差值的总体中位数不为 0；检验水准为 0.05。

② 算出各对值的代数差。

③ 根据差值的绝对值大小编秩。

④ 将秩次冠以正负号，计算正、负秩和。

⑤ 用不为"0"的对子数 n 及 T（任取 $T+$ 或 $T-$）查检验界值表得到 p 值做出判断。

应注意的是当 $n > 25$ 时，可用正态近似法计算 u 值进行 U 检验，当相同秩次较多时 u 值需进行校正。

（2）成组

两样本成组资料的比较应用 Wilcoxon 秩和检验，其基本思想是：如果检验假设成立，则两组的秩和不应相差太大。其基本步骤如下。

① 建立假设。

h_0：比较两组的总体分布相同；

h_1：比较两组的总体分布位置不同；检验水准为 0.05。

② 两组混合编秩。

③ 求样本数最小组的秩和作为检验统计量 T。

④ 以样本含量较小组的个体数 n_1、两组样本含量之差 $n_2 - n_1$ 及 T 值查检验界值表。

⑤ 根据 p 值做出统计结论。

同样应注意的是，当样本含量较大时，应用正态近似法作 U 检验；当相同秩次较多时,应用校正公式计算 u 值。

（3）多样

多个样本比较的秩和检验可用 Kruskal-Wallis 法,其基本步骤如下。

① 建立假设。

h_0：比较各组总体分布相同；

h_1：比较各组总体分布位置不同或不全相同,检验水准为 0.05。

② 多组混合编秩。

③ 计算各组秩和 R_i。

④ 利用 R_i 计算出检验统计量 H。

⑤ 查 H 界值表或利用卡方值确定概率大小。

应注意的是当相同秩次较多时,应计算校正 H_c。

2. 秩和检验的优缺点

秩和检验的优点主要有：不受总体分布限制,适用面广；适用于等级资料及两端无确定值的资料；易于理解,易于计算。

秩和检验的缺点是：符合参数检验的资料,用秩和检验,则不能充分利用信息,检验功效低。

3. 秩和检验的 MATLAB 实现

在 MATLAB 中,提供了 ranksum 函数用于实现秩和检验。函数的调用格式如下。

p = ranksum(x,y)：返回两个分布一致性的检验,其中 x 与 y 为两个独立的总体样本,可以不等长；p 为两个总体样本 x 和 y 一致的显著性概率,如果 p 接近于 0,则不一致较明显。

[p,h] = ranksum(x,y)：返回的 h 为检验结果,当 h=0 时表示 x 和 y 的总体差别不显著；当 h=1 时表示 x 与 y 的总体差别显著。返回的 p 为产生两独立样本的总体是否相同的显著性概率。x,y 可以为不等向量,alpha 为默认的显著水平 0.05。

[p,h,stats] = ranksum(x,y)：stats 为统计构造的一些值。

[___] = ranksum(x,y,Name,Value)：为秩和检验指定的一个或多个属性名称 Name 及其对应的值 Value。

【例 4-24】 某商店为了确定向公司 A 或公司 B 购买某种商品,将 A 与 B 公司以往的各次进货的次品率进行比较,数据如下所示,设两样本独立。问两公司的商品质量有无显著差异。设两公司的商品次品的密度最多只差一个平移,取 $\alpha = 0.05$。

A 公司次品：7.0,3.6,9.5,8.1,6.3,5.0,10.3,4.2,2.7,10.6

B 公司次品：5.6,3.3,4.0,11.0,9.6,7.0,3.5,4.6,5.8,8.2,10.0,5.6,12.2

其 MATLAB 代码编程如下：

```
>> clear all;
A = [7.0 3.6 9.5 8.1 6.3 5.0 10.3 4.2 2.7 10.6];
B = [5.6 3.3 4.0 11.0 9.6 7.0 3.5 4.6 5.8 8.2 10.0 5.6 12.2];
[p, h, stats] = ranksum(A, B, 0.05)
```

运行程序,输出如下:

```
p =
     0.9012
h =
     0
stats =
        zval: − 0.1241
     ranksum: 117.5000
```

结果表明:一方面,两样本总体均值相等的概率为 0.9012,不接近于 0;另一方面,h=0 也说明可以接受原假设,即认为两个公司的商品质量无明显差异。

4.3.2 Wilcoxon 符号检验

在 Wilcoxon 符号检验中,它把观测值和零假设的中心位置之差的绝对值的秩分别按照不同的符号相加作为其检验统计量。它适用于 T 检验中的成对比较,但并不要求成对数据之差 d_i 服从正态分布,只要求对称分布即可。检验成对观测数据之差是否来自均值为 0 的总体(产生数据的总体是否具有相同的均值)。

1. 检验步骤

威尔科克符号秩检验,可看作是就成对观察值而进行的参数方式的 T 检验的代用品,非参数检验具有无须对总体分布作假定的优点,而就成对观察值作为参数方式的 T 检验,必须假定有关的差别总体服从正态分布。

该方法具体步骤如下。

(1) 对 $i=1,2,\cdots,n$,计算 $|X_i-M_0|$,它们代表这些样本点到 M_0 的距离。

(2) 把上面的 n 个绝对值排序,并找出它们的 n 个秩,如果它们有相同的样本点,每个点取平均秩(如 1,4,4,5 的秩为 1,2.5,2.5,4)。

(3) 令 W^+ 等于 $X_i-M_0>0$ 的 $|X_i-M_0|$ 的秩的和,而 W^- 等于 $X_i-M_0<0$ 的 $|X_i-M_0|$ 的秩的和。

(4) 对双边检验 $h_0:M=M_0<=>h_1:M\neq M_0$,在零假设下,$W^+$ 和 W^- 应差不多。因而,当其中之一很小时,应怀疑零假设。在此,取检验统计量 $W=\min(W^+W^-)$。

(5) 根据得到的 W 值,利用统计软件或查 Wilcoxon 符号秩检验的分布表以得到在零假设下的 p 值。如果 n 很大要用正态近似:得到一个与 W 有关的正态随机变量 Z 的值,再用软件或查正态分布表得到 p 值。

(6) 如果 p 值较小(比如小于或等于给定的显著性水平,比如 0.05)则可以拒绝零假设。如果 p 值较大则没有充分的证据来拒绝零假设,但不意味着接受零假设。

2. Wilcoxon 符号检验 MATLAB 实现

在 MATLAB 中,提供了两个函数用于实现 Wilcoxon 符号检验,下面给予介绍。

（1）signrank 函数

在 MATLAB 中，提供了 signrank 函数用于实现威尔科克符号秩检验。函数的调用格式如下。

p = signrank(x)：函数返回在显著水平下 x 样本的威尔科克符号秩检验。

p = signrank(x,y)：函数返回在显著水平下两对应样本 x、y 的威尔科克符号秩检验。x、y 必须为两维数相同的向量。

p = signrank(x,y,Name,Value)：设置威尔科克符号秩检验的一个或多个属性名称 Name 及其对应的属性值 Value。

[p,h] = signrank(___)：此时返回假设检验的结果 h，如果 x、y 的均值差（区别于 0）不显著，则 h 为 0，否则为 1；如果原假设为真，则 p 为观察值等于或远大于原数据值的概率。如果 p 接近于 0，则可对原假设质疑。

[p,h,stats] = signrank(___)：stats 为统计构造的一些值。

[___] = signrank(x,m) 或 [___] = signrank(x,m,Name,Value)：函数返回在显著性水平下 x 样本的威尔科克符号秩检验，x 的均值与常数 m 有不相等的概率。

【例 4-25】 检验一个对数分布及一个 T 随机分布样本的均值是否相等。

其 MATLAB 代码编程如下：

```
>> clear all;
rng('default')                              %可重复性
x = lognrnd(2,.25,10,1);                    %对数分布
y = x + trnd(2,10,1);                       %T 随机分布
[p,h,stats] = signrank(x,y)
```

运行程序，输出如下：

```
p =
    0.3223
h =
    0
stats =
    signedrank: 17
```

结果表明：h＝0，即一个对数分布及一个 T 随机分布样本的均值是相等的。

（2）signtest 函数

在 MATLAB 中，提供了 signtest 函数用于对样本进行符号检验。函数的调用格式如下。

p = signtest(x)：函数返回在显著性水平下 x 样本的中值的概率。

p = signtest(x,y)：函数返回在显著性水平下两对应样本 x、y 的中值相等的概率。x、y 必须为两维数相同的向量。

p = signtest(x,y,Name,Value)：为样本符号检验设置一个或多个参数名 Name 及其对应的参数值 Value。

[p,h] = signtest(___)：此时返回假设检验的结果 h，如果 x、y 的中值差（区别于 0）不显著，则 h 为 0，否则为 1；如果原假设为真，则 p 为观察值等于或远大于原数据值的概率。如果 p 接近于 0，则可对原假设质疑。

第
4
章
假
设
检
验

$[p, h, stats] = signtest(\underline{\quad})$：stats 为统计构造的一些值。

$[\underline{\quad}] = signtest(x, m)$ 或 $[\underline{\quad}] = signtest(x, m, Name, Value)$：函数返回在显著性水平下 x 样本的中值的概率，x 的中值与常数 m 有不相等的概率。

【例 4-26】 对随机分布的数据进行符号检验。

其 MATLAB 代码编程如下：

```
>> clear all;
rng('default')  % 设置重复性
x = randn(1,25);    % 创建正态随机分布数据
[p,h,stats] = signtest(x,0)
```

运行程序，输出如下：

```
p =
    0.1078
h =
     0
stats =
    zval: NaN
    sign: 17
```

结果表明：h＝0，即接受来自正态随机分布数据的假设检验。

183

第5章 方差分析

方差分析(Analysis of Variance,ANOVA),又称"变异数分析"或"F检验",是 R. A. Fisher 发明的,用于两个及两个以上样本均值差别的显著性检验。由于各种因素的影响,研究所得的数据呈现波动状。造成波动的原因可分成两类,一是不可控的随机因素,另一是研究中施加的对结果形成影响的可控因素。

5.1 概述

在实际中常常要通过实验来了解各种因素对产品的性能、产量等的影响,这些性能、产量指标等统称为实验指标,而称影响实验指标的条件、原因等为因素或因子,称为因素所处的不同状态为水平。各因素对实验指标的影响一般是不同的,就是一个因素的不同的水平对实验指标的影响往往也是不同的。方差分析就是通过对实验数据进行分析,检验方差相同的各正态总体的均值是否相等,以判断各因素对实验指标的影响是否显著。方差分析按影响实验指标的因素的个数分为单因素方差分析、双因素方差分析和多因素方差分析,下面将对它们展开介绍。

在实验研究中,所获得的实验结果(数据)总是有差异的,即使在同一条件下重复进行实验,所得实验数据也不完全一样,引起实验数据产生差异的因素很多,这些因素对实验数据的影响程度也是不同的,有主有次,有大有小。通常由于因素变化所引起的数据差异称为条件误差,它决定了实验结果的准确度。称由于在实验过程中一系列有关因素的细小随机(偶然)的波动而形成的具有相互抵消性的误差为随机误差,它决定了实验结果的精密度。

5.1.1 基本原理

方差分析的基本原理是认为不同处理组的均值间的差别基本来源有两个:

(1)随机误差,如测量误差造成的差异或个体间的差异,称为组内差异,用变量在各组的均值与该组内变量值之偏差平方和的总和表示,记作 SS_w,组内自由度 df_w。

（2）实验条件,即不同的处理造成的差异,称为组间差异。用变量在各组的均值与总均值之偏差平方和表示,记作 SS_b,组间自由度 df_b。

总偏差平方和

$$SS_t = SS_w + SS_b$$

组内 SS_w、组间 SS_b 除以各自的自由度(组内 $df_w = n - m$,组间 $df_b = m - 1$,其中 n 为样本总数,m 为组数),得到其均方 MS_w 和 MS_b,一种情况是处理没有作用,即各组样本均来自同一总体,$MS_b/MS_w \approx 1$。另一种情况是处理确实有作用,组间均方是由于误差与不同处理共同导致的结果,即各样本来自不同总体。那么,$MS_b > MS_w$。

MS_b/MS_w 比值构成 F 分布。用 F 值与其临界值比较,推断各样本是否来自相同的总体。

5.1.2 必要性

在前面介绍中,已经讨论了两个样本均值相等的假设实验问题。但在生产实践中,经常遇到多个样本均值是否相等的问题。

【例 5-1】 以淀粉为原料生产葡萄糖的过程中,残留许多糖蜜,可作为生产酱色的原料。在生产酱色的过程之前应尽可能彻底除杂,以保证酱色质量。为此对除杂方法进行选择。在实验中选用 5 种不同的除杂方法,每种方法做 4 次实验,即重复 4 次,结果见表 5-1 所示(单位:g/kg)。

表 5-1 不同除杂的除杂量

除杂方法 A_i	除杂量 x_{ij}				平均量 $\bar{x}_i$
A_1	25.6	22.2	28.0	29.8	26.4
A_2	24.4	30.0	29.0	27.5	27.7
A_3	25.0	27.7	23.0	32.2	27.0
A_4	28.8	28.0	31.5	25.9	28.6
A_5	20.6	21.2	22.0	21.2	21.3

本实验的目的是判断不同的除杂方法对除杂量是否有显著影响,以便确定最佳除杂方法。从表 5-1 可见,各次实验结果是参差不齐的。可以认为,同一除杂方法重复实验得到的 4 个数据的差异是由随机误差造成的,而随机误差常常是服从正态分布的,这时除杂量应该有一个理论上的均值。而对不同除杂方法,除杂量应该有一个不同的均值。这种均值之间的差异是由于除杂方法的不同造成的。于是可认为 5 种除杂方法下所得数据是来自均值不同的 5 个正态总体,且由于实验中其他条件相对稳定,因而可以认为每个总体的方差是相同的,即 5 个总体具有方差齐性。这样,判断除杂方法对除杂效果是否有显著影响的问题,就转化为检验 5 个具有相同方法的正态总体均值是否相同的问题了,即检验假设

$$h_0: \mu_1 = \mu_2 = \mu_3 = \mu_4 = \mu_5$$

在上述这种情况下,第 5 章介绍的方法不再适用。其理由如下。

（1）倘若是 10 个样本，需要检验 $h_0: \mu_1=\mu_2, \mu_3=\mu_4, \cdots, \mu_9=\mu_{10}$，共需检验 $\frac{k(k-1)}{2}=45$ 个假设，这样的程序非常烦琐。

（2）样本进行两两比较时，只能由 $2(n-1)$ 个自由度估计样本均值标准误差，而不能由 $10(n-1)$ 个自由度一起估计，精度不够高。

（3）两两检验会随样本个数的增加而大大增加错误的机会。比如在两两比较中 α 取 0.05，45 次比较的结论都正确的概率为 0.95^{45}，至少做出一次错误的结论的概率为 $1-0.95^{45}=0.9006$，这时的检验结果已很不可靠。对于这种多个总体样本均值的假设检验，需采用方差分析方法。

5.1.3 基本思想

方差分析的实质就是检验多个正态总体均值是否相等。那么如何检验呢？从表 5-1 可见，20 个数据是参差不齐的，数据波动的可能原因来自两个方面：一是由于因素的水平不同，即除杂方法不同造成的。事实上，5 种除杂方法下的数据平均值 $\bar{x}_i$ 之间确实有差异；二是来自偶然误差，从表中数据可见，每一种除杂方法下的 4 个数据虽然是相同条件下的实验结果，但仍然存在差异，这是由于实验中存在偶然因素（例如环境、原材料成分、测试技术等微小而随机的变化）引起的。这里我们把由因素的水平变化引起的实验数据波动称为条件误差；把随机因素引起的实验数据波动称为随机误差或实验误差。方差分析就是把实验数据的总波动分解为两个部分，一部分反映由条件误差引起的波动，另一部分反映由实验误差引起的波动。亦即把数据的总偏差平方和 S_T 分解为反映必然性的各个因素的偏差平方和 $(S_A, S_B, \cdots)$ 与反映偶然性的偏差平方和 (S_e)，并计算它们的平均偏差平方和。再将两者进行比较，借助 F 检验法，检验假设 $h_0: \mu_1=\mu_2=\cdots$，从而确定因素对实验结果的影响是否显著。也就是说，方差分析所分析的并非方差，而是研究数据间的变异来源是条件误差还是随机误差。

5.1.4 基本应用

方差分析主要用途：均数差别的显著性检验；分离各有关因素并估计其对总变异的作用；分析因素间的交互作用；方差齐性检验。

在科学实验中常常要探讨不同实验条件或处理方法对实验结果的影响。通常是比较不同实验条件下样本均值间的差异。例如医学界研究几种药物对某种疾病的疗效；农业研究土壤、肥料、日照时间等因素对某种农作物产量的影响；不同化学药剂对作物害虫的杀虫效果等，都可以使用方差分析方法去解决。

一个复杂的事物，其中往往有许多因素互相制约又互相依存。方差分析的目的是通过数据分析找出对该事物有显著影响的因素，各因素之间的交互作用，以及显著影响因素的最佳水平等。方差分析是在可比较的数组中，把数据间的总的"变差"按各指定的变差来源进行分解的一种技术。对变差的度量,采用离差平方和。方差分析方法就是从总离差平方和分解出可追溯到指定来源的部分离差平方和,这是一个很重要的思想。

经过方差分析若拒绝了检验假设,只能说明多个样本总体均值不相等或不全相等。如果要得到各组均值间更详细的信息,应在方差分析的基础上进行多个样本均值的两两比较。

5.1.5 实例分析

为方便说明方差分析的基本思想与方法,下面考查一个简单的、易于理解的例子。

【例 5-2】 一位英语教师想检查 3 种不同的教学方法的效果,为此随机选取 24 名学生并把他们分成 3 组,相应地用 3 种方法教学。一段时间后,这位教师对这 24 名学生进行统考,统考成绩如表 5-2。试问在 0.05 显著性水平下,这 3 种教学方法有无显著性差异?

表 5-2 英语成绩表

方法	学 习 成 绩								
A_1	73	66	89	82	43	80	63		
A_2	88	78	91	76	85	84	80	96	
A_3	68	79	71	71	87	68	59	76	80

表 5-2 中,A_1、A_2、A_3 是这位英语教师采用的不同教学方法,各有其侧重点。我们的目的是判断不同教学方法对英语学习成绩是否有显著影响。如果有影响,哪一种教学方法好?

容易理解,不同的教学方法下学生的英语成绩可能是不同的;在同一种方法下,不同学生的英语成绩也可能是不同的。也就是说,实验数据是有差异的,而差异可能是由因子的不同处理(3 种不同的教学方法)引起的,这种差异称为实验数据的条件误差;可能是由随机因素(不可控制或不可预知的因素,如考试时的环境、时间对学生的影响)引起的,这种差异称为实验数据的随机误差或实验误差。方差分析的主要任务就是推断在因子的不同处理下响应变量的均值(3 种不同教学方法下学生的英语平均成绩)是否一致,而进行推断的基本思想就是分析实验数据的差异来源。在后面的讨论中可以看到,其中关键性的思想是考查实验数据的偏差平方和,并设想将数据总的偏差平方和按照产生的原因分解成

总偏差平方和 = 条件误差平方和 + 随机误差平方和

然后进一步比较这两种偏差平方和的大小,按照一定的统计假设检验的规则确定总的差异(总偏差平方和)究竟是由条件误差(因子的不同处理引起的偏差平方和)还是随机误差(随机因素引起的偏差平方和)决定的。如果实验数据的差异是由条件误差决定的,则说明在因子的不同处理下响应变量的均值是不同的;如果差异不是由条件误差决定的,则在因子的不同处理下响应变量的均值应当是一致的。

5.2　单因素方差分析

单因素实验的方差分析有两种情况,一种是水平数相等,一种是水平数不等,这里仅讨论前者。

5.2.1　统计模型

例 5-2 中所考查的因子只有一个,称其为单因子试验。通常在单因子试验中,设因子 A 有 r 个水平 $A_1, A_2, \cdots, A_r$(即试验中有 r 个处理),在每一水平下考查的指标可以看成一个变量。现有 r 个水平,故有 r 个变量。为简化起见,需要给出若干假定,把所要回答的问题归结为一个统计问题,然后设法解决它。假定:

(1)每一变量均服从正态分析;

(2)每一变量的方差相同;

(3)从 r 个变量抽取的样本相互独立。

要比较各个变量的均值是否一致,设第 i 个变量的均值为 μ_i,那么就要检验如下假设:

$$h_0 : \mu_1 = \mu_2 = , \cdots, \mu_r$$

其备择假设为

$$h_1 : \mu_1, \mu_2, \cdots, \mu_r \text{ 不全相同}$$

通常 h_1 可以省略不写。

当 h_0 为真时,称因子 A 为各水平间无显著差异,简称因子 A 不显著(此时在例 5-2 中得出不同的教学方法对英语学习成绩没有显著影响);反之,当 h_0 不为真时,各 μ_i 不全相同,这时称因子 A 的各水平间有显著差异,简称因子 A 显著。

用于检验假设 h_0 的统计方法称为方差分析法,其实质是检验若干个具有相同方差的正态变量的均值是否相等的一种统计方法。在所考虑的因子仅有一个的场合,称为单因子方差分析。

为检验假设 h_0,需要对每一变量抽取样本。这些样本可以通过试验或某种观察获得。各样本间还是相互独立的。为方便起见,本章对样本及其观察值都用一符号 y 加下标表示,其含义可从上下文理解。设第 i 个变量对应容量为 m_i 的样本 $y_{i1}, y_{i2}, \cdots, y_{im_i}$ $(i = 1, 2, \cdots, r)$。

在 A_i 水平下获得的 y_{ij} 与 μ_i 不会总是一致的,如例 5-2 中教学方法 A_1 下学生的成绩也不完全相同。记为

$$\varepsilon_{ij} = y_{ij} - \mu_i$$

称 ε_{ij} 为随机误差,从而有

$$y_{ij} = \varepsilon_{ij} + \mu_i$$

称上式为 y_{ij} 的数据结构式,即来自均值为 μ_i 的变量观察值 y_{ij} 可看成是由其均值 μ_i 与随机误差 ε_{ij} 叠加而产生的。在假定 A_i 的指标 y_{ij} 服从 $N(\mu_i, \sigma^2)$ 分布时,则有 $\varepsilon_{ij} \sim N(0, \sigma^2)$。

综上,有单因子方差分析的统计模型:假定

$$\begin{cases} y_{ij} = \varepsilon_{ij} + \mu_i \\ \varepsilon_{ij} \sim N(0, \sigma^2) \text{ 且相互独立} \end{cases} \quad i = 1, 2, \cdots, r; \quad j = 1, 2, \cdots, m_i$$

检验假设 $h_0 : \mu_1 = \mu_2 = , \cdots, \mu_r$。

为了能更仔细地描述数据,常在方差分析模型中引入一般平均与效应的概念,称 μ_i 为加权平均

$$\mu = \frac{1}{n} \sum_{i=1}^{r} m_i \mu_i$$

为一般平均,其中 $n = \sum_{i=1}^{r} m_i$,称

$$a_i = \mu_i - \mu \quad i = 1, 2, \cdots, r$$

为因子 A 的第 i 水平的主效应,也简称为 A_i 的效应。容易看出,效应间有如下关系式

$$\sum_{i=1}^{r} m_i a_i = 0$$

在上述记号下,有

$$\mu_i = a_i + \mu$$

这表明第 i 个总体的均值是一般平均与其效应的叠加。此时单因子方差分析的统计模型可改写成

$$\begin{cases} y_{ij} = \mu + \varepsilon_{ij} + a_i \\ \sum_{i=1}^{r} m_i a_i = 0 \\ \varepsilon_{ij} \sim N(0, \sigma^2) \text{ 且相互独立} \end{cases} \quad i = 1, 2, \cdots, r; \quad j = 1, 2, \cdots, m_i$$

它由数据结构式、关于效应的约束条件及关于误差的假定三部分组成。在上述模型下,所要检验的假设可改写成

$$h_0 : a_1 = a_2 = \cdots = a_r = 0$$

5.2.2　分解偏差平方和

把整个实验所得的每一个实验值 x_{ij} 对其总平均 $\bar{x}..$ 的偏差进行平方并求总和,就是总的偏差平方和,用 S_T 表示,它反映了全面实验值之间的总的波动情况。

$$S_T = \sum_{i=1}^{m} \sum_{j=1}^{r} (x_{ij} - \bar{x}..)^2 \tag{5-1}$$

现将式(5-1)进行分解

$$S_T = \sum_{i=1}^{m} \sum_{j=1}^{r} (x_{ij} - \bar{x}..)^2 = \sum_{i=1}^{m} \sum_{j=1}^{r} [(x_{ij} - \bar{x}_{i.}) + (\bar{x}_{i.} - \bar{x}..)]^2 \tag{5-2}$$

上式化简得

$$\begin{aligned} S_T &= \sum_{i=1}^{m} \sum_{j=1}^{r} (x_{ij} - \bar{x}_{i.})^2 + \sum_{i=1}^{m} \sum_{j=1}^{r} (\bar{x}_{i.} - \bar{x}..)^2 \\ &= \sum_{i=1}^{m} \sum_{j=1}^{r} (x_{ij} - \bar{x}_{i.})^2 + r \sum_{i=1}^{m} (\bar{x}_{i.} - \bar{x}..)^2 \end{aligned} \tag{5-3}$$

令

$$S_A = r \sum_{i=1}^{m} (\bar{x}_{i.} - \bar{x}_{..})^2 \qquad (5-4)$$

它是各条件(水平)下的平均数与总平均数的偏差平方和,反映了因素 A 的水平变化引起的波动,称为组间偏差平方和或因素平方和。

令

$$S_e = \sum_{i=1}^{m} \sum_{j=1}^{r} (x_{ij} - \bar{x}_{i.})^2 \qquad (5-5)$$

它是各条件(水平)下的实验值与该条件下的平均值的偏差的平方和,反映了随机误差引起的波动,称为组内偏差平方和或误差平方和。

于是就有

$$S_T = S_A + S_e \qquad (5-6)$$

由图 5-1(a)也可直观地看出相应的结论。由于 $x_{ij} \sim N(\mu_i, \sigma^2)$,由图 5-1(a)知

$$x_{ij} = \mu_i + \varepsilon_{ij} \qquad (5-7)$$

其中 ε_{ij} 为随机误差(组内误差)。

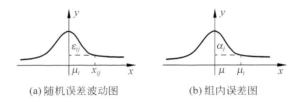

(a)随机误差波动图   (b)组内误差图

图 5-1 误差图

由图 5-1(b)知

$$\mu_i = \mu + \alpha_i \qquad (5-8)$$

其中 α_i 为条件误差(组间误差)。由式(5-7)及式(5-8)有

$$x_{ij} = \mu + \alpha_i + \varepsilon_{ij}$$

即

$$x_{ij} - \mu = \alpha_i + \varepsilon_{ij}$$

这说明任意观测数据与总平均值的误差,都可以分解成条件误差与随机误差的和。

5.2.3 假设检验

若 h_0 为真,即 $\mu_1 = \mu_2 = \cdots = \mu_m$,则全体样本可看作是来自同一正态总体 $N(\mu_i, \sigma^2)$。因为,$\dfrac{S_T}{n-1}$,$\dfrac{S_A}{m-1}$,$\dfrac{S_e}{n-m}$ 都是总体方差 σ^2 公式的无偏估计值,且当原假设 h_0 成立时,S_A 和 S_e 分别是自由度为 $m-1$,$n-m$ 的 χ^2 变量,所以统计量

$$F = \frac{S_A / m - 1}{S_e / n - m} = \frac{V_A}{V_e} \sim F(m-1, n-m) \qquad (5-9)$$

显然,F 应接近于 1。如果 F 值比 1 大得多,即 V_A 明显地大于 V_e,就有理由认为原假设

公式不成立。表明 S_A 中不仅包括随机误差,而且包含因素 A 水平变动引起的数据波动(称为因素误差),即因素 A 对实验结果影响显著。这种比较方差大小来判断原假设 h_0 是否成立的方法,就是方差分析名称的由来。

现在问题是,F 值大到多大,可以认为实验结果的差异主要由因素水平的改变引起的;小到多小,可以认为实验结果的差异主要是由实验误差引起的,这就需要有一个比较的标准。对于给定的信度 α,可查表得出临界值 F_α,将由样本值算得的 F 的值 F_0 与 F_α 比较,若 $F_0 < F_\alpha$,则接受原假设即认为因素 A 对实验结果无显著影响。

对于检验水平 α 的选取,视具体情况而定,通常取 $\alpha = 0.01$ 和 $\alpha = 0.05$,从 F 分布表上查出 $F_{0.01}$ 和 $F_{0.05}$。若 $F_0 \geqslant F_\alpha$,判定因素 A 为高度显著,记为"＊＊";若 $F_{0.05} \leqslant F_0 \leqslant F_{0.01}$,判定因素 A 为显著,记为"＊";若 $F_0 < F_{0.05}$,则判定因素 A 为不显著,不作标记。

【例 5-3】 对于例 5-2,所谓方差分析,即检验如下假设:$h_0: \mu_1 = \mu_2 = \mu_3$,其中 $\mu_i (i = 1,2,3)$ 是第 i 个变量的均值。

其 MATLAB 代码编程如下:

```
>> % MATLAB 数据处理(1)
clear all;
y = [73 66 89 82 43 80 63 88 78 91 76 85 94 80 96 68 79 71 71 87 68 59 76 80];
r = 3;
m1 = 7;m2 = 8;m3 = 9;                      % 各总体的样本容量
n = m1 + m2 + m3;
alpha = 0.05;
y1 = sum(y(1:m1));                         % 第一种教学方法下学生的成绩之和
y2 = sum(y((m1 + 1):(m1 + m2)));           % 第二种教学方法下学生成绩之和
y3 = sum(y((m1 + m2 + 1):n));              % 第三种教学方法下学生成绩之和
y4 = sum(y);                               % 各学生成绩之和
yy = sum(y.^2);                            % 各学生成绩平方之和
g = y1^2/m1 + y2^2/m2 + y3^2/m3;
SST = yy - y4^2/n;                         % 总的偏差平方和
SSA = g - y4^2/n;                          % 因子的偏差平方和
SSE = SST - SSA;                           % 误差平方和
g1 = SSA/(r - 1);                          % 偏差平方和
g2 = SSE/(n - r);                          % 误差均方和
FEST = g1/g2;                              % 由样本计算出的 F 值
FLJ = finv(1 - alpha,r - 1,n - r);         % 应用 MATLAB 统计工具箱中 finv 函数求得临界值
p = 1 - fcdf(FEST,r - 1,n - r);
if FEST > FLJ
    h = 1;
else
    h = 0;
end
alpha,h,p,FEST,FLJ
```

运行程序,输出如下:

```
alpha =
    0.0500
h =
    1
```

```
p =
    0.0211
FEST =
    4.6638
FLJ =
    3.4668
```

计算结果表明,在 0.05 显著水平下,h＝1、p＜alpha 拒绝原假设,即认为三种教学方法有显著性差异。

5.2.4　多重比较

如果检验结果拒绝了 h_0,进一步分析哪些水平之间的差异是显著的、哪些水平对实验结果的影响最大、哪些水平次之,这在实际应用中往往是很重要的。此项工作通常称为均值的多重比较。

对任意两个水平均值之间有无显著差异进行多重比较,即同时检验以下 $\binom{r}{2}$ 个假设

$$h_0^{ij}:\mu_i=\mu_j,\quad h_1^{ij}:\mu_i\neq\mu_j\quad i<j;\quad i,j=1,2,\cdots,r$$

检验的统计量为

$$t=\frac{(\bar{y}_{i\cdot}-\bar{y}_{j\cdot})}{\sqrt{s^2\left(\frac{1}{n_i}+\frac{1}{n_j}\right)}}$$

其中 $s^2=\dfrac{\text{SSE}}{n-r}$。对于 h_0^{ij} 的检验水平 α',当 $|t|>t_{1-\frac{\alpha'}{2}}(n-r)$ 时拒绝 h_0^{ij}。或等价地,当置信度为 $100(1-\alpha')\%$ 的 $\mu_i-\mu_j$ 置信区间

$$t=(\bar{y}_{i\cdot}-\bar{y}_{j\cdot})\pm t_{1-\frac{\alpha'}{2}}(n-r)\cdot s\cdot\sqrt{\frac{1}{n_i}+\frac{1}{n_j}}$$

不包含 0 时拒绝 h_0^{ij},从而拒绝 h_0。

由于多重比较所进行的一系列检验均构成假设检验,因此要使得所有检验总的犯第一类错误的概率不超过给定的 α,就需要选取适当的 α'。检验 h_0 和检验 h_0^{ij} 的交 $\bigcap_{1\leqslant i\leqslant j\leqslant r}h_0^{ij}$ 等价:当所有的 h_0^{ij} 成立时,h_0 必成立,反之亦然。以 A_{ij} 记为 h_0^{ij} 的拒绝域,则

$$P(拒绝\ h_0\mid h_0)=P(至少有一个\ A_{ij}\ 发生\mid h_0)$$
$$=P(A_{12}+A_{13}+\cdots+A_{r,r-1}\mid h_0)\leqslant\sum_{1\leqslant i\leqslant j\leqslant r}P(A_{ij}\mid h_0)$$
$$\leqslant\sum_{1\leqslant i\leqslant j\leqslant r}P(A_{ij}\mid h_0^{ij})\leqslant\binom{r}{2}\alpha'$$

要使总的犯第一类错误的概率 $P(拒绝\ h_0|h_0)\leqslant\alpha'$,只要取 $\alpha'=\alpha/\binom{r}{2}$。

通过 $\binom{r}{2}$ 个均值比较,检验假设 h_0 的优点是它不仅可知 $\mu_1,\mu_2,\cdots,\mu_r$ 有差别,而且知道差别在哪。但此方法计算量大,同时由于要保证总的检验水平,α' 取得比较小,从而一

般说来,比起直接应用方差分析增大了犯第二类错误的概率,这意味着可能会出现这样的情形:用 F 检验结果是显著的,但用两两比较即没有任何两个水平有显著差异。下面的 LSD 方法在某种程度上可以弥补这个缺陷,但真实水平是近似的。

LSD 方法是由 R. A. Fisher 提出,又经过后人修正的。方法如下。

① 给定检验水平 α,用方差分析法检验 h_0;

② 如果拒绝 h_0,则继续比较水平之间的差异,否则停止;

③ 对于水平 i、j,μ_i 与 μ_j 的最小显著差异为

$$\text{LSD}_{ij} = t_{1-\frac{\alpha}{2}}(n-r)\sqrt{s^2\left(\frac{1}{n_i}+\frac{1}{n_j}\right)}$$

④ 当 $|\bar{y}_i. - \bar{y}_j.| \geqslant \text{LSD}_{ij}$ 时,认为 μ_i 与 μ_j 不同。

【例 5-4】 用多重比较的方法确定例 5-2 中哪些水平之间的差异是显著的,同时确定使学生的平均英语成绩最高的那种教学方法。

分析:例 5-2 中,已经得出 3 种教学方法有显著性差异,即教学方法这一因子对学生的英语成绩是有显著影响的。进一步分析到底哪两种教学方法对学生的成绩影响差异显著,就需要对 3 个变量进行多重比较了。多重比较的方法很多,按照上面介绍的 LSD 方法,利用 MATLAB 代码编程如下。

```matlab
>> % MATLAB 数据处理(2)
clear all;
alpha = 0.05;
m1 = 7;m2 = 8;m3 = 9;                    % 各总体的样本容量
n = m1 + m2 + m3;
r = 3;
t = tinv(1 - alpha/2,n - r);
SSE = 2.3404e + 003;                     % 引用 MATLAB 数据处理(1)中结果
LSD12 = t * sqrt(SSE/(n - r)) * sqrt(1/m1 + 1/m2);
LSD13 = t * sqrt(SSE/(n - r)) * sqrt(1/m1 + 1/m3);
LSD23 = t * sqrt(SSE/(n - r)) * sqrt(1/m2 + 1/m3);
MU1 = 70.8571;                           % 引用 MATLAB 数据处理(2)中结果,下同
MU2 = 86;
MU3 = 55.1111;
if abs(MU1 - MU2) > LSD12
    h(1) = 1;
else
    h(1) = 0;
end
if abs(MU1 - MU3) >= LSD13
    h(2) = 1;
else
    h(2) = 0;
end
if abs(MU2 - MU3) >= LSD23
    h(3) = 1;
else
    h(3) = 0;
end
```

h   % 结果,依次显示第 1 和 2,1 和 3,2 和 3 种方法下学生平均成绩差异的显著性

运行程序,输出如下:

h =
     1   1   1

计算结果表明:3 种教学方法对学生英语平均成绩的影响有显著差异;第 2 种教学方法使学生的英语平均成绩最高。

5.2.5 效应与误差估计

1. 点估计

由前面内容可知,各 y_{ij} 是相互独立,且 $y_{ij} \sim N(\mu + \alpha_i, \sigma^2)$,因而可用极大似然法求出各效应与 σ^2 的估计。

效应与误差方差的点估计定理:

$$\hat{\mu} = \bar{y}, \quad \hat{\mu}_i = \bar{y}_{i\cdot}, \quad \hat{\alpha}_i = \bar{y}_{i\cdot} - \bar{y}, \quad i = 1, 2, \cdots, r$$

$$\hat{\sigma}_M^2 = \frac{1}{n} \sum_{i=1}^{r} \sum_{j=1}^{m_i} (y_{ij} - \bar{y}_{i\cdot})^2 = \frac{S_e}{n}$$

σ^2 的无偏估计是 $\hat{\sigma}^2 = \dfrac{S_e}{n-r}$。

2. 置信区间

利用枢轴量法,可以构造 μ_i 的置信区区间。

从 μ_i 的点估计 $\bar{y}_{i\cdot}$ 出发,由于已证明 $\bar{y}_{i\cdot} \sim N\left(\mu_i, \dfrac{\sigma^2}{m_i}\right)$,又 $\dfrac{S_e}{\sigma^2} \sim \chi^2(f_E)$,这里 $f_E = n - r$,且 $\bar{y}_{i\cdot}$ 与 S_e 独立,因而可以构造一个服从 t 分布的枢轴量

$$t_i = \frac{\dfrac{\bar{y}_{i\cdot} - \mu_i}{\dfrac{\sigma}{\sqrt{m_i}}}}{\sqrt{\dfrac{S_e}{\dfrac{\sigma^2}{f_E}}}} = \frac{\bar{y}_{i\cdot} - \mu}{\dfrac{\hat{\sigma}}{\sqrt{m_i}}} \sim t(f_E)$$

因而从

$$P\{|t_i| \leqslant t_{1-\frac{\alpha}{2}}(f_E)\} = 1 - \alpha$$

可得 μ_i 的置信水平为 $1 - \alpha$ 的置信区间为

$$\left(\bar{y}_{i\cdot} - t_{1-\frac{\alpha}{2}}(f_E) \frac{\hat{\sigma}}{\sqrt{m_i}}, \bar{y}_{i\cdot} + t_{1-\frac{\alpha}{2}}(f_E) \frac{\hat{\sigma}}{\sqrt{m_i}}\right)$$

其中,$\hat{\sigma} = \sqrt{\dfrac{S_e}{f_E}}$。

【例 5-5】 求例 5-2 中每一种数学方法下学生平均英语成绩的点估计和置信水平为

0.95 的置信区间。

其 MATLAB 代码编程如下：

```
>> % MATLAB 数据处理(3)
clear all;
y = [73,66,89,82,43,80,63,88,78,91,76,85,94,80,96,68,79,71,71,87,68,59,76,80];
alpha = 0.05;
m1 = 7;m2 = 8;m3 = 9;
n = m1 + m2 + m3;
r = 3;
fE = n − r;
y_1 = 496;                          % 引用 MATLAB 数据处理(1)中的结果,下同
y_2 = 688;
y_3 = 659;
mu1 = y_1/m1                        % 第 1 种教学方法下学生平均英语成绩的点估计
mu2 = y_2/m2                        % 第 2 种教学方法下学生平均英语成绩的点估计
mu3 = y_3/m3                        % 第 3 种教学方法下学生平均英语成绩的点估计
T = tinv(1 − alpha/2,fE);
Se = 2.3404e + 003;                 % 引用 MATLAB 数据处理(1)中结果
sigma = sqrt(Se/(n − r));           % 英语成绩标准差的无偏估计
a = [mu1 − T * sigma/sqrt(m1),mu1 + T * sigma/sqrt(m1)];
b = [mu2 − T * sigma/sqrt(m2),mu2 + T * sigma/sqrt(m2)];
c = [mu3 − T * sigma/sqrt(m3),mu3 + T * sigma/sqrt(m3)];
a,b,c                               % 3 种教学方法下平均英语成绩的置信区间
```

运行程序,输出如下：

```
mu1 =
    70.8571
mu2 =
     86
mu3 =
    73.2222
a =
    62.5592    79.1551
b =
    78.2380    93.7620
c =
    65.9041    80.5403
```

计算结果表明,3 种教学方法下学生的平均英语成绩分别为 70.8571、86、73.222；95% 的置信区间分别为[62.5592、79.1551]、[78.2380,93.7620]、[65.9041,80.5403]。

5.2.6　方差齐性检验

在单因子方差分析中,假定 r 个不同水平下的响应变量 y_i 服从 $N(\mu_i,\sigma_i^2)$$(i=1,2,\cdots,r)$,并要求这 r 个正态变量的方差相等。这一要求简称为方差齐性。一般而言,实际应用中在进行方差分析之前,有两项预备性分析是不可缺的。一是这 r 个变量的正态性检验,检验方法在第 4 章已作介绍；另一是这 r 个正态变量的方差齐性检验。

方差齐性检验的假设为

$$h_0 : \sigma_1^2 = \sigma_2^2 = \cdots = \sigma_r^2; \quad h_1 : \sigma_1^2 = \sigma_2^2 = \cdots = \sigma_r^2 \text{ 不全相等}$$

备择假设往往略去不写。

方差齐性通常采用 Bartlett 检验方法。下面简单介绍 Bartlett 检验的基本思路和检验统计量的构造。

设第 i 个变量抽取了容量为 m_i 的样本 $y_{i1}, y_{i2}, \cdots, y_{im_i}$，其样本方差为

$$s_i^2 = \frac{1}{m_i} \sum_{j=1}^{m_i} (y_{ij} - \bar{y}_{i \cdot})^2 = \frac{Q_i}{f_i}, \quad i = 1, 2, \cdots, r$$

其中 $Q_i = \sum_{i=1}^{m_i} (y_{ij} - \bar{y}_i)$, $f_i = m_i - 1$ 分别为该变量的样本偏差平方和与自由度。于是,随机误差均方和

$$\text{MSSE} = \frac{1}{f_E} \text{SSE} = \frac{1}{f_E} \sum_{i=1}^{r} Q_i = \sum_{i=1}^{r} \frac{f_i}{f_E} s_i^2$$

是 r 个变量样本方差 $s_i^2 (i=1, 2, \cdots, r)$ 的加权算术平均数。又令

$$\text{GMSSE} = \left[\prod_{i=1}^{r} (s_i^2)^{f_i} \right]^{\frac{1}{f_E}}$$

是 r 个变量样本方差 $s_i^2 (i=1, 2, \cdots, r)$ 的几何平均数, $f_E = \sum_{i=1}^{r} f_i$。

由于恒有 GMSSE≤MSSE,并且等号成立的充分必要条件是 $s_1^2 = s_2^2 = \cdots = s_r^2$,所以,诸样本方差 $s_i^2 (i=1, 2, \cdots, r)$ 间的差异越大,GMSSE 和 MSSE 的差异越大。换句话说,当 h_0 为真时,比值 GMSSE/MSSE 接近于 1。反之,比值 GMSSE/MSSE 比较大时,h_0 值得怀疑。这个结论对 ln(GMSSE/MSSE) 也成立。于是,h_0 的拒绝域应有如下形式

$$W = \{\ln(\ln(\text{GMSSE}/\text{MSSE})) \geqslant d\}$$

Bartlett 证明了,在大样本条件下

$$B = \frac{f_E}{c} (\ln \text{MSSE} - \ln \text{GMSSE}) \sim \chi^2 (r-1)$$

其中 $c = 1 + \frac{1}{3(r-1)} \left(\sum_{i=1}^{r} \frac{1}{f_i} - \frac{f}{f_E} \right)$。显然,一般情况下 $c > 1$。

通常,当各个变量的样本容量 $m_i \geqslant 5 (i=1, 2, \cdots, r)$ 时,也可以用统计量 B 作为 h_0 的检验统计量,在显著性水平 α 下,拒绝域为

$$W = \{B \geqslant \chi_{1-\alpha}^2 (r-1)\}$$

实际计算时,检验统计量采用

$$B = \frac{1}{c} \left(f_E \ln(\text{SSE}/f_E) - \sum_{i=1}^{r} f_i \ln s_i^2 \right)$$

的形式更方便一些。

【例 5-6】 对例 5-2 中 3 种教学方法下学生的英语成绩这 3 个变量作方差齐性检验。

分析:假设 $h_0 : \sigma_1^2 = \sigma_2^2 = \sigma_3^2$,即 3 个变量的方差相等。按照上述结论,分别求得例 5-2 中检验统计量 B 的值和本题的拒绝域,经过比较得出结论。

其 MATLAB 代码编程如下：

```
>> % MATLAB 数据处理(4)
clear all;
y = [73,66,89,82,43,80,63,88,78,91,76,85,94,80,96,68,79,71,71,87,68,59,76,80];
alpha = 0.05;
m1 = 7;m2 = 8;m3 = 9;                    % 各总体的样本容量
n = m1 + m2 + m3;
r = 3;
SSE = 2.3404e + 003;                     % 引用 MATLAB 数据处理(1)中结果
n = m1 + m2 + m3;
fE = n - r;
c = (1/(m1 - 1) + 1/(m2 - 1) + 1/(m3 - 1) - 1/fE)/(3 * (r - 1)) + 1;
s1 = var(y(1:m1));
s2 = var(y((m1 + 1):(m1 + m2)));
s3 = var(y((n - m3 + 1):n));
chi2EST = (fE * log(SSE/fE) - (m1 - 1) * log(s1) - (m2 - 1) * log(s2) - (m3 - 1) * log(s3))/c;
LJZ = chi2cdf(1 - alpha,r - 1);
p = 1 - chi2cdf(chi2EST,r - 1);
if chi2EST > LJZ
    h = 1;
else
    h = 0;
end
alpha,h,p,chi2EST,LJZ
```

运行程序,输出如下:

```
alpha =
    0.0500
h =
     1
p =
    0.1330
chi2EST =
    4.0348
LJZ =
    0.3781
```

计算结果表明,在 0.05 显著性水平下,h=1、p>alpha 不能拒绝原假设,即认为 3 种教学方法下学生的英语成绩这 3 个变量方差相等。

5.2.7　单因子方差的 MATLAB 实现

在 MATLAB 中,也提供了相关函数用于实现单因子方差的分析,下面进行介绍。

1. anova1 函数

对于重复数相同的单因子方差分析,MATLAB 提供了 anova1 函数来处理单因素方差分析的问题。anova1 主要是比较多组数据的均值,然后返回这些均值相等的概率,从而判断这一因素是否对试验指标有显著影响。函数的调用格式如下：

p = anova1(X)：为零假设存在的概率，一般 p 小于 0.05 或 0.01 时，认为结果显著（零假设可疑）。

p = anova1(X,group)：当 X 为矩阵时，利用 group 变量作为 X 中样本箱形图的标签。

p = anova1(X,group,displayopt)：displayopt 为 on 时，则激活 anova1 表和箱形图的显示。

[p,table] = anova1(…)：返回单元数组表中的 anova1 表。

[p,table,stats] = anova1(…)：返回 stats 结构，用于多元比较检验。

【例 5-7】 X 中的五列数据分别为 1～5 的常数与均值为 0、标准差为 1 的正态随机干扰量之和。

其 MATLAB 代码编程如下：

```
>> clear all;
X = meshgrid(1:5)
X =
     1     2     3     4     5
     1     2     3     4     5
     1     2     3     4     5
     1     2     3     4     5
     1     2     3     4     5
>> X = X + normrnd(0,1,5,5)
X =
    1.5377    0.6923    1.6501    3.7950    5.6715
    2.8339    1.5664    6.0349    3.8759    3.7925
   -1.2588    2.3426    3.7254    5.4897    5.7172
    1.8622    5.5784    2.9369    5.4090    6.6302
    1.3188    4.7694    3.7147    5.4172    5.4889
>> p = anova1(X)
p =
    0.0023
```

以上运行程序，得到如图 5-2 所示的 ANOVA 分析表和如图 5-3 所示的方差分析盒形图。

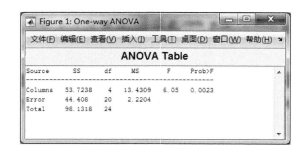

图 5-2　ANOVA 分析表

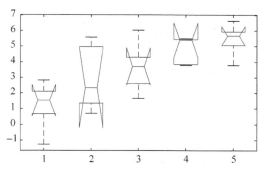

图 5-3　方差分析盒形图

【例 5-8】　有 A、B、C、D、E、F 这 6 个小麦品种产量的比较试验,设置标准品种 CK,采用 3 次重复的对比设计,所得产量结果如表 5-3 所示。

表 5-3　6 个小麦品种产量结果分析

品种	各重复的产量/kg		
	I	II	III
A	560	582	520
B	582	565	525
C	600	600	572
D	525	496	590
E	560	578	615
F	640	662	508
CK	500	510	519

利用 anoval 实现方差分析,其 MATLAB 代码编程如下:

```
>> clear al;
X = [560,582,600,525,560,640,500;582,565,600,496,578,662,510;520,525,572,590,,615,
508,519];
group = {'A','B','C','D','E','F','CK'};
[p,table,stats] = anoval(X,group)
p =
    0.1602
table =
    'Source'      'SS'             'df'      'MS'             'F'          'Prob > F'
    'Columns'    [1.9433e + 04]    [ 6]    [3.2389e + 03]    [1.8528]    [0.1602]
    'Error'      [2.4473e + 04]    [14]    [1.7481e + 03]    []          []
    'Total'      [4.3907e + 04]    [20]                 []    []          []
stats =
    gnames: {7x1 cell}
         n: [3 3 3 3 3 3 3]
    source: 'anoval'
     means: [554 557.3333 590.6667 537 584.3333 603.3333 509.6667]
        df: 14
         s: 41.8102
```

运行程序,输出如下,效果如图 5-4 及图 5-5 所示。

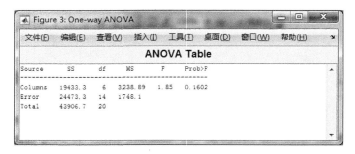

图 5-4　ANOVA 分析表

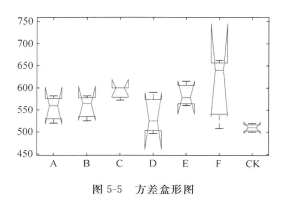

图 5-5　方差盒形图

2. multcompare 函数

在 MATLAB 中,提供了 multcompare 函数用于多重比较。函数的调用格式如下。

c = multcompare(stats):根据结构体变量 stats 中的信息进行多重比较,返回两两比较的结果矩阵 c。c 为一个多行 5 列的矩阵,它的每一行对应一次两两比较的检验,每一行上的元素包括作比较的两个组的组标号、两个组的均值差和均值差的置信区间。

c = multcompare(stats,param1,val1,param2,val2,…):指定一个或多个成对出现的参数名 paramN 及参数值 valN 来控制多重比较。

[c,m] = multcompare(…):同时返回一个多行 2 列的矩阵 m,第 1 列为每一组组均值的估计值,第 2 列为相应的标准误差。

[c,m,h] = multcompare(…):同时返回交互式多重比较的图形句柄值 h,可通过 h 修改图形属性,如图形标题和 X 轴标签等。

[c,m,h,gnames] = multcompare(…):同时返回组名变量 gnames,其是一个元胞数组,每一行对应一个组名。

【例 5-9】　对给定结构梁的数据来测试材料的强度,强度数据如下:

82,86,79,83,84,85,86,87,74,82,78,75,76,77,79,79,77 ,78,82,79

试对以上数据进行多重比较。

其 MATLAB 代码编程如下:

```
>> clear al;
strength =[82,86,79,83,84,85,86,87,74,82,78,75,76,77,79,79,77,78,82,79];
alloy = {'st','st','st','st','st','st','st','st',…
         'al1','al1','al1','al1','al1','al1',…
         'al2','al2','al2','al2','al2','al2'};
[p,table ,s] = anova1(strength,alloy);            % 方差分析
table
[c,m,h,nms] = multcompare(s);
[nms num2cell(c)]
```

运行程序,输出如下,效果如图 5-6 所示。

```
table =
    'Source'    'SS'          'df'      'MS'         'F'          'Prob > F'
    'Groups'    [184.8000]    [ 2]      [92.4000]    [15.4000]    [1.5264e-04]
    'Error'     [102.0000]    [17]      [ 6.0000]    []           []
    'Total'     [286.8000]    [19]      []           []           []
ans =
    'st'     [1]    [2]    [ 3.6064]    [ 7]    [10.3936]    [1.6831e-04]
    'al1'    [1]    [3]    [ 1.6064]    [ 5]    [ 8.3936]    [   0.0040]
    'al2'    [2]    [3]    [-5.6280]    [-2]    [ 1.6280]    [   0.3560]
```

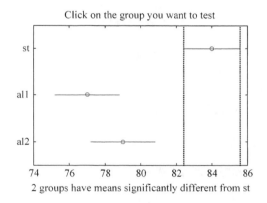

图 5-6　交互式的多重比较图

3. manova1 函数

在 MATLAB 中,提供了 manova1 函数用于作单因素多元方差分析,检验多个多元正态总体是否具有相同的均值向量。函数的调用格式如下。

d = manova1(X,group):根据样本观测值矩阵 X 进行单因素多元方差分析 (MANOVA),比较 X 中的各组观测是否具有相同的均值向量,原假设是各组的组均值是相同的多元向量。样本观测值矩阵 X 是一个 $m \times n$ 的矩阵,它的每一列对应一个变量,每一行对应一个观测,每一个观测都是 n 元的。输入参数 group 是一个分组变量,用来标示 X 中每个观测所在的组,group 可以是一个分类变量(categorical variable)、向量、

字符串数组或字符串元胞数组,group 的长度应与 X 的行数相同,group 中相同元素对应的 X 中的观测是来自同一个总体(组)的样本。

各组的均值向量生成了一个向量空间,输出参数 d 是这个空间的维数的估计。当 d=0 时,接受原假设;当 d=1 时,在显著性水平 0.05 下拒绝原假设,认为各组的组均值不全相同,但是不能拒绝它们共线的假设;类似地,当 d=2 时,拒绝原假设,此时各组的组均值可能共面,但是不共线。

d = manova1(X,group,alpha):指定检验的显著性水平 alpha。返回的 d 为满足 p>alpha 的最小的维数,其中 p 为检验的 p 值,此时检验各组的均值向量是否位于一个 d 维空间。

[d,p] = manova1(…):同时返回检验的 p 值向量 p,它的第 i 个元素对应的原假设为:各组的均值向量是位于一个 $i-1$ 维空间,如果 p 的第 i 个元素小于或等于给定的显著性水平,则拒绝原假设。

[d,p,stats] = manova1(…):返回一个结构体变量 stats。

【例 5-10】 统计工具箱自带的数据文件 carsmall 是 1970 年、1976 年和 1982 年生产的不同类型汽车的性能参数测试数据,下面通过多元方差分析检验汽车的性能参数是否随时间发生了改变。

其 MATLAB 代码编程如下:

```
>> clear all;
load carsmall                            % 载入数据
% 显示数据
whos
% 显示变量
x = [MPG Horsepower Displacement Weight];
gplotmatrix(x,[],Model_Year,[],' + xo')
% 多元方差分析
[d,p] = manova1(x,Model_Year)
```

运行程序,输出如下,效果如图 5-7 所示。

Name	Size	Bytes	Class	Attributes
Acceleration	100x1	800	double	
Cylinders	100x1	800	double	
Displacement	100x1	800	double	
Horsepower	100x1	800	double	
MPG	100x1	800	double	
Mfg	100x13	2600	char	
Model	100x33	6600	char	
Model_Year	100x1	800	double	
Origin	100x7	1400	char	
Weight	100x1	800	double	

由图 5-7 可看出,不同年生产的汽车的性能参数有明显差别,但经过多元方差分析其结果如下:

```
d =
    2
p =
  1.0e - 06 *
  0.0000
  0.1141
```

即计算得到组均值的维数为 2, 而不是 3, 这说明其中 2 年生产的汽车的性能与第 3 年生产的汽车有明显差别。

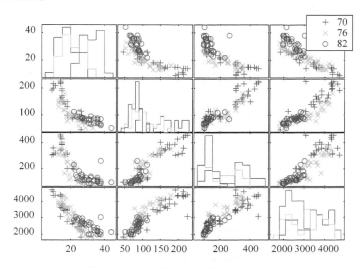

图 5-7 4 种性能参数变量的分组显示

5.3 双因子方差分析

在 5.2 节中讨论了单因素实验的方差分析问题, 但在科研和生产实践中, 常常需要同时研究两个以上因素对实验结果的影响情况。如何同时研究两个因素对实验结果的影响, 例如, 研究不同浸提温度和浸提时间对茶叶有效成分提取的影响, 就要对两个实验因素进行方差分析, 即称为双因素方差分析。双因素方差分析 (Double Factor Variance Analysis) 有两种类型: 一个是无交互作用的双因素方差分析, 它假定因素 A 和因素 B 的效应之间是相互独立的, 不存在相互关系; 另一个是有交互作用的双因素方差分析, 它假定因素 A 和因素 B 的结合会产生出一种新的效应。例如, 若假定不同地区的消费者对某种品牌有与其他地区消费者不同的特殊偏爱, 这就是两个因素结合后产生的新效应, 属于有交互作用的背景; 否则, 就是无交互作用的背景。

5.3.1 无交互作用的双因素方差分析

某项实验要同时考察因素 A 和 B 对实验结果的影响, 因此 A 取 $A_1, A_2, \cdots, A_a$ 共 a 个水平, 因素 B 取 $B_1, B_2, \cdots, B_b$ 共 b 个水平。A 和 B 两因素的每种水平搭配 $A_i B_j (i =$

$1,2,\cdots,a$；$j=1,2,\cdots,b$）各进行一次独立实验，共进行 $a \times b = n$ 次实验，实验数据为 $x_{ij}(i=1,2,\cdots,a;j=1,2,\cdots,b)$，这 n 个实验数据可用表5-4所示。

$$x_{i.} = \sum_{j=1}^{b} x_{ij} (i=1,2,\cdots,a), \quad \bar{x}_{i.} = \frac{1}{b} x_{i.}$$

$$x_{.j} = \sum_{i=1}^{a} x_{ij} (j=1,2,\cdots,b), \quad \bar{x}_{.j} = \frac{1}{a} x_{.j}$$

$$x_{..} = \sum_{i=1}^{a} \sum_{j=1}^{b} x_{ij}, \quad \bar{x}_{..} = \frac{1}{ab} x_{..} = \frac{1}{n} x_{...}$$

表 5-4　无交互作用双因素数据及计算表

因素 A	因素 B						$x_{i.}$	$\bar{x}_{i.}$
	B_1	B_2	$\cdots$	B_j	$\cdots$	B_b		
A_1	x_{11}	x_{12}	$\cdots$	x_{1j}	$\cdots$	x_{1b}	$x_{1.}$	$\bar{x}_{1.}$
A_2	x_{21}	x_{22}	$\cdots$	x_{2j}	$\cdots$	x_{2b}	$x_{2.}$	$\bar{x}_{2.}$
$\vdots$	$\vdots$	$\vdots$		$\vdots$		$\vdots$	$\vdots$	$\vdots$
A_i	x_{i1}	x_{i2}	$\cdots$	x_{ij}	$\cdots$	x_{ib}	$x_{i.}$	$\bar{x}_{i.}$
$\vdots$	$\vdots$	$\vdots$		$\vdots$		$\vdots$	$\vdots$	$\vdots$
A_a	x_{a1}	x_{a2}	$\cdots$	x_{aj}	$\cdots$	x_{ab}	$x_{a.}$	$\bar{x}_{a.}$
$x_{.j}$	$x_{.1}$	$x_{.2}$	$\cdots$	$x_{.j}$	$\cdots$	$x_{.b}$	$x_{..}$	$\bar{x}_{..}$

要求分别检验 A、B 两因素对实验结果有无显著影响，即检验假设

$$h_{01}: \text{因素 } A \text{ 无显著影响}$$

$$h_{02}: \text{因素 } B \text{ 无显著影响}$$

可得无交互作用双因素方差分析步骤如下。

1）分解偏差平方和

为了构造检验用统计量，仿照单因素方差分析方法，先对偏差平方和进行分解。

$$S_T = \sum_{i=1}^{a} \sum_{j=1}^{b} (x_{ij} - \bar{x}_{..})^2$$

$$= \sum_{i=1}^{a} \sum_{j=1}^{b} (\bar{x}_{i.} - \bar{x}_{..})^2 + \sum_{i=1}^{a} \sum_{j=1}^{b} (\bar{x}_{.j} - \bar{x}_{..})^2 + \sum_{i=1}^{a} \sum_{j=1}^{b} (x_{ij} - \bar{x}_{i.} - \bar{x}_{.j} + \bar{x}_{..})^2$$

$$= b\sum_{i=1}^{a} (\bar{x}_{i.} - \bar{x}_{..})^2 + a\sum_{j=1}^{b} (\bar{x}_{.j} - \bar{x}_{..})^2 + \sum_{i=1}^{a} \sum_{j=1}^{b} (x_{ij} - \bar{x}_{i.} - \bar{x}_{.j} + \bar{x}_{..})^2 \quad (5\text{-}10)$$

令

$$S_A = b\sum_{i=1}^{a} (\bar{x}_{i.} - \bar{x}_{..})^2 \quad (5\text{-}11)$$

S_A 为因素 A 各水平间，即各行间的偏差平方和，反映了因素 A 的实验结果的影响。

令

$$S_B = a\sum_{j=1}^{b} (\bar{x}_{.j} - \bar{x}_{..})^2 \quad (5\text{-}12)$$

S_B 为因素 B 各水平间，即各列间的偏差平方和，反映了因素 B 对实验结果的影响。

令

$$S_e = \sum_{i=1}^{a} \sum_{j=1}^{b} (x_{ij} - \bar{x}_{i.} - \bar{x}_{.j} + \bar{x}_{..})^2 \tag{5-13}$$

S_e 为误差偏差平方和，即组内偏差平方和，反映了实验误差的大小。

于是式(5-10)可记为

$$S_T = S_A + S_B + S_e \tag{5-14}$$

2) 简化偏差平方和

根据需要，将偏差平方和可简化为

$$S_T = \sum_{i=1}^{a} \sum_{j=1}^{b} (x_{ij} - \bar{x}_{..})^2 = \sum_{i=1}^{a} \sum_{j=1}^{b} x_{ij}^2 - \frac{1}{n} x_{..}^2 = Q_T - C_T \tag{5-15}$$

$$S_A = b \sum_{i=1}^{a} (\bar{x}_{i.} - \bar{x}_{..})^2 = \frac{1}{b} \sum_{i=1}^{a} x_{i.}^2 - \frac{1}{n} x_{..}^2 = Q_A - C_T \tag{5-16}$$

$$S_B = a \sum_{j=1}^{b} (\bar{x}_{.j} - \bar{x}_{..})^2 = \frac{1}{a} \sum_{j=1}^{b} x_{.j}^2 - \frac{1}{n} x_{..}^2 = Q_B - C_T \tag{5-17}$$

$$S_e = S_T - S_A - S_B \tag{5-18}$$

3) 计算自由度和方差

可计算以下各种自由度：

S_T 的自由度　　　　　　　$f_T = ab - 1 = n - 1$

S_A 的自由度　　　　　　　$f_A = a - 1$

S_B 的自由度　　　　　　　$f_B = b - 1$

S_e 的自由度　　　　　　　$f_e = f_T - f_A - f_B = (a-1)(b-1)$

将各偏差平方和除以相应的自由度，可求得各行间、各列间和误差的方差如下。

行间方差

$$V_A = \frac{S_A}{f_A} = \frac{S_A}{a-1} \tag{5-19}$$

列间方差

$$V_B = \frac{S_B}{f_B} = \frac{S_B}{b-1} \tag{5-20}$$

误差方差

$$V_e = \frac{S_e}{f_e} = \frac{S_e}{(a-1)(b-1)} \tag{5-21}$$

4) 显著性检验

数学上可以证明：假设 h_{01} 为真时，统计量

$$F_A = \frac{V_A}{V_e} = \frac{S_A/(a-1)}{S_e/(a-1)(b-1)} \sim F[(a-1),(a-1)(b-1)] \tag{5-22}$$

假设 h_{02} 为真时，统计量

$$F_B = \frac{V_B}{V_e} = \frac{S_B/(b-1)}{S_e/(a-1)(b-1)} \sim F[(b-1),(a-1)(b-1)] \tag{5-23}$$

因此，利用 F_A 与 F_B 就可以分别对因素 A 和 B 作用的显著性进行检验。对于给定的显著性水平 α，在相应的自由度下查出 $F_{A,\alpha}$ 和 $F_{B,\alpha}$，若 $F_A \geqslant F_{A,\alpha}$，拒绝 h_{01}，反之，则接受

h_{01}；若 $F_B \geqslant F_{B,a}$，则拒绝 h_{02}，反之，则接受 h_{02}。

5）列出方差分析表

根据上述计算和检验结果，列出方差分析表，如表 5-5 所示。

表 5-5　无交互作用双因素方差分析

方差来源	平方和	自由度	均方差	F 值
因素 A	S_A	$f_A = r - 1$	$\dfrac{S_A}{f_A}$	$F_A = \dfrac{S_A/(r-1)}{S_e/rs(t-1)}$
因素 B	S_B	$f_B = s - 1$	$\dfrac{S_B}{f_B}$	$F_B = \dfrac{S_B/(r-1)}{S_e/rs(t-1)}$
误差 e	S_e	$f_e = rs(n-1)$	$\dfrac{S_e}{f_e}$	
总和 T	S_T	$f_T = rsn - 1$		

在 MATLAB 统计工具箱中，提供了 anova2 函数用于实现无交互作用的双因素方差分析。函数的调用格式如下。

p = anova2(X, reps)：根据样本观测值矩阵 X 进行均衡试验的双因素一元方差分析。X 的每一列对应的因素 A 的一个水平，每行对应因素 B 的一个水平，X 还应满足方差分析的基本假定。reps 表示因素 A 和 B 的每一个水平组合下重复试验的次数。例如因素 A 取 2 个水平，因素 B 取 3 个水平，A 与 B 的每一个水平组合下做 2 次试验（reps = 2），则 X 是如下形式的矩阵

$$
\begin{array}{cc}
A = 1 & A = 2
\end{array}
$$

$$
\left[
\begin{array}{cc}
x_{111} & x_{121} \\
x_{112} & x_{122} \\
x_{211} & x_{221} \\
x_{212} & x_{222} \\
x_{311} & x_{321} \\
x_{312} & x_{322}
\end{array}
\right]
\begin{array}{l}
\left.\vphantom{\begin{array}{c}a\\b\end{array}}\right\} B = 1 \\
\left.\vphantom{\begin{array}{c}a\\b\end{array}}\right\} B = 2 \\
\left.\vphantom{\begin{array}{c}a\\b\end{array}}\right\} B = 3
\end{array}
$$

p = anova2(X, reps, displayopt)：当 displayopt 为 on 时，则显示方差分析表和箱形图。

[p, table] = anova2(…)：返回单元数组表中的 anova 表。

[p, table, stats] = anova2(…)：返回 stats 结构，用于多元检验。

【例 5-11】 表 5-6 中数据是在 4 个地区种植的 3 种松树的直径（单位：cm）。

表 5-6　直径数据

树种	地区 1					地区 2					地区 3					地区 4				
A	23	25	26	13	21	25	20	21	16	18	21	24	24	29	19	14	11	19	20	24
B	28	22	25	19	26	30	26	26	20	28	17	27	19	23	13	17	21	18	26	23
C	18	10	12	22	13	15	21	22	14	12	16	19	25	25	22	18	12	23	22	19

试问：

（1）是否有某种树特别适合在某地区种植？

（2）如果（1）是否定的，各树种有无差别？哪种树最好？哪个地区最适合松树生长？

解析：这是一个双因素问题，树种和地区作为本题的两个因素，对松树的直径都有可能产生影响，并且二者之间还有可能产生交互作用，即有可能出现某个地区最适合（不适合）某种松树的生长。地区因素有 4 个水平，树种因素有 3 个水平，在每一个水平下分别提取了 5 个样本，利用 anova2 来对双因素方差进行分析，再用单因素方差确定其他问题。

其 MATLAB 代码编程如下：

```
% 双因素方差分析
>> clear all;
A = [23  25  26  13  21  25  20  21  16  18  21  24  24  29  19  14  11  19  20  24];
B = [28  22  25  19  26  30  26  26  20  28  17  27  19  23  13  17  21  18  26  23];
C = [18  10  12  22  13  15  21  22  14  12  16  19  25  25  22  18  12  23  22  19];
X = [A', B', C'];
reps = 5;
[p, tbl, stats] = anova2(X, reps, 'off')
```

运行程序，输出如下：

```
p =
    0.0051    0.4728    0.0386
tbl =
    'Source'         'SS'            'df'      'MS'          'F'         'Prob>F'
    'Columns'        [  222.1000]    [ 2]      [111.0500]    [5.9017]    [0.0051]
    'Rows'           [   48.0500]    [ 3]      [ 16.0167]    [0.8512]    [0.4728]
    'Interaction'    [  275.5000]    [ 6]      [ 45.9167]    [2.4402]    [0.0386]
    'Error'          [  903.2000]    [48]      [ 18.8167]    []          []
    'Total'          [1.4489e+03]    [59]      []            []          []
stats =
        source: 'anova2'
       sigmasq: 18.8167
       colmeans: [20.6500 22.7000 18]
           coln: 20
       rowmeans: [20.2000 20.9333 21.5333 19.1333]
           rown: 15
          inter: 1
           pval: 0.0386
             df: 48
```

双因素方差分析结果说明：返回向量 p 有 3 个元素，分别表示输入矩阵 X 的列、行及交互作用的均值相等的最小显著性概率。由于 X 的列表示树种方面的因素，行表示地区方面的因素，所以根据这 3 个概率值我们可以知道：树种因素方面的差异显著，地区之间的差异和交互作用的影响不显著，即没有某种树特别适合在某地区种植。

接着对树种进一步作单因子方差分析。

其 MATLAB 代码编程如下：

```
% 单因素方差分析
>> [p,tbl,stats] = anova1(X,[],'on')
```

运行程序,输出如下,效果如图 5-8 所示。

```
p =
    0.0087
tbl =
    'Source'      'SS'            'df'      'MS'          'F'           'Prob>F'
    'Columns'     [   222.1000]   [ 2]      [111.0500]    [5.1599]      [0.0087]
    'Error'       [1.2268e+03]    [57]      [ 21.5219]    []            []
    'Total'       [1.4489e+03]    [59]      []            []            []
stats =
    gnames: [3x1 char]
         n: [20 20 20]
    source: 'anova1'
     means: [20.6500 22.7000 18]
        df: 57
         s: 4.6392
```

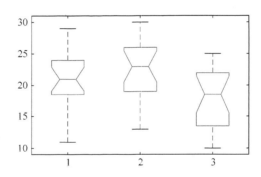

图 5-8   3 种松树直径的盒形图

单因素方差分析结果说明:树种 B 的平均直径最大,认为树种 B 最好。实际上,作多重比较得出的结果更细致、丰富一些。

其 MATLB 代码编程如下:

```
% 多重比较
>> c = multcompare(stats)
```

运行程序,输出如下,效果如图 5-9 所示。

```
c =
    1.0000    2.0000    -5.5803    -2.0500    1.4803    0.3490
    1.0000    3.0000    -0.8803     2.6500    6.1803    0.1767
    2.0000    3.0000     1.1697     4.7000    8.2303    0.0062
```

【例 5-12】   为了研究肥料施用量对本水稻产量的影响,某研究所做了氮(因素 A)、磷(因素 B)两种肥料施用量的二因素试验。氮肥用量设低、中、高 3 个水平,分别用 N_1、N_2 和 N_3 表示;磷肥用量设低、高 2 个水平,分别用 P_1 和 P_2 表示。共 3×2=6 个处理,

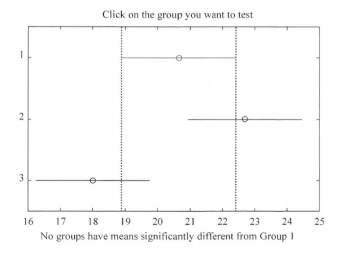

图 5-9 多重比较

重复 4 次,随机区组设计,测得水稻小区产量(单位: kg)结果列于表 5-7。

表 5-7 水稻氮、磷肥料施用量随机区组试验产量表

处理	区 组				处理	区 组			
	1	**2**	**3**	**4**		**1**	**2**	**3**	**4**
$N_1 P_1$	38	29	36	40	$N_2 P_2$	67	70	65	71
$N_1 P_2$	45	42	37	43	$N_3 P_1$	62	64	61	70
$N_2 P_1$	58	46	52	51	$N_3 P_2$	58	63	71	69

　　试根据表 5-7 中的数据,不考虑区组因素,分析氮、磷两种肥料的施用量对水稻的产量是否有显著影响,并分析交互作用是否显著。显著性水平取 $\alpha = 0.01$。

　　其 MATLAB 代码编程如下:

```
>> clear all;
%定义一个矩阵,输入原始数据
Y = [38 29 36 40;45 42 37 43;58 46 52 41;…
    67 70 65 71;62 64 61 70;58 63 71 69];
Y = Y';                                  %矩阵转置
%将数据矩阵 Y 转换成8行3列的矩阵,列对应因素 A(氮),行对应因素 B(磷)
Y = [Y(:,[1,3,5]);Y(:,[2,4,6])];
%定义元胞数组,以元胞数组形式显示转换后的数据
top = {'因素','N1','N2','N3'};
left = {'P1';'P1';'P1';'P1';'P2';'P2';'P2';'P2'};
disp('显示数据:')
[top;left,num2cell(Y)]
%调用 anova2 的函数作双因素方差分析,返回检验的 p 值,方差分析表,结构变量
[p,table,stats] = anova2(Y,4,0.01)
c = multcompare(stats)
```

运行程序,输出如下,效果如图 5-10 所示。

显示数据：

```
ans =
    '因素'           'N1'        'N2'        'N3'
    'P1'            [38]        [58]        [62]
    'P1'            [29]        [46]        [64]
    'P1'            [36]        [52]        [61]
    'P1'            [40]        [41]        [70]
    'P2'            [45]        [67]        [58]
    'P2'            [42]        [70]        [63]
    'P2'            [37]        [65]        [71]
    'P2'            [43]        [71]        [69]
p =
    0.0000     0.0004      0.0056
table =
    'Source'        'SS'                'df'        'MS'                'F'             'Prob > F'
    'Columns'       [2.9653e + 03]      [ 2]        [1.4827e + 03]      [60.3119]       [1.0493e - 08]
    'Rows'          [  450.6667]        [ 1]        [  450.6667]        [18.3322]       [4.4904e - 04]
    'Interaction'   [  345.3333]        [ 2]        [  172.6667]        [ 7.0237]       [    0.0056]
    'Error'         [  442.5000]        [18]        [   24.5833]        []              []
    'Total'         [4.2038e + 03]      [23]        []                  []              []
stats =
        source: 'anova2'
       sigmasq: 24.5833
      colmeans: [38.7500 58.7500 64.7500]
          coln: 8
      rowmeans: [49.7500 58.4167]
          rown: 12
         inter: 1
          pval: 0.0056
            df: 18
c =
    1.0000     2.0000    - 26.3270    - 20.0000    - 13.6730      0.0000
    1.0000     3.0000    - 32.3270    - 26.0000    - 19.6730      0.0000
    2.0000     3.0000    - 12.3270    -  6.0000       0.3270      0.0648
```

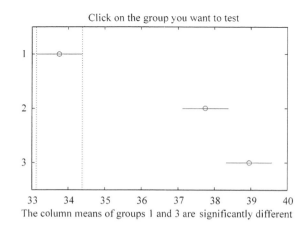

图 5-10   多重比较图

5.3.2 有交互作用的双因素方差分析

在许多情况下,两因素之间存在着一定程序的交互作用。所谓交互作用,就是因素之间的联合搭配作用对实验结果产生了影响。例如有些合金,当单独加入元素 A 或元素 B 时,性能变化不大,但当两者同时加入,合金性能的变化就特别显著。在多因素的方差分析中,把交互作用当成一个新因素来处理。为了考查因素间的交互作用,要求两个方面因素的每一交叉项要有重复实验。

1. 数据模型

假设某个试验中,有两个可控因素在变化,因素 A 有 a 个水平,记作 $A_1, A_2, \cdots, A_a$;因素 B 有 b 个水平,记作 $B_1, B_2, \cdots, B_b$;则 A 与 B 的不同水平组合 $A_i B_j (i=1, 2, \cdots, a; j=1, 2, \cdots, b)$ 共有 ab 个,每个水平组合称为一个处理,每个处理只做一次试验,得 ab 个观测值 X_{ij}。n 个实验数据如表 5-8 所示。

表 5-8 双因素无重复实验数据及计算表

因素 A	因素 B						$x_i. \quad \bar{x}_i.$	
	B_1	B_2	$\cdots$	B_j	$\cdots$	B_b		
A_1	x_{11}	x_{12}	$\cdots$	x_{1j}	$\cdots$	x_{1b}	$x_1.$	$\bar{x}_1.$
A_2	x_{21}	x_{22}	$\cdots$	x_{2j}	$\cdots$	x_{2b}	$x_2.$	$\bar{x}_2.$
$\vdots$	$\vdots$	$\vdots$		$\vdots$		$\vdots$	$\vdots$	$\vdots$
A_i	x_{i1}	x_{i2}	$\cdots$	x_{ij}	$\cdots$	x_{ib}	$x_i.$	$\bar{x}_i.$
$\vdots$	$\vdots$	$\vdots$		$\vdots$		$\vdots$	$\vdots$	$\vdots$
A_a	x_{a1}	x_{a2}	$\cdots$	x_{aj}	$\cdots$	x_{ab}	$x_a.$	$\bar{x}_a.$
$x._j$	$x._1$	$x._2$	$\cdots$	$x._j$	$\cdots$	$x._b$	$x..$	$\bar{x}..$

表中

$$x_i. = \sum_{j=1}^{b} x_{ij} \quad i=1, 2, \cdots, a, \quad \bar{x}_i. = \frac{1}{b} x_i.$$

$$x._j = \sum_{i=1}^{a} x_{ij} \quad j=1, 2, \cdots, b, \quad \bar{x}._j = \frac{1}{a} x._j$$

$$x.. = \sum_{i=1}^{a} \sum_{j=1}^{b} x_{ij}, \quad \bar{x}.. = \frac{1}{ab} x.. = \frac{1}{n} x...$$

要求分别检验 A、B 两因素对实验结果有无显著影响,即检验假设

$$h_{01}: 因素 A 无显著影响$$
$$h_{02}: 因素 B 无显著影响$$
$$h_{03}: 交互作用 A \times B 无显著影响$$

2. 有交互双因素方差分析一般步骤

1) 偏差平方和的分解

为了构造检验用统计量,仿照单因素方差分析方法,先对偏差平方和进行分解。

$$S_T = \sum_{i=1}^{a} \sum_{j=1}^{b} (x_{ij} - \bar{x}..)^2$$

$$= \sum_{i=1}^{a} \sum_{j=1}^{b} (\bar{x}_{i.} - \bar{x}..)^2 + \sum_{i=1}^{a} \sum_{j=1}^{b} (\bar{x}_{.j} - \bar{x}..)^2 + \sum_{i=1}^{a} \sum_{j=1}^{b} (x_{ij} - \bar{x}_{i.} - \bar{x}_{.j} + \bar{x}..)^2$$

$$= b \sum_{i=1}^{a} (\bar{x}_{i.} - \bar{x}..)^2 + a \sum_{j=1}^{b} (\bar{x}_{.j} - \bar{x}..)^2 + \sum_{i=1}^{a} \sum_{j=1}^{b} (x_{ij} - \bar{x}_{i.} - \bar{x}_{.j} + \bar{x}..)^2 \quad (5\text{-}24)$$

令

$$S_A = b \sum_{i=1}^{a} (\bar{x}_{i.} - \bar{x}..)^2 \quad (5\text{-}25)$$

S_A 为因素 A 各水平间，即各行间的偏差平方和，反映了因素 A 的实验结果的影响。

令

$$S_B = a \sum_{j=1}^{b} (\bar{x}_{.j} - \bar{x}..)^2 \quad (5\text{-}26)$$

S_B 为因素 B 各水平间，即各列间的偏差平方和，反映了因素 B 对实验结果的影响。

令

$$S_e = \sum_{i=1}^{a} \sum_{j=1}^{b} (x_{ij} - \bar{x}_{i.} - \bar{x}_{.j} + \bar{x}..)^2 \quad (5\text{-}27)$$

S_e 为误差偏差平方和，即组内偏差平方和，反映了实验误差的大小。

于是式(5-24)可记为

$$S_T = S_A + S_B + S_e \quad (5\text{-}28)$$

2）偏差平方和的简化计算

$$S_T = \sum_{i=1}^{a} \sum_{j=1}^{b} (x_{ij} - \bar{x}..)^2 = \sum_{i=1}^{a} \sum_{j=1}^{b} x_{ij}^2 - \frac{1}{n} x..^2 = Q_T - C_T \quad (5\text{-}29)$$

$$S_A = b \sum_{i=1}^{a} (\bar{x}_{i.} - \bar{x}..)^2 = \frac{1}{b} \sum_{i=1}^{a} x_{i.}^2 - \frac{1}{n} x..^2 = Q_A - C_T \quad (5\text{-}30)$$

$$S_B = a \sum_{j=1}^{b} (\bar{x}_{.j} - \bar{x}..)^2 = \frac{1}{a} \sum_{j=1}^{b} x_{.j}^2 - \frac{1}{n} x..^2 = Q_B - C_T \quad (5\text{-}31)$$

$$S_e = S_T - S_A - S_B \quad (5\text{-}32)$$

3）计算自由度和方差

S_T 的自由度　　　　　　　　　　　　　$f_T = ab - 1 = n - 1$

S_A 的自由度　　　　　　　　　　　　　$f_A = a - 1$

S_B 的自由度　　　　　　　　　　　　　$f_B = b - 1$

S_e 的自由度　　　　　　　　　　　　　$f_e = f_T - f_A - f_B = (a-1)(b-1)$

将各偏差平方和除以相应的自由度，可求得各行间、各列间和误差的方差如下。

行间方差

$$V_A = \frac{S_A}{f_A} = \frac{S_A}{a-1} \quad (5\text{-}33)$$

列间方差

$$V_B = \frac{S_B}{f_B} = \frac{S_B}{b-1} \quad (5\text{-}34)$$

误差方差

$$V_e = \frac{S_e}{f_e} = \frac{S_e}{(a-1)(b-1)} \tag{5-35}$$

4）显著性检验

数学上可以证明：假设 h_{01} 为真时，统计量

$$F_A = \frac{V_A}{V_e} = \frac{S_A/(a-1)}{S_e/(a-1)(b-1)} \sim F[(a-1),(a-1)(b-1)] \tag{5-36}$$

假设 h_{02} 为真时，统计量

$$F_B = \frac{V_B}{V_e} = \frac{S_B/(b-1)}{S_e/(a-1)(b-1)} \sim F[(b-1),(a-1)(b-1)] \tag{5-37}$$

因此，利用 F_A 与 F_B 就可以分别对因素 A 和 B 作用的显著性进行检验。对于给定的显著性水平 α，在相应的自由度下查出 $F_{A,a}$ 和 $F_{B,a}$，若 $F_A \geqslant F_{A,a}$，拒绝 h_{01}，反之，则接受 h_{01}；若 $F_B \geqslant F_{B,a}$，则拒绝 h_{02}，反之，则接受 h_{02}。

【例 5-13】 （有交互影响）在某橡胶配方中，考虑 3 种不同的促进剂，4 种不同分量的氧化锌，同样的配方重复一次，测得 300% 的定伸强力如表 5-9 所示。试问氧化锌、促进剂以及它们的交互作用对定伸强力有无显著影响？

表 5-9　不同的氧化锌、促进剂下定伸强力

因素 A ＼ 因素 B	B1	B2	B3	B4
A1	31	32	36	39
	33	37	35	38
A2	33	36	37	38
	34	37	39	41
A3	35	38	40	37
	36	39	39	38

其 MATLAB 代码编程如下：

```
>> clear all;
% 定义一个矩阵，输入原始数据
Y = [31  32  36  39;33  37  35  38;33  36  37  38;…
     34  37  39  41;35  38  40  37;36  39  39  38];
Y = Y';                                      % 矩阵转置
% 将数据矩阵 Y 转换成 8 行 3 列的矩阵，列对应因素 A(氧化锌)，行对应因素 B(促进剂)
Y = [Y(:,[1,3,5]);Y(:,[2,4,6])];
% 定义元胞数组，以元胞数组形式显示转换后的数据
top = {'因素','A1','A2','A3'};
left = {'B1';'B1';'B2';'B2';'B3';'B3';'B4';'B4'};
disp('显示数据:')
[top;left,num2cell(Y)]
% 调用 anova2 的函数作双因素方差分析，返回检验的 p 值，方差分析表，结构变量
[p,table,stats] = anova2(Y,2,0.01)
```

运行程序,输出如下,

```
ans =
    '因素'      'A1'      'A2'      'A3'
    'B1'      [31]      [33]      [35]
    'B1'      [32]      [36]      [38]
    'B2'      [36]      [37]      [40]
    'B2'      [39]      [38]      [37]
    'B3'      [33]      [34]      [36]
    'B3'      [37]      [37]      [39]
    'B4'      [35]      [39]      [39]
    'B4'      [38]      [41]      [38]
p =
    0.0470    0.0096    0.5816
```

table =

'Source'	'SS'	'df'	'MS'	'F'	'Prob > F'
'Columns'	[28.5833]	[2]	[14.2917]	[3.9884]	[0.0470]
'Rows'	[64.8333]	[3]	[21.6111]	[6.0310]	[0.0096]
'Interaction'	[17.4167]	[6]	[2.9028]	[0.8101]	[0.5816]
'Error'	[43]	[12]	[3.5833]	[]	[]
'Total'	[153.8333]	[23]	[]	[]	[]

```
stats =
        source: 'anova2'
       sigmasq: 3.5833
      colmeans: [35.1250 36.8750 37.7500]
          coln: 8
      rowmeans: [34.1667 37.8333 36 38.3333]
          rown: 6
         inter: 1
          pval: 0.5816
            df: 12
```

% 利用 multcompare 函数对返回的结构变量 stats 作多重比较分析,得到多重比较图如图 5-11 所示
multcompare(stats,'estimate','column')
Note: Your model includes an interaction term. A test of main
effects can be difficult to interpret when the model includes
interactions.
```
cA =
    1.0000    2.0000    -4.2751    -1.7500     0.7751
    1.0000    3.0000    -5.1501    -2.6250    -0.0999
    2.0000    3.0000    -3.4001    -0.8750     1.6501
cM =
    35.1250    0.6693
    36.8750    0.6693
    37.7500    0.6693
```

从运行的结果可以看出:氧化锌、促进剂对定伸强力有影响是高度显著的;但两者的交互作用对定伸强力的影响不显著。

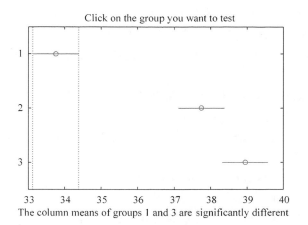

图 5-11　多重比较交互式效果图

5.4　多因素方差分析

多因素方差分析可以用于确定根据多个因素划分的不同组数据的均值是否不同,如果它们不同,还可以进一步确定是哪一个或几个因素是引起这种差异的原因。

1. 基本思想

多因素方差分析用来研究两个及两个以上控制变量是否对观测变量产生显著影响。这里,由于研究多个因素对观测变量的影响,因此称为多因素方差分析。多因素方差分析不仅能够分析多个因素对观测变量的独立影响,更能够分析多个控制因素的交互作用能否对观测变量的分布产生显著影响,进而最终找到利于观测变量的最优组合。

例如:分析不同品种、不同施肥量对农作物产量的影响时,可将农作物产量作为观测变量,品种和施肥量作为控制变量。利用多因素方差分析方法,研究不同品种、不同施肥量是如何影响农作物产量的,并进一步研究哪种品种与哪种水平的施肥量是提高农作物产量的最优组合。

2. 基本模型

多因素方差分析是两因素方差分析的一般形式,对三个因素的情况,其模型表达式为

$$y_{ijkl} = \mu + \alpha_{.j.} + \beta_{i..} + \gamma_{..k} + (\alpha\beta)_{ij.} + (\alpha\gamma)_{i.k} + (\beta\gamma)_{.jk} + (\alpha\beta\gamma)_{ijk} + \varepsilon_{ijkl}$$

式中两个连在一起的标记,例如 $(\alpha\beta)_{ij.}$,表示两个因素之间的交互作用,参数 $(\alpha\beta\gamma)_{ijk}$ 表示 3 个因素之间的交互作用。

在 MATLAB 中,提供了 anovan 函数用于实现多因素方差分析。函数的调用格式如下。

p = anovan(y,group):根据样本观测值向量 y 进行均衡或非均衡试验的多因素一元方差分析,检验多个因素的主效应是否显著。输入参数 group 为一个元胞数组,它的

每一个元素对应一个因素,是该因素的水平列表,与 y 等长,用来标记 y 中每个观测所对应的因素的水平。每个元胞中因素的水平列表可以是一个分类(categorical)数组、数值向量、字符矩阵或单列的字符串元胞数组。输出参数 p 是检验的 p 值向量,p 中的每个元素对应一个主效应。

p = anovan(y,group,param,val):通过指定一个或多个成对出现的参数名与参数值来控制多因素一元方差分析。

[p,table] = anovan(y,group,param,val):同时返回元胞数组形式的方差分析表 table(包含列标签和行标签)。

[p,table,stats] = anovan(y,group,param,val):同时返回一个结构体变量 stats,用于进行后续的多重比较。当某因素对试验指标的影响显著时,在后续的分析中,可以调用 multcompare 函数,把 stats 作为它的输入,进行多重比较。

[p,table,stats,terms] = anovan(y,group,param,val):同时返回方差分析计算中的主效应项和交互效应项矩阵 terms。terms 的格式与'model'参数的最后一种取值的格式相同。当'model'参数的取值为一个矩阵时,anovan 函数返回的 terms 就是这个矩阵。

【例 5-14】 分析 3 个因素,即出产地(A:欧洲、日本或美国),是否为 4 缸的(B)以及时间(C)对汽车里程的影响是否显著。

其 MATLAB 代码编程如下:

```
>> clear all;
% 装载数据
load carbig
whos
% 3 个因素
factornames = {'Origin','4Cyl','MfgDate'};
% 多因素方差分析
[p,tbl,stats,termvec] = anovan(MPG,{org cyl4 when},2,3,factornames);
p,termvec
```

运行程序,输出如下,效果如图 5-12 所示。

```
Name              Size        Bytes      Class       Attributes
Acceleration      406x1       3248       double
Cylinders         406x1       3248       double
Displacement      406x1       3248       double
Horsepower        406x1       3248       double
MPG               406x1       3248       double
Mfg               406x13      10556      char
Model             406x36      29232      char
Model_Year        406x1       3248       double
Origin            406x7       5684       char
Weight            406x1       3248       double
cyl4              406x5       4060       char
org               406x7       5684       char
when              406x5       4060       char
p =
    0.0000
    0.0000
```

```
        0.0000
        0.6422
        0.0001
        0.3348
termvec =
     1     0     0
     0     1     0
     0     0     1
     1     1     0
     1     0     1
     0     1     1
```

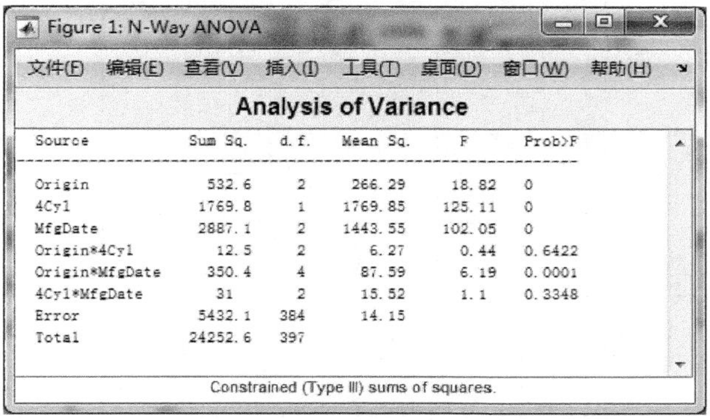
Figure 1: N-Way ANOVA

文件(F) 编辑(E) 查看(V) 插入(I) 工具(T) 桌面(D) 窗口(W) 帮助(H)

Analysis of Variance

Source	Sum Sq.	d. f.	Mean Sq.	F	Prob>F
Origin	532.6	2	266.29	18.82	0
4Cyl	1769.8	1	1769.85	125.11	0
MfgDate	2887.1	2	1443.55	102.05	0
Origin*4Cyl	12.5	2	6.27	0.44	0.6422
Origin*MfgDate	350.4	4	87.59	6.19	0.0001
4Cyl*MfgDate	31	2	15.52	1.1	0.3348
Error	5432.1	384	14.15		
Total	24252.6	397			

Constrained (Type III) sums of squares.

图 5-12　多因素方差 Tabe 表

第一行表示 p 的第 1 个值对应第 1 个因素影响的假设检验结果，第 2 行表示 p 的第 2 个值对应第 2 个因素影响的假设检验，第 3 行表示 p 的第 3 个值对应第 3 个因素影响的假设检验，第 4 行表示 p 的第 4 个值对应第 1 个和第 2 个因素相互作用影响的假设检验，第 5 行表示 p 的第 5 个值对应第 1 和第 3 个因素的假设检验。

3 个因素的方差分析表如图 5-12 所示。由 p 值可知：它的第 1、第 2、第 3 和第 5 个元素值接近于零，这说明 3 个因素以及第 1 与第 3 个因素的相互作用对汽车里程的影响较显著；它的第 4 和第 6 个元素值大于零，这说明第 1 个与第 2 个因素的相互作用以及第 2 与第 3 个因素的相互作用对汽车里程的影响不太显著。

【例 5-15】 某养鸡场的蛋鸡育成期的配合饲料主要由 5 种成分(玉米、麸皮、豆饼、鱼粉和食盐)组成，分别记为 A,B,C,D,E，为了研究饲料配方对鸡产蛋效果的影响，对各成分均选取 3 个水平，进行 5 因素 3 水平的正交试验，通过试验找出饲料的最佳配方，试验要求考虑交互作用 AB,AC 和 AE。5 个因素(成分)的水平如表 5-10 所示。

表 5-10　因素与水平列表

水平	因素				
	A(玉米)	***B*(麸皮)**	***C*(豆饼)**	***D*(鱼粉)**	***E*(食盐)**
1	61.5	6.5	6.0	3.0	0.0
2	66.0	8.0	9.0	5.0	0.1
3	70.6	14.0	15.0	9.0	0.25

对这样的 5 因素 3 水平试验,可以选取正交表 $L_{27}(3^{13})$ 安排试验,表头设计为:将 A,B,C,D,E 依次放在第 $1,2,5,8,11$ 列上,通过正交表的交互作用表可以查出,AB,AC 和 AE 应分别安排在 $(3,4)$,$(6,7)$ 和 $(9,10)$ 列上。按照这样的安排进行试验,得到试验数据如表 5-11 所示。

表 5-11　正交试验结果

试验号	*A*	*B*	*C*	*D*	*E*	产蛋量 *y*
1	1	1	1	1	1	569
2	1	1	2	2	2	554
3	1	1	3	3	3	637
4	1	2	1	2	3	566
5	1	2	2	3	1	565
6	1	2	3	1	2	648
7	1	2	1	3	2	581
8	1	3	2	1	3	568
9	1	3	3	2	1	535
10	2	1	1	1	1	593
11	2	1	2	2	2	615
12	2	1	3	3	3	620
13	2	2	1	2	3	586
14	2	2	2	3	1	597
15	2	2	3	1	2	617
16	2	3	1	3	2	599
17	2	3	2	1	3	613
18	2	3	3	2	1	580
19	3	1	1	1	1	569
20	3	1	2	2	2	615
21	3	1	3	3	3	591
22	3	2	1	2	3	586
23	3	2	2	3	1	616
24	3	2	3	1	2	630
25	3	3	1	3	2	566
26	3	3	2	1	3	638
27	3	3	3	2	1	573

其 MATLAB 代码编码如下:

```
%方差分析
>> clear all;
Y = [1   1  1  1  1  1  569;2   1  1  2  2  2  554;3   1  1  3  3  3  637;…
     4   1  2  1  2  3  566;5   1  2  2  3  1  565;6   1  2  3  1  2  648;…
     7   1  2  1  3  2  581;8   1  3  2  1  3  568;9   1  3  3  2  1  535;…
     10  2  1  1  1  1  593;11  2  1  2  2  2  615;12  2  1  3  3  3  620;…
     13  2  2  1  2  3  586;14  2  2  2  3  1  597;15  2  2  3  1  2  617;…
     16  2  3  1  3  2  599;17  2  3  2  1  3  613;18  2  3  3  2  1  580;…
     19  3  1  1  1  1  569;20  3  1  2  2  2  615;21  3  1  3  3  3  591;…
```

```
       22  3  2  1  2  3  586;23  3  2  2  3  1  616;24  3  2  3  1  2  630;…
       25  3  3  1  3  2  566;26  3  3  2  1  3  638;27  3  3  3  2  1  573];
y = Y(:,7);                        % 提取 Y 的第 7 列数据,即产蛋量 y
A = Y(:,2);                        % 提取 Y 的第 2 列数据,即因素 A 的水平列表
B = Y(:,3);                        % 提取 Y 的第 3 列数据,即因素 B 的水平列表
C = Y(:,4);                        % 提取 Y 的第 4 列数据,即因素 C 的水平列表
D = Y(:,6);                        % 提取 Y 的第 6 列数据,即因素 D 的水平表
E = Y(:,5);                        % 提取 Y 的第 5 列数据,即因素 E 的水平表
varnames = {'A','B','C','D','E'};  % 定义因素名称
% 定义模型的效应项矩阵,考虑主效应:A,B,C,D,E,交互效应: AB,AC,AE
model = [eye(5);1 1 0 0 0;1 0 1 0 0;1 0 0 0 1]
model =
       1     0     0     0     0
       0     1     0     0     0
       0     0     1     0     0
       0     0     0     1     0
       0     0     0     0     1
       1     1     0     0     0
       1     0     1     0     0
       1     0     0     0     1
>> % 调用 anovan 函数作因素一元方差分析
[p,table] = anovan(y,{A,B,C,D,E},'model',model,'varnames',varnames)
p =
       0.0069339
       0.022374
       0.0055621
       0.010055
       0.0086888
       0.076178
       0.013556
       0.13742
table =
```

'Source'	'Sum Sq.'	'd.f.'	'Singular?'	'Mean Sq.'	'F'	'Prob > F'
'A'	[3472.1]	[2]	[0]	[1736.1]	[22.018]	[0.0069339]
'B'	[1793.1]	[2]	[0]	[896.55]	[11.371]	[0.022374]
'C'	[3913.4]	[2]	[0]	[1956.7]	[24.817]	[0.0055621]
'D'	[2829.8]	[2]	[0]	[1414.9]	[17.945]	[0.010055]
'E'	[3068.1]	[2]	[0]	[1534]	[19.456]	[0.0086888]
'A * B'	[1548.9]	[4]	[0]	[387.21]	[4.911]	[0.076178]
'A * C'	[4267.5]	[4]	[0]	[1066.9]	[13.531]	[0.013556]
'A * E'	[1039]	[4]	[0]	[259.75]	[3.2944]	[0.13742]
'Error'	[315.38]	[4]	[0]	[78.846]	[]	[]
'Total'	[21319]	[26]	[0]	[]	[]	[]

从上面返回的检验的 p 值向量和方差分析表 table 可以看出,在 5 个主效应和 3 个交互效应中,主效应 B 和交互效应 AB、AE 的 p 值均大于 0.05,即在显著性水平 0.05 下,B、AB 和 AE 三个效应是不显著的。

重新进行检验结果中只有主效应 B 的 p 值大于 0.05,即只有主效应 B 是不是显著的。下面对 5 个因素的各水平进行多重比较。

其 MATLAB 代码编程如下：

```
>> % 调用 multcompare 对 5 个因素的各水平进行多重比较
[c,m,h,gnames] = multcompare(stats,'dimension',[1,2,3,4,5]);
% 将各处理的均值从小到大进行排序
[mean,id] = sort(m(:,1));
% 将各处理的名称按均值从小到大进行排序
gnames = gnames(id);
% 显示排序后的 20 个处理的名称及相应的均值
[{'处理','均值'};gnames(end-19:end),num2cell(mean(end-19:end))]
ans =
    '处理'                    '均值'
    'A = 1,B = 1,C = 3,D = 3,E = 1'    [629.46]
    'A = 1,B = 1,C = 3,D = 2,E = 1'    [629.56]
    'A = 2,B = 1,C = 2,D = 3,E = 1'    [631.13]
    'A = 2,B = 1,C = 2,D = 2,E = 1'    [631.22]
    'A = 3,B = 3,C = 2,D = 3,E = 1'    [ 631.7]
    'A = 3,B = 3,C = 2,D = 2,E = 1'    [ 631.8]
    'A = 2,B = 2,C = 3,D = 3,E = 1'    [633.54]
    'A = 2,B = 2,C = 3,D = 2,E = 1'    [633.63]
    'A = 1,B = 2,C = 3,D = 3,E = 1'    [634.54]
    'A = 1,B = 2,C = 3,D = 2,E = 1'    [634.63]
    'A = 3,B = 1,C = 2,D = 3,E = 3'    [635.56]
    'A = 3,B = 1,C = 2,D = 2,E = 3'    [635.65]
    'A = 2,B = 2,C = 2,D = 3,E = 1'    [ 636.2]
    'A = 2,B = 2,C = 2,D = 2,E = 1'    [ 636.3]
    'A = 3,B = 2,C = 2,D = 3,E = 3'    [640.63]
    'A = 3,B = 2,C = 2,D = 2,E = 3'    [640.72]
    'A = 3,B = 1,C = 2,D = 3,E = 1'    [ 645.8]
    'A = 3,B = 1,C = 2,D = 2,E = 1'    [645.89]
    'A = 3,B = 2,C = 2,D = 3,E = 1'    [650.87]
    'A = 3,B = 2,C = 2,D = 2,E = 1'    [650.96]
```

以上调用 multcompare 函数对 5 个因素 A,B,C,D,E 的全部水平组合(共 $3^5 = 243$ 种组合)进行了多重比较,返回的 c 是一个 $C_{243}^2 = 29\ 403$ 行、5 列的矩阵;m 是一个 243 行、2 列的矩阵,m 的第 1 列是 243 个处理所对应的均值;h 是用来进行交互多重比较的图形的句柄值;gnames 是一个 243 行、1 列的元胞数组,每个元胞都是一个处理的名称。由于返回的结果都比较长,无法做到全部显示,上面通过对各处理的均值从小到大进行排序,只显示了产蛋量的均值最大的后 20 个处理的名称及相应的均值。这 20 个处理之间没有显著差异,可以结合成本从中选择饲料的最佳配方,例如可以选取玉米 A_3(70.6)、麸皮 B_2(8.0)、豆饼 C_2(9.0)、鱼粉 D_2(5.0)和食盐 E_1(0.0),或者选取玉米 A_1(70.6)、麸皮 B_2(8.0)、豆饼 C_2(9.0)、鱼粉 D_2(5.0)和食盐 E_1(0.25)。

回归分析(Regression Analysis)是确定两种或两种以上变量间相互依赖的定量关系的一种统计分析方法,运用十分广泛。回归分析按照涉及的自变量的多少,分为单回归和多重回归分析;按照因变量的多少,可分为一元回归分析和多元回归分析;按照自变量和因变量之间的关系类型,可分为线性回归分析和非线性回归分析。如果在回归分析中,只包括一个自变量和一个因变量,且二者的关系可用一条直线近似表示,这种回归分析称为一元线性回归分析。如果回归分析中包括两个或两个以上的自变量,且因变量和自变量之间是线性关系,则称为多重线性回归分析。

6.1 一元线性回归分析

一元线性回归就是寻求两个变量间的线性统计回归分析,如果其相关关系的统计规律性呈线性关系,则称为一元线性回归分析。

设变量 x 和 y 之间存在一定的相关关系,回归分析方法即找出 y 的值是怎样随 x 的值的变化而变化的规律。我们称 y 为因变量,x 为自变量。

一元线性回归分析的数学模型为

$$y = \beta_0 + \beta_1 x + \varepsilon$$

一元线性回归分析的方程为

$$\hat{y} = \hat{\beta}_0 + \hat{\beta}_1 x$$

通常假定

$$\varepsilon \sim N(0, \sigma^2)$$

设 $(x_1, y_1)(x_2, y_2), \cdots, (x_n, y_n)$ 是 (x, y) 的一组观测值,则

$$y_i = \beta_0 + \beta_1 x_i + \varepsilon_i, \quad i = 1, 2, \cdots, n$$

$$\varepsilon_i \sim N(0, \sigma^2), \quad i = 1, 2, \cdots, n$$

假设观测值 $(x_1, y_1)(x_2, y_2), \cdots, (x_n, y_n)$ 是相互独立的,则

$$y_1, y_2, \cdots, y_n \text{ 与 } \varepsilon_1, \varepsilon_2, \cdots, \varepsilon_n$$

都是相互独立的。

假设 $x_1, x_2, \cdots, x_n$ 是确定性的变量,其值是可以精确测量和控制的。

6.1.1　最小二乘估计

设$(x_1, y_1)(x_2, x_2), \cdots, (x_n, y_n)$是$(x, y)$的一组观测值,对每个样本观测值$(x_i, y_i)$考虑 y_i 与其回归 $E(y_i) = \beta_0 + \beta_1 x_i$ 的离差为 $y_i - E(y_i) = y_i - \beta_0 - \beta_1 x_i$。

综合考虑每个离差值,定义离差平方和

$$Q(\beta_0, \beta_1) = \sum_{i=1}^{n} (y_i - E(y_i))^2 = \sum_{i=1}^{n} (y_i - \beta_0 - \beta_1 x_i)^2$$

所谓最小二乘法,就是寻找参数 β_0, β_1 的估计值 $\hat{\beta}_0, \hat{\beta}_1$,使得离差平方和达到极小值,即选择 $\hat{\beta}_0, \hat{\beta}_1$ 使得

$$Q_e = Q(\hat{\beta}_0, \hat{\beta}_1) = \min Q(\beta_0, \beta_1)$$

满足上式的 $\hat{\beta}_0, \hat{\beta}_1$ 称为回归参数 β_0, β_1 的最小二乘估计。

由于

$$Q(\beta_0, \beta_1) = \sum_{i=1}^{n} (y_i - \beta_0 - \beta_1 x_i)^2$$

的极小值总是存在的,因此 $\hat{\beta}_0, \hat{\beta}_1$ 应满足

$$\frac{\partial Q}{\partial \beta_0}\bigg|_{\hat{\beta}_0, \hat{\beta}_1} = 0, \quad \frac{\partial Q}{\partial \beta_1}\bigg|_{\hat{\beta}_0, \hat{\beta}_1} = 0$$

即

$$\begin{cases} \sum_{i=1}^{n} (y_i - \hat{\beta}_0 - \hat{\beta}_1 x_i) = 0 \\ \sum_{i=1}^{n} (y_i - \hat{\beta}_0 - \hat{\beta}_1 x_i) x_i = 0 \end{cases}$$

6.1.2　检验回归系数

前面介绍的最小二乘原则,对各种类型的随机误差项皆适用。如果进一步假定随机误差项遵从正态分布,则可对 β_1 是否为零进行统计检验,即

$$y_i = \beta_0 + \beta_1 x_i + \varepsilon_i \quad (i = 1, 2, \cdots, n)$$

其中,误差项 $\varepsilon_1, \varepsilon_2, \cdots, \varepsilon_n$ 独立同分布 $N(0, \sigma^2)$,σ^2 是未知参数,要检验假设 $h_0 : \beta_1 = 0$。

如果否定 $h_0 : \beta_1 = 0$,则认为 x 与 y 有线性关系;如果不能否定 h_0,则认为 x 与 y 无线性关系。必须注意到无线性关系不等于说无其他关系。例如设 $y = \sin(x) + \varepsilon$,实测得$(x_1, y_1)(x_2, x_2), \cdots, (x_n, y_n)$,此时如果用线性关系式 $y_i = \beta_0 + \beta_1 x_i + \varepsilon_i (i = 1, 2, \cdots, n)$拟合,则可检验得 $\beta_1 = 0$,即 x 与 y 没有线性关系但它们之间有很强的其他关系。

检验 $h_0 : \beta_1 = 0$ 的步骤为:

由各种原因(自变量的作用及其他一切因素的作用)引起因变量的总波动,称之为总平方 $S_{\text{总}}$:

$$S_\text{总} = \sum_{i=1}^{n}(y_i - \overline{y})^2 = \sum_{i=1}^{n}(y_i - \hat{y} + \hat{y} - \overline{y})^2$$

$$= \sum_{i=1}^{n}[y_i - (\hat{\beta}_0 + \hat{\beta}_1 x_i)(\hat{\beta}_0 + \hat{\beta}_1 x) - \overline{y}]^2$$

$$= \sum_{i=1}^{n}[y_i - (\hat{\beta}_0 + \hat{\beta}_1 x_i)]^2 + \sum_{i=1}^{n}(\hat{\beta}_0 + \hat{\beta}_1 x_i - \overline{y})^2$$

$$+ 2\sum_{i=1}^{n}[y_i - (\hat{\beta}_0 + \hat{\beta}_1 x_i)][\hat{\beta}_0 + \hat{\beta}_1 x_i - \overline{y}]$$

其中第 3 项

$$2\sum_{i=1}^{n}[y_i - (\hat{\beta}_0 + \hat{\beta}_1 x_i)][\hat{\beta}_0 + \hat{\beta}_1 x_i - \overline{y}]$$

$$= 2(\hat{\beta}_0 - \overline{y})\sum_{i=1}^{n}[y_i - (\hat{\beta}_0 + \hat{\beta}_1 x_i)] + 2\hat{\beta}_1\sum_{i=1}^{n}[y_i - (\hat{\beta}_0 + \hat{\beta}_1 x_i)]x_i = 0$$

这是因为 $\hat{\beta}_0, \hat{\beta}_1$ 是正规方程的解，上式中两个"$\sum$"号正好是正规方程组中等号左边的项，皆等于零。$S_\text{总}$ 中的第一项 $\sum_{i=1}^{n}[y_i - (\hat{\beta}_0 + \hat{\beta}_1 x_i)]^2$ 是实测所得 y_i 与回归式算得的 $\hat{y}_i$ 的误差平方和，此项表现了随机误差(除自变量外的一切因素)的作用，称为误差平方和，或残差平方和，或剩余平方和，记为 $S_\text{误}$ 或 $S_\text{残}$ 或 $S_\text{剩}$。$S_\text{总}$ 中的第二项 $\sum_{i=1}^{n}[(\hat{\beta}_0 + \hat{\beta}_1 x_i) - \overline{y}]^2$ 是将各自变量代入回归式算得的 n 个 $\{\overline{y}_i\}$ 与 $\overline{y}$ 的离差平方和，此项表现了自变量代入回归式在总波动中的贡献，称之为回归平方和，记为 $S_\text{回}$。得 $\hat{\beta}_0 + \hat{\beta}_1\overline{x} = \overline{y}$，代入 $S_\text{回}$，得

$$S_\text{回} = \sum_{i=1}^{n}[(\hat{\beta}_0 + \hat{\beta}_1 x_i) - \overline{y}]^2 = \sum_{i=1}^{n}[\overline{y} - \hat{\beta}_1\overline{x} + \hat{\beta}_1 x_i - \overline{y}]^2 = \hat{\beta}_1^2\sum_{i=1}^{n}(x_i - \overline{x})^2$$

总之，$S_\text{总}$ 可简单地分解为有实际意义的两项。

显然 $S_\text{回}$ 所占的比重越大，则说明回归式越有意义。数学上可证明，在随机误差项遵从正态分布的条件下，有，

$$\frac{S_\text{剩}}{\sigma^2} \sim \chi_{n-2}^2 \text{分布}$$

当 $h_0 : \beta_1 = 0$ 假设成立时，有

$$\frac{S_\text{回}}{\sigma^2} \sim \chi_1^2 \text{ 分布}$$

且 $S_\text{剩}$ 与 $S_\text{回}$ 相互独立。于是，当 $h_0 : \beta_1 = 0$ 成立时有

$$\frac{\dfrac{S_\text{回}}{\sigma^2}\Big/ 1}{\dfrac{S_\text{剩}}{\sigma^2}\Big/ n-2} = \frac{S_\text{回}}{S_\text{剩}/n-2} \sim F_{1,n-2} \text{分布}$$

或

$$\sqrt{\frac{S_\text{回}}{S_\text{剩}/n-2}} \sim t_{n-2} \text{分布}$$

给定小概率 α'，查 $F_{1,n-2}$ 分布表，查得临界 $F_{\alpha'}$ 当 $\dfrac{S_\text{回}}{S_\text{剩}/n-2} > F_{\alpha'}$，则否定 $h_0 : \beta_1 = 0$。认为一

元线性回归式可用。当 $\dfrac{S_{回}}{S_{剩}/n-2}\leqslant F_\alpha$ 则认为假设 $h_0:\beta_1=0$ 是相容的,从而认为一元线性回归式无意义。

6.1.3 误差估计

设由实测数据 (x_i,y_i),$i=1,2,\cdots,n$,求得回归方程 $\hat{y}=\hat{\beta}_0+\hat{\beta}_1x$,给定自变量 x_0,代入得 $\hat{y}_0=\hat{\beta}_0+\hat{\beta}_1x_0$,问如此算得的 $\hat{y}_0$ 与对应 x_0 的真值 y_0 的误差是多少? 在随机误差项遵从正态 $N(0,\sigma^2)$ 分布的假定下,数学已证明:

$\sigma^2\underline{\underline{\Delta}}\dfrac{Q_{剩}}{n-2}$ 是 σ^2 的无偏估计量,即

$$E\,\hat{\sigma}^2=\sigma^2$$

且有

$$\frac{y_0-\hat{y}_0}{\sqrt{\hat{\sigma}^2\left[1+\dfrac{1}{n}+\dfrac{(x_0-\bar{x})^2}{\displaystyle\sum_{i=1}^{n}(x_i-\bar{x}_i)^2}\right]}}\sim t_{n-2}\ \text{分布}$$

其中,$\bar{x}=\dfrac{1}{n}\displaystyle\sum_{i=1}^{n}x_i$,于是,给定小概率 α,按 $\dfrac{\alpha}{2}$ 查 $n-2$ 个自由度的 t 分布表,查得临界值 $t_{\frac{\alpha}{2}}(n-2)$,如图 6-1 所示。

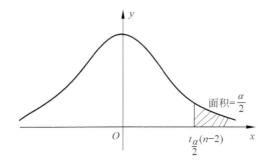

图 6-1　自由度为 $(n-2)$ 的 t 分布图

从而有

$$1-\alpha=P\left\{\left|\frac{y_0-\hat{y}_0}{1+\dfrac{1}{n}+\dfrac{(x_0-\bar{x})^2}{\displaystyle\sum_{i=1}^{n}(x_i-\bar{x})^2}}\right|\leqslant t_{\frac{\alpha}{2}}(n-2)\right\}$$

$$=P\left\{\hat{y}_0-t_{\frac{\alpha}{2}}(n-2)\sqrt{\hat{\sigma}^2\left[1+\dfrac{1}{n}+\dfrac{(x_0-\bar{x})^2}{\displaystyle\sum_{i=1}^{n}(x_i-\bar{x})^2}\right]}\right.$$

$$\leqslant y_0 \leqslant \hat{y}_0 + t_{\frac{a}{2}}(n-2)\sqrt{\hat{\sigma}^2\left[1+\frac{1}{n}+\frac{(x_0-\bar{x})^2}{\displaystyle\sum_{i=1}^{n}(x_i-\bar{x})^2}\right]}\Bigg\}$$

即以大概率 $1-\alpha$ 保证真值 y_0 在上式中所写的区间内。由上式可见,代入的自变量值 x_0 距 $\bar{x}$ 越远,则算得值 $\hat{y}_0$ 与 y_0 的误差越大。

当 n 较大时,可近似认为

$$1+\frac{1}{n}+\frac{(x_0-\bar{x})^2}{\displaystyle\sum_{i=1}^{n}(x_i-\bar{x})^2}\approx 1$$

$y_0-\hat{y}_0$ 近似服从 $N(0,\sigma^2)$ 分布。记 $\hat{\sigma}=\sqrt{\hat{\sigma}^2}$,于是近似有

$$0.95\approx P(\hat{y}_0-2\hat{\sigma}\leqslant y_0\leqslant\hat{y}_0+2\hat{\sigma})$$
$$0.99\approx P(\hat{y}_0-3\hat{\sigma}\leqslant y_0\leqslant\hat{y}_0+3\hat{\sigma})$$

6.1.4 回归式的注意事项

构造和使用回归式应注意以下事项。

(1) 构造的回归式不准确甚至失败的原因,通常有以下几种:

① 原始数据不准确;

② 实际问题是非线性关系,而硬用线性关系拟合;

③ 所考虑的自变量不是影响 y 的主要因子,将多个变量的回归化为一元回归。

(2) 使用回归式做预报时,只宜内插,不宜外插。所谓内插是指代入回归式的自变量应在多次实测自变量的变动范围之内,不宜外推到此范围之外过远。

6.1.5 一元线性回归的 MATLAB 实现

在 MATLAB 统计工具箱中,提供了相关函数用于实现一元线性回归分析,下面给予介绍。

1. polyfit 函数

在 MATLAB 中,提供了 polyfit 函数来实现从一次到高次多项式的回归法。函数的调用格式如下。

p = polyfit(x,y,n):对 x 和 y 进行 n 维多项式的最小二乘回归,输出结果 p 为含有 n+1 个元素的行向量,该向量以维数递减的形式给出回归多项式系数。

[p,S] = polyfit(x,y,n):输出结果中的 S 包括 R、df 和 normr,分别表示对 x 进行 OR 分解三角元素、自由度、残差。

[p,S,mu] = polyfit(x,y,n):在回归过程中,首先对 x 进行数据标准化处理,以在回归中消除量纲等的影响,mu 包含两个元素,分别是标注化处理过程中使用的 x 的均值和标准差。

【例 6-1】 使用 polyfit 函数对给定的数据进行一元线性回归。

其 MATLAB 代码编程如下：

```
>> clear al;
p = [1 - 2 - 1 0];
t = 0:0.1:3;
y = polyval(p,t) + 0.5 * randn(size(t));
plot(t,y,'ro')
h = refcurve(p);            % 对数据进行回归
set(h,'LineStyle',':')
q = polyfit(t,y,3);         % 对拟合多项式进行回归
refcurve(q)
legend('原始数据','数据回归','一次线性回归','Location','NW');
xlabel('样本数据');ylabel('效果图');
```

运行程序,效果如图 6-2 所示。

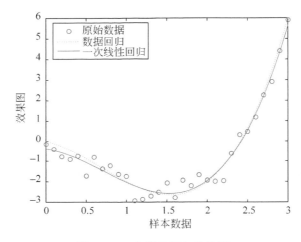

图 6-2　一次线性回归效果图

【例 6-2】 表 6-1 数据为退火温度 x 对黄铜延性 Y 效应的试验结果,Y 为延长度计算的结果。

表 6-1　退火温度对黄铜延性 Y 效应的试验

x/℃	300	400	500	600	700	800
Y/%	41	52	56	62	68	71

其 MATLAB 代码编程如下：

```
>> clear all;
x = [3 4 5 6 7 8] * 100;
Y = [41    52    56    62    68    71];
p = polyfit(x,Y,1)
plot(x,Y,'mo');
lsline;
```

```
xlabel('退火温度');ylabel('黄铜延性');
```

运行程序,输出如下,效果如图 6-3 所示。

```
p =
    0.0583    26.2762
```

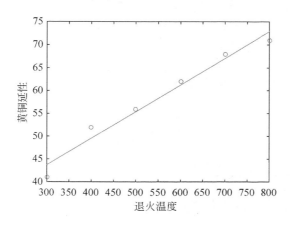

图 6-3　一元线性回归图

2. regress 函数

在 MATLAB 统计工具箱中,提供了 regress 函数可用于实现一元和多元的线性回归分析。函数的调用格式如下。

b = regress(y,X):返回多重线性回归方程中系数向量 β 的估计值 b,这里的 b 为一个 $p \times 1$ 的向量。输入参数 y 为因变量的观测值向量,是 $n \times 1$ 的列向量。X 为 $n \times p$ 的设计矩阵。regress 函数把 y 或 X 中的不确定数据 NaN 作为缺失数据而忽略它们。

[b,bint] = regress(y,X):同时返回系数估计值的 95% 置信区间 bint,它为一个 $p \times 2$ 的矩阵,第 1 列为置信下限,第 2 列为置信上限。

[b,bint,r] = regress(y,X):同时返回残差(因变量的真实值 y_i 减去估计值 $\hat{y_i}$)向量 r,它是一个 $n \times 1$ 的列向量。

[b,bint,r,rint] = regress(y,X):同时返回残差的 95% 置信区间 rint,它是一个 $n \times 2$ 的矩阵,第 1 列为置信下限,第 2 列为置信上限。rint 可用于异常值(或离群值)的诊断,如果第 i 组观测的残差的置信区间不包括 0,则可认为第 i 组观测值为异常值。

[b,bint,r,rint,stats] = regress(y,X):同时返回一个 1×4 的向量 stats,其元素依次为判定系数 R^2、F 统计量的观测值、检验的 p 值和误差方差 σ^2 的估计值 $\hat{\sigma}^2$。

[…] = regress(y,X,alpha):用 alpha 指定计算 bint 和 rint 时的置信水平 $100(1-\text{alpha})\%$。

【例 6-3】　利用 regress 函数进行一元线性回归分析。表 6-2 为产量与积温的一元线性回归分析数据。

表 6-2　产量与积温的一元线性回归分析

x(积温)	1617	1532	1762	1405	1578	1611	1650	1497	1532	1689
y(产量)	435	366	504	290	382	426	460	300	392	473

根据给定的数据,建立产量与积温的一元线性回归分析。

其 MATLAB 代码编程如下:

```
>> clear all;
x = [1617      1532      1762      1405      1578      1611      1650      1497      1532      1689];
y = [435      366      504      290      382      426      460      300      392      473];
X = [ones(size(x,2),1),x'];
[b,bint,r,rint,stats] = regress(y',X)          % 一元线性回归分析
z = b(1) + b(2) * x;
plot(x,y,'o',x,z,'r');                          % 回归模型图
ylabel('产量(y)');xlabel('积温(x)')
legend('散点','回归线性模型');
```

运行程序,输出如下,效果如图 6-4 所示。

```
b =
 - 655.9335
      0.6670
bint =
 - 905.2005    - 406.6664
      0.5103        0.8237
r =
    12.3900
     0.0853
 - 15.3254
     8.7946
 - 14.5969
     7.3920
    15.3789
 - 42.5697
    26.0853
     2.3658
rint =
 - 36.0311     60.8111
 - 48.9348     49.1054
 - 52.8027     22.1519
 - 29.2877     46.8769
 - 62.7686     33.5749
 - 41.9338     56.7178
 - 31.4001     62.1579
 - 70.9420    - 14.1973
 - 17.0361     69.2067
 - 44.3613     49.0929
stats =
     0.9233    96.2893    0.0000    433.5209
```

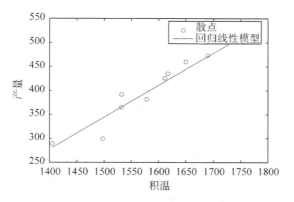

图 6-4   一元线性回归分析图

6.2   多元线性回归分析

一元线性回归将影响变量的自变量限制为一个,这在现实的大多社会经济现象中并不易做到,因而应用回归分析时,需要有更一般的模型,把两个或更多个解释变量的影响分别估计在内。这就是多元回归;亦称多重回归或复回归。当影响因素与因变量之间是线性关系时,所进行的回归分析就是多元线性回归。

6.2.1   回归模型及矩阵表示

设 y 是一个可观测的随机变量,它受到 $m-1$ 个非随机因素 $x_1,x_2,\cdots,x_{m-1}$ 和随机因素 ε 的影响。如果 y 与 $x_1,x_2,\cdots,x_{m-1}$ 有如下线性关系

$$y = \beta_0 + \beta_1 x_1 + \beta_2 x_2 + \cdots + \beta_{m-1} x_{m-1} + \varepsilon \tag{6-1}$$

上式中 $\beta_0,\beta_1,\beta_2,\cdots,\beta_{m-1}$ 是未知参数;ε 是均值为零,方差为 $\sigma^2>0$ 的不可观测的随机变量,称为误差项,并通常假定 $\varepsilon \sim N(0,\sigma^2)$。模型称为多元回归模型,且称 y 为因变量,$x_1,x_2,\cdots,x_{m-1}$ 为自变量。

要建立多元线性回归模型,首先要估计未知参数 $\beta_0,\beta_1,\beta_2,\cdots,\beta_{m-1}$ 为此进行 $n(n \geqslant p)$ 次独立观测,得到 n 组数据(称为样本)

$$(x_{i_1},x_{i_2},\cdots,x_{i_{m-1}};y_i), \quad i=1,2,\cdots,n$$

它们应满足式(6-1),即有

$$\begin{cases} y_1 = \beta_0 + \beta_1 x_{11} + \beta_2 x_{12} + \cdots + \beta_{m-1} x_{1m-1} + \varepsilon_1 \\ y_2 = \beta_0 + \beta_1 x_{21} + \beta_2 x_{22} + \cdots + \beta_{m-1} x_{2m-1} + \varepsilon_2 \\ \qquad\qquad\qquad\vdots \\ y_n = \beta_0 + \beta_1 x_{n1} + \beta_2 x_{n2} + \cdots + \beta_{m-1} x_{nm-1} + \varepsilon_n \end{cases} \tag{6-2}$$

其中 $\varepsilon_1,\varepsilon_2,\cdots,\varepsilon_n$ 相互独立,且服从 $N(0,\sigma^2)$ 分布。

令

$$\boldsymbol{Y} = \begin{bmatrix} y_1 \\ y_2 \\ \vdots \\ y_n \end{bmatrix}_{n \times 1}, \quad \boldsymbol{X} = \begin{bmatrix} 1 & x_{11} & \cdots & x_{1m-1} \\ 1 & x_{21} & \cdots & x_{2m-1} \\ \vdots & \vdots & & \vdots \\ 1 & x_{n1} & \cdots & x_{nm-1} \end{bmatrix}_{n \times m}, \quad \beta = \begin{bmatrix} \beta_0 \\ \beta_1 \\ \vdots \\ \beta_{m-1} \end{bmatrix}_{m \times 1}, \quad \varepsilon = \begin{bmatrix} \varepsilon_0 \\ \varepsilon_1 \\ \vdots \\ \varepsilon_n \end{bmatrix}_{n \times 1}$$

则式(6-2)可简写如下形式

$$\begin{cases} \boldsymbol{Y} = \boldsymbol{X}\beta + \varepsilon \\ \varepsilon \sim N(0, \sigma^2 \boldsymbol{I}_n) \end{cases} \tag{6-3}$$

其中 $\boldsymbol{Y}$ 称为观测向量，$\boldsymbol{X}$ 称为设计矩阵，它们是由观测数据得到的，是已知的，并假定 $\boldsymbol{X}$ 为列满秩的，即 $r(\boldsymbol{X}) = m$；β 是待估计的未知参数向量；ε 是不可观测的随机误差向量。式(6-3)称为多元线性回归模型的矩阵形式，亦称为高斯-马尔科夫线性模型，并简记为 $(\boldsymbol{Y}, \boldsymbol{X}\beta, \sigma^2 \boldsymbol{I}_n)$。

对线性模型 $(\boldsymbol{Y}, \boldsymbol{X}\beta, \sigma^2 \boldsymbol{I}_n)$ 所要考虑的主要问题如下。

(1) 估计 β 与 σ^2，从而建立 y 与 $x_1, x_2, \cdots, x_{m-1}$ 之间的关系式；

(2) 对线性模型假设与 β 的某种假设进行检验；

(3) 对 y 进行预测与对自变量进行控制。

注意：假定 $n > m$。

6.2.2　显著性检验

(1) 相关系数

和一元线性回归分析类似，多元回归也可以用一个"相关系数" R 来衡量，即用回归平方和 SSR 在总平方和 SST 中的比例来衡量，用 R 代替 r

$$R = \sqrt{\frac{\text{SSR}}{\text{SST}}}$$

称为相关系数。

它的意义和一元的相关系数 r 定义一样，$0 \leqslant R \leqslant 1$。

回归方程的精度用剩余标准差来表示

$$S = \sqrt{\text{MSE}} = \sqrt{\frac{\text{SSE}}{n - m}}$$

(2) 方差分析

记 $\bar{y} = \dfrac{1}{n}\displaystyle\sum_{i=1}^{n} y_i$，则数据的总的离差平方和

$$\text{SST} = \sum_{i=1}^{n} (y_i - \bar{y})^2 \tag{6-4}$$

可分解为两个部分

$$\text{SSE} = \sum_{i=1}^{n} (y_i - \hat{y})^2$$

$$\text{SSR} = \sum_{i=1}^{n} (\hat{y} - \bar{y})^2$$

满足

$$\mathrm{SST} = \mathrm{SSR} + \mathrm{SSE} \qquad\qquad (6\text{-}5)$$

对应于 SST 的分解,其自由度也有相应的分解。这里的自由度是指平方和中独立变化项的数目。可以证明,SST 的自由度为 $n-1$；SSE 的自由度为 $n-m$,SSR 的自由度为 $m-1$。

为检验 y 与 $x_1,x_2,\cdots,x_{m-1}$ 之间是否存在显著的线性回归关系,即检验假设

$$\begin{cases} h_0:b_1 = b_2 = \cdots = b_{m-1} = 0 \\ h_1:\text{至少有某个 } b_i \neq 0, \quad 1 \leqslant i \leqslant m-1 \end{cases}$$

这是因为若 h_0 成立,则 $\hat{y}=b_0$,即 y 与 $x_1,x_2,\cdots,x_{m-1}$ 之间不存在线性回归关系,基于上述方差分析表,构造如下检验统计量

$$F = \frac{\mathrm{MSE}}{\mathrm{MSE}}$$

当 h_0 为真时,可以证明 $F \sim F(m-1,n-m)$,且若 h_0 不真,F 的值有偏大的趋势。因此,给定显著性水平 α,查 F 分布表得临界值 $F_\alpha(m-1,n-m)$,计算 F 的观测值 F_0,若 $F_0 < F_\alpha(m-1,n-m)$,接受 h_0,即在显著性水平 α 之下,认为线性关系不显著,如果 $F \geqslant F_\alpha(m-1,n-m)$,拒绝 h_0,即认为 y 与 $x_1,x_2,\cdots,x_{m-1}$ 之间存在显著的线性关系。一般地,取 $\alpha=0.05$ 时,拒绝 h_0,即认为 y 与 $x_1,x_2,\cdots,x_{m-1}$ 之间存在显著的线性回归关系,在方差分析表中的"显著性"一栏中填写"显著"。取 $\alpha=0.01$ 时,拒绝 h_0,即认为 y 与 $x_1,x_2,\cdots,x_{m-1}$ 之间的线性回归关系为高度显著,在方差分析表中的"显著性"一栏中填写"高度显著"。否则,填写"不显著"。

（3）偏回归系数检验

回归关系显著并不意味着每个自变量 $x_i(1 \leqslant i \leqslant m-1)$ 对 y 的影响都显著,可能其中的某个或某些对 y 的影响不显著。一般说来,我们总希望从回归方程中剔除那些对 y 的影响不显著的自变量,从而建立一个较为简单有效的回归方程,以便于实际应用。因为当一个回归方程包含有不显著变量时,它不仅对利用回归方程作预测和控制带来麻烦,而且还会增大 $\hat{y}$ 的方差,从而影响预测的精度。为此就需要对每一个回归系数作显著性检验,显然,如果某个自变量 x_i 对 y 无影响,那么在线性模型中,它的系数 b_j 应为零。因此,检验 x_i 的影响是否显著等价于检验假设

$$h_0:b_j = 0, \quad h_1:b_j \neq 0$$

可以证明

$$\frac{\hat{b}_j - b_j}{S(\hat{b}_j)} \sim t(n-m), \quad j = 1,2,\cdots,m-1 \qquad\qquad (6\text{-}6)$$

其中 $S(\hat{b}_j)$ 为 $S(\hat{b}_j)=\mathrm{MSE}\,(X^{\mathrm{T}}X)^{-1}$ 的主对角线上的第 j 个元素的平方根。由此可知,若 h_0 为真时

$$t = \frac{\hat{b}_j}{S(\hat{b}_j)} \sim t(n-m) \qquad\qquad (6\text{-}7)$$

如果 h_0 不真,则 $|t|$ 有偏大趋势。在显著水平 α 下,查表得 $t_{\frac{\alpha}{2}}(n-m)$。记 t 的观测值为

t_0,检验准则为

$$\begin{cases} \text{若 } |t_0| < t_{\frac{\alpha}{2}}(n-m), & \text{则接受 } H_0 \\ \text{若 } |t_0| \geqslant t_{\frac{\alpha}{2}}(n-m), & \text{则拒绝 } H_0 \end{cases} \qquad (6\text{-}8)$$

另外,还可求得 b_j 的置信度 $1-\alpha$ 的置信区间为

$$\hat{b}_j \pm t_{\frac{\alpha}{2}}(n-m)S(\hat{b}_j) \qquad (6\text{-}9)$$

6.2.3 β 的最小二乘估计

这一节我们讨论线性模型$(\boldsymbol{Y}, \boldsymbol{X}\beta, \sigma^2 \boldsymbol{I}_n)$中未知参数$\beta_0, \beta_1, \beta_2, \cdots, \beta_{m-1}$ 和 σ^2 的点估计, 所用的方法仍是最小二乘法。

设

$$\boldsymbol{Q} = \varepsilon^{\mathrm{T}}\varepsilon = (\boldsymbol{Y} - \boldsymbol{X}\beta)^{\mathrm{T}}(\boldsymbol{Y} - \beta) \qquad (6\text{-}10)$$

即

$$\boldsymbol{Q} = \sum_{i=1}^{n} \varepsilon_i^2 = \sum_{i=1}^{n} \left(y_i - \sum_{j=0}^{m-1} x_{ij}\beta_j \right)^2 \qquad (6\text{-}11)$$

其中 $x_{i_0} = 1 (i=1,2,\cdots,n)$。称 $\boldsymbol{Q}$ 为误差平方和,$\boldsymbol{Q}$ 反映了 y 与 $\sum\limits_{j=0}^{m-1} x_{ij}\beta_j$(这里 $x_0 \equiv 1$)之间在 n 次观察中总的误差程度,$\boldsymbol{Q}$ 越小越好,由式(6-10)可知 $\boldsymbol{Q}$ 是未知参数向量β的非负二次函数,因此,我们可取使得 $\boldsymbol{Q}$ 达到最小值时β 的值$\hat{\beta}$ 作为β 的点估计。因此$\hat{\beta}$ 应满足如下关系

$$(\boldsymbol{Y} - \boldsymbol{X}\hat{\beta})^{\mathrm{T}}(\boldsymbol{Y} - \boldsymbol{X}\hat{\beta}) = \min_{\beta} \{(\boldsymbol{Y} - \boldsymbol{X}\hat{\beta})^{\mathrm{T}}(\boldsymbol{Y} - \boldsymbol{X}\hat{\beta})\} \qquad (6\text{-}12)$$

即

$$\sum_{i=1}^{n} \left(y_i - \sum_{j=0}^{m-1} x_{ij}\beta_j \right)^2 = \min_{\beta_0, \beta_1, \cdots, \beta_{m-1}} \left\{ \sum_{i=1}^{n} \left(y_i - \sum_{j=0}^{m-1} x_{ij}\beta_j \right)^2 \right\} \qquad (6\text{-}13)$$

为了求$\hat{\beta}$,我们将式(6-12)的 $\boldsymbol{Q}$ 对β求导,并令其为零,即

$$\frac{\mathrm{d}\boldsymbol{Q}}{\mathrm{d}\beta} = 0$$

称上式为正规方程。因为

$$\begin{aligned} \boldsymbol{Q} &= (\boldsymbol{Y} - \boldsymbol{X}\beta)^{\mathrm{T}}(\boldsymbol{Y} - \boldsymbol{X}\beta) \\ &= \boldsymbol{Y}^{\mathrm{T}}\boldsymbol{Y} - \beta^{\mathrm{T}}\boldsymbol{X}^{\mathrm{T}}\boldsymbol{Y} - \boldsymbol{Y}^{\mathrm{T}}\boldsymbol{X}\beta + \beta^{\mathrm{T}}\boldsymbol{X}^{\mathrm{T}}\boldsymbol{X}\beta \\ &= \boldsymbol{Y}^{\mathrm{T}}\boldsymbol{Y} - 2\beta^{\mathrm{T}}\boldsymbol{X}^{\mathrm{T}}\boldsymbol{Y} + \beta^{\mathrm{T}}\boldsymbol{X}^{\mathrm{T}}\boldsymbol{X}\beta \end{aligned}$$

又因

$$\frac{\mathrm{d}}{\mathrm{d}\beta}(\beta^{\mathrm{T}}\boldsymbol{X}^{\mathrm{T}}\boldsymbol{Y}) = \boldsymbol{X}^{\mathrm{T}}\boldsymbol{Y} \qquad (6\text{-}14)$$

$$\frac{\mathrm{d}}{\mathrm{d}\beta}(\beta^{\mathrm{T}}\boldsymbol{X}^{\mathrm{T}}\boldsymbol{Y}\beta) = 2\boldsymbol{X}^{\mathrm{T}}\boldsymbol{X}\beta \qquad (6\text{-}15)$$

所以得正规方程

$$\boldsymbol{X}^{\mathrm{T}}\boldsymbol{X}\beta = \boldsymbol{X}^{\mathrm{T}}\boldsymbol{Y} \qquad (6\text{-}16)$$

6.2.4 误差方差 σ^2 的估计

将自变量的各组观测值代入回归方程,可得因变量的各估计值(称为拟合值)为
$$\hat{\boldsymbol{Y}} \stackrel{\triangle}{=} (\hat{y}_1, \hat{y}_2, \cdots, \hat{y}_n) = \boldsymbol{X}\hat{\beta}$$

称
$$\boldsymbol{e} \stackrel{\triangle}{=} \boldsymbol{Y} - \hat{\boldsymbol{Y}} = \boldsymbol{Y} - \boldsymbol{X}\hat{\beta} = [\boldsymbol{I} - \boldsymbol{X}(\boldsymbol{X}^{\mathrm{T}}\boldsymbol{X})^{-1}\boldsymbol{X}^{\mathrm{T}}]\boldsymbol{Y} = (\boldsymbol{I} - \boldsymbol{H})\boldsymbol{Y} \tag{6-17}$$

为残差向量或剩余向量,其中 $\boldsymbol{H} = \boldsymbol{X}(\boldsymbol{X}^{\mathrm{T}}\boldsymbol{X})^{-1}\boldsymbol{X}^{\mathrm{T}}$ 为 n 阶幂等矩阵,$\boldsymbol{I}$ 为 n 阶单位阵,称数
$$\boldsymbol{Q}_\mathrm{e} = \boldsymbol{e}^{\mathrm{T}}\boldsymbol{e} = (\boldsymbol{Y} - \boldsymbol{X}\hat{\beta})^{\mathrm{T}}(\boldsymbol{Y} - \boldsymbol{X}\hat{\beta}) = \boldsymbol{Y}^{\mathrm{T}}(\boldsymbol{I} - \boldsymbol{H})\boldsymbol{Y} = \boldsymbol{Y}^{\mathrm{T}}\boldsymbol{Y} - \hat{\beta}^{\mathrm{T}}\boldsymbol{X}^{\mathrm{T}}\boldsymbol{Y}$$

为剩余平方和。

由于 $E(\boldsymbol{Y}) = \boldsymbol{X}\beta$ 且 $(\boldsymbol{I} - \boldsymbol{H})\boldsymbol{Y} = 0$,则
$$\boldsymbol{Q}_\mathrm{e} = \boldsymbol{e}^{\mathrm{T}}\boldsymbol{e} = (\boldsymbol{Y} - E(\boldsymbol{Y}))^{\mathrm{T}}(\boldsymbol{I} - \boldsymbol{H})(\boldsymbol{Y} - E(\boldsymbol{Y})) = \varepsilon^{\mathrm{T}}(\boldsymbol{I} - \boldsymbol{H})\varepsilon$$

由此可得
$$\begin{aligned} E(\boldsymbol{e}^{\mathrm{T}}\boldsymbol{e}) &= E(tr(\varepsilon^{\mathrm{T}}(\boldsymbol{I} - \boldsymbol{H})\varepsilon)) = tr((\boldsymbol{I} - \boldsymbol{H})E(\varepsilon\varepsilon^{\mathrm{T}})) = \sigma^2 tr(\boldsymbol{I} - \boldsymbol{X}(\boldsymbol{X}^{\mathrm{T}}\boldsymbol{X})^{-1}\boldsymbol{X}^{\mathrm{T}}) \\ &= \sigma^2(n - tr((\boldsymbol{X}^{\mathrm{T}}\boldsymbol{X})^{-1}\boldsymbol{X}^{\mathrm{T}}\boldsymbol{X})) = \sigma^2(n - m) \end{aligned}$$

其中 $tr(*)$ 表示矩阵的迹。从而
$$\hat{\sigma}^2 \stackrel{\triangle}{=} \frac{1}{n-m}\boldsymbol{e}^{\mathrm{T}}\boldsymbol{e} \tag{6-18}$$

为 σ^2 的一个无偏估计。

6.2.5 回归的预测

在多元线性回归分析中,当回归方差 $\hat{y} = \hat{\beta}_0 + \hat{\beta}_1 x_1 + \hat{\beta}_2 x_2 + \cdots + \hat{\beta}_p x_p$ 具有统计显著性时,利用回归方差容易实现对因变量 y 的预测,其方法同一元的情形,这里仅作扼要介绍。

设预测点为 $x_0 = (x_{01}, x_{02}, \cdots, x_{0p})^{\mathrm{T}}$,则
$$\hat{y}_0 = \hat{\beta}_0 + \hat{\beta}_1 x_{01} + \hat{\beta}_2 x_{02} + \cdots + \hat{\beta}_p x_{0p}$$

是对
$$E(y_0) = \beta_0 + \beta_1 x_{01} + \beta_2 x_{02} + \cdots + \beta_p x_{0p}$$

的点估计,亦是对
$$y_0 = \beta_0 + \beta_1 x_{01} + \beta_2 x_{02} + \cdots + \beta_p x_{0p} + \varepsilon_0 \quad (\varepsilon_0 \sim N(0, \sigma^2))$$

的点预测。并且,可以证明统计量
$$t = \frac{y_0 - \hat{y}_0}{\hat{\sigma}^* \Delta} \sim t(n - p - 1)$$

其中
$$\hat{\sigma}^{*2} = \frac{\mathrm{SSE}}{n-p-1}, \quad \Delta = \sqrt{1 + \frac{1}{n} + \sum_{i=1}^{p}\sum_{j=1}^{p}(x_{0i} - \bar{x}_i)(x_{0j} - \bar{x}_j)c_{ij}}$$

$$\bar{x}_i = \frac{1}{n} \sum_{k=1}^{n} x_{ki}, \quad i = 1, 2, \cdots, p$$

于是,点预测的边际误差为 $\pm t_{1-\frac{\alpha}{2}}(n-p-1)\hat{\sigma}^* \Delta$,即在 x_0 处的区间预测为

$$(\hat{y}_0 - t_{1-\frac{\alpha}{2}}(n-p-1)\hat{\sigma}^* \Delta, \hat{y}_0 + t_{1-\frac{\alpha}{2}}(n-p-1)\hat{\sigma}^* \Delta)$$

即

$$P\{\hat{y}_0 - t_{1-\frac{\alpha}{2}}(n-p-1)\hat{\sigma}^* \Delta < y_0 < \hat{y}_0 + t_{1-\frac{\alpha}{2}}(n-p-1)\hat{\sigma}^* \Delta\} \geqslant 1 - \alpha$$

当 n 较大,$x_{0i} \approx \bar{x}_i (i=1,2,\cdots,p)$ 时,可取 $\Delta=1$ 来简化计算。

6.2.6　多元回归的 MATLAB 实现

前面已提示过,利用 regress 函数可以实现一元线性回归分析也可以实现多元线性回归分析,下面通过例子说明多元回归分析的实际应用。

【例 6-4】　利用函数 regress 进行多元线性回归分析。表 6-3 列出了需求量与价值和收入的多元线性回归分析数据。

表 6-3　需求量与价格和收入的多元线性回归分析数据

需求量/千克	价格/元	收入/元
59 190.0	23.56	76 257.0
65 420.0	24.00	91 253.0
62 340.0	32.00	106 700.0
65 000.0	32.46	111 500.0
67 500.0	31.25	119 000.0
64 444.0	34.15	128 500.0
68 250.0	35.20	143 400.0
72 400.0	38.71	165 922.0
75 712.0	39.65	182 100.0
70 680.0	47.00	193 000.0

根据给出的数据构建需求量与价格和收入进行多元线性回归分析。

其 MATLAB 代码编程如下:

```
>> clear all;
y = [59190.0 65420.0 62340.0 65000.0 67500.0 64444.0 68250.0 72400.0 75712.0 70680.0];
x = [23.56 24.00 32.00 32.46 31.25 34.15 35.20 38.71 39.65 47.00;76257.0 91253.0 …
    106700.0 111500.0 119000.0 128500.0 143400.0 165922.0 182100.0 193000.0];
X = [ones(size(x,2),1),x'];
[b,bint,r,rint,stats] = regress(y',X)        % 多元线性回归分析
```

运行程序,输出如下:

```
b =
    1.0e + 04  *
    6.1951
  − 0.0892
    0.0000
```

```
bint =
   1.0e + 04 *
    5.4252      6.9649
  - 0.1486    - 0.0298
    0.0000      0.0000
r =
   1.0e + 03 *
  - 2.1698
    0.4365
    0.3550
    2.1398
    1.5519
  - 1.4617
  - 0.7096
    0.5393
    0.3570
  - 1.0385
rint =
   1.0e + 03 *
  - 4.5353      0.1957
  - 2.4710      3.3441
  - 2.8093      3.5193
  - 0.4761      4.7556
  - 1.7760      4.8799
  - 4.8072      1.8838
  - 4.2822      2.8629
  - 2.8562      3.9348
  - 2.3076      3.0217
  - 3.4320      1.3550
stats =
   1.0e + 06 *
    0.0000      0.0000      0.0000      2.3070
```

在 MATLAB 中,还提供了 rcoplot 函数用于绘制回归残差图。函数的调用如下。

rcoplot(r,rint):将试验样本回归后的残差及其置信区间绘制成误差条图,其中 r 和 rint 来自函数 regress 的输出。图中按数据的顺序给出各数据点的误差条。

【例 6-5】 某种合金强度与碳含量有关,研究人员在生产试验中收集了该合金的强度 y 与碳含量 x 的数据如表 6-4 所列。试建立 y 与 x 的函数关系模型,并检验模型的可信度,检查数据中有无异常点。

表 6-4 合金的强度与碳含量数据表

x	0.10	0.11	0.12	0.13	0.14	0.15	0.16	0.17	0.18	0.20	0.21	0.23
y	42.0	41.5	45.0	45.5	45.0	47.2	49.0	55.0	50.3	55.0	55.5	60.5

其 MATLAB 代码编程如下:

```
>> clear all;
% 数据的输入
```

```
x1 = 0.1:0.01:0.18;
x2 = [x1,0.2,0.21,0.23]';
y = [42.0,41.5,45.0,45.5,45.0,47.2,49.0,55.0,50.3,55.0,55.5,60.5]';
x = [ones(12,1),x2];
% 作数据的散点图
plot(x2,y,'rp');
% 回归分析
[b,bint,r,rint,stats] = regress(y,x);
b,bint,stats
% 作残差分析图
rcoplot(r,rint);
title('残差图的绘制');
xlabel('数据'); ylabel('残差');
% 预测及作回归线图
z = b(1) + b(2) * x2;
figure;
plot(x2,y,'rp',x2,z,'b');
```

运行程序,输出如下,效果如图 6-5 和图 6-6 所示。

```
b =
    26.9502
 141.1041
bint =
    22.3110    31.5894
 112.6683  169.5399
stats =
     0.9244  122.2457     0.0000     3.0240
```

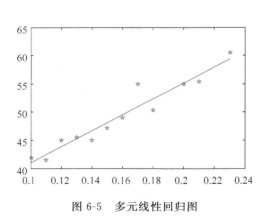

图 6-5　多元线性回归图

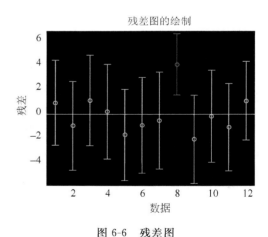

图 6-6　残差图

【例 6-6】　某销售公司将其连续 18 个月的库存占用资金情况、广告投入的费用、员工薪酬以及销售额等方面的数据作了汇总,如表 6-5 所示。该公司的管理人员试图根据这些数据找到销售额与其他 3 个变量之间的关系,以便进行销售额预测并为未来的工作决策提供参考依据。

(1) 试建立销售额的回归模型;

（2）如果未来某月库存资金额为 150 万元，广告投入预算为 45 万元，员工薪酬总额为 27 万元，试根据建立的回归模型预测该月的销售额。

表 6-5 占用资金、广告投入、员工薪酬、销售额

月份	库存资金额（x_1）	广告投入（x_2）	员工薪酬（x_3）	销售额 y
1	75.2	30.6	21.1	1090.4
2	77.6	31.3	21.4	1133
3	80.7	33.9	22.9	1242.1
4	76	29.6	21.4	1003.2
5	79.5	32.5	21.5	1283.2
6	81.8	27.9	21.7	1012.2
7	98.3	24.8	21.5	1098.8
8	67.7	23.6	21	826.3
9	74	33.9	22.4	1003.3
10	151	27.7	24.7	1554.6
11	90.8	45.5	23.2	1199
12	102.3	42.6	24.3	1483.1
13	115.6	40	23.1	1407.1
14	125	45.8	29.1	1551.3
15	137.8	51.7	24.6	1601.2
16	175.6	67.2	27.5	2311.7
17	155.2	65	26.5	2126.7
18	174.3	65.4	26.8	2256.5

分析：为了确定销售额 y 与库存资金额 x_1、广告投入 x_2、员工薪酬 x_3 之间的关系，分别做出 y 与 x_1，y 与 x_2，y 与 x_3 的散点图，散点图显示它们之间近似线性关系，因此可设定 y 与 x_1，x_2，x_3 的关系为三元线性回归模型

$$y = \beta_0 + \beta_1 x_1 + \beta_2 x_2 + \beta_3 x_3$$

计算出参数的估计。

其 MATLAB 代码编程如下：

```
>> clear all;
% 输入数据并用散点图
A = [75.2 30.6 21.1 1090.4;77.6 31.3 21.4 1133;80.7 33.9 22.9 1242.1;76 29.6 21.4 …
    1003.2; 79.5 32.5 21.5 1283.2;81.8 27.9 21.7 1012.2;98.3 24.8 21.5 1098.8;67.7 …
    23.6 21 826.3; 74 33.9 22.4 1003.3;151 27.7 24.7 1554.6;90.8 45.5 23.2 …
    1199;102.3 42.6 24.3 1483.1; 115.6 40 23.1 1407.1;125 45.8 29.1 1551.3;137.8 …
    51.7 24.6 1601.2;175.6 67.2 27.5 2311.7;155.2 65 26.5 2126.7;174.3 65.4 …
    26.8 2256.5];
figure;subplot(221);
plot(A(:,1),A(:,4),'*');title('销售额与库存资金额');
subplot(222);
plot(A(:,2),A(:,4),'o');title('销售额与广告投入');
subplot(212);
plot(A(:,3),A(:,4),'+');title('销售额与员工薪酬总额');
% 作多元回归
```

```
x = [ones(18,1) A(:,1:3)];
[b,bint,r,rint,stats] = regress(A(:,4),x);
b,bint,stats,
%预测
x1 = [1 150 45 27];
y1 = x1 * b
%作残差分析图
figure(2);
rcoplot(r,rint);
xlabel('数据');ylabel('残差');
title('残差图绘制');
```

运行程序,输出如下,效果如图 6-7 和图 6-8 所示。

```
b =
   162.0632
     7.2739
    13.9575
    -4.3996
bint =
   -580.3603   904.4867
      4.3734    10.1743
      7.1649    20.7501
    -46.7796    37.9805
stats =
   1.0e + 04 *
    0.0001    0.0105    0.0000    1.0078
y1 =
   1.7624e + 03
```

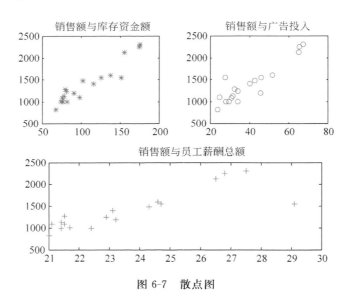

图 6-7　散点图

结果表明,系数 $\beta_0 = 162.0632$,$\beta_1 = 7.2739$,$\beta_2 = 13.9575$,$\beta_3 = -4.3996$,且 β_0,β_1,β_2,
β_3 在置信水平 95％下的置信区间分别为[-580.3603,904.4867]、[4.3734,10.1743]、

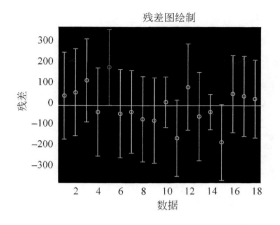

图 6-8 残差图

$[7.1649,20.7501]$、$[-46.7796,37.9805]$,可决系数 $r^2=0.0001,p=0.0000<0.05$,故回归模型

$$\hat{y} = 162.0632 + 7.2739x_1 + 13.9575x_2 - 4.3996x_3$$

成立。当未来某月库存资金额为 150 万元,广告投入预算为 45 万元,员工薪酬总额为 27 万元时,由模型预测该月的销售额为 1762.4 万元。

6.3 非线性回归分析

回归分析中,当研究的因果关系只涉及因变量和一个自变量时,叫做一元回归分析;当研究的因果关系涉及因变量和两个或两个以上自变量时,叫做多元回归分析。此外,回归分析中,又依据描述自变量与因变量之间因果关系的函数表达式是线性的还是非线性的,分为线性回归分析和非线性回归分析。通常线性回归分析法是最基本的分析方法,遇到非线性回归问题可以借助数学手段化为线性回归问题处理。

6.3.1 一元非线性回归分析

最小二乘法的一个前提条件是函数 $y=f(x)$ 的具体形式为已知时,即要求首先确定 x 与 y 之间内在关系的函数类型,函数的形式可能是各种各样的,具体形式的确定或假设,一般有下述两个途径:一是根据有关的物理知识,确定两个变量之间的函数类型;二是把观测数据画在坐标纸上,将散点图与已知函数曲线对比,选取最接近散点分布的曲线进行试算。

常见的一些非线性函数及线性化方法如下。

(1) 倒幂函数 $y=a+b\dfrac{1}{x}$ 型

令 $x'=\dfrac{1}{x}$,则 $y=a+bx'$。

（2）双曲线 $\dfrac{1}{y}=a+b\,\dfrac{1}{x}$ 型

令 $y'=\dfrac{1}{y}$，$x'=\dfrac{1}{x}$，则 $y'=a+bx'$。

（3）幂函数曲线 $y=dx^b$ 型

令 $y'=\ln y$，$x'=\ln x$，$a=\ln d$，则 $y'=a+bx'$。

（4）指数曲线 $y=d\mathrm{e}^{bx}$ 型

令 $y'=\ln y$，$a=\ln d$，则 $y'=a+bx$。

（5）倒指数曲线 $y=d\mathrm{e}^{\frac{b}{x}}$ 型

令 $y'=\ln y$，$x'=\dfrac{1}{x}$，$a=\ln d$，则 $y'=a+bx'$。

（6）对数曲线 $y=a+b\ln x$ 型

令 $x'=\ln x$，则 $y=a+bx'$。

（7）S 形曲线 $y=\dfrac{1}{a+b\mathrm{e}^{-x}}$ 型

令 $y'=\dfrac{1}{y}$，$x'=\mathrm{e}^{-x}$，则 $y'=a+bx'$。

综上所述，许多曲线都可以通过变换化为直线，于是可以按直线拟合的办法来处理。在线性化方法中，对数变换是常用的方法之一。当函数 $y=f(x)$ 的表达式不清楚时，往往可用对数变换进行试探看是否能线性化。通常把观测值标在对数坐标图中，当表现出现良好线性关系时，便可对变换后的数据进行回归分析，之后将得到的结果再代回原方程。因而，回归分析是对变换后的数据进行的，所得结果仅对变换后的数据来说是最佳拟合，当在变换回原数据坐标时，所得的回归曲线，严格地说并不是最佳拟合，不过，其拟合程度通常是令人满意的。

进行对数变换时必须使用原数据的实际观测值，而不可以用经等差变换后的相对差值。例如，对原观测值 11 和 12 应用等差变换可以简化计算，用其与 10 相对差值即 1 和 2 来描绘图并不影响曲线的形状。然而对数坐标中的距离代表是比值，显然 11 和 12 之比同 1 和 2 之比是完全不同的。

注意，在所配曲线的回归中，可决系数 r^2、剩余标准误差 S_y、F 值等的计算稍有不能。x'，y' 等仅仅是为了变量变换，使曲线方程变为直线方程，然而要求的是所配曲线与观测数据拟合较好，所以计算 r，S_y，F 等时，应首先根据已建立的回归方程，用 x_i 依次代入，得到 y_i 后在计算残差平方和 $S_{\mathrm{e}}=\displaystyle\sum_{i=1}^{n}(y_i-\hat{y}_i)^2$ 及总平方和 $S_{\mathrm{T}}=\displaystyle\sum_{i=1}^{n}(y_i-\bar{y})^2$，于是

$$r^2=1-\frac{S_{\mathrm{e}}}{S_{\mathrm{T}}}=1-\frac{\displaystyle\sum_{i=1}^{n}(y_i-\hat{y}_i)^2}{\displaystyle\sum_{i=1}^{n}(y_i-\bar{y})^2}$$

$$S_y=\sqrt{\frac{\displaystyle\sum_{i=1}^{n}(y_i-\hat{y}_i)^2}{n-2}}$$

$$F = \frac{\text{回归平方和}/f_{\text{回}}}{\text{残差平方和}/f_{\text{残}}} = \frac{S_R/1}{S_T/n-2}$$

其中 $S_R = S_T - S_e$。

6.3.2　多元非线性回归分析

多元非线性回归分析是指包含两个以上变量的非线性回归模型。对多元非线性回归模型求解的传统做法,仍然是想办法把它转化成标准的线性形式的多元回归模型来处理。有些非线性回归模型,经过适当的数学变换,便能得到它的线性化的表达形式,但对另外一些非线性回归模型,仅仅做变量变换根本无济于事。属于前一情况的非线性回归模型,一般称为内蕴的线性回归,而后者则称之为内蕴的非线性回归。

1. 回归分析方程

如果自变量 $x_1, x_2, \cdots, x_m$ 与因变量 y 皆具非线性关系,或者有的为非线性有的为线性,则选用多元非线性回归方程是恰当的。例如,二元二次多项式回归方程为

$$\hat{y} = a + b_{11}x_1 + b_{21}x_2 + b_{12}x_1^2 + b_{22}x_2^2 + b_{11 \times 22}x_1 x_2$$

令 $b_1 = b_{11}, b_2 = b_{21}, b_3 = b_{12}, b_4 = b_{22}, b_5 = b_{11 \times 22}$,及 $x_3 = x_1^2, x_4 = x_2^2, x_5 = x_1 x_2$,于是上式可化为五元一次线性回归方程

$$\hat{y} = a + b_1 x_1 + b_2 x_2 + b_3 x_3 + b_4 x_4 + b_5 x_5$$

这样,便可按多元线性回归分析的方法,计算各偏回归系数,建立二元二次多项式回归方程。

2. 回归分析模型

多元非线性回归分析模型主要分为常见的内蕴多元回归模型、内蕴的非线性回归模型。

1) 常见的内蕴多元回归模型

只要对模型中的变量进行数学变换,比如自然对数变换等,就可以将其转化具有标准形式特征的多元线性回归模型。

(1) $(y_1; x_{11}, x_{12}, \cdots, x_{1k}), (y_2; x_{21}, x_{22}, \cdots, x_{2k}), \cdots, (y_n; x_{n1}, x_{n2}, \cdots, x_{nk})$ 是一组对的样本观测数据,则称存在下列关系的非线性回归模型为多重弹性模型

$$y_i = \beta_0 x_{i1}^{\beta_1} x_{i2}^{\beta_2} \cdots x_{ik}^{\beta_k} \varepsilon^{\varepsilon_i} \qquad (6\text{-}19)$$

上述模型中的各解释变量的幂,能够说明解释变量的相对变化对被解释变量产生的相对影响,我们正是从这一角度说它是多重弹性模型的。

(2) Cobb-Dauglas 生产函数模型

Cobb-Dauglas 生产函数模型为

$$y_i = AK_i^\alpha L_i^\beta \varepsilon^{\varepsilon_i}, \quad i = 1, 2, \cdots, n \qquad (6\text{-}20)$$

其中,y_i 表示产出总量,K_i 为资本要素,L_i 为劳动力要素,A, α, β 为参数。比较式(6-19)及式(6-20),不难看出 C-D 产生函数模型实际是多重弱性模型的简化或特殊形式。

（3）总成本函数模型

用 y_i 表示总成本，x_i 表示产出规模，则称具有如下关系的回归模型为总成本函数模型：

$$y_i = \beta_0 + \beta_1 x_i + \beta_2 x_i^2 + \beta_3 x_i^3 + \varepsilon_i, \quad i = 1,2,\cdots,n \tag{6-21}$$

总成本函数是多项式函数的特殊形式，更为一般的情况就是多项式回归模型

$$y_i = \beta_0 + \beta_1 x_i + \beta_2 x_i^2 + \beta_k x_i^k + \varepsilon_i, \quad i = 1,2,\cdots,n \tag{6-22}$$

多项式回归模型从宽松的角度讲，可以不把它看成是非线性回归模型，在这里主要是用来说明一下问题，把它看成内蕴的线性回归模型也无妨。

2）内蕴的非线性回归模型

内蕴非线性回归模型的形式有很多种，大部分难以根据经济含义进行称呼，下面列出几个常用的内蕴非线性回归模型。

（1）CES 生产函数模型为

$$y_i = A(\delta_1 K_i^{-\rho} + \delta_2 L_i^{-\rho})\varepsilon_i, \quad i = 1,2,\cdots,n$$

（2）随机项表现为加法的 C-D 生产函数模型为

$$y_i = AK_i^\alpha + L_i^\beta + \varepsilon_i, \quad i = 1,2,\cdots,n$$

（3）其他形式的内蕴非线性模型，如，

$$y_i = \beta_0 + \beta_1 x_{i1}^{\beta_1} + \beta_2 x_{i2}^{\beta_2} + \cdots + \beta_k x_{ik}^{\beta_k} + \varepsilon_i, \quad i = 1,2,\cdots,n$$

6.3.3　非线性回归分析的 MATLAB 实现

MATLAB 统计工具箱中的 nlinfit 函数用来作一元或多重非线性回归。多重非线性回归模型的一般形式如下。

$$y_i = f\left[(\beta_1,\beta_2,\cdots,\beta_k);x_{i1},x_{i2},\cdots,x_{ip}\right] + \varepsilon_i, \quad i = 1,2,\cdots,n$$

通常假定 $\varepsilon_1,\varepsilon_2,\cdots,\varepsilon_n \sim N(0,\sigma^2)$。由式（6-19）可得理论回归方程为

$$\hat{y} = f\left[(\beta_1,\beta_2,\cdots,\beta_k);x_1,x_2,\cdots,x_p\right]$$

记

$$Y = \begin{bmatrix} y_1 \\ y_2 \\ \vdots \\ y_n \end{bmatrix}, \quad X = \begin{bmatrix} x_{11} & \cdots & x_{1p} \\ \vdots & \ddots & \vdots \\ x_{n1} & \cdots & x_{np} \end{bmatrix}, \quad \beta = \begin{bmatrix} \beta_1 \\ \beta_2 \\ \vdots \\ \beta_k \end{bmatrix}$$

Y 为因变量观测值向量。矩阵 X 为自变量观测值矩阵，X 的每一列对应一个变量，每一行对应一组观测。β 为模型的未知参数向量（可为行向量或列向量）。

关于 nlinfit 等相关函数的调用格式及用法在第 3 章已介绍，在此通过实例来演示 nlinfit 等函数怎样实现实际的非性回归分析问题。

【例 6-7】　测定某雌性鱼体长（cm）和体重（kg）的结果如表 6-6 所示，试对鱼体重与体长进行回归分析。

表 6-6 鱼体长与体重数据表

序号	1	2	3	4	5	6	7	8
体长(x)/cm	70.70	98.25	112.57	122.48	138.46	148.46	152.00	162.00
体重(y)/kg	1.00	4.85	6.59	9.01	12.34	15.50	21.25	22.11

分析：根据实际观测值在直角坐标系中作散点图，选定曲线类型，从散点图实测点的分布趋势看出它比较接近幂函数曲线图形，因而选用 $y = ax^b$ 来进行拟合。由于这是非线性回归，所以可用两种方法求出参数 a, b。一种是用 m 文件定义的非线性函数 $y = ax^b$，然后在主程序中使用非线性回归命令 nlinfit 求解。另一种是线性化，将非线性模型化成线性模型，只要对 $y = ax^b$ 取对数得 $\ln y = \ln a + b\ln x$，令 $y_1 = \ln y$，$a_1 = \ln a$，$x_1 = \ln x$，则得线性模型 $y_1 = a_1 + bx_1$。

其 MATLAB 代码编程如下。

```
% (第一种方法)首先定义非线性函数,并保存为 m 文件 yut.m
function y = yut(beta x)
y = beta(1) * x.^ beta(2);
```

其主程序为：

```
>> clear all;
% 输入数据
x = [70.70,98.25,112.57,122.48,138.46,148.46,152.00,162.00];
y = [1.00,4.85,6.59,9.01,12.34,15.50,21.25,22.11];
beta0 = [0.1,3]';
% 求回归系数;
[beta,r,J] = nlinfit(x',y','yut',beta0)
% 预测及作图
[YY,delta] = nlpredci('yut',x',beta,r,J)
plot(x,y,'k + ',x,YY,'r');
```

运行程序，输出如下，效果如图 6-9 所示。

```
beta =
    0.0000
    3.3851
r =
   - 0.3813
    0.6420
   - 0.0796
    0.1356
   - 1.1010
   - 1.3417
    2.8171
   - 0.7599
J =
   1.0e + 07 *
    0.1822    0.0000
    0.5550    0.0000
    0.8797    0.0000
```

```
        1.1705      0.0000
        1.7728      0.0000
        2.2213      0.0000
        2.4312      0.0000
        3.0164      0.0000
YY =
        1.3813
        4.2080
        6.6696
        8.8744
       13.4410
       16.8417
       18.4329
       22.8699
delta =
        0.9187
        1.5936
        1.7567
        1.7305
        1.4926
        1.5294
        1.7054
        2.6882
```

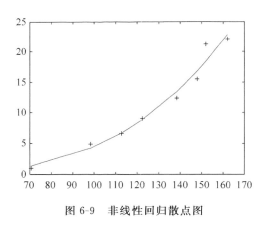

图 6-9　非线性回归散点图

6.4　逐步回归分析

6.4.1　主要思想

在实际问题中,人们总是希望从对因变量有影响的诸多变量中选择一些变量作为自变量,应用多元回归分析的方法建立"最优"回归方程以便对因变量进行预报或控制。所谓"最优"回归方程,主要是指希望在回归方程中包含所有对因变量影响显著的自变量而不包含对影响不显著的自变量的回归方程。逐步回归分析正是根据这种原则提出来的一种回归分析方法。它的主要思路是在考虑的全部自变量中按其对的作用大小,显著程度大小或者说贡献大小,由大到小地逐个引入回归方程,而对那些对作用不显著的变量可能始终不被引入回归方程。另外,已被引入回归方程的变量在引入新变量后也可能失去重要性,而需要从回归方程中剔除出去。引入一个变量或者从回归方程中剔除一个变量都称为逐步回归的一步,每一步都要进行检验,以保证在引入新变量前回归方程中只含有对影响显著的变量,而不显著的变量已被剔除。

逐步回归分析的实施过程是每一步都要对已引入回归方程的变量计算其偏回归平方和(即贡献),然后选一个偏回归平方和最小的变量,在预先给定的水平下进行显著性检验,如果显著则该变量不必从回归方程中剔除,这时方程中其他的几个变量也都不需要剔除(因为其他的几个变量的偏回归平方和都大于最小的一个更不需要剔除)。相反,如果不显著,则该变量要剔除,然后按偏回归平方和由小到大地依次对方程中其他变量进行检验。将对影响不显著的变量全部剔除,保留的都是显著的。接着再对未引入回归方程中的变量分别计算其偏回归平方和,并选其中偏回归平方和最大的一个变量,同样在给定水平下作显著性检验,如果显著则将该变量引入回归方程,这一过程一直继续下去,直到在回归方程中的变量都不能剔除而又无新变量可以引入时为止,这时逐步回归过程结束。

6.4.2　实现步骤

逐步回归分析的主要步骤如下。

(1) 确定 F 检验值

在进行逐步回归计算前要确定检验每个变量是否显著的 F 检验水平,以作为引入或剔除变量的标准。F 检验水平要根据具体问题的实际情况来定。一般地,为使最终的回归方程中包含较多的变量,F 水平不宜取得过高,即显著水平 α 不宜太小。F 水平还与自由度有关,因为在逐步回归过程中,回归方程中所含的变量的个数不断在变化,因此方差分析中的剩余自由度也总在变化,为方便起见常按 $n-k-1$ 计算自由度。n 为原始数据观测组数,k 为估计可能选入回归方程的变量个数。例如 $n=15$,估计可能有 $2\sim3$ 个变量选入回归方程,因此取自由度为 $15-3-1=11$,查 F 分布表,当 $\alpha=0.1$,自由度 $f_1=1$,$f_2=11$ 时,临界值 $F_\alpha=3.23$,并且在引入变量时自由度取 $f_1=1,f_2=n-k-2$,F 检验的临界值记 F_1,在剔除变量时自由度取 $f_1=1,f_2=n-k-1$,F 检验的临界值记 F_2,并要求 $F_1 \geqslant F_2$,实际应用中常取 $F_1=F_2$。

(2) 逐步计算

如果已计算步 t(包含 $t=0$),且回归方程中已引入 t 个变量,则第 $t+1$ 步的计算如下。

① 计算全部自变量的贡献 V'(偏回归平方和)。

② 在已引入的自变量中,检查是否有需要剔除的不显著变量。这就要在已引入的变量中选取具有最小 V' 值的一个并计算其 F 值,如果 $F \leqslant F_2$,表示该变量不显著,应将其从回归方程中剔除,计算转至③。如果 $F > F_2$ 则不需要剔除变量,这时则考虑从未引入的变量中选出具有最大 V' 值的一个计算 F 值,如果 $F > F_1$,则表示该变量显著,应将其引入

回归方程,计算转至③。如果 $F \leqslant F_1$,表示已无变量可选入方程,则逐步计算阶段结束,计算转入(3)。

③ 剔除或引入一个变量后,相关系数矩阵进行消去变换,第 $t+1$ 步计算结束。重复①～③再进行下步计算。

由上所述,逐步计算的每一步总是先考虑剔除变量,仅当无剔除时才考虑引入变量。实际计算时,开头几步可能都是引入变量,其后的某几步也可能相继地剔除几个变量。当方程中已无变量可剔除,且又无变量可引入方程时,第二阶段逐步计算即告结束,这时转入第三阶段。

(3) 其他计算,主要是计算回归方程入选变量的系数、复相关系数及残差等统计量。

逐步回归选取变量是逐渐增加的。选取第 l 个变量时仅要求与前面已选 $l-1$ 个变量配合起来最小的残差平方和,因此最终选出的 L 个重要变量有时可能不是使残差平方和最小的 L 个,但大量实际问题计算结果表明,这 L 个变量常常就是所有 L 个变量的组合中具有最小残差平方和的哪一个组合,特别当 L 不大时更是如此,这表明逐步回归是比较有效的方法。

引入回归方程的变量的个数 L 与各变量贡献的显著性检验中所规定的 F 检验的临界值 F_1 与 F_2 的取值大小有关。如果希望多选一些变量进入回归方程,则应当适当增大检验水平 α 值,即减小 $F_1 = F_2$ 的值,特别地,当 $F_1 = F_2 = 0$ 时,则全部变量都将被选入,这时逐步回归就变为一般的多元线性回归。相对,如果 α 取得比较小,则 F_1 与 F_2 取得比较大时,则入选的变量个数就要减少。此外,还要注意,在实际问题中,当观测数据样本容量 n 较小时,入选变量个数 L 不宜选得过大,否则被确定的系数 b_i 的精度将较差。

6.4.3　逐步回归分析的 MATLAB 实现

在 MATLAB 中,提供了相关函数用于实现逐步回归分析,下面分别给予介绍。

1. stepwise 函数

在 MATLAB 中,提供了 stepwise 函数用于实现逐步回归的交互式环境。函数的调用格式如下。

stepwise:打开一个交互式图形用户界面(GUI),对 MATLAB 自带的数据文件 hald.mat 中的变量 heat 和 ingredients 进行交互式逐步回归分析,其中 heat 为因变量观测值向量,ingredients 为设计矩阵。

stepwise(X,y):打开交互式图形用户界面,对用户指定的数据进行交互式逐步回归分析。输入参数 X 为 $n \times p$ 的设计矩阵,y 为因变量的观测值向量,是 $n \times 1$ 的列向量。

stepwise(X,y,inmodel,penter,premove):用 inmodel 参数指定初始模型中所包含的项,inmodel 可以是一个长度与 X 的列数相等的逻辑向量,也可以是一个下标向量(其元素取值介于 1 和 X 的列数之间,表示列序号)。用 penter 参数指定变量进入模型的最大显著性水平(默认值为 0.05),显著性检验的 p 值小于 penter 的变量才有可能被引入模型。用 premove 参数指定从模型中剔除变量的最小显著性水平(默认值为 penter 和 0.1 的最大值),显著性检验的 p 值大于 premove 的变量有可能被剔除出模型。penter 参数的值必须小于或等于 premove 参数的值。

【例 6-8】 测定了 20 个苯甲腈、苯乙腈衍生物对发光菌的毒性影响,其数据如表 6-7 所示,请求回归方程。

表 6-7 毒性测定结果

化合物编号	$\lg(1/EC_{50})$	$\lg K_{ow}$	Hammett 常数 σ	摩尔折射 MR
1	−2.397	1.77	0.47	19.83
2	−2.383	1.23	0.44	15.23
3	−2.330	1.49	−0.27	7.87
4	−2.297	1.42	−0.15	15.74
5	−2.179	0.91	0.13	11.14
6	−2.091	1.30	0.71	7.36
7	−1.972	0.82	−0.25	10.72
8	−1.812	2.42	0.39	8.88
9	−1.810	1.10	−0.92	11.65
10	−1.702	1.72	−0.61	3.78
11	−1.570	1.17	−0.02	26.12
12	−1.554	2.63	−0.24	12.47
13	−1.478	2.03	−0.27	15.32
14	−1.432	1.36	0.60	12.06
15	−1.399	2.98	−0.37	2.85
16	−1.397	2.99	0.15	21.35
17	−1.052	2.6	−0.12	7.87
18	−1.032	2.89	−0.47	18.76
19	−1.018	2.60	−0.57	24.79
20	−1.008	2.35	0.12	16.75

其 MATLAB 代码编程如下:

```
>> clear all;
x = [1.77 0.47 19.83;1.23 0.44 15.23;1.49 −0.27 7.87;1.42 −0.15 15.74; …
    0.91 0.13 11.14;1.30 0.71 7.36;0.82 −0.25 10.72;2.42 0.39 8.88; …
   1.10 −0.92 11.65;1.72 −0.61 3.78; 1.17 −0.02 26.12;2.63 −0.24  12.47; …
   2.03 −0.27 15.32;1.36 0.60 12.06;2.98 −0.37 2.85;2.99 0.15 21.35; …
   2.6 −0.12 7.87;2.89 −0.47 18.76;2.60 −0.57 24.79;2.35 0.12 16.75];
y = [ −2.397 −2.383 −2.330 −2.297 −2.179 −2.091 −1.972 −1.812 −1.810 −1.702
−1.570 −1.554 … −1.478 −1.432 −1.399 −1.397  −1.052 −1.032 −1.018 −1.008];
s = regstats(y,x)              % 回归诊断,得到 GUI 界面,选择相应的选项计算回归系数项
s =
          source: 'regstats'
               Q: [20x4 double]
               R: [4x4 double]
            beta: [4x1 double]
            covb: [4x4 double]
            yhat: [20x1 double]
               r: [20x1 double]
             mse: 0.7773
```

```
             rsquare: 0.0882
          adjrsquare: − 0.0827
            leverage: [20x1 double]
             hatmat: [20x20 double]
               s2_i: [20x1 double]
             beta_i: [4x20 double]
           standres: [20x1 double]
            studres: [20x1 double]
            dfbetas: [4x20 double]
              dffit: [20x1 double]
             dffits: [20x1 double]
            covratio: [20x1 double]
              cookd: [20x1 double]
              tstat: [1x1 struct]
              fstat: [1x1 struct]
             dwstat: [1x1 struct]
>> s.beta                        %求回归参数,含常数项
ans =
   − 2.2278
     0.3237
     0.2638
     0.0059
>> stepwise(x, y)                %逐步回归,效果如图 6-10 所示
```

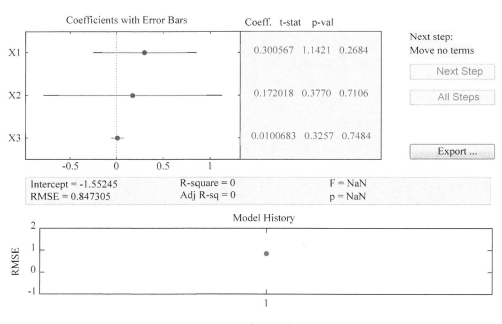

图 6-10　逐步回归分析图

2. stepwisefit 函数

stepwisefit 函数用于逐步回归法建模的集成命令,只需给出必要的输入参数,即可

自动完成建模的工作,返回所谓最优回归方程的相关信息。函数的调用格式如下。

$[b, se, pval, inmodel, stats, nextstep, history] = stepwisefit(X, y, param1, val1, param2, val2, \cdots)$:输入参数 X 为 p 个自变量的 n 个观测值的 $n \times p$ 矩阵;y 为因变量的 n 个观测值的 $n \times 1$ 向量;$parami$ 为第 i 个引用参数,$vali$ 为其相应取值,通常可以默认。这里只介绍 3 个可能会用到的引用参数。

- penter:设置回归方程显著性检验的显著性概率上限,默认设置为 0.05;
- premove:设置回归方程显著性检验的显著性概率下限,默认设置为 0.10;
- display:用来指明是否强制显示建模过程信息,取值为 'on'(即显示,为默认值),取值为 'off'(即不显示)。

输出参数 b 为模型系数;se 为模型系数的标准误差;pval 为显著性检验各个自变量的显著性概率;inmodel 为各个自变量在最终回归方程中地位的说明(1 表示在方程中,0 表示不在方程中);stats 为一个构架数组,包括如下参数名。

- source:建模方法的说明,'stepwisefit' 表示逐步回归法;
- dfe:最优回归方程的剩余自由度;
- df0:最优回归方程的回归自由度;
- SStotal:最优回归方程的总偏差平方和;
- SSersid:最优回归方程的剩余平方和;
- fstat:最优回归方程的 F 统计量的值;
- pval:最优回归方程的显著性概率;
- rmse:最优回归方程的标准误差估计;
- xr:最优回归方程的预测残差最终模型;
- yr:最优回归方程的残差在最终模型中的响应;
- B:模型系数;
- SE:模型系数的标准误差;
- TSTAT:每个自变量显著性检验的 T 统计量的值;
- PVAL:每个自变量显著性检验的显著性概率;
- intercept:常数项的点估计;
- wasnan:指出自变量中的 NaN 值。

输出参数 nextstep 表示对是否还需要引入回归方程的自变量的说明(0 表示没有)。history 为一个构架数组,包括如下参数名。

- rmse:每一步的模型标准误差估计;
- df0:每一步的模型标准误差估计;
- in:记录了按相关系数绝对值大小逐步引入回归方程的变量的次序。

需要指出的是,在调用 stepwisefit 函数时,有一些信息重复输出,有一些信息对于一般使用者并不是很重要。因此,这里给出关于输出信息显示的一点建议。

(1) 引入参数 display 设置为 off;

(2) 选择 stepwisefit 函数的所有输出参数,但用分号";"禁止显示;

(3) 重新规划输出信息,最重要的信息包括如下因素。

- 自变量的筛选和模型参数估计信息:inmodel,stats. intercept,b;

- 回归方程显著性整体检验信息：stats. pval，stats. rmse；
- 回归方程显著性分别检验信息：stats. PVAL。

【例 6-9】 设某种水泥在凝固时所释放的热量 $Y(\text{cal}_{\text{th}}{}^* / \text{g})$ 与水泥中的下列 4 种化学成分有关。

x_1：$3\text{CaO} \cdot \text{Al}_2\text{O}_3$ 的成分（%）；

x_2：$3\text{CaO} \cdot \text{SiO}_2$ 的成分（%）；

x_3：$4\text{CaO} \cdot \text{Al}_2\text{O}_3 \cdot \text{Fe}_2\text{O}_3$ 的成分（%）；

x_4：$2\text{CaO} \cdot \text{SiO}_2$ 的成分（%）。

共观测了 13 组数据，如表 6-8 所示。

表 6-8　水泥中的化学成分含量与水泥凝固的放热量数据

序号	x_1/%	x_2/%	x_3/%	x_4/%	Y/%
1	7	26	6	60	78.5
2	1	29	15	52	74.3
3	11	56	8	20	104.3
4	11	31	8	47	87.6
5	7	52	6	33	95.9
6	11	55	9	22	109.2
7	3	71	17	6	102.7
8	1	31	22	44	72.5
9	2	54	18	22	93.1
10	21	47	4	26	115.9
11	1	40	23	34	83.8
12	11	66	9	12	113.3
13	10	68	8	12	109.4

试用逐步回归法求出 Y 对 x_1, x_2, x_3, x_4 的最优回归方程。

其 MATLAB 代码编程如下。

```
>> clear all;
ingredients = [26  6  60  78.5;1  29  15  52;11  56  8  20;11  31  8  48;…
               7  52  6  33;11  55  9  22;3  54  17  6;1  70  22  48;…
               2  32  18  24;21  52  4  26;1  48  24  34;11  40  9  12;10  66  8  12];
  heat = [78.5 74.3 104.3 87.5 95.6 109.6 102.7 72.5 93.1 115.9 83.9 113.3 109.4]';
[b,se,pval,inmodel,stats,nextstep,history] = stepwisefit(ingredients,heat,…
           'penter',0.05,'premove',0.10);
  inmodel,b0 = stats.intercept,b        % 自变更的筛选和模型参数估计信息
  Allp = stats.pval,rmse = stats.rmse   % 回归方程显著性整体检验信息
  P = stats.PVAL                        % 回归方程显著性分别检验信息
```

运行程序，输出如下：

```
Initial columns included: none
```

---

* $1\text{cal}_{\text{th}} = 4.184\text{J}$。

```
Step 1, added column 4, p = 0.00116729
Step 2, added column 1, p = 1.3574e - 06
Step 3, added column 3, p = 0.0142375
Final columns included:  1 3 4
    'Coeff'        'Std.Err.'      'Status'      'P'
   [ 1.2123]       [ 0.0864]       'In'         [2.0162e - 07]
   [ - 0.0529]     [ 0.0507]       'Out'        [     0.3278]
   [ - 0.1875]     [ 0.0619]       'In'         [     0.0142]
   [ - 0.6341]     [ 0.0445]       'In'         [1.7707e - 07]
inmodel =
     1       0       1       1
b0 =
 107.8785
b =
     1.2123
   - 0.0529
   - 0.1875
   - 0.6341
Allp =
   2.1665e - 08
rmse =
     2.2055
P =
     0.0000
     0.3278
     0.0142
     0.0000
```

结果表明,最优回归方程为 $\hat{y} = 107.8785 + 1.2123x_1 - 0.0529x_2 - 0.01875x_3 - 0.6341x_4$,回归方程显著性整体检验和分别检验均为高度显著,模型标准误差估计为 2.2055。

6.5 稳健回归分析

估计的稳健性(Robustness)概念指的是在估计过程中产生的估计量对模型误差的不敏感性。因此稳健估计是在比较宽的资料范围内产生的优良估计。如在独立同分布正态误差的线性模型中,最小二乘估计(LSE)是有效无偏估计。然而当误差是非正态分布时,LSE 不一定是最有效的。但误差分布事先不一定知道,因此有必要考虑稳健回归的问题。

稳健回归(Robust Regression)估计,如误差为正态时,它比 LSE 稍差一点,但误差非正态时,它比 LSE 要好得多。这种对误差项分布的稳健特性,常能有效排除异常值干扰。DPS 提供了稳健回归中常用的最大似然型的 M 估计。

稳健回归一般模型为

$$Y_i = \sum_{j=1}^{p} x_{ij}\beta_j + e_i, \quad i = 1, 2, \cdots, n$$

其中,$\beta_1, \cdots, \beta_p$ 为未知回归系数,$e_1, \cdots, e_n$ 为独立同分布,均值为 0。

在 MATLAB 中,提供了 robustfit 函数用于实现稳健回归分析。函数的调用格式如下。

b = robustfit(X,y):返回多重线性回归方程中系数向量 β 的估计值 b,这里的 b 为一个 $p \times 1$ 的向量。输入参数 X 为自变量观测值矩阵(或设计矩阵),它是 $n \times p$ 的矩阵。与 regress 函数不同的是,默认情况下,robustfit 函数自动在 X 第 1 列元素的左边加入一列 1,不需要用户自己添加。输入参数 y 为因变量的观测值向量,是 $n \times 1$ 的列向量。

b = robustfit(X,y,wfun,tune):用参数 wfun 指定加权函数,用参数 tune 指定调节常数。

b = robustfit(X,y,wfun,tune,const):用参数 const 来控制模型中是否包含常数项。如果 const 取值为'on'或 1 时,则模型中包含常数项,此时自动在 X 第 1 列的左边加入一列 1,如果 const 取值为'off'或 0 时,则模型中不包含常数项,此时不改变 X 的值。

[b,stats] = robustfit(…):同时返回一个结构体变量 stats,它的字段包含了用于模型诊断的统计量。

【例 6-10】 利用 robustfit 函数对 $y = 10 - 2x$ 方程实现稳健回归分析。

其 MATLAB 代码编程如下:

```
>> clear all;
x = (1:10)';
y = 10 - 2 * x + randn(10,1);
y(10) = 0;
bls = regress(y,[ones(10,1) x])        % 一元线性回归分析
[b,stats] = robustfit(x,y)             % 稳健回归分析
scatter(x,y,'filled');                 % 散点图
grid on; hold on
plot(x,bls(1) + bls(2) * x,'r','LineWidth',2);
plot(x,b(1) + b(2) * x,'g-','LineWidth',2)
legend('数据','线性回归','稳健回归')
```

运行程序,输出如下,效果如图 6-11 所示。

```
bls =
     7.8518
   - 1.3644
b =
     8.4504
   - 1.5278
stats =
        ols_s: 3.0196
     robust_s: 2.9689
        mad_s: 3.4716
            s: 2.9835
        resid: [10x1 double]
        rstud: [10x1 double]
           se: [2x1 double]
         covb: [2x2 double]
     coeffcorr: [2x2 double]
            t: [2x1 double]
```

```
        p: [2x1 double]
        w: [10x1 double]
       Qy: [2x1 double]
        R: [2x2 double]
      dfe: 8
        h: [10x1 double]
     Rtol: 4.3568e-14
```

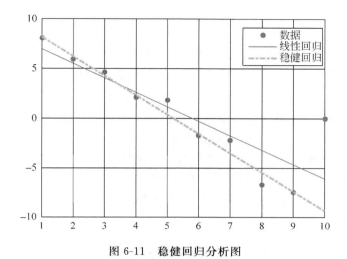

图 6-11 稳健回归分析图

6.6 广义回归分析

广义线性模型分析是将方差分析和回归分析的基本原理结合起来,用来分析连续型因变量与任意型自变量之间各种关系的一种统计分析方法。

其意义是使得方差分析和回归分析的实用性和准确性得到进一步提高。

广义线性模型与典型线性模型的区别是其随机误差的分布不是正态分布,与非线性模型的最大区别则在于非线性模型没有明确的随机误差分布假定而广义线性模型的随机误差的分布是可以确定的。例如 $\log \dfrac{\prod(x)}{1-\prod(x)} = A + Bx$ 即为一个广义线性模型。

6.6.1 三项构成要素

构成广义线性模型主要有三项要素,分别介绍如下。

(1)随机成分

用以明确响应变量的概率分布。随机成分包含自然指数分布族中的某一个分布的若干独立观测值 $Y = (Y_1, Y_n)'$。自然指数分布族概率分布的每个观测值具有如下的密度函数。

$$f(y, H) = a(H)b(y_i)\exp[yQ(H)]$$

任何一个可以写成这种形式的分布都是自然指数分布族的一员。对于 $i=1,2,\cdots,n$，参数 H 可以是不同的，随自变量的变化而变化。$Q(H)$ 称为该分布的自然参数。

（2）系统成分

用以确定用作预测变量的解释变量的线性函数。广义线性模型的系统成分通过一个线性模型 $\Gamma=XB$ 将向量 $\Gamma=(\Gamma_1,\Gamma_n)$ 与一组解释变量联系起来，这里 X 为模型矩阵，有时也称作设计矩阵，它包括解释变量的 n 个观测值；B 为模型的参数向量；Γ 被称为线性预测（向）量。

（3）连接函数

用以描述系统成分与随机成分的期望值之间的函数关系。设 $\Lambda_i=E(Y_i),i=1,2,\cdots,n,\Lambda_i$ 与 Γ_i 通过 $\Gamma_i=g(\Lambda_i)$ 来联结，其中 g 是任意单调可导函数。模型通过公式

$$g(\Lambda_i)=\sum_j 2Bx_{ij},\quad i=1,2,\cdots,n$$

将相应变量观测值的期望值与解释变量连接起来。

一般说来，对于所有的 Λ_i，其连接函数都是一样的，函数 $g(\Lambda)=\Lambda$ 表示一致性连接函数，意指该线性预测（向）量是响应变量期望的线性模型。由此看出，线性模型只不过是广义线性模型的一个特殊，而且，在线性模型中的连接函数是一致性连接函数。

综上所述，广义线性模型是转换后的响应量期望值的线性模型，该响应变量具有自然指数族的分布。

6.6.2 广义线性模型与连续变量模型的关系

广义线性模型不仅包括离散变量，也包括连续变量。正态分布也被包括在一族自然指数分布族中，该自然指数分布族包含描述发散状况的参数，属于双参数指数分布族（双参数是指位置参数和发散参数，单参数指数分布族是指仅包括位置参数的指数分布族），对于固定的方差，其自然参数就是平均数。所以，对于响应变量的平均数的回归模型是一个采用一致性连接函数的广义线性模型。

6.6.3 广义线性模型的优点

广义线性模型具有如下优点。

（1）对定性变量进行分析

广义线性模型的其中一些如 LOGIF 回归和对数线性回归模型在社会统计的各个领域的定性分析中有广泛的用途。其中，LOGIF 回归模型可以用连续性的解释变量解释二项分布变量的变化，对数线性模型则可用来解释多个类别变量之间的关系，即对多项列联表进行分析。在纵向数据分析及生存分析中也有广泛的应用，而生成分析及纵向数据分析在目前的统计方法研究中都是热门课题。

（2）使非线性回归线性化

两变量与多变量的非线性模型计算非常复杂，用的也非常少，而广义线性模型——非线性模型的线性化，则允许模型中有多个解释变量，像线性回归一样，并且像复回归一样，可以对解释变量进行向前、向后选取分析。

（3）广义线性模型的参数估计量具有大样本正态分布，因而具有良好的统计性质

广义线性模型方法的推广和应用对于显示现在统计方法和统计技术的威力，促进全民统计意识的普及及深化有很大的推广作用，也与大统计学科的建设方向相一致。

6.6.4　广义线性回归 MATLAB 实现

在 MATLAB 中提供了 glmfit 函数用于实现广义线性回归分析。函数的调用格式如下。

b = glmfit(X,y,distr)：用于响应 y，预测变量 X 和分布 distr 拟合广义线性模型。对于 distir 变量，可以选用下面的分布名称：binomial、gamma、inverse gaussian、lognormal、normal（默认选项）和 poisson。

在大部分情况下，y 是响应观测值向量。但对于二项分布，y 为二列数组，第一列为测量次数，第二列为试验次数。X 为矩阵，与 y 有相同的行数，对应于每个观测值，包括预测变量的值。输出 b 为系数估计向量。

b = glmfit(X,y,distr,'link','estdisp',offset,pwts,'const')：对于拟合，提供其他控制，link 变量指给分散参数赋值（μ）和预测变量（xb）组合之间的线性关系。

estdisp 变量可以设置为 on，可以估计二项分布和泊松分布的分散参数，设置为 off，则给分散参数赋值 1.0。glmfit 函数总是为其他分布估计分散参数。

offset 参数和 pwts 参数可以是与 y 长度相同的向量，也可以忽略（或指定为空向量）。offset 向量为一个特殊的预测变量，其系数为 1.0。假设现在建立不同表面的缺陷个数模型，并希望创建一个模型，其中缺陷的个数期望与表面面积成比例。可以与泊松分布、对数连接函数和作为 offset 的对数表面面积一起，使用缺陷个数作为响应。

pwts 变量为优先权重向量。例如，如果响应值 $y(i)$ 是 $f(i)$ 观测值的平均值，则可以使用 f 作为优先权重向量。

const 变量设置为 on（默认设置），可以估计常数项，设置为 off，忽略常数项。如果希望得到常数项，建议使用本变量。

[b,dev,stats] = glmfit(…)：返回附加输出 dev 和 stats。dev 为解向量上的离差，该离差为残差平方和的推广，可以进行离差分析，比较多个模型，其他项的每一个子集，并检验项目较多的模型是否明显优于项目较少的模型。

stats 为含有下面域值的结构。

- stats. dfe：误差的自由度；
- stats. s：理论或估计的分散参数；
- stats. sfit：估计的分散参数；
- stats. estdisp：为 1 时即为分散参数的是估计的，为 0 时即为分散参数是固定的；
- stats. beta：系数估计向量（与 b 相同）；
- stats. se：系数估计的标准误差向量 b；
- stats. coeffcorr：b 的相关矩阵；

- stats. t：b 的 t 统计量；
- stats. p：b 的 p 值；
- stats. resid：残差向量；
- stats. residp：Pearson 残差向量；
- stats. residd：离差残差向量；
- stats. resida：Anscombe 残差向量。

如果为二项分布或泊松分布估计分散参数，则 stats. s 等于 stats. sfit。同样，stats. se 的元素通过因子 stats. s 与它们的理论值相区别。

【例 6-11】 利用 glmfit 对给定的数据 x 及 y 进行广义线性拟合。

其 MATLAB 代码编程如下：

```
>> clear all;
x = [2100 2300 2500 2700 2900 3100 3300 3500 3700 3900 4100 4300]';
n = [48 42 31 34 31 21 23 23 21 16 17 21]';
y = [1 2 0 3 8 8 14 17 19 15 17 21]';
[b,dev,stats] = glmfit(x,[y n],'binomial','link','probit')
yfit = glmval(b, x,'probit','size', n);
plot(x, y./n,'o',x,yfit./n,'-','LineWidth',2);
legend('给定数据','广义线性拟合');
grid on
```

运行程序，输出如下，效果如图 6-12 所示。

```
b =
  - 7.3628
    0.0023
dev =
    7.5693
stats =
            beta: [2x1 double]
             dfe: 10
            sfit: 0.8152
               s: 1
          estdisp: 0
            covb: [2x2 double]
              se: [2x1 double]
        coeffcorr: [2x2 double]
               t: [2x1 double]
               p: [2x1 double]
           resid: [12x1 double]
          residp: [12x1 double]
          residd: [12x1 double]
          resida: [12x1 double]
             wts: [12x1 double]
```

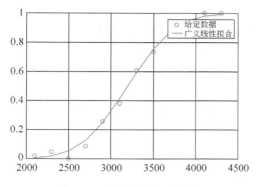

图 6-12　广义线性回归分析

6.7　岭回归

岭回归,又称脊回归、吉洪诺夫正则化(Tikhonov Regularization),是对不适定问题(Ill-Posed Problem)进行回归分析时最经常使用的一种正则化方法。

6.7.1　基本原理

对于有些矩阵,矩阵中某个元素的一个很小的变动,会引起最后计算结果误差很大,这种矩阵称为"病态矩阵"。有些时候不正确的计算方法也会使一个正常的矩阵在运算中表现出病态。对于高斯消去法来说,如果主元(即对角线上的元素)上的元素很小,在计算时就会表现出病态的特征。

回归分析中常用的最小二乘法是一种无偏估计。对于一个适定问题,X 通常是列满秩的

$$X\theta = y$$

采用最小二乘法,定义损失函数为残差的平方,最小化损失函数,

$$\| X\theta - y \|^2$$

上述优化问题可以采用梯度下降法进行求解,也可以采用如下公式进行直接求解,

$$\theta = (X^T X)^{-1} X^T y$$

当 X 不是列满秩时,或者某些列之间的线性相关性比较大时,$X^T X$ 的行列式接近于0,即 $X^T X$ 接近于奇异,上述问题变为一个不适定问题,此时,计算 $(X^T X)^{-1}$ 时误差会很大,传统的最小二乘法缺乏稳定性与可靠性。

为了解决上述问题,我们需要将不适定问题转化为适定问题:我们为上述损失函数加上一个正则化项,变为

$$\| X\theta - y \|^2 + \| \Gamma\theta \|^2$$

其中,定义 $\Gamma = \alpha I$。

于是

$$\theta(k) = (X^T X + \alpha I)^{-1} X^T y$$

上式中,I 为单位矩阵。

随着 α 的增大,$\theta(\alpha)$ 各元素 $\theta(\alpha)_i$ 的绝对值均趋于不断变化,它们相对于正解值 θ_i 的偏差也越来越大。α 趋于无穷大时,$\theta(\alpha)$ 趋于 0。其中,$\theta(\alpha)$ 随 α 的改变而变化的轨迹,就称为岭迹。实际计算中可选非常多的 k 值,做出一个岭迹图,看看这个图在取哪个值的时候变稳定了,那就确定 α 值了。

岭回归是对最小二乘回归的一种补充,它损失了无偏性,来换取高的数值稳定性,从而得到较高的计算精度。

6.7.2   岭回归缺点

通常岭回归方程的 R 平方值会稍低于普通回归分析,但回归系数的显著性往往明显高于普通回归,在存在共线性问题和病态数据偏多的研究中有较大的实用价值。

6.7.3   岭回归的 MATLAB 实现

在 MATLAB 中,提供了 ridge 函数用于实现岭回归分析,函数的调用格式如下。

b = ridge(y,X,k):返回岭回归系数 b。求解线性模型。其中,X 为 $n \times p$ 矩阵;y 为 $n \times 1$ 观察向量;k 为标量常量(岭参数)。

b = ridge(y,X,k,scaled):使用{0,1}值标志 scaled 缩放系数的估计。

【例 6-12】   使用 ridge 函数对 MATLAB 给定的 acetylene.max 数据实现岭系数的跟踪。

其 MATLAB 代码编程如下:

```
>> clear all;
% 载入 MATLAB 自带 acetylene.mat 数据,包括预测变量 x1,x2,x3 及和响应变量 y
load acetylene
% 绘制预测变量
subplot(1,3,1);plot(x1,x2,'.');
xlabel('x1'); ylabel('x2');
grid on; axis square;
subplot(1,3,2);plot(x1,x3,'.');
xlabel('x1'); ylabel('x3');
grid on; axis square;
subplot(1,3,3);plot(x2,x3,'.');
xlabel('x2'); ylabel('x3');
grid on; axis square;
% 使用 x2fx 函数实现矩阵设置,使用 ridge 函数实现岭回归参数估计
X = [x1,x2,x3];
D = x2fx(X,'interaction');
D(:,1) = [];                              % 没有常数项
k = 0:1e-5:5e-3;
b = ridge(y,D,k);
figure;
% 绘制岭轨迹图
```

```
plot(k,b,'LineWidth',2);
ylim([ -100 100]);
grid on
xlabel('岭参数');ylabel('标准化系数');title('岭跟踪');
legend('x1','x2','x3','x1x2','x1x3','x2x3');
```

运行程序,效果如图 6-13 及图 6-14 所示。

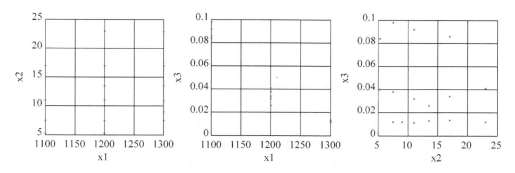

图 6-13　预测变量散点图

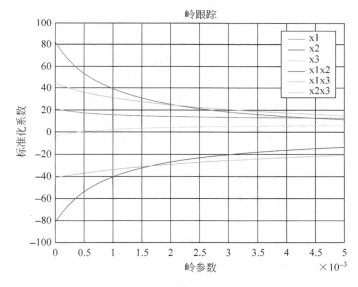

图 6-14　岭回归图

第 **7** 章 正交实验

正交试验设计(Orthogonal Experimental Design)是研究多因素多水平的又一种设计方法,它是根据正交性从全面试验中挑选出部分有代表性的点进行试验,这些有代表性的点具备了"均匀分散,齐整可比"的特点,正交试验设计是分析因式设计的主要方法。

日本著名的统计学家田口玄一将正交试验选择的水平组合列成表格,称为正交表。

当析因设计要求的实验次数太多时,一个非常自然的想法就是从析因设计的水平组合中,选择一部分有代表性水平组合进行试验。因此就出现了分式析因设计(Fractional Factorial Designs),但是对于试验设计知识较少的实际工作者来说,选择适当的分式析因设计还是比较困难的。例如作一个三因素三水平的实验,按全面实验要求,须进行 $3^3 = 27$ 种组合的实验,且尚未考虑每一组合的重复数。如果按 $L_9(3^4)$ 正交表安排实验,只需作 9 次,按 $L_{18}(3^7)$ 正交表进行 18 次实验,显然大大减少了工作量。因而正交实验设计在很多领域的研究中已经得到广泛应用。

7.1 基本思想

正交试验设计法,就是使用已经造好了的表格——正交表来安排试验并进行数据分析的一种方法。它简单易行,计算表格化,使用者能够迅速掌握。下边通过一个例子来说明正交试验设计法的基本思想。

【例 7-1】 为提高某化工产品的转化率,选择了三个有关因素进行条件试验,反应温度(A),反应时间(B),用碱量(C),并确定了它们的试验范围:

A:$80 \sim 90$℃

B:$90 \sim 150$min

C:$5\% \sim 7\%$

试验目的是搞清楚因子 A、B、C 对转化率有什么影响,哪些是主要的,哪些是次要的,从而确定最适生产条件,即温度、时间及用碱量各为多少才能使转化率高。试制定试验方案。

这里，对因子 A，在试验范围内选了三个水平；因子 B 和 C 也都取三个水平：

A：$A_1 = 80℃$，$A_2 = 85℃$，$A_3 = 90℃$

B：$B_1 = 90min$，$B_2 = 120min$，$B_3 = 150min$

C：$C_1 = 5\%$，$C_2 = 6\%$，$C_3 = 7\%$

当然，在正交试验设计中，因子可以是定量的，也可以是定性的。而定量因子各水平间的距离可以相等，也可以不相等。

这个三因子三水平的条件试验，通常有两种试验进行方法：

（1）取三因子所有水平之间的组合，即 $A_1B_1C_1$，$A_1B_1C_2$，$A_1B_2C_1$，$\cdots$，$A_3B_3C_3$，共有 $3^3 = 27$ 次试验。用图表示就是图 7-1 立方体的 27 个节点。这种试验法叫做全面试验法。

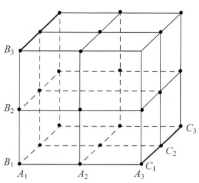

图 7-1　立方体的 27 个节点

全面试验对各因子与指标间的关系剖析得比较清楚，但试验次数太多。特别是当因子数目多，每个因子的水平数目也多时。试验量大得惊人。如选六个因子，每个因子取五个水平时，如欲做全面试验，则需 $5^6 = 15\,625$ 次试验，这实际上是不可能实现的。如果应用正交实验法，只做 25 次试验就行了。而且在某种意义上讲，这 25 次试验代表了 15 625 次试验。图 7-1 为全面试验法取点。

（2）简单对比，即变化一个因素而固定其他因素，如首先固定 B、C 于 B_1、C_1，使 A 变化：

$$B_1C_1 \to \begin{matrix} \nearrow & A_1 \\ & A_2 \\ \searrow & A_3 \quad 好结果 \end{matrix}$$

如果得出结果 A_3 最好，则固定 A 于 A_3，C 还是 C_1，使 B 变化：

$$A_3C_1 \to \begin{matrix} \nearrow & B_1 \\ & B_2 \\ \searrow & B_3 \quad 好结果 \end{matrix}$$

得出结果以 B_2 为最好，则固定 B 于 B_2，A 于 A_3，使 C 变化：

$$A_3B_2 \to \begin{matrix} \nearrow & C_1 \\ & C_2 \\ \searrow & C_3 \quad 好结果 \end{matrix}$$

试验结果以 C_2 最好。于是就认为最好的工艺条件是 $A_3B_2C_2$。

这种方法一般也有一定的效果，但缺点很多。首先这种方法的选点代表性很差，如按上述方法进行试验，试验点完全分布在一个角上，而在一个很大的范围内没有选点。因此这种试验方法不全面，所选的工艺条件 $A_3B_2C_2$ 不一定是 27 个组合中最好的。其次，用这种方法比较条件好坏时，是把单个的试验数据拿来，进行数值上的简单比较，而试验数据中必然要包含着误差成分，所以单个数据的简单比较不能剔除误差的干扰，必然造成结论的不稳定。

简单对比法的最大优点就是试验次数少,例如六因子五水平试验,在不重复时,只用 $5+(6-1)\times(5-1)=5+5\times4=25$ 次试验就可以了。

考虑兼顾这两种试验方法的优点,从全面试验的点中选择具有典型性、代表性的点,使试验点在试验范围内分布得很均匀,能反映全面情况。但我们又希望试验点尽量地少,为此还要具体考虑一些问题。

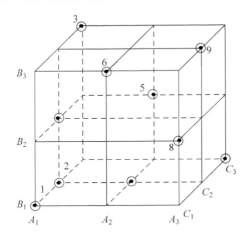

图 7-2 带试验点的立方体

如上例,对应于 A 有 A_1、A_2、A_3 三个平面,对应于 B、C 也各有 3 个平面,共 9 个平面。则这 9 个平面上的试验点都应当一样多,即对每个因子的每个水平都要同等看待。具体来说,每个平面上都有 3 行、3 列,要求在每行、每列上的点一样多。这样,做出如图 7-2 所示的设计,试验点用⊙表示。在 9 个平面中每个平面上都恰好有 3 个点而每个平面的每行每列都有一个点,而且只有一个点,总共 9 个点。这样的试验方案,试验点的分布很均匀,试验次数也不多。

当因子数和水平数都不太大时,尚可通过作图的办法来选择分布很均匀的试验点。但是因子数和水平数多了,作图的方法就不行了。

试验工作者在长期的工作中总结出一套办法,创造出所谓的正交表。按照正交表来安排试验,既能使试验点分布得很均匀,又能减少试验次数,图 7-2 正交试验设计图例计算分析简单,能够清晰地阐明试验条件与指标之间的关系。用正交表来安排试验及分析试验结果,这种方法叫正交试验设计法。

7.2 正交表

正交表是正交实验设计的基本工具,在正交实验设计中,安排实验、对实验结果进行分析,均在正交表上进行。下面对正交表作一较深入的介绍。

7.2.1 "完全对"与"均衡搭配"

在讨论正交表的定义和性质之前,首先介绍"完全对"与"均衡搭配"的概念。

设有两组元素 $a_1,a_2,\cdots,a_\alpha$ 与 $b_1,b_2,\cdots,b_\beta$,我们把 $\alpha\beta$ 个"元素对"

$$(a_1,b_1), \quad (a_1,b_2), \quad \cdots, \quad (a_1,b_\beta)$$
$$(a_2,b_1), \quad (a_2,b_2), \quad \cdots, \quad (a_2,b_\beta)$$
$$\vdots \qquad\qquad \vdots \qquad\qquad\qquad \vdots$$
$$(a_\alpha,b_1), \quad (a_\alpha,b_2), \quad \cdots, \quad (a_\alpha,b_\beta)$$

叫做由元素 $a_1,a_2,\cdots,a_\alpha$ 与 $b_1,b_2,\cdots,b_\beta$ 所构成的"完全对"。

当不至于发生混淆时,有时也省略元素对的括号,也就是说,将 (a_i,b_j) 简写成 a_ib_j。

以后常用到的"完全对"是由数码所构成的。

例如,由数码 1,2,3 与 1,2,3,4 构成的"完全对"为

$$(1,1),(1,2),(1,3),(1,4),$$
$$(2,1),(2,2),(2,3),(2,4),$$
$$(3,1),(3,2),(3,3),(3,4)$$

如果一个矩阵的某两列中,同行元素所构成的元素对(以后简称这两列所构成的元素对)是一个"完全对",而且,每对出现的次数相同时,就说这两列"均衡搭配";否则称为"不均衡搭配"。

可见,所谓某两列不均衡搭配,就是说这两列所构成的元素对不是一个"完全对";或者虽然是一个"完全对",但并不是每个元素对出现的次数都一样。

例如,对矩阵

$$\begin{bmatrix} 1 & 1 & 2 \\ 1 & 1 & 2 \\ 1 & 2 & 1 \\ 1 & 2 & 2 \\ 2 & 1 & 2 \\ 2 & 1 & 2 \\ 2 & 2 & 2 \\ 2 & 2 & 2 \end{bmatrix}$$

其第 1,2 两列是均衡搭配的,因为这两列所构成的元素对是一个"完全对",而且每对出现的次数都一样,都是两次;但是,第 1,3 两列为不均衡搭配,因为这两列所构成的元素对根本就不是一个"完全对"(没有元素对(2,1));同样第 2,3 两列也为不均衡搭配,因为虽然这两列所构成的元素对是一个"完全对",但并不是每个元素对出现的次数都一样,例如,元素对(1,1)出现一次,而元素对(1,2)却出现 3 次。显然,如果一个矩阵的第 i 列与第 j 列均衡搭配时,那么,它的第 j 列与第 i 列也必然是均衡搭配的;反之亦然。因此,当我们考查了第 i,j 两列的元素对后,就不必再去考查第 j,i 两列的元素对了。

7.2.2 正交表的定义与格式

1. 正交表的定义

有了"均衡搭配"的概念,就可以给正交表下定义了。

设 A 是一个 $n \times k$ 矩阵,它的第 j 列的元素由数码 $1,2,\cdots,t_j(j=1,2,\cdots,k)$ 所构成,如果 A 的任意两列都均衡搭配,则称 A 是一个正交表。

例如,4×3 矩阵 A 为

$$A = \begin{bmatrix} 1 & 1 & 1 \\ 1 & 2 & 2 \\ 2 & 1 & 2 \\ 2 & 2 & 1 \end{bmatrix}$$

该矩阵中任意两列的同行元素所构成的"元素对"都包含有 4 个数字对(1，1)，(1,2)，(2，1)，(2,2)。

这是一个"完全对"，且每个数对都出现一次，因此矩阵 A 的任何两列搭配都是均衡的，所以 A 是一张正交表。

又如：8×5 矩阵 B 为

$$B=\begin{bmatrix} 1 & 1 & 1 & 1 & 1 \\ 1 & 2 & 2 & 2 & 2 \\ 2 & 1 & 1 & 2 & 2 \\ 1 & 2 & 2 & 1 & 1 \\ 3 & 1 & 2 & 1 & 2 \\ 3 & 2 & 1 & 2 & 1 \\ 4 & 1 & 2 & 2 & 1 \\ 4 & 2 & 1 & 1 & 2 \end{bmatrix}$$

该矩阵第 1 列与其余任意列所构成的"元素对"中，都有 8 个数字对：

$$(1,1),(1,2),(2,1),(2,2),(3,1),(3,2),(4,1),(4,2)$$

这是一个完全对，且每个数字均出现一次；而第 2、3、4、5 列间的任意两列所构成的"元素对"中，都含 4 个数字对：

$$(1,1),(1,2),(2,1),(2,2)$$

这是一个完全对，且每个数字均出现二次，所以，B 也是一张正交表。

2. 正交表的格式

在正交实验设计中，常把正交表写成表格的形式，并在其左旁写上行号(实验号)，在其上方写上列号(因素号)。如上正交表 A 可表示为表 7-1 所示的格式，这是一张最简单的正交表。

表 7-1　正交表 $L_4(2^3)$

列号 实验号	1	2	3
1	1	1	1
2	1	2	2
3	2	1	2
4	2	2	1

为了使用方便和便于记忆，正交表的名称一般简记为

$$L_n(m_1 \times m_2 \times \cdots \times m_k)$$

其中 L 为正交表代号(Latin 的第一个字母)，n 代表正交表的行数或部分实验组合处理数，即用正交表安排实验时，应实施的实验次数。$m_1 \times m_2 \times \cdots \times m_k$ 表示正交表共有 k 列(最多可安排 k 个因素)，每列水平数分别为 $m_1,m_2,\cdots,m_k$。

任何一个正交表 $L_n(m_1 \times m_2 \times \cdots \times m_k)$ 都有一个对应的具体表格。L_n 简明易记，表格则用于安排实验方案和进行实验结果分析。

7.2.3 正交表的分类及特点

1. 等水平正交表

在正交表 $L_n(m_1 \times m_2 \times \cdots \times m_k)$ 中，如果 $m_1 = m_2 = \cdots = m_k$，则称等水平正交表，简记为 $L_n(m^k)$。式中 n 为实验次数，m 为因素的水平数，k 为正交表的列数，即最多可安排的因素数。如表 7-1 所示的正交表可简记为 $L_4(2^3)$。常用的等水平正交表如下。

二水平表：$L_4(2^3)$，$L_8(2^7)$，$L_{16}(2^{15})$；

三水平表：$L_9(3^4)$，$L_{27}(3^{13})$，$L_{81}(3^{40})$；

四水平表：$L_{16}(4^5)$，$L_{64}(4^{21})$，$\cdots$

五水平表：$L_{25}(5^6)$，$L_{125}(5^{31})$，$\cdots$

等水平正交表分为标准表和非标准表两类，上面列出的都是标准表，标准表具有以下特点。

（1）标准表的结构特点。

$$\begin{cases} n_i = m^{1+i} \\ k_i = \dfrac{n_i - 1}{m - 1} = \dfrac{m^{1+i} - 1}{m - 1} \end{cases} \quad i = 1, 2, \cdots$$

（2）水平数相同的标准表，任意两个相邻表具有以下关系。

$$\begin{cases} n_{i+1} = m n_i \\ k_{i+1} = n_i + k_i \end{cases} \quad i = 1, 2, \cdots$$

显然，只要水平 m 确定了，第 i 张标准正交表就随之确定了。因此，m 是构造标准正交表的重要参数。对于任何水平的标准表，当 $i = 1$ 时，都确定了最小号正交表。

（3）利用标准表可以考察因素间的交互作用。

非标准正交表是为了缩小标准表实验号的间隔而提出来的。常用的非标准表如下。

二水平表：$L_{12}(2^{11})$，$L_{20}(2^{19})$，$L_{24}(2^{23})$，$\cdots$

其他水平表：$L_{18}(3^7)$，$L_{32}(4^9)$，$L_{50}(5^{11})$，$\cdots$

非标准表虽然为等水平表，但却不能考查因素间的交互作用。实验中如想考查因素间的交互作用，不能选用此类表安排实验。

2. 混合水平正交表

在正交表 $L_n(m_1 \times m_2 \times \cdots \times m_k)$ 中，如果 $m_1, m_2, \cdots, m_k$ 不完全相等，则称为混合水平正交表。其中最常用的是 $L_n(m_1^{k1} \times m_2^{k2})$ 混合正交表。式中 m_1^{k1} 表示水平数为 m_1 的有 k_1 列，m_2^{k2} 表示水平数为 m_2 的有 k_2 列。用这类正交安排实验时，水平数为 m_1 的因素最多可安排 k_1 个，水平数为 m_2 的因素最多可安排 k_2 个。如前述 8×5 矩阵 $\boldsymbol{B}$ 就是一张混合型正交表，可简记为 $L_8(4 \times 2^3)$。此表可安排一个四水平因素和三水平因素。

常用混合型正交表如下。

$L_8(4 \times 2^4)$；

$L_{12}(3 \times 2^4)$，$L_{12}(6 \times 2^2)$；

$L_{16}(4 \times 2^{12}), L_{16}(4^2 \times 2^9);$

$L_{16}(4^3 \times 2^6), L_{16}(4^4 \times 2^3), \cdots$

用混合型正交表一般不能考察交互作用,但由标准表通过并列法改造来的混合型正交表,例如 $L_8(4 \times 2^4)$ 由 $L_8(2^7)$ 并列得到,$L_{16}(4 \times 2^{12})$,$L_{16}(4^2 \times 2^9)$ 等由 $L_{16}(2^{15})$ 并列得到的,可以考查交互作用,但必须回到原标准表上进行。

7.2.4 正交表的性质

正交表的性质主要有以下几点。

(1) 每一列中,不同的数字出现的次数是相等的。例如在两水平正交表中,任何一列都有数码"1"与"2",且任何一列中它们出现的次数是相等的;如在三水平正交表中,任何一列都有"1","2","3",且在任一列的出现数均相等。

(2) 任意两列中数字的排列方式齐全而且均衡。例如在两水平正交表中,任何两列(同一横行内)有序对子共有 4 种:(1,1),(1,2),(2,1),(2,2)。每种对数出现次数相等。在三水平情况下,任何两列(同一横行内)有序对共有 9 种,1.1,1.2, 1.3,2.1,2.2,2.3,3.1,3.2,3.3 且每对出现数也均相等。

以上两点充分体现了正交表的两大优越性,即"均匀分散性,整齐可比"。通俗地说,每个因素的每个水平与另一个因素各水平各碰一次,这就是正交性。

7.3 无交互作用的正交实验

正交实验设计基本包括实验方案设计及实验结果分析两大部分。

7.3.1 实验方案设计

在安排实验时,一般应考虑如下几个步骤。

1. 确定实验指标

实验指标是由实验目的决定的,因此实验设计之前,必然明确实验的目的,对实验所要解决的问题,应有全面的深刻的理解。通过周密考虑,确定实验指标。一项实验目的,至少需要一个实验指标,而有时在同一项实验中,由于有几个不同实验目的,相应的需要多个实验指标。这要根据专业知识和实验要求,具体问题具体分析,合理确定实验指标。

实验指标一经确定,就应该把衡量和评价实验指标的原则、标准,测定实验指标的方法及所用仪器设备等确定下来。这本身就是一项十分细致而复杂的工作。

2. 选择实验因素

选择实验因素时,首先要根据专业知识,以往研究的结论和经验教训,尽可能全面地考虑到影响实验指标的诸因素。然后根据实验要求和尽量少选因素的一般原则,从中选定实验因素。在实际确定实验因素时,应首先选取对实验指标影响大的因素,尚未完掌握其规律的因素和未曾被考察研究过的因素。那些对实验指标影响较小的因素,对实验指标影响规律已完全掌握的因素,应当少选或不选,但要作为可控的条件因素参加实验。实验要求考察的因素必须定为实验因素,不能遗漏,并且有时列为主要因素,加以重点考察。

在某些情况下,可以考虑多安排一些因素。例如:在初步筛选因素时,在增加因素而可以不增加实验号时,都可多选定一些实验因素。

3. 选取实验因素水平,列出因素水平表

根据因素水平是作量的变化还是作质的变化,可把实验因素分为数量因素和质量因素。如温度、时间、原料用量等,其水平可作量的变化,属数量因素;添加剂种类、设备型号、工艺加工方法等,其水平是由特定的质(品种、牌号等)所决定的,属质量因素。对质量因素,应选的水平常常早就定下来了,比如使用了三种食品添加剂,则添加剂种类这个实验因素的水平数只能取 3。而对于数量因素或希望更多了解的实验因素,可以多取水平。

4. 选择合适的正交表

确定实验因素水平后,接下来的工作就是选择一张合适的正交表。所选正交表必须满足以下条件。

(1) 对等水平实验,所选正交表的水平数与实验因素的水平应一致,正交表的列数应大于或等于因素及所要考察的交互作用所占的列数。

(2) 对不等水平实验,所选混合型正交表的某一水平的列数应大于或等于相应水平的因素的个数。

选择正交表是一个很重要的问题,表选得太小,实验因素和要考查的交互作用就可能放不下;表选得太大,实验次数就多,不符合经济节约的原则。选正交表的原则是:在能安排下实验因素和要考查的交互作用的前提下,尽可能选择用小号正交表,以减少实验次数。另外,为考查实验误差,所选正交表安排完实验因素及要考查的交互作用后,最好有 1 空列,否则必须进行重复实验以考查实验误差。

5. 表头设计

正交表的每一列可以安排一个实验因素。所谓表头设计,就是将实验因素分别安排到所选正交表的各列中去的过程。如果因素间无交互作用,各因素可以任意安排到正交表的各列中去,如果要考查交互作用,各因素不能任意安排,应按所选正交表的交互作用表进行安排。

6. 编制实验方案

在表头设计的基础上,将所选正交表中各列的水平数字换成对应因素的具体水平值,便形成了实验方案。它是实际进行实验方案的依据。

7.3.2　极差分析

极差分析又称直观分析法。它具有计算简便,直观形象,简单易懂等优点,是正交实验结果分析最常用的方法。

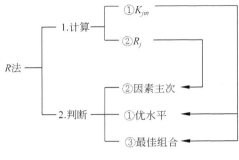

图 7-3　R 法示意图

极差分析的方法简称 R 法。它包括计算和判断两个步骤,其内容如图 7-3 所示。

图 7-3 中,K_{jm} 为第 j 列因素 m 水平所对应的实验指标和。由 K_{jm} 的大小可以判断 j 因素的优水平和各因素的优水平组合,即最优组合。

图 7-3 中,R_j 为第 j 列因素的极差,即 j 列因素各水平下的指标最大值和最小值之差

$$R_j = \max(K_{j1}, K_{j2}, K_{jm}) - \min(K_{j1}, K_{j2}, K_{jm})$$

R_j 反映了第 j 列因素的水平变动时,实验指标的变动幅度。R_j 越大,说明该因素对实验指标的影响越大,因此也就越重要。于是依据极差 R_j 的大小,就可以判断因素的主次。

极差分析法的计算与判断可直接在实验结果分析表上进行,以下列来说明单指标正交实验结果的极差分析法。

【例 7-2】(啤酒酵母最适自溶条件实验)　自溶酵母提取物是一种多用途食品配料。为探讨外加中型蛋白酶方法,需做啤酒酵母的最适自溶条件实验。拟通过正交实验寻找最优工艺条件。其实验方案如表 7-2 所示。

表 7-2　啤酒酵母最适自溶条件实验方案及实验结果

实验号	因　素				实验指标 $P_r/\%$ x_i
	A	**B**	**C**	**ABC**	
1	1　(50)	1　(6.5)	1　(2.0)	1	6.25
2	1	2　(7.0)	2　(2.4)	2	4.97
3	1	3　(7.5)	3　(2.8)	3	4.45
4	2	1	2	3	7.53
5	2	2	3	1	5.54
6	2	3	1	2	5.50
7	3	1	3	2	11.4
8	3	2	1	3	10.9
9	3	3	2	1	8.95

解:

(1)确定因素的优水平和最优水平组合

首先分析 A 因素各水平对实验指标的影响。从表 7-2 得出,A_1 的作用只反映在 1,

2,3 号实验中，A_2 的作用只反映在 4,5,6 号实验中，A_3 的作用只反映在 7,8,9 号实验中。或者说为了考察 A_1 的作用，进行了一组实验，即由 1,2,3 号实验组成，为了考察 A_2 的作用，进行了一组实验，即由 4,5,6 号实验组成，为了考查 A_3 的作用，也进行了一组实验，即由 7,8,9 号实验组成。

A 因素 1 水平所对应的实验指标和为 $K_{A_1} = x_1 + x_2 + x_3 = 6.25 + 4.97 + 4.45 = 15.67$；

A 因素 2 水平所对应的实验指标和为 $K_{A_2} = x_4 + x_5 + x_6 = 7.53 + 5.54 + 5.5 = 18.57$；

A 因素 3 水平所对应的实验指标和为 $K_{A_3} = x_7 + x_8 + x_9 = 11.4 + 10.9 + 8.95 = 31.25$。

由表 7-2 可以看出，考查 A 因素进行的三组实验中，B,C 因素各水平都只出现了一次，且由于 B,C 间无交互作用，B,C 因素的各水平的不同组合对实验指标无影响。因此，对 A_2,A_2,A_3 来说，三组实验的实验条件是完全一样的。如果因素 A 对实验指标无影响，那么 K_{A_1},K_{A_2},K_{A_3} 应该相等，但由上面计算知道，K_{A_1},K_{A_2},K_{A_3} 实验上不相同，显然，这是由于 A 因素变动水平引起的，因此，K_{A_1},K_{A_2},K_{A_3} 的大小反映了 K_{A_1},K_{A_2},K_{A_3} 对实验指标影响的大小。由于蛋白含量越大越好，而 $K_{A_1} < K_{A_2} < K_{A_3}$，所以可以判断 K_{A_3} 为 A 因素的优水平。

同理，可以计算并判断 B_1,C_1 分别为 B,C 因素的优水平。而 A,B,C 三个因素的优水平组合 $A_3B_1C_1$ 即为本实验的最优水平组合，即加酶自溶酵母提取蛋白含量的最优工艺条件为酶解温度为 58℃，pH 为 6.5，加酶量 2.0%。

上述 K_{jm} 的计算与优水平判断如表 7-3 所示。

表 7-3　啤酒酵母最适自溶条件实验结果分析

实验号	因　素				实验指标 $P_r/\% \ x_i$
	A	**B**	**C**	**ABC**	
1	1　(50)	1　(6.5)	1　(2.0)	1	6.25
2	1	2　(7.0)	2　(2.4)	2	4.97
3	1	3　(7.5)	3　(2.8)	3	4.45
4	2　(55)	1	2	3	7.53
5	2	2	3	1	5.54
6	2	3	1	2	5.50
7	3　(58)	1	3	2	11.4
8	3	2	1	3	10.9
9	3	3	2	1	8.95
K_{j1}	15.67	25.18	22.65	20.74	
K_{j2}	18.57	21.41	21.45	21.87	$T = 65.58$
K_{j3}	31.25	18.9	21.39	22.88	
优水平	A_3	B_1	C_1		
R_j	15.58	6.28	1.26		
主次顺序	ABC				

（2）确定因素主次顺序

极差 R_j 可按照上述定义计算，如 $R_A = K_{A_3} - K_{A_1} = 15.58$，同理，可计算出其他各列的极差。计算结果列于表 7-3 中，比较各 R 值可见，$R_A > R_B > R_C$，所以因素对实验指标影响的主次顺序为 ABC。即酶解温度影响最大，其次是 pH 值，而加酶量的影响最小。

（3）绘制因素水平与指标趋势图

为了更直观地反映因素对实验指标的影响规律和趋势，以因素水平为横坐标，以实验指标值（或平均值）（K_{jm}）为纵坐标，绘制因素与指标趋势图，又称关系图，如图 7-4 所示。

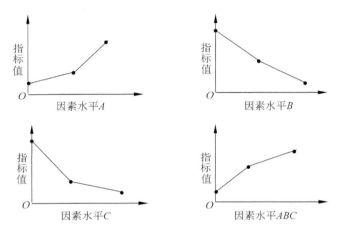

图 7-4　因素与指标趋势图

因素与指标趋势图可以直观地说明指标随因素水平的变化而变化的趋势，可为进一步实验时选择因素水平指标方向。

以上即为极差分析的基本程序和方法。

下面通过一个例子来说明极差分析法。

【例 7-3】　某化工厂生产一种产品，产率较低。现在希望通过实验设计，找出好的生产方案，以提高产率。影响产率的因素如表 7-4 所示。

表 7-4　因素与水平

水平	因素水平		
	A（反应温度）/℃	B（加碱量）/kg	C（催化剂种类）
1	79	36	甲
2	86	45	乙
3	91	54	丙

根据影响因素及每个因素的水平数，选择 L_9 正交表安排实验，并得到如表 7-5 的实验结果。对表中的数据进行分析可得到 T、$\bar{T}$ 和 R，其中 T 为各因素同一水平结果之和，$\bar{T}$ 为其平均值，R 为极差。

表 7-5　实验结果

实验号	因 素 水 平				实验结果
	A	*B*	*C*	空白列	
1	1(80)	1(35)	1(甲)	1	51
2	1	2(48)	2(乙)	2	72
3	1	3(55)	3(丙)	3	58
4	2(85)	1	2	3	82
5	2	2	3	1	69
6	2	3	1	3	59
7	3(90)	1	3	2	77
8	3	2	1	3	85
9	3	3	2	1	84

（1）直接编程实现极差分析。

其 MATLAB 代码编程如下：

```
>> clear all;
data1 = [1 1 1 51;1 2 2 71;1 3 3 58;2 1 2 82;2 2 3 69;2 3 1 59;…
    3 1 3 77;3 2 1 85;3 3 2 84];
f = 3;r = 3;
[r1,c] = size(data1); t = zeros(f,r);
for k = 1:f
    for j = 1:r
        b = 0;
        for i = 1:r1
            if data1(i,j) == k            % 水平相同
                b = b + data1(i,c);
            end
        end
        t(k,j) = b;
    end
end
t1 = t/3, t
r = max(t1) – min(t1),
```

运行程序,输出如下：

```
t1 =
    60    70    65
    70   103    79
    82    39    68
t =
   180   210   195
   210   309   237
   246   117   204
r =
    22    64    14
```

从结果中可看出,理论上最优方案为 $B_2A_3C_2$,最大的影响因素为 A,即温度。

（2）编写函数实现极差分析

以上的程序代码是针对分析数据直接编写出的代码，下面还可以通过编写极差分析函数来实现。把编写的极差分析函数保存在 MATLAB 目录下，以后用到极差分析直接调用此函数。

```
% 无交互作用的极差分析 wjhzejc.m 的源代码如下
function y = wjhzejc (A)
[m,n] = size(A);
B = A(:,1:end-1);
mm = max(B(:));
K = zeros(mm,n-1);
for kh = 1:m
    for k1 = 1:(n-1)
        kt = A(kh,k1);
        K(kt,k1) = K(kt,k1) + A(kh,end);
    end
end
K(K==0) = NaN;
y.K = K;
M = max(B);
MM = m./M;
Km = K./MM(ones(mm,1),:);
y.m = Km;
[tem,you] = max(Km);
y.you = you;
R = max(Km) - min(Km);
y.R = R;
[temp,Cx] = sort(R);
y.cixu = fliplr(Cx);
```

这一函数的调用格式是 y＝wjhzejc（A）。输入参数 A 是一个数据矩阵。A 的最后一列是试验结果，其余部分是正交表。输出参数 y 是一个结构数组：第一个域 K 是 K 值；第二个域 m 是 K 值的平均值；第二个域 you 是优水平；第三个域 R 是极差 R；第四个域是 cixu 是主次顺序。

在命令窗口中输入：

```
>> y = wjhzejc (data1)
```

运行程序，输出如下：

```
y =
      K: [3x3 double]
      m: [3x3 double]
    you: [3 2 2]
      R: [22 64 14]
   cixu: [2 1 3]
```

从运行的结果可以看出，因素的主次顺序是 2,1,3。即为 B,A,C。再从优水平可知，因素 A 的优水平是 3；因素 B 的优水平是 2；因素 C 的优水平是 2,所以最优组合

是 $B_2A_3C_2$。

（3）绘制趋势图函数实现极差分析

```
% 编写的绘制趋势图函数为 qsplot.m。其源代码如下：
function qsplot(K)
[m,n] = size(K);
nk = ceil(sqrt(n));
mk = ceil(n/nk);
figure;
for kk = 1:n
    subplot(mk,nk,kk)
    plot(K(:,kk),'.r-');
    SS = ['因素',num2str(kk)];
    title(SS);
end
```

这一函数的输入参数是由极差分析函数得到的 K 值，运行后得到各因素的趋势图。也可以用极差分析函数得到的 m 值，作为函数的输入参数，绘制趋势图。

在命令窗口中输入：

```
>> qsplot (y.K)
```

运行程序，得到的趋势图如图 7-5 所示。

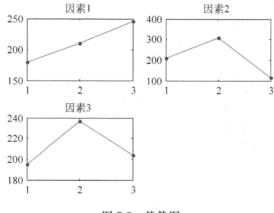

图 7-5　趋势图

7.3.3　方差分析

极差分析简单易行，却并不能把试验中由于试验条件的改变引起的数据波动同试验误差引起的数据波动区别开来。也就是说，不能区分因素各水平间对应的试验结果的差异究竟是由于因素水平不同引起的，还是由于试验误差引起的。因此不能知道试验的精度。同时，各因素对试验结果影响的重要程度，也不能给予精确的数量估计。为了弥补这种不足，要对正交试验结果进行方差分析。

1. 计算偏差平方和与自由度

总偏差平方和与总自由度为

$$S_{\mathrm{T}} = \sum_{i=1}^{n}(x_i - \bar{x})^2, \quad f_{\mathrm{T}} = n-1 \tag{7-1}$$

各列偏差平方和与自由度为

$$S_j = r\sum_{i=1}^{m}(\overline{K}_{ij} - \bar{x})^2 \quad j = 1, 2, \cdots, k, \quad f_j = m-1 \tag{7-2}$$

误差平方和与自由度为

$$S_{\mathrm{e}} = \sum_{k_{空}} S_j, \quad f_{\mathrm{e}} = \sum_{k_{空}} f_j \tag{7-3}$$

可以证明

$$S_{\mathrm{T}} = \sum_{j=1}^{k} S_j = \sum_{k_{因}} S_j + \sum_{k_{交}} S_j + \sum_{k_{空}} S_j \tag{7-4}$$

$$f_{\mathrm{T}} = \sum_{j=1}^{k} f_j = \sum_{k_{因}} f_j + \sum_{k_{交}} f_j + \sum_{k_{空}} f_j \tag{7-5}$$

式中 $k_{因}, k_{交}, k_{空}$ 分别为实验因素、实验考查的交互作用和空列在正交表中所占列数。且

$$k = k_{因} + k_{交} + k_{空} \tag{7-6}$$

式(7-1)表明,总偏差平方和 S_{T} 等于正交表所有列的偏差平方和,等于所有实验因素、实验所考查的交互作用和空列的偏差平方和之和,其自由度 f_{T} 等于各列自由度之和,等于实验因素、实验所考查的交互作用和空列的自由度之和。

值得注意:

(1) 当某个交互作用占有正交表的某几列时,该交互作用的偏差平方和就等于所占各列偏差平方和之和,其自由度也等于所占各列的自由度之和;

(2) 正交表有几个空列,误差的偏差平方和就等于所有空列的偏差平方和之和,其自由度等于所有空列的自由度之和。

2. 显著性检验

偏差平方和的大小与其自由度的大小有关,不能直接比较,须经自由度平均后方可比较。将各偏差平方和除以各自相应的自由度,即得到平均偏差平方和,即方差。

正交实验中,各因素或交互作用的方差等于该因素或交互作用的偏差平方和除以各自相应的自由度,即

$$V_{因} = \frac{S_{因}}{f_{因}}, \quad V_{交} = \frac{S_{交}}{f_{交}}, \quad V_{\mathrm{e}} = \sum_{k_{空}} S_j \Big/ \sum_{k_{空}} f_j$$

数学上可以证明:在"假设 h_0:某因素或某交互作用不显著"成立时,统计量

$$F = \frac{V_{因}(或 V_{交})}{V_{\mathrm{e}}} \sim F[f_{因}(或 f_{交}), f_{\mathrm{e}}] \tag{7-7}$$

即统计量服从第一自由度为 $f_{因}$(或 $f_{交}$),第二自由度为 f_{e} 的 F 分布。因此,可把 F 作为检验统计量。对于给定的显著性水平 α,查出临界值点 F_α,若计算出的 F 值 $F_0 \geqslant F_\alpha$,则拒

绝原假设 h_0，认为该因素或该交互作用对实验结果有显著影响；若 $F_0 \leqslant F_a$，则接受 h_0，认为该因素或交互作用对实验结果无显著影响。

正交实验方差分析，还应该注意以下问题。

（1）由于进行 F 检验时，要用误差偏差平方和 S_e 及自由度 f_e，而

$$S_e = \sum_{k_{空}} S_j, \quad f_e = \sum_{k_{空}} f_j$$

因此，为进行方差分析，选正交表时应留出一定空列。当无空列，又无历史资料，则应选取更大号的正交表以造成空列；或进行重复实验，以求得 S_e；或者用误差平方和中最小者作为 S_e。

（2）误差的自由度一般不应小于 2，f_e 很小，F 检验灵敏度很低，有时即使因素对实验指标有影响，用 F 检验也判断不出来。

（3）为了增大 f_e，提高 F 检验灵敏度，在进行显著性检验之前，先把各个因素和交互作用的方差 $V_{因}$ 和 $V_{交}$ 与误差的方差 V_e 进行比较，如果与误差方差的大小相近，说明该因素或交互作用对实验结果的影响微乎其微，其偏差平方和是由于随机误差引起的，因此可并入误差偏差平方和 S_e 中。通常把满足

$$V_{因}（或\ V_{交}）\leqslant 2V_e$$

的那些因素或交互作用的偏差平方和，并入误差的偏差平方和 S_e 中，而得到新的误差偏差平方和 $S_e^{\triangle}$，相应的自由度也并入 f_e 中而得到 $f_e^{\triangle}$，然后用

$$F = \frac{S_{因}（或\ S_{交}）/f_{因}（或\ f_{交}）}{S_e^{\triangle}/f_e^{\triangle}} \sim F[f_{因}（或\ f_{交}）, f_e^{\triangle}] \tag{7-8}$$

对其他因素或交互作用进行检验。这样使误差的偏差平方和的自由度 f_e 增大，可提高 F 检验的灵敏度。

在 MATLAB 中没有提供专门的函数实现方差分析，下面通过自定义编写 zjfc.m 函数实现方差分析。其 MATLAB 代码编程如下：

```
function table = zjfc(A,z0)
% zjfc 函数有两个输入参数,第 1 个输入参数 A 是数据矩阵,其最后一列是试验结果,
% 去掉 A 最后一列剩余部分就是试验所用的正交表。第 2 个输入参数 z0 表示空列的
% 列号,是一个向量,如果没有空列,可以不输入,这里程序会自动把平方和最小的
% 一个作为误差
x = A(:,end);
A(:,end) = [];
[n,k] = size(A);
bz = 1:k;
if nargin == 2
    z0 = z0(:);
    if (~isnumeric(z0))|(any(floor(z0)~ = z0))|(max(z0)>k)|(any(z0<1))
        error('空列标志错误');
    end
end
mm = max(A(:));
K = zeros(mm,k);
for kh = 1:n
    for kl = 1:k
```

```
            kt = A(kh, kl);
            K(kt, kl) = K(kt, kl) + x(kh);
        end
    end
    alpha1 = 0.05; alpha2 = 0.01;
    m = max(A);
    r = n. /m;
    SST = (x - mean(x))' * (x - mean(x));
    Km = K. /r(ones(mm, 1), :);
    Kmm = (Km - mean(x)). * (Km - mean(x));
    Kmm(K == 0) = 0;
    SSj = sum(Kmm, 1).^r;
    fT = n - 1;
    fy = (mm - 1) * ones(k, 1);
    tsf = [(1:k)', SSj', fy, (1:k)'];
    if nargin == 2
        tsf(end + 1, :) = sum(tsf(z0, :), 1);
        tsf(z0, :) = [];
        Ve = tsf(end, 2)/tsf(end, 3);
    end
    if nargin == 1
        [tem, z0] = min(SSj);
        Ve = SSj(z0)/fy(z0);
    end
    V = tsf(:, 2). /tsf(:, 3);
    Se = 0; fe = 0;
    for kk = 1:length(V)
        if(V(kk) <= 2 * Ve)
            Se = Se + tsf(kk, 2);
            fe = fe + tsf(kk, 2);
            tsf(kk, 4) = 0;
        end
    end
    Ve = Se/fe;
    Fb = V/Ve;
    [m1, tem] = size(tsf);
    table = cell(m1 + 3, 7);
    table(1, :) = {'方差来源', '平方和', '自由度', '均方差', 'F值', 'Fa', '显著性'};
    for kkk = 1:m1
        if tsf(kkk, 4) == 0
            table{kkk + 1, 1} = ['因素', num2str(tsf(kkk, 1)), ' * '];
        else
            table{kkk + 1, 1} = ['因素', num2str(tsf(kkk, 1))];
        end
    end
    if (tsf(m1, 4) == 0)&(nargin == 2)
        table{m1 + 1, 1} = ['误差 * '];
    end
    M = [tsf(:, [2, 3]), V, Fb];
    for kh = 2:(m1 + 1)
        for kl = 2:5
```

```
                table{kh,kl} = M(kh - 1,kl - 1);
        end
    end
ntst = length(Fb);
for ktst = 1:ntst
    F = finv(1 - [alpha1;alpha2],tsf(ktst,3),fe);
    F1 = min(F);
    F2 = max(F);
    table{ktst + 1,6} = [num2str(F1),';',num2str(F2)];
    if Fb(ktst)> F2
        table{ktst + 1,7} = '高度显著';
    elseif (Fb(ktst)< = F2)&(Fb(ktst)> F1)
        table{ktst + 1,7} = '显著';
    end
end
table(end - 1,1:4) = {'误差',Se,fe,Ve};
if table{end - 2,3} == fe
    table(end - 2,:) = [ ];
end
table(end,1:3) = {'总和',SST,n - 1};
```

【例 7-4】 某化工厂为提高苯酚的产率,选了合成工艺条件中的 5 个因素进行研究,分别记为 A、B、C、D、E,每个因素选取两种水平试验方案,采用 $L_8(2^7)$ 正交表,试验结果如表 7-6 所示。试对其进行方差分析。

表 7-6 测量数据

试验号	因 素							数据
	A	B	空白列	C	D	E	空白列	
	1	2	3	4	5	6	7	
1	1	1	1	1	1	1	1	83.4
2	1	1	1	2	2	2	2	84
3	1	2	2	1	1	2	2	87
4	1	2	2	2	2	1	1	84.8
5	2	1	2	1	2	1	2	87.5
6	2	1	2	2	1	2	1	88.1
7	2	2	1	1	2	2	1	91.9
8	2	2	1	2	1	1	2	90.5

其 MATLAB 代码编程如下:

```
>> clear all;
A = [1  1  1  1  1  1  1  83.4;1  1  1  2  2  2  2  84; …
     1  2  2  1  1  2  2  87;1  2  2  2  2  1  1  84.8; …
     2  1  2  1  2  1  2  87.5;2  1  2  2  1  2  1  88.1; …
     2  2  1  1  2  2  1  91.9;2  2  1  2  1  1  2  90.5];
opt = [3,7];
table = zjfc(A,opt)
```

运行程序,输出如下:

```
table =
'方差来源'   '平方和'        '自由度'     '均方差'         'F 值'          'Fa'        '显著性'
'因素 1'    [1.4882e+04]   [1]        [1.4882e+04]   [1.4882e+04]   'Inf;Inf'   []
'因素 2'    [236.1262]     [1]        [ 236.1262]    [ 236.1262]    'Inf;Inf'   []
'因素 4 *'  [0.0010]       [ 1]       [0.0010]       [ 0.0010]      'Inf;Inf'   []
'因素 5 *'  [1.6000e-07]   [1]        [1.6000e-07]   [1.6000e-07]   'Inf;Inf'   []
'因素 6'    [ 0.2687]      [ 1]       [ 0.2687]      [ 0.2687]      'Inf;Inf'   []
'误差 *'    [0.0010]       [ 2]       [5.2496e-04]   [5.2496e-04]   'Inf;Inf'   []
'误差'      [0.0021]       [0.0021]   [ 1]           []             []          []
'总和'      [64.3400]      [7]        []             []             []          []
```

7.4　交互作用正交实验

在多因素试验中,各因素不仅各自独立地起作用,而且各因素还联合起来起使用。也就是说,不仅各个因素的水平改变时对试验的指标有影响,而且各因素的联合搭配对试验指标也有影响。这后一种影响就是因素的交互作用。因素 A 和因素 B 的交互作用记为 $A \times B$。

7.4.1　交互作用的处理原则

在实际设计中,交互作用一律当作因素看待,这是处理交互作用问题的一条总的原则。作为因素,各级交互作用都可以安排在能考虑交互作用的正交表的交互列上,它们对实验指标的影响情况都可以分析清楚,而且计算非常简便。但交互作用又与因素表不同,其具体表现如下:

(1) 用于考察交互作用的列表不影响实验方案及其实施;

(2) 一个交互作用并不一定只占正交表的一列,而是占有 $(m-1)^p$ 列。即表头设计时,交互作用所占正交表的列数与因素的水平有关,与交互作用级数 p 有关。

显然,二水平因素的各级交互作用列均占一列;对于三水平因素,一级交互作用占用两列,二级交互作用占四列,由此可见,m 和 p 越大交互作用所占列数就越多。

对于一个 2^5 因素实验,表头设计时,如果考虑所有各级交互作用,那么,连同因素本身总计应占正交表的列数为

$$C_5^1 + C_5^2 + C_5^3 + + C_5^4 + C_5^5 = 5 + 10 + 10 + 5 + 1 = 31$$

可见,非选 $L_{32}(2^4)$ 正交表不可。而 2^5 因素实验的全面实验次数也正好等于 32。一般地,在多因素实验中,如果所有各级交互作用全考虑的话,所选正交表的实验号必然等于其全面实验的次数。这显然是不可能的。因此,为突出正交实验设计可以大量减少实验次数的优点,必须在满足实验要求的条件下,忽略某些可以忽略的交互作用,有选择地、合理地考查某些交互作用。这需要综合考虑实验目的、专业知识、以往的经验及现有实验条件等多方面情况。一般的处理原则如下。

(1) 忽略高级交互作用

实际上高级交互作用一般都较小,可以忽略。对于上述 2^5 的实验,如果忽略高级交

互作用(略去后三项),则占有正交表的列数仅为
$$C_5^1 + C_5^2 = 5 + 10 = 15$$

（2）有选择地考查一级交互作用

实验设计时,因素间的一级交互作用也不必全面考虑。通常只考查那些作用效果较明显的,或实验要求必须考查的。上述 2^5 实验中,如果只考查 2 个一级交互作用,所占正交表的列数为 $5 + 2 = 7$,则选用 $L_8(2^7)$ 正交表即可,使实验次数只占全面实验次数的四分之一。可以说,正是忽略了可以忽略的交互作用,才使正交实验法具有减少实验次数的优点。

（3）实验因素尽量取两个水平

二水平因素的各级交互作用均只占一列;

三水平正交表,任何两列的交互作用列为另两列;

四水平正交表中任两列的交互作用列为另三列。

因此,因素选取二个水平时,可以减少交互作用所占列数。

7.4.2 交互作用试验的 MATLAB 实现

下面通过例子来演示交互作用的正交试验。

【例 7-5】 在降低柴油机耗油率的研究中,根据专业人员的分析,影响因素有表 7-7 中的 4 个主要因素和水平。现每个因素取两个水平做实验,并且认为因素 A 与 B 之间, A 与 C 之间可以存在交互作用。如果设计实验,找出好的因素搭配,降低柴油机的耗油率。

表 7-7 因素水平表

因　素	名　　称	单　位	Ⅰ 水平	Ⅱ 水平
A	喷嘴器的喷嘴形式	类型	Ⅰ	Ⅱ
B	喷油泵柱塞直径	mm	16	14
C	供油提前角度	°	30	33
D	配气相位	°	120	140

解:在本实验中共有 4 个 2 水平因素,初步适用 $L_8(2^7)$ 正交表。

从 $L_8(2^7)$ 正交表的交互作用表可设计表头,并据此安排实验并得到表 7-8 的结果。

表 7-8 实验结果

实验号	A	B	$A \times B$	C	$A \times C$	D	空白	实验结果
	1	2	3	4	5	6	7	y
1	1	1	1	1	1	1	1	228.6
2	1	1	1	2	2	2	2	225.8
3	1	2	2	1	1	2	2	230.2
4	1	2	2	2	2	1	1	218.0

实验号	A	B	A×B	C	A×C	D	空白	实验结果
	1	2	3	4	5	6	7	y
5	2	1	2	1	2	1	2	220.8
6	2	1	2	2	1	2	1	215.8
7	2	2	1	1	2	2	1	228.5
8	2	2	1	2	1	1	2	214.8

其 MATLAB 代码编程如下：

```
>> clear all;
x = [1 1 1 1 1 1 1 228.6;1 1 1 2 2 2 2 225.8;1 2 2 1 1 2 2 230.2;1 2 2 2 2 1 1 218.0;…
     2 1 2 1 2 1 2 220.8;2 1 2 2 1 2 1 215.8;2 2 1 1 2 2 1 228.5;2 2 1 2 1 1 2 214.8];
f = 2;r = 7;
[r1,c] = size(x);
t = zeros(f,r);
for k = 1:f
    for j = 1:r
        b = 0;
        for i = 1:r1
            if x(i,j) == k                %水平相同
                b = b + x(i,c);
            end
        end
        t(k,j) = b;
    end
end
T = t/4,R = max(t/4) − min(t/4)
```

运行程序，输出如下：

```
T =
 225.6500   222.7500   224.4250   227.0250   222.3500   220.5500   222.7250
 219.9750   222.8750   221.2000   218.6000   223.2750   225.0750   222.9000
R =
   5.6750     0.1250     3.2250     8.4250     0.9250     4.5250     0.1750
```

从结果中可看出第 8 号实验 $A_2B_2C_2D_1$ 效果最好，其中因素 C 影响最大。
下面进行方差分析：

```
>> g = {[1 1 1 1 2 2 2 2];[1 1 2 2 1 1 2 2];[1 2 1 2 1 2 1 2];[1 2 2 1 1 2 2 1]};
anovan(x(:,c),g,[1 2 3 4 5 8])'        %数据向量为方差分析的编码
```

运行程序，输出如下，效果如图 7-6 所示。

```
ans =
    0.0196     0.6051     0.0345     0.0132     0.1190     0.0246
```

从方差分析可断定 B 因素最不显著，剔除 B 再作方差分析。

```
>> g1 = {[1 1 1 1 2 2 2 2];[1 1 2 2 2 2 1 1];[1 2 1 2 1 2 1 2];[1 2 2 1 2 1 2 1];…
```

```
[1 2 2 1 1 2 2 1]};
>> anovan(x(:,c),g1)'    % 将 A×B 和 A×C 作为 AB、AC 看待
```

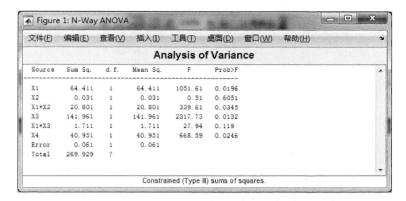

图 7-6　多因素效果图 1

运行程序,输出如下,效果如图 7-7 所示。

```
ans =
    0.0007    0.0022    0.0003    0.0260    0.0011
```

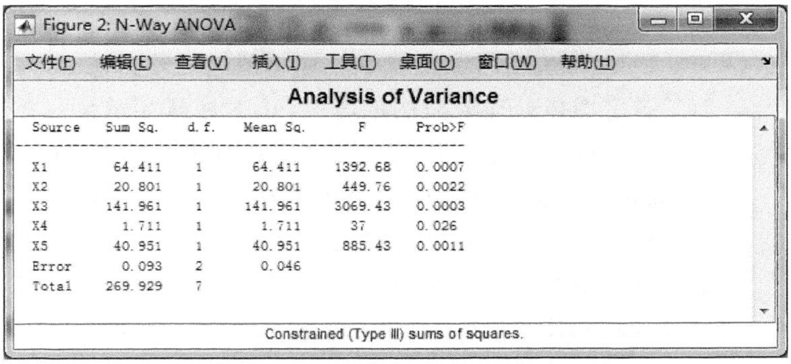

图 7-7　多因素效果图 2

从而可判断出影响因素的大小顺序为: $C>A>D>A\times B>A\times C$,最好搭配为 $A_2B_1C_2D_1$,其中 B_1 由 $A\times B$ 和 $A\times C$ 的水平搭配表求出。

第8章 主成分分析

主成分分析（Principal Component Analysis，PCA）是一种统计方法。通过正交变换将一组可能存在相关性的变量转换为一组线性不相关的变量，转换后的这组变量叫主成分。

主成分分析首先是由 K. 皮尔森对非随机变量引入的，尔后 H. 霍特林将此方法推广到随机向量的情形。信息的大小通常用离差平方和或方差来衡量。

8.1 主成分分析的概述

PCA 方法是图像处理中经常用到的降维方法，大家知道，在处理有关数字图像处理方面的问题时，比如经常用的图像的查询问题，在一个几万或者几百万甚至更大的数据库中查询一幅相近的图像。这时，通常的方法是对图像库中的图片提取相应的特征，如颜色，纹理，sift，surf，vlad 等等特征，然后将其保存，建立相应的数据索引，然后对要查询的图像提取相应的特征，与数据库中的图像特征对比，找出与之最近的图片。这里，如果为了提高查询的准确率，通常会提取一些较为复杂的特征，如 sift，surf 等，一幅图像有很多个这种特征点，每个特征点又有一个相应的描述该特征点的 128 维的向量，设想如果一幅图像有 300 个这种特征点，那么该幅图像就有 300 * vector（128 维）个，如果数据库中有一百万张图片，这个存储量是相当大的，建立索引也很耗时，如果对每个向量进行 PCA 处理，将其降维为 64 维，就节约了许多存储空间，对于学习图像处理的人来说，都知道 PCA 是降维的，但是，很多人不知道具体的原理，下面对 PCA 分析的原理进行详细介绍。

8.1.1 主成分的特点

主成分分析以最少的信息丢失为前提，将众多的原有变量综合成较少几个综合指标，通常综合指标（主成分）有以下几个特点。

（1）主成分个数远远少于原有变量的个数

原有变量综合成少数几个因子之后，因子将可以替代原有变量参与数据建模，这将大大减少分析过程中的计算工作量。

（2）主成分能够反映原有变量的绝大部分信息

因子并不是原有变量的简单取舍，而是原有变量重组后的结果，因此不会造成原有变量信息的大量丢失，并能够代表原有变量的绝大部分信息。

（3）主成分之间应该互不相关

通过主成分分析得出的新的综合指标（主成分）之间互不相关，因子参与数据建模能够有效地解决变量信息重叠、多重共线性等给分析应用带来的诸多问题。

（4）主成分具有命名解释性

总之，主成分分析法是研究怎样以最少的信息丢失将众多原有变量浓缩成少数几个因子，如何使因子具有一定的命名解释性的多元统计分析方法。

8.1.2　基本原理

主成分分析是数学上对数据降维的一种方法。其基本思想是设法将原来众多的具有一定相关性的指标 $X_1, X_2, \cdots, X_p$（比如 p 个指标），重新组合成一组较少个数的互不相关的综合指标 F_m 来代替原来指标。那么综合指标应该怎样去提取，使其既能最大程度地反映原变量 X_p 所代表的信息，又能保证新指标之间保持相互无关（信息不重叠）。

设 F_1 表示原变量的第一个线性组合所形成的主成分指标，即 $F_1 = a_{11}X_1 + a_{21}X_2 + a_{p1}X_p$，由数学知识可知，每一个主成分所提取的信息量可用其方差来度量，其方差 $\mathrm{Var}(F_1)$ 越大，表示 F_1 包含的信息越多。常常希望第一主成分 F_1 所包含信息量最大，因此在所有的线性组合中选取的 F_1 应该是 $X_1, X_2, \cdots, X_p$ 的所有线性组合中方差最大的，因此称 F_1 为第一主成分。如果第一主成分不足以代表原来 p 个指标的信息，再考虑选取第二个主成分指标 F_2，为有效地反映原信息，F_1 已有的信息就不需要再出现在 F_2 中，即 F_2 与 F_1 要保持独立、不相关，用数学语言表达就是其协方差 $\mathrm{Cov}(F_1, F_2) = 0$，所以 F_2 是 F_1 不相关的 $X_1, X_2, \cdots, X_p$ 的所有线性组合中方差最大的，因此称 F_2 为第二主成分，依此类推构造出的 $F_1, F_2, \cdots, F_m$ 为原变量指标 $X_1, X_2, \cdots, X_p$ 第 1、第 2、…、第 m 个主成分，即

$$\begin{cases} F_1 = a_{11}X_1 + a_{12}X_2 + a_{1p}X_p \\ F_2 = a_{21}X_1 + a_{22}X_2 + a_{2p}X_p \\ \vdots \\ F_m = a_{m1}X_1 + a_{m2}X_2 + a_{mp}X_p \end{cases}$$

根据以上分析可得到如下结论。

（1）F_i 与 F_j 互不相关，即 $\mathrm{Cov}(F_i, F_j) = 0$，并有 $\mathrm{Var}(F_i) = a_i^{\mathrm{T}} \sum a_i$，其中 $\sum$ 为 X 的协方差阵。

（2）F_1 是 $X_1, X_2, \cdots, X_p$ 的一切线性组合（系数满足上述要求）中方差最大的，……，即 F_m 是与 $F_1, F_2, \cdots, F_{m-1}$ 都不相关的 $X_1, X_2, \cdots, X_p$ 的所有线性组合中方差最大者。

$F_1, F_2, \cdots, F_m (m \leqslant p)$ 为构造的新变量指标,即原变量指标的第 1、第 2、……、第 m 个主成分。

由此可知,主成分分析的主要任务有如下两点。

(1) 确定各主成分 $F_i(i=1,2,\cdots,m)$ 关于原变量 $X_j(j=1,2,\cdots,p)$ 的表达式,即系数 $a_{ij}(i=1,2,\cdots,m;j=1,2,\cdots,p)$。从数学上可以证明,原变量协方差矩阵的特征根是主成分的方差,所以前 m 个较大特征根就代表前 m 个较大的主成分方差值;原变量协方差矩阵前 m 个较大的特征值 λ_i(这样选取才能保证主成分的方差依次最大)所对应的特征向量就是相应主成分 F_i 表达式的系数 a_i,为了加以限制,系数 a_i 启用的是 λ_i 对应的单位化的特征向量,即有 $a_i^{\mathrm{T}} a_i = 1$。

(2) 计算主成分载荷,主成分载荷是反映主成分 F_i 与原变量 X_j 之间的相互关联程度:

$$P(Z_k, x_i) = \sqrt{\lambda_k a_{ki}} \quad i = 1, 2, \cdots, m; \ k = 1, 2, \cdots, p$$

8.1.3　样本主成分

在实际问题中,总体 x 的协方差矩阵 $\sum$ 或相关系数矩阵 R 往往是未知的,需要由样本进行估计。设 $x_1, x_2, \cdots, x_n$ 为取自总体 x 的样本,其中 $x_i = (x_{i1}, x_{i2}, \cdots, x_{ip})'(i=1, 2, \cdots, n)$。记样本进行观测值矩阵为

$$\boldsymbol{X} = \begin{bmatrix} x_{11} & x_{12} & \cdots & x_{1p} \\ x_{21} & x_{22} & \cdots & x_{2p} \\ \vdots & \vdots & \ddots & \vdots \\ x_{n1} & x_{n2} & \cdots & x_{np} \end{bmatrix}$$

$\boldsymbol{X}$ 的每一行对应一个样品,每一列对应一个变量。记样本协方差矩阵和样本相关系数矩阵分别为,

$$S = \frac{1}{n-1} \sum_{i=1}^{n} (x_i - \bar{x})(x_i - \bar{x})' = s_{ij}$$

$$\hat{R} = (r_{ij}), \quad r_{ij} = \frac{s_{ij}}{\sqrt{s_{ii}} \ \sqrt{s_{jj}}}$$

其中,$\bar{x} = \dfrac{1}{n} \sum_{i=1}^{n} x_i$ 为样本均值。将 S 作为 $\sum$ 的估计,$\hat{R}$ 作为 R 的估计,从 S 或 $\hat{R}$ 出发可求出样本的主成分。

8.2　主成分分析的具体步骤

主成分分析的具体步骤如下。

(1) 计算协方差矩阵

计算样本数据的协方差矩阵:$\sum = (s_{ij})$,其中,

$$s_{ij} = \frac{1}{n-1} \sum_{k=1}^{n} (x_{ki} - \bar{x}_i)(x_{kj} - \bar{x}_j) \quad i, j = 1, 2, \cdots, p$$

（2）求出 $\sum$ 的特征值 λ_i 及相应的正交化单位特征向量 a_i

$\sum$ 的前 m 个较大的特征值 $\lambda_1 \geqslant \lambda_2 \geqslant \cdots \geqslant \lambda_m > 0$，就是前 m 个主成分对应的方差，λ_i 对应的单位特征向量 $\boldsymbol{a}_i$ 就是主成分 F_i 的关于原变量的系数，则原变量的第 i 个主成分 F_i 为

$$F_i = \boldsymbol{a}_i^{\mathrm{T}} \boldsymbol{X}$$

主成分的方差（信息）贡献率用来反映信息量的大小，a_i 为

$$a_i = \frac{\lambda_i}{\sum\limits_{i=1}^{m} \lambda_i}$$

（3）选择主成分

最终要选择几个主成分，即 $F_1, F_2, \cdots, F_m$ 中 m 的确定是通过方差（信息）累计贡献率 $G(m)$ 来确定

$$G(m) = \frac{\sum\limits_{i=1}^{m} \lambda_i}{\sum\limits_{k=1}^{p} \lambda_k}$$

当累积贡献率大于 85% 时，就认为能足够反映原来变量的信息了，对应的 m 就是抽取的前 m 个主成分。

（4）计算主成分载荷

主成分载荷是反映主成分 F_i 与原变量 X_j 之间的相互关联程度，原来变量 $X_j (j = 1, 2, \cdots, p)$ 在诸主成分 $F_i (i = 1, 2, \cdots, m)$ 上的荷载 $l_{ij} (i = 1, 2, \cdots, m; j = 1, 2, \cdots, p)$。

$$l(Z_i, Z_j) = \sqrt{\lambda_i a_{ij}}$$

（5）计算主成分得分

计算样品在 m 个主成分上的得分

$$F_i = a_{1i} X_1 + a_{2i} X_2 + \cdots + a_{pi} X_p, \quad i = 1, 2, \cdots, m$$

实际应用时，指标的量纲往往不同，所以在主成分计算之前应先消除量纲的影响。消除数据的量纲有很多方法，常用方法是将原始数据标准化，即作如下数据变换

$$x_{ij}^* = \frac{x_{ij} - \bar{x}_j}{s_j} \quad i = 1, 2, \cdots, n; \ j = 1, 2, \cdots, p$$

其中，$\bar{x}_j = \frac{1}{n} \sum\limits_{i=1}^{m} x_{ij}, s_j^2 = \frac{1}{n-1} \sum\limits_{i=1}^{m} (x_{ij} - \bar{x}_j)^2$。

根据数学公式可知：

① 任何随机变量对其作标准化变换后，其协方差与其相关系数是一回事，即标准化后的变量协方差矩阵就是其相关系数矩阵。

② 另一方面，根据协方差的公式可以推得标准化后的协方差就是原变量的相关系数，亦即标准化后的变量的协方差矩阵就是原变量的相关系数矩阵。也就是说，在标准化前后变量的相关系数矩阵不变化。

8.3　主成分分析的计算步骤

主成分分析的主要计算步骤如下。

（1）对原始数据进行标准化处理

假设样本观测数据矩阵为

$$\boldsymbol{X} = \begin{bmatrix} x_{11} & x_{12} & \cdots & x_{1p} \\ x_{21} & x_{22} & \cdots & x_{2p} \\ \vdots & \vdots & \ddots & \vdots \\ x_{n1} & x_{n2} & \cdots & x_{np} \end{bmatrix}$$

那么可以按照如下方法对原始数据进行标准化处理：

$$x_{ij}^{*} = \frac{x_{ij} - \bar{x}_j}{\sqrt{\mathrm{Var}(x_j)}} \quad i = 1, 2, \cdots, n;\ j = 1, 2, \cdots, p$$

其中，$\bar{x}_j = \dfrac{1}{n} \sum_{i=1}^{n} x_{ij}$，$\mathrm{Var}(x_j) = \dfrac{1}{n-1} \sum_{i=1}^{n} (x_{ij} - \bar{x}_j)^2 (j = 1, 2, \cdots, p)$。

（2）计算相关系数矩阵

为了方便，假定原始数据标准化后仍用 $\boldsymbol{X}$ 表示，则经标准化处理后数据的相关系数矩阵为

$$\boldsymbol{R} = \begin{bmatrix} r_{11} & r_{12} & \cdots & r_{1p} \\ r_{21} & r_{22} & \cdots & r_{2p} \\ \vdots & \vdots & \ddots & \vdots \\ r_{p1} & r_{p2} & \cdots & r_{pp} \end{bmatrix}$$

$r_{ij}(i, j = 1, 2, \cdots, p)$ 为原变量 x_i 与 x_j 的相关系数，$r_{ij} = r_{ji}$，其计算公式为

$$r_{ij} = \frac{\sum_{k=1}^{m} (x_{ij} - \bar{x}_i)(x_{ij} - \bar{x}_j)}{\sqrt{\sum_{k=1}^{m} (x_{ij} - \bar{x}_i)^2 \sum_{k=1}^{m} (x_{ij} - \bar{x}_j)^2}}$$

（3）计算特征值与特征向量

解特征方程 $|\lambda \boldsymbol{I} - \boldsymbol{R}| = 0$，常用雅可比法（Jacobi）求出特征值，并使其按大小顺序排列 $\lambda_1 \geqslant \lambda_2 \geqslant \cdots \geqslant \lambda_p \geqslant 0$；

分别求出对应于特征值 λ_i 的特征向量 $\boldsymbol{e}_i (i = 1, 2, \cdots, p)$，要求 $\| \boldsymbol{e}_i \| = 0$，即 $\sum_{j=1}^{p} e_{ij}^2 = 1$，其中 e_{ij} 表示向量 $\boldsymbol{e}_i$ 的第 j 个分量。

（4）计算主成分贡献率及累计贡献率

贡献率为

$$\frac{\lambda_i}{\sum_{k=1}^{p} \lambda_k} \quad i = 1, 2, \cdots, p$$

累计贡献率为

$$\frac{\sum\limits_{k=1}^{i}\lambda_k}{\sum\limits_{k=1}^{p}\lambda_k} \quad i=1,2,\cdots,p$$

一般取累计贡献率达 $85\%\sim95\%$ 的特征值，$\lambda_1,\lambda_2,\cdots,\lambda_m$ 所对应的第 1、第 2、……、第 m 个主成分。

（5）计算主成分载荷

$$l_{ij}=p(Z_i,x_j)=\sqrt{\lambda_i}e_{ij} \quad i,j=1,2,\cdots,p$$

（6）各主成分得分

根据标准化的原始数据，按照各个样品，分别代入主成分表达式，就可以得到各主成分下的各个样品的新数据，即为主成分得分。具体表示形式为

$$\mathbf{Z}=\begin{bmatrix} z_{11} & z_{12} & \cdots & z_{1m} \\ z_{21} & z_{22} & \cdots & z_{2m} \\ \vdots & \vdots & & \vdots \\ z_{m1} & z_{m2} & \cdots & z_{mm} \end{bmatrix}$$

其中，$Z_{ij}=a_{j1}x_{i1}+a_{j2}x_{i2}+\cdots+a_{jp}x_{ip}(i=1,2,\cdots,n;j=1,2,\cdots,k)$。

（7）分析与建模

后续的分析和建模常见的形式有主成分回归、变量子集合的选择、综合评价等。

8.4　主成分分析的 MATLAB 实现

在 MATLAB 统计工具箱中提供了相关函数用于实现主成分分析，下面分别对这几个函数作相应介绍。

1. barttest 函数

barttest 函数用于进行 Bartlett 维数检验。其调用格式如下。

ndim = barttest(X,alpha)：在 alpha 水平下检验数据矩阵 X 的非随机变化特征。ndim＝1 时即为检验与每个因子一起的方差是否相等，ndim＝2 时为检验第二个因子到最后一个因子一起的方差是否相等，依此类推。

[ndim,prob,chisquare] = barttest(X,alpha)：同时返回假设检验值 prob 及 χ^2 检验值。

【例 8-1】　利用 barttest 函数对随机产生的数据进行 Bartlett 维数检验。

其 MATLAB 代码编程如下：

```
>> clear all;
%产生随机数据
X = mvnrnd([0,0],[1,0.99;,0.99,1],20);
X(:,3:4) = mvnrnd([0,0],[1,0.99; 0.99,1],20);
X(:,5:6) = mvnrnd([0,0],[1,0.99; 0.99,1],20);
%进行 Bartlett 维数检验
[ndim, prob,chisquare] = barttest(X,0.05)
```

运行程序,输出如下:

```
ndim =
     3
prob =
    0.0000
    0.0000
    0.0000
    0.5148
    0.3370
chisquare =
  251.8056
  210.4061
  153.3434
    4.2444
    2.1754
```

2. pcacov 函数

在 MATLAB 中,提供了 pcacov 函数用于使用协方差矩阵进行主成分分析。函数的调用格式如下。

COEFF = pcacov(V):V 为方差矩阵,COEFF 为返回主要因子。

[COEFF,latent] = pcacov(V):latent 为协方差矩阵 V 的特征值。

[COEFF,latent,explained] = pcacov(V):explained 为观察量中由每一个特征向量所解释的总方差的百分比。

【例 8-2】 对 MATLAB 自带的 hald 数据通过协方差矩阵进行主成分分析。

其 MATLAB 代码编程如下:

```
>> load hald
covx = cov(ingredients);
[COEFF,latent,explained] = pcacov(covx)
```

运行程序,输出如下:

```
COEFF =
  -0.0678   -0.6460    0.5673    0.5062
  -0.6785   -0.0200   -0.5440    0.4933
   0.0290    0.7553    0.4036    0.5156
   0.7309   -0.1085   -0.4684    0.4844
latent =
  517.7969
   67.4964
   12.4054
    0.2372
explained =
   86.5974
   11.2882
    2.0747
    0.0397
```

【例 8-3】　在制定服装标准的过程中,对 128 名成年男子的身材进行了测量,每人测了 6 项指标:身高(x_1)、坐高(x_2)、胸围(x_3)、手臂长(x_4)、肋围(x_5)和腰围(x_6),样本相关系数矩阵如表 8-1 所示,试根据样本相关系数矩阵进行主成分分析。

表 8-1　128 名成年男子身材的 6 项指标的样本相关系数矩阵

变　量	身高(x_1)	坐高(x_2)	胸围(x_3)	手臂长(x_4)	肋围(x_5)	腰围(x_6)
身高(x_1)	1	0.79	0.36	0.76	0.25	0.51
坐高(x_2)	0.79	1	0.31	0.55	0.17	0.35
胸围(x_3)	0.36	0.31	1	0.35	0.64	0.58
手臂长(x_4)	0.76	0.55	0.35	1	0.16	0.38
肋围(x_5)	0.25	0.17	0.64	0.16	1	0.63
腰围(x_6)	0.51	0.35	0.58	0.38	0.63	1

其 MATLAB 代码编程如下:

```
>> clear all;
PHO = [1  0.79  0.36  0.76  0.25  0.51;0.79  1  0.31  0.55  0.17  0.35;…
    0.36  0.31  1  0.35  0.64  0.58;0.76  0.55  0.35  1  0.16  0.38;…
    0.25  0.17  0.64  0.16  1  0.63;0.51  0.35  0.58  0.38  0.63  1];
% 利用 pcacov 函数根据相关系数矩阵作主成分分析,返回主成分表达式的系数
% 矩阵 COEFF,返回相关系数矩阵的特征值向量 latent 和主成分贡献率向量 explained
[COEFF,latent,explained] = pcacov(PHO)
COEFF =
    0.4689   - 0.3648   - 0.0922    0.1224    0.0797    0.7856
    0.4037   - 0.3966   - 0.6130   - 0.3264   - 0.0270   - 0.4434
    0.3936    0.3968    0.2789   - 0.6557   - 0.4052    0.1253
    0.4076   - 0.3648    0.7048    0.1078    0.2346   - 0.3706
    0.3375    0.5692   - 0.1643    0.0193    0.7305   - 0.0335
    0.4268    0.3084   - 0.1193    0.6607   - 0.4899   - 0.1788
latent =
    3.2872
    1.4062
    0.4591
    0.4263
    0.2948
    0.1263
explained =
    54.7867
    23.4373
    7.6516
    7.1057
    4.9133
    2.1054
% 为了更加直观,以元胞数组形式显示结果
>> S(1,:) = {'特征值','差值','贡献率','累积贡献率'};
S(2:7,1) = num2cell(latent);
S(2:6,2) = num2cell( - diff(latent));
S(2:7,3:4) = num2cell([explained,cumsum(explained)])
S =
```

'特征值'	'差值'	'贡献率'	'累积贡献率'
[3.2872]	[1.8810]	[54.7867]	[54.7867]
[1.4062]	[0.9471]	[23.4373]	[78.2240]
[0.4591]	[0.0328]	[7.6516]	[85.8756]
[0.4263]	[0.1315]	[7.1057]	[92.9813]
[0.2948]	[0.1685]	[4.9133]	[97.8946]
[0.1263]	[]	[2.1054]	[100.0000]

```
% 以元胞数组形式显示前 3 个主成分表达式
H = {'标准化变量';'x1: 身高';'x2: 坐高';'x3: 胸围';'x4: 手臂长';'x5: 肋围';'x6: 腰围'};
S1(:,1) = H;
S1(1,2:4) = {'Prin1','Prin2','Prin3'};
S1(2:7,2:4) = num2cell(COEFF(:,1:3))
S1 =
```

'标准化变量'	'Prin1'	'Prin2'	'Prin3'
'x1: 身高'	[0.4689]	[− 0.3648]	[− 0.0922]
'x2: 坐高'	[0.4037]	[− 0.3966]	[− 0.6130]
'x3: 胸围'	[0.3936]	[0.3968]	[0.2789]
'x4: 手臂长'	[0.4076]	[− 0.3648]	[0.7048]
'x5: 肋围'	[0.3375]	[0.5692]	[− 0.1643]
'x6: 腰围'	[0.4268]	[0.3084]	[− 0.1193]

从 S 的结果来看,前 3 个主成分的累积贡献达到了 85.8756%,因此可以只用前 3 个主成分进行后续的分析;这样做虽然会有一定的信息损失,但是损失不大,不影响大局。S_1 中列出了前 3 个主成分的相关结果,可知前 3 个主成分的表达式分别为

$$y_1 = 0.4689x_1^* + 0.4037x_2^* + 0.3936x_3^* + 0.4076x_4^* + 0.3375x_5^* + 0.4268x_6^*$$

$$y_2 = -0.3648x_1^* - 0.3966x_2^* + 0.3968x_3^* - 0.3648x_4^* + 0.5692x_5^* + 0.3084x_6^*$$

$$y_3 = -0.0922x_1^* - 0.6130x_2^* + 0.2789x_3^* + 0.7048x_4^* - 0.1643x_5^* - 0.1193x_6^*$$

从第 1 主成分 y_1 表达式来看,它在每个标准化变量上有相近的负荷,说明每个标准化变量对 y_1 的重要性都差不多。当一个人的身材"五大三粗",也就是说又高又胖时,x_1^*,x_2^*,L,x_6^* 都比较大时,此时 y_1 的值就比较大,反之,当一个人又矮又瘦时,x_1^*,x_2^*,L,x_6^* 都比较小,此时 y_1 的值就比较小,所以可以认为第一主成分 y_1 是身材的综合成分(或魁梧成分)。

从第 2 主成分 y_2 的表达式来看,它在标准化变量 x_1^*、x_2^* 和 x_4^* 上有相近的负载荷,在 x_3^*、x_5^* 和 x_6^* 上有相近的正负载荷,说明当 x_1^*、x_2^* 和 x_4^* 增大时,y_2 的值减小,当 x_3^*、x_5^* 和 x_6^* 增大时,y_2 的值增大。当一个人的身材瘦高时,y_2 的值比较小,当一个人的身材矮胖时,y_2 的值比较大,所以可以认为第二主成分 y_2 是身材的高矮和胖瘦的协调成分。

从第 3 主成分 y_3 的表达式来看,它在标准化变量 x_2^* 上有比较大的正载荷,在 x_4^* 上有比较大的负载荷,在其他变量上的载荷比较小,说明 x_2^*(坐高)和 x_4^*(手臂长)对 y_3 的影响比较大,也就是说 y_3 反映了坐高(即上半身)与手臂长之间的协调关系,这对做长袖上衣时制定衣服和袖子的长短提供了参考。所以可认为第三主成分 y_3 是臂长成分。

后 3 个主成分的贡献率比较小,分别只有 7.1057%、4.9133% 及 2.1054%,可以不用对它们做出解释。最后一个主成分的贡献率非常小,它提示了标准化变量之间的如下线性关系,

$$0.7856x_1^* - 0.4434x_2^* + 0.1253x_3^* - 0.3706x_4^* - 0.0335x_5^* - 0.1788x_6^* = c$$

3. princomp 函数

princomp 函数用来根据样本观测值矩阵进行主成分分析,其调用格式如下。

$[COEFF, SCORE] = princomp(X)$:根据样本观测值矩阵 X 进行主成分分析。输入参数 X 是 n 行 p 列的矩阵,每一行对应一个观测(样品),每一列对应一个变量。输出参数 COEFF 为 p 个主成分的系数矩阵,它是 $p \times p$ 的矩阵,它的第 i 列是第 i 个主成分的系数向量。输出参数 SCORE 是 n 个样品的 p 个主成分矩阵,它是 n 行 p 列的矩阵,每一行对应一个观测,每一列对应一个主成分,第 i 行第 j 列元素是第 i 个样品的第 j 个主成分得分。

$[COEFF, SCORE, latent] = princomp(X)$:返回样本协方差矩阵特征值向量 latent,它是由 p 个特征值构成的列向量,其中特征值按降序排列。

$[COEFF, SCORE, latent, tsquare] = princomp(X)$:返回一个包含 p 个元素的列向量 tsquare,它的第 i 个元素是第 i 个观测对应的霍特林(Hotelling) T^2 的统计量,描述了第 i 个观测与数据集(样本观测矩阵)的中心之间的距离,可用来寻找远离中心的极端数据。

设 $\lambda_1 \geqslant \lambda_2 \geqslant \cdots \lambda_p \geqslant 0$ 为样本协方差矩阵的 p 个特征值,并设第 i 个样品的第 j 个主成分得分为 $y_{ij}(i=1,2,\cdots,n; j=1,2,\cdots,p)$,则第 i 个样品对应的霍特林(Hotelling) T^2 的统计量为

$$T_i^2 = \sum_{j=1}^{p} \frac{y_{ij}^2}{\lambda_i}, \quad i = 1,2,\cdots,n$$

$[\cdots] = princomp(X, 'econ')$:通过设置参数 'econ',使得当 $n \leqslant p$ 时,只返回 latent 中的前 $n-1$ 个元素(去掉不必要的 0 元素)及 COEEF 和 SCORE 矩阵中相应的列。

【例 8-4】 直接利用原始数据矩阵进行主成分分析。

其 MATLAB 代码编程如下:

```
>> clear all;
load hald;                       % 原始数据矩阵
ingredients                      % 原始矩阵
      7   26    6   60
      1   29   15   52
     11   56    8   20
     11   31    8   47
      7   52    6   33
     11   55    9   22
      3   71   17    6
      1   31   22   44
      2   54   18   22
     21   47    4   26
      1   40   23   34
     11   66    9   12
     10   68    8   12
% 主成分分析
[pc, score, latent, tsquare] = princomp(ingredients)
pc =                             % 主成分系数
```

$$
\begin{array}{rrrr}
-0.0678 & -0.6460 & 0.5673 & 0.5062 \\
-0.6785 & -0.0200 & -0.5440 & 0.4933 \\
0.0290 & 0.7553 & 0.4036 & 0.5156 \\
0.7309 & -0.1085 & -0.4684 & 0.4844
\end{array}
$$

score =   % 主成分的方差贡献率

$$
\begin{array}{rrrr}
36.8218 & -6.8709 & -4.5909 & 0.3967 \\
29.6073 & 4.6109 & -2.2476 & -0.3958 \\
-12.9818 & -4.2049 & 0.9022 & -1.1261 \\
23.7147 & -6.6341 & 1.8547 & -0.3786 \\
-0.5532 & -4.4617 & -6.0874 & 0.1424 \\
-10.8125 & -3.6466 & 0.9130 & -0.1350 \\
-32.5882 & 8.9798 & -1.6063 & 0.0818 \\
22.6064 & 10.7259 & 3.2365 & 0.3243 \\
-9.2626 & 8.9854 & -0.0169 & -0.5437 \\
-3.2840 & -14.1573 & 7.0465 & 0.3405 \\
9.2200 & 12.3861 & 3.4283 & 0.4352 \\
-25.5849 & -2.7817 & -0.3867 & 0.4468 \\
-26.9032 & -2.9310 & -2.4455 & 0.4116
\end{array}
$$

latent =   % 协方差矩阵的特征值

$$
\begin{array}{r}
517.7969 \\
67.4964 \\
12.4054 \\
0.2372
\end{array}
$$

tsquare =   % 统计量

$$
\begin{array}{r}
5.6803 \\
3.0758 \\
6.0002 \\
2.6198 \\
3.3681 \\
0.5668 \\
3.4818 \\
3.9794 \\
2.6086 \\
7.4818 \\
4.1830 \\
2.2327 \\
2.7216
\end{array}
$$

>> cumsum(latent)./sum(latent)

ans =

$$
\begin{array}{r}
0.8660 \\
0.9789 \\
0.9996 \\
1.0000
\end{array}
$$

% 绘制主成分散点图如图 8-1 所示
>> biplot(pc(:,1:2),'Scores',score(:,1:2),'VarLabels',{'X1' 'X2' 'X3' 'X4'})

由此可得到的第 1 个主成分为

$$
y = 0.0678x_1 + 0.6785x_2 - 0.0290x_3 - 0.7309x_4
$$

第 2、第 3、第 4 个生成分可以类似得到。

由累计特征可知：只要用第 1、第 2 两个主成分就可以很好地解释原始数据了,因为

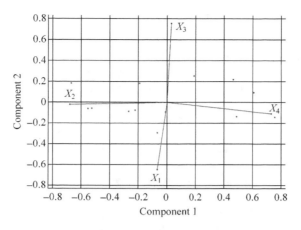

图 8-1　主成分分析散点图

它们解释了总方差的百分比为

$$(517.7969 + 67.4964)/(517.7969 + 67.4964 + 12.4054 + 0.2372) = 98\%。$$

【例 8-5】　根据表 8-2 中人头发的元素分析结果进行主成分分析。

表 8-2　人头发的元素分析

样　　本	Cu	Mn	Cl	Br	I
1	9.2	0.30	1770	12.0	3.6
2	12.4	0.39	930	50.0	2.3
3	7.2	0.32	2750	65.3	3.4
4	10.2	0.36	1500	3.4	5.3
5	10.1	0.50	1040	36.2	1.9
6	6.5	0.20	2490	90.0	4.6
7	5.6	0.29	2940	88.0	5.6
8	11.8	0.42	867	43.1	1.5
9	8.5	0.25	1620	5.2	6.2

其 MATLAB 代码编程如下：

```
>> clear all;
clear all;
x = [9.2,0.30,1770,12.0,3.6;12.4,0.39,930,50.0,2.3;7.2,0.32,2750,65.3,3.4;…
    10.2,0.36,1500,3.4,5.3;10.1,0.50,1040,36.2,1.9;6.5,0.20,2490,90.0,4.6;…
    5.6,0.29,2940,88.0,5.6;11.8,0.42,867,43.1,1.5;8.5,0.25,1620,5.2,6.2];
stdr = std(x);
sr = x./stdr(ones(9,1),:);
[pcs,newdata,variances,t2] = princomp(sr);     % 主成分分析
pcs                                            % 主成分
newdata                                        % 得分
variances                                      % 方差
t2                                             % 统计量
plot(newdata(:,1),newdata(:,2),'ro');
gname                                          % 获取各点代表的样本
```

运行程序,输出如下,效果如图 8-2 所示。

```
pcs =
      0.5215    - 0.1028    - 0.4127      0.1820      0.7170
      0.4652      0.2691      0.7899      0.2833      0.0829
    - 0.5174      0.1704      0.3127    - 0.3823      0.6778
    - 0.2769      0.7610    - 0.2824      0.5140      0.0175
    - 0.4090    - 0.5558      0.1680      0.6901      0.1393
newdata =
      0.1658    - 0.7783    - 0.0895    - 0.6913    - 0.0216
      1.8837      0.4626    - 0.6649      0.3083      0.2388
    - 1.2205      0.8723      0.3504    - 0.5121      0.2328
      0.5357    - 1.4566      0.3854      0.2579      0.2436
      2.0422      0.7931      0.7886      0.0859    - 0.3139
    - 2.3119      0.6715    - 0.7569      0.0573    - 0.2033
    - 2.5738      0.7007      0.4732      0.4217      0.0676
      2.1928      0.6658    - 0.3444    - 0.0465    - 0.0418
    - 0.7139    - 1.9312    - 0.1420      0.1188    - 0.2022
variances =
      3.3513
      1.1807
      0.2849
      0.1383
      0.0448
t2 =
      4.0149
      4.7531
      4.6267
      4.2103
      6.2156
      4.9348
      4.5668
      2.2815
      4.3964
```

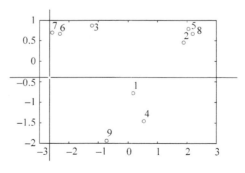

图 8-2　主成分分析效果

　　从变量(variances)结果可看出,共有 5 个主成分,但前面两个的主成分作用显著,占了总方差的 90%。

4. pcares 函数

在 MATLAB 中,提供了 pcares 函数用于对主成分的残差进行分析。函数的调用格式如下。

residuals = pcares(X, ndim):通过保留 X 的 ndim 个因子成分来获得残差 residuals。

[residuals, reconstructed] = pcares(X, ndim):reconstructed 为返回的重建系数。

【例 8-6】 利用 pcares 函数对 MATLAB 自带的 hald. mat 数据求其主成分分析的残差。

其 MATLAB 代码编程如下:

```
>> clear all;
load hald
r1 = pcares(ingredients,1)
r2 = pcares(ingredients,2)
r3 = pcares(ingredients,3)
```

运行程序,输出如下:

```
r1 =
    2.0350    2.8304   - 6.8378    3.0879
  - 4.4542    0.9352    2.3715    0.3608
    2.6583   - 0.9622   - 3.3925   - 0.5120
    5.1463   - 1.0630   - 4.4575   - 0.3325
  - 0.4990    3.4708   - 5.7532    3.4043
    2.8054   - 0.4903   - 2.4554   - 0.0974
  - 6.6710    0.7346    6.1765   - 0.1822
  - 4.9288   - 1.8150    9.5747   - 2.5224
  - 6.0895   - 0.4387    6.4996   - 1.2302
   13.3158   - 3.3821   - 7.6739   - 1.5998
  - 5.8364   - 1.8979   10.9632   - 2.7387
    1.8038    0.4864   - 2.0267    0.6993
    0.7144    1.5919   - 2.9885    1.6628
r2 =
  - 2.4037    2.6930   - 1.6482    2.3425
  - 1.4755    1.0274   - 1.1111    0.8610
  - 0.0582   - 1.0463   - 0.2165   - 0.9681
    0.8606   - 1.1957    0.5533   - 1.0521
  - 3.3814    3.3816   - 2.3832    2.9203
    0.4496   - 0.5632    0.2988   - 0.4930
  - 0.8699    0.9141   - 0.6061    0.7920
    2.0003   - 1.6006    1.4733   - 1.3589
  - 0.2848   - 0.2590   - 0.2872   - 0.2555
    4.1699   - 3.6651    3.0192   - 3.1356
    2.1652   - 1.6503    1.6079   - 1.3950
    0.0068    0.4308    0.0743    0.3976
  - 1.1790    1.5333   - 0.7747    1.3449
r3 =
```

```
  0.2008     0.1957     0.2045     0.1921
 −0.2004    −0.1953    −0.2041    −0.1918
 −0.5700    −0.5555    −0.5806    −0.5455
 −0.1916    −0.1867    −0.1952    −0.1834
  0.0721     0.0702     0.0734     0.0690
 −0.0683    −0.0666    −0.0696    −0.0654
  0.0414     0.0403     0.0422     0.0396
  0.1642     0.1600     0.1672     0.1571
 −0.2752    −0.2682    −0.2803    −0.2634
  0.1724     0.1680     0.1756     0.1649
  0.2203     0.2146     0.2244     0.2108
  0.2262     0.2204     0.2304     0.2164
  0.2083     0.2030     0.2122     0.1994
```

8.5　主成分的综合应用

【例 8-7】　为了系统分析某 IT 类企业的经济效益,选择了 8 个不同的利润指标,对 15 家企业进行了调研,并得到如表 8-3 所示的数据。请根据这些数据对这 15 家企业进行综合实力排序。

表 8-3　企业综合实力评价数据

企业序号	净利润率/%	固定资产利润率/%	总产值利润率/%	收入利润率/%	成本利润率/%	物耗利润率/%	人均利润/(千元/人)	流动资金利润率/%
1	40.4	24.7	7.2	6.1	8.2	8.7	2.442	20
2	25	12.7	11.2	11	12.9	20.2	3.542	9.1
3	13.2	3.3	3.9	4.3	4.4	5.5	0.578	3.6
4	22.3	6.7	5.6	3.7	6	7.4	0.176	7.3
5	34.3	11.8	7.1	7.1	8	8.9	1.726	27.5
6	35.6	12.5	16.4	16.7	22.8	29.3	3.017	26.6
7	22	7.8	9.9	10.2	12.6	17.6	0.847	10.6
8	48.4	13.4	10.9	9.9	10.9	13.9	1.772	17.8
9	40.6	19.1	19.8	19	29.7	39.6	2.449	35.8
10	24.8	8	9.8	8.9	11.9	16.2	0.789	13.7
11	12.5	9.7	4.2	4.2	4.6	6.5	0.874	3.9
12	1.8	0.6	0.7	0.7	0.8	1.1	0.056	1
13	32.3	13.9	9.4	8.3	9.8	13.3	2.126	17.1
14	38.5	9.1	11.3	9.5	12.2	16.4	1.327	11.6
15	26.2	10.1	5.6	15.6	7.7	30.1	0.126	25.9

实例中涉及 8 个指标,这些指标间的关联关系并不明确,且各指标数值的数量级也有差异,所以先借助主成分分析方法对指标体进行降维处理,然后根据主成分分析打分结果实现对企业的综合实力排序。

其 MATLAB 代码编程如下:

```
>> clear all;
```

```matlab
% 评价数据
A = [40.4 24.7 7.2 6.1 8.2 8.7 2.442 20;25 12.7 11.2 11 12.9 20.2 3.542 9.1; …
    13.2 3.3 3.9 4.3 4.4 5.5 0.578 3.6;22.3 6.7 5.6 3.7 6 7.4 0.176 7.3; …
    34.3 11.8 7.1 7.1 8 8.9 1.726 27.5;35.6 12.5 16.4 16.7 22.8 29.3 3.017 26.6; …
    22 7.8 9.9 10.2 12.6 17.6 0.847 10.6;48.4 13.4 10.9 9.9 10.9 13.9 1.772 17.8; …
    40.6 19.1 19.8 19 29.7 39.6 2.449 35.8;24.8 8 9.8 8.9 11.9 16.2 0.789 13.7; …
    12.5 9.7 4.2 4.2 4.6 6.5 0.874 3.9;1.8 0.6 0.7 0.7 0.8 1.1 0.056 1; …
    32.3 13.9 9.4 8.3 9.8 13.3 2.126 17.1;38.5 9.1 11.3 9.5 12.2 16.4 1.327 11.6; …
    26.2 10.1 5.6 15.6 7.7 30.1 0.126 25.9];
% 数据标准化
a = size(A,1);
b = size(A,2);
for i = 1:b
    SA(:,i) = (A(:,i) - mean(A(:,i)))/std(A(:,i));
end
% 计算相关系数矩阵的特征值和特征向量
CM = corrcoef(SA);                          % 计算相关系数矩阵
[V,D] = eig(CM);                            % 计算特征值和特征向量
for j = 1:b
    DS(j,1) = D(b+1-j,b+1-j);               % 对特征值按降序进行排序
end
for i = 1:b
    DS(i,2) = DS(i,1)/sum(DS(:,1));         % 贡献率
    DS(i,3) = sum(DS(1:i,1))/sum(DS(:,1));  % 累积贡献率
end
% 选择主成分及对应的特征向量
T = 0.9;                                    % 主成分信息保留率
for k = 1:b
    if DS(k,3)> = T
        com_m = k;
        break;
    end
end
% 提取主成分对应的特征向量
for j = 1:com_m
    PV(:,j) = V(:,b+1-j);
end
% 计算各评价对象的主成分得分
new_s = SA * PV;
for i = 1:a
    total_s(i,1) = sum(new_s(i,:));
    total_s(i,2) = i;
end
result_r = [new_s,total_s];                 % 将各主成分得分与总分放在同一个矩阵中
result_r = sortrows(result_r, - 4);         % 按总分降序排序
% 输出模型及结果报告
disp('特征值及其贡献率、累计贡献率：')
DS
disp('信息保留率 T 对应的主成分数与特征向量：')
com_m
PV
disp('主成分得分及排序（按第 4 列的总分进行降序排序,前 3 列为各主成分得分,第 5 列为企业
编号）')
result_r
```

运行程序,输出如下。

特征值及其贡献率、累计贡献率:
DS =
```
    5.7361    0.7170    0.7170
    1.0972    0.1372    0.8542
    0.5896    0.0737    0.9279
    0.2858    0.0357    0.9636
    0.1456    0.0182    0.9818
    0.1369    0.0171    0.9989
    0.0060    0.0007    0.9997
    0.0027    0.0003    1.0000
```

信息保留率 T 对应的主成分数与特征向量:

```
com_m =
     3
PV =
    0.3334    0.3788    0.3115
    0.3063    0.5562    0.1871
    0.3900   -0.1148   -0.3182
    0.3780   -0.3508    0.0888
    0.3853   -0.2254   -0.2715
    0.3616   -0.4337    0.0696
    0.3026    0.4147   -0.6189
    0.3596   -0.0031    0.5452
```

主成分得分及排序(按第 4 列的总分进行降序排序,前 3 列为各主成分得分,第 5 列为企业编号)

```
result_r =
    5.1936   -0.9793    0.0207    4.2350    9.0000
    0.7662    2.6618    0.5437    3.9717    1.0000
    1.0203    0.9392    0.4081    2.3677    8.0000
    3.3891   -0.6612   -0.7569    1.9710    6.0000
    0.0553    0.9176    0.8255    1.7984    5.0000
    0.3735    0.8378   -0.1081    1.1033   13.0000
    0.4709   -1.5064    1.7882    0.7527   15.0000
    0.3471   -0.0592   -0.1197    0.1682   14.0000
    0.9709    0.4364   -1.6996   -0.2923    2.0000
   -0.3372   -0.6891    0.0188   -1.0075   10.0000
   -0.3262   -0.9407   -0.2569   -1.5238    7.0000
   -2.2020   -0.1181    0.2656   -2.0545    4.0000
   -2.4132    0.2140   -0.3145   -2.5137   11.0000
   -2.8818   -0.4350   -0.3267   -3.6435    3.0000
   -4.4264   -0.6180   -0.2884   -5.3327   12.0000
```

从结果可知,第 9 家企业的综合实力最强,第 12 家企业的综合实力最弱。结果还给出了各主成分的权重信息(贡献率)及与原始变量的关联关系(特征向量),这样就可以根据实际问题作进一步的分析。

多元数据常常包含大量的测量变量,有时候这些变量是相互重叠的。也就是说,它们之间存在相关性。因子分析(Factor Analysis)的概念是英美心理统计学者们最早提出的,因子分析法的目的就是从试验所得的 $m \times n$ 个数据样本中概括和提取较少量的关键因素,它们能反映和解释所得的大量观察事实,从而建立最简洁、最基本的概念系统,提示出事物之间最本质的联系。

9.1 因子分析的概述

9.1.1 方法功用

因子分析法的最大功用,就是运用数学方法对可观测的事物在发展中所表现出的外部特征和联系进行由表及里、由此及彼、去粗取精、去伪存真的处理,从而得出客观事物普遍本质的概括。其次,使用因素分析法可以使复杂的研究课题大为简化,并保持其基本的信息量。

9.1.2 应用范围

因子分析的应用范围主要有两方面。

1. 因素

通过分析期货商品的供求状况及其影响因素,来解释和预测期货价格变化趋势的方法。期货交易是以现货交易为基础的。期货价格与现货价格之间有着十分紧密的联系。商品供求状况及影响其供求的众多因素对现货市场商品价格产生重要影响,因而也必然会对期货价格有重要影响。所以,通过分析商品供求状况及其影响因素的变化,可以帮助期货交易者预测和把握商品期货价格变化的基本趋势。在现实市场中,期货价格不仅受商品供求状况的影响,而且还受其他许多非供求因素的影响。这些非供求因素包括:金融货币因素,政治因素、政策因素、投机因素、心理预期等。因此,期货价格走势基本因素分析需要综合地考虑这些因素的影响。

2. 经济

商品供求状况对商品期货价格具有重要的影响。基本因素分析法主要分析的就是供求关系。商品供求状况的变化与价格的变动是互相影响、互相制约的。商品价格与供给成反比,供给增加,价格下降;供给减少,价格上升。商品价格与需求成正比,需求增加,价格上升;需求减少,价格下降。在其他因素不变的条件下,供给和需求的任何变化,都可能影响商品价格变化,一方面,商品价格的变化受供给和需求变动的影响;另一方面,商品价格的变化又反过来对供给和需求产生影响:价格上升,供给增加,需求减少;价格下降,供给减少,需求增加。这种供求与价格互相影响、互为因果的关系,使商品供求分析更加复杂化,即不仅要考虑供求变动对价格的影响,还要考虑价格变化对供求的反作用。

9.1.3 使用方法

因子分析的使用方法主要有以下几种。

1. 连环替代法

它是将分析指标分解为各个可以计量的因素,并根据各个因素之间的依存关系,顺次用各因素的比较值(通常即实际值)替代基准值(通常为标准值或计划值),据以测定各因素对分析指标的影响。

例如,设某一分析指标 M 是由相互联系的 A、B、C 三个因素相乘得到,报告期(实际)指标和基期(计划)指标为:

$$报告期(实际)指标 \ M_1 = A_1 \times B_1 \times C_1$$
$$基期(计划)指标 \ M_0 = A_0 \times B_0 \times C_0$$

在测定各因素变动指标对指标 R 影响程度时可按以下顺序进行。

$$基期(计划)指标 \quad M_0 = A_0 \times B_0 \times C_0 \qquad (1)$$
$$第 1 次替代 \quad A_1 \times B_0 \times C_0 \qquad (2)$$
$$第 2 次替代 \quad A_1 \times B_1 \times C_0 \qquad (3)$$
$$第 3 次替代 \quad A_1 \times B_1 \times C_1 \qquad (4)$$

其分析如下:

(2)—(1)→A 变动对 M 的影响。

(3)—(2)→B 变动对 M 的影响。

(4)—(3)→C 变动对 M 的影响。

把各因素变动综合起来,总影响为

$$\Delta M = M_1 - M_0 = (4)—(3) + (3)—(2) + (2)—(1)$$

2. 差额分析法

它是连环替代法的一种简化形式,是利用各个因素的比较值与基准值之间的差额,来计算各因素对分析指标的影响。

例如,某一个财务指标及有关因素的关系由如下式构成。实际指标: $P_o = A_o \times B_o \times C_o$;标准指标: $P_s = A_s \times B_s \times C_s$;实际与标准的总差异为 $P_o - P_s$ 。 $P_o - P_s$ 这一总差异同时受到 A 、 B 、 C 三个因素的影响,它们各自的影响程度可分别由以下式计算求得。

$$A \text{ 因素变动的影响: } (A_o - A_s) \times B_s \times C_s;$$
$$B \text{ 因素变动的影响: } A_o \times (B_o - B_s) \times C_s;$$
$$C \text{ 因素变动的影响: } A_o \times B_o \times (C_o - C_s)。$$

最后,可以将以上 3 大因素各自的影响数相加就应该等于总差异 $P_o - P_s$ 。

3. 指标分解

例如资产利润率,可分解为资产周转率和销售利润率的乘积。

4. 定基替代

分别用分析值替代标准值,测定各因素对财务指标的影响,例如标准成本的差异分析。

9.1.4　因子分析的优点

因子分析用于解决化学问题主要有以下几个优点。

(1) 可用于解决很复杂的问题。因子分析作为一种多变量分析方法,可同时处理许多因素相互影响的复杂体系。这一特点在化学中特别重要,因为大多数的化学数据要受到多变量的影响。

(2) 能快速地对大量数据进行处理。借助计算机,使用标准的因子分析程序,可以快速地分析大批量数据。

(3) 能研究多种类型的问题。在对原始数据了解甚少甚至对数据的本质一无所知的情况下,仍然可应用因子分析方法。这为研究一些未知体系提供了强有力的工具。

(4) 可压缩数据,提高数据质量。通过对数据矩阵进行因子分析,可用最少的因子来表示它们,而基本上不损失数据原来所包含的信息,并且还发掘出某些潜在的规则。

(5) 可获得对数据有意义的解释。通过因子分析可对样品或变量进行分类,能够为体系建立完整的有物理意义的模型,以此来预测新的数据点。

因子分析在化学中的应用相当广泛,可用于化学测量数据的多元统计、曲线分辨、数据校正和模式识别等问题。

9.1.5　因子分析的数学模型

因子分析的数学模型如下

$$Y = Pf + s$$

式中, $Y = [y_1, y_2, \cdots, y_m]^T$ 为可观测的 m 维随机向量,任一分量 y_i 是一随机时间序列变量,记作 $y_i = [y_{i1}, y_{i2}, \cdots, y_{iq}]^T$; $f = [f_1, f_2, \cdots, f_q]^T$ 称作公共因子向量 $(q \leqslant m)$; $s = [s_1, s_2, \cdots, s_m]$ 为特殊因子向量; P 为因子负荷矩阵 $(m \times q)$; f, s 都是相互无关的随机向量,

一般是不可观测的。

为了计算方便，经常将随机向量 $\boldsymbol{Y}$ 进行标准化。假设进行了 n 次观测，标准化记作 $\boldsymbol{Z}$，且 $\boldsymbol{Z}=[z_1,z_2,\cdots,z_m]^{\mathrm{T}}$，其中第 i 个分量第 j 次测定的标准值为，

$$z_{ij}=\frac{y_{ij}-\mu_i}{\sigma_I^2} \quad i=1,2,\cdots,m;\; j=1,2,\cdots,n$$

其中，$\mu_i=\sum_{j=1}^{n}\dfrac{x_{ij}}{n}$ 是第 i 个变量的观测均值，σ_I^2 是第 i 个变量的观测方差，这样，因子分析的模型可以重新写成

$$\boldsymbol{Z}=\boldsymbol{P}\boldsymbol{f}+\boldsymbol{s} \tag{9-1}$$

具体展开为

$$z_{ij}=\sum_{k=1}^{q}p_{ik}f_{kj}+s_{ij} \tag{9-2}$$

上式的意义表示第 i 个分量第 j 次测定标准值与公共因子和特殊因子的关系。负荷矩阵的统计意义是：$\boldsymbol{P}$ 的行元素平方和代表公共因子对变量 z_i 的方差所做的贡献，称作共性方差，它的大小反映了变量 z_i 对公共因子的依赖限度；$\boldsymbol{P}$ 的列元素平方和代表第 k 个公共因子 f_k 对向量 $\boldsymbol{Z}$ 的影响，称作 f_k 的方差贡献，它的大小反映了随机向量 $\boldsymbol{Z}$ 对 f_k 的依赖程度，是衡量公式共因子 f_k 相对重要性的一个重要尺度。

9.2　R 型因子

9.2.1　R 型因子的几何说明

首先假设可观测的随机向量 $\boldsymbol{x}$ 遵从正态分布，即，

$$\boldsymbol{x}=\begin{bmatrix} x_1 \\ x_2 \\ \vdots \\ x_p \end{bmatrix} \sim N\!\left(\mu,\sum_{p\times p}\right)$$

其中，μ 是 $\boldsymbol{x}$ 的数学期望，$\sum\limits_{p\times p}$ 是 $\boldsymbol{x}$ 的协方差矩阵。依据正态分布的性质，设 $\boldsymbol{x}$ 在 p 维空间中的密度函数为

$$\left(\frac{1}{\sqrt{2\pi}}\right)^{p}\frac{1}{\left|\sum\right|^{\frac{1}{2}}}\mathrm{e}^{-\frac{1}{2}(x-\mu)^{\mathrm{T}}\sum^{-1}(x-\mu)}\triangleq f(x_1,x_2,\cdots,x_p)$$

则 $C>0$ 时，$f(x_1,x_2,\cdots,x_p)\leqslant C$ 的一切 $(x_1,x_2,\cdots,x_p)$ 是 p 维空间的椭球体，且椭球的主轴方向不论 C 取何值皆是固定的。

9.2.2　R 型因子的理论模式

假定可观测的 p 维随机向量 $\boldsymbol{x}$ 满足，

$$\boldsymbol{x}=\boldsymbol{A}\boldsymbol{f}+\boldsymbol{s}$$

其中，f 是 $m \times 1$ 随机向量，s 是 $p \times 1$ 随机向量，A 是 $p \times m$ 常数矩阵，且

(1) $m \leqslant p$；

(2) $\mathrm{Cov}(f, s) = 0$；

(3) $\mathrm{Var}(f) = Im$，$\mathrm{Var}(s) = \begin{bmatrix} \sigma_1^2 & & & 0 \\ & \sigma_2^2 & & \\ & & \ddots & \\ 0 & & & \sigma_p^2 \end{bmatrix}$。

则称 x 具有因子结构，其中 f 称为 x 的公共因子，s 称为 x 的特殊因子，A 称为因子载荷矩阵。

不妨假定 $E(x) = 0$，$E(f) = 0$，$E(s) = 0$，$\mathrm{Var}(x_i) = 1$，$i = 1, 2, \cdots, p$。从而根据因子结构模型可得

$$\mathrm{Var}(x) = E(Af + s)(Af + s)^{\mathrm{T}} = AA' + \mathrm{Var}(s)$$

上式中主对角线上的元素有

$$l = \mathrm{Var}(x_i) = \sum_{\alpha=1}^{m} \alpha_{i\alpha}^2 + \sigma_i^2$$

$\alpha_{i\alpha}$ 为矩阵 A 之第 i 行 α 列元素，即 $A = (\alpha_{i\alpha})$。如果记 $h_i^2 = \sum_{\alpha=1}^{m} \alpha_{i\alpha}^2$，则 $h_i^2 + \alpha_i^2 = 1$，$i = 1, 2, \cdots, p$。h_i^2 反映了公共因子对 x_i 的影响，称为公共因子对 x_i 的贡献。$\alpha_{i\alpha}^2$ 为特殊因子对 x_i 的贡献。当 $h_i^2 = 1$ 时，$\alpha_i^2 = 0$，这说明 x_i 能被公共因子的线性组合来表示；而当 h_i^2 很小时，说明 x_i 主要是由特殊因子来描述的。另一方面，由于公共因子 f_α，$\alpha = 1, 2, \cdots, m$ 对 x_i 的影响是由 $\alpha_{i\alpha}$ 决定，于是称

$$g_\alpha^2 = \sum_{i=1}^{P} \alpha_{i\alpha}^2$$

为公共因子 f_α 对 x 的贡献。显然，g_α^2 的值越大，f_α 对 x 的贡献越大，说明这个因子也越重要。

9.2.3 实测样本分析 R 型因子

设实测样本是

$$x_\alpha = \begin{bmatrix} x_{1\alpha} \\ x_{2\alpha} \\ \vdots \\ x_{p\alpha} \end{bmatrix}, \quad \alpha = 1, 2, \cdots, n$$

所成矩阵为

$$X_{h \times n} = \begin{bmatrix} x_{11} & x_{12} & \cdots & x_{1n} \\ x_{21} & x_{22} & \cdots & x_{2n} \\ \vdots & \vdots & \ddots & \vdots \\ x_{p1} & x_{p2} & \cdots & x_{pn} \end{bmatrix}$$

再计算各分量的样本均值：$\bar{x}_i = \dfrac{1}{n} \sum\limits_{\alpha=1}^{n} x_{i\alpha}$ 及样本的方差

$$S_i = \frac{1}{n} \sum_{\alpha=1}^{n} (x_{i\alpha} - \bar{x}_i)^2$$

将原始数据标准化，令

$$\boldsymbol{Z}_\alpha = \begin{bmatrix} z_{1\alpha} \\ z_{2\alpha} \\ \vdots \\ z_{p\alpha} \end{bmatrix} = \begin{bmatrix} \dfrac{x_{1\alpha} - \bar{x}_1}{\sqrt{S_1}} \\[2mm] \dfrac{x_{2\alpha} - \bar{x}_2}{\sqrt{S_2}} \\[2mm] \vdots \\[2mm] \dfrac{x_{p\alpha} - \bar{x}_1}{\sqrt{S_p}} \end{bmatrix}, \quad \alpha = 1, 2, \cdots, n$$

首先对标准化后的样本做 R 型因子分析，计算 $\boldsymbol{Z}_\alpha, \alpha = 1, 2, \cdots, n$ 的样本协方差矩阵（理论协方差矩阵的估计），令

$$\boldsymbol{R} = \begin{bmatrix} r_{11} & r_{12} & \cdots & r_{1p} \\ r_{21} & r_{22} & \cdots & r_{2p} \\ \vdots & \vdots & \ddots & \vdots \\ r_{p1} & r_{p1} & \cdots & r_{pp} \end{bmatrix}$$

其中，

$$r_{ii} = \frac{\dfrac{1}{n} \sum\limits_{\alpha=1}^{n} (x_{i\alpha} - \bar{x}_i)^2}{\sqrt{S_i} \cdot \sqrt{S_i}} = 1, \quad i = 1, 2, \cdots, p$$

当 $i \neq j$ 时，

$$r_{ij} = \frac{\dfrac{1}{n} \sum\limits_{\alpha=1}^{n} (x_{i\alpha} - \bar{x}_i)(x_{j\alpha} - \bar{x}_j)}{\sqrt{S_i} \cdot \sqrt{S_i}} = \frac{\sum\limits_{\alpha=1}^{n} (x_{i\alpha} - \bar{x}_i)(x_{j\alpha} - \bar{x}_j)}{\sqrt{\sum\limits_{\alpha=1}^{n} (x_{i\alpha} - \bar{x}_i)^2} \sqrt{\sum\limits_{\alpha=1}^{n} (x_{j\alpha} - \bar{x}_j)^2}}$$

于是，$\boldsymbol{R}$ 就是原始样本的相关系数矩阵。

按照理论模式的算法，计算 $\boldsymbol{R}$ 的特征值与特征向量，即

$$\boldsymbol{R}_{u_i} = \lambda_i \boldsymbol{u}_i, \quad i = 1, 2, \cdots, p$$

其中，$\lambda_1 \geqslant \lambda_2 \geqslant \cdots \geqslant \lambda_p$。$\lambda_i (i = 1, 2, \cdots, p)$ 所对应的标准化的特征向量为

$$\boldsymbol{u}_i = \begin{bmatrix} u_{1i} \\ u_{2i} \\ \vdots \\ u_{pi} \end{bmatrix}, \quad i = 1, 2, \cdots, p$$

所谓标准化，即 $\boldsymbol{u}_i' \cdot \boldsymbol{u}_i = 1, i = 1, 2, \cdots, p$。且当 $i \neq j$ 时，$\boldsymbol{u}_i' \cdot \boldsymbol{u}_i = 0$。记

$$\boldsymbol{U} = \begin{bmatrix} u_{11} & u_{12} & \cdots & u_{1p} \\ u_{21} & u_{22} & \cdots & u_{2p} \\ \vdots & \vdots & \ddots & \vdots \\ u_{p1} & u_{p1} & \cdots & u_{pp} \end{bmatrix}$$

【**例 9-1**】 为了检测某工厂的大气质量情况,对 8 个取样点取样并进行分析,得到如表 9-1 所示的分析结果。试对其进行 R 型因子分析。

表 9-1 大气环境质量检测结果

序号	氯	硫化氢	二氧化硫	C_4 气体	环氧氯丙烷	环己烷
1	0.056	0.084	0.031	0.038	0.0081	0.022
2	0.049	0.055	0.100	0.110	0.022	0.0073
3	0.038	0.130	0.079	0.170	0.058	0.043
4	0.034	0.095	0.058	0.160	0.200	0.029
5	0.084	0.066	0.029	0.320	0.012	0.041
6	0.064	0.072	0.100	0.210	0.028	1.380
7	0.048	0.089	0.062	0.260	0.038	0.036
8	0.069	0.087	0.027	0.050	0.089	0.021

其 MATLAB 代码编程如下:

```
>> clear all;
x = [0.056      0.084      0.031      0.038      0.0081      0.022;…
     0.049      0.055      0.100      0.110      0.022       0.0073;…
     0.038      0.130      0.079      0.170      0.058       0.043;…
     0.034      0.095      0.058      0.160      0.200       0.029;…
     0.084      0.066      0.029      0.320      0.012       0.041;…
     0.064      0.072      0.100      0.210      0.028       1.380;…
     0.048      0.089      0.062      0.260      0.038       0.036;…
     0.069      0.087      0.027      0.050      0.089       0.021];
a1 = mean(x);
stdr = std(x);
sr = (x − a1(ones(8,1),:))./stdr(ones(8,1),:);  %输入矩阵标准化处理
r = corrcoef(sr);                                %相关矩阵
[v,d] = eig(r);                                  %求特征值和特征向量
d = d(6: − 1:1,6: − 1:1);                        %特征值从大到小排序
v = v(:,6: − 1:1);                               %特征向量也相应排序
aa = sum(d);
a2 = 100 * d/sum(aa);                            %求因子对方差的贡献率,由此确定主因子数
for i = 1:6                                      %求因子最初阵
    for j = 1:6,
        a3(j,i) = v(j,i) * sqrt(aa(i));
    end
end
a3 = a3(:,1:2);                                  %求主因子最初阵,此例为 2
v = v(:,1:2);                                    %对应的特征向量
for i = 1:6                                      %求主因子方差
    a(i) = 0;
    for j = 1:2
        a(i) = a(i) + a3(i,j)^2;
    end
end
```

```
    end
    for i = 1:2                                  % 求公因子贡献
        a5(i) = 0;
        for j = 1:6
            a5(i) = a5(i) + a3(j,i)^2;
        end
    end
    for i = 1:6                                  % 对主因子矩阵正规化处理
        for j = 1:2
            a3(i,j) = a3(i,j)/sqrt(a(i));
        end
    end
    v2 = 1e + 10;
    for kk = 1:20                                % 矩阵旋转的最大次数
        c1 = 0;b = 0;                            % 求主因子矩阵的方差
        for j = 1:2
            c = 0;
            for i = 1:6
                b = b + a3(i,j)^4;
                c = c + a3(i,j)^2;
            end
            c1 = c1 + c * c;
        end
        v1 = b/6 - c1/6 ^ 2;
        if abs(v1 - v2)< = 1e - 5                % 判断是否需要旋转
            break
        end
        a3 = ration(a3);                         % 矩阵旋转
        v2 = v1;
    end
    a3;                                          % 最大方差矩阵
    y1 = a3' * inv(r);                           % 求因子得分系数阵
    for j = 1:8
        for i = 1:2
            f(i) = 0;
            for k = 1:6
                f(i) = f(i) + y1(i,k) * x(j,k);  % 因子得分函数系数
            end
            y2(j) = f(1);                        % 主因子的得分
        end
        y3(j) = f(i);
    end
    y2;                                          % 第 1 主因子得分
    y3;                                          % 第 2 主因子得分
    plot(y2,y3,'mp');
    gname
```

运行程序效果如图 9-1 所示。

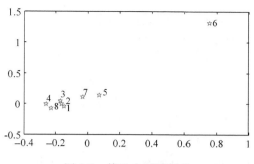

图 9-1　第 1 主因子得分

在程序中调用到用户自定义函数 ration, 其 MATLAB 代码编程如下：

```
function y = ration(x)              % 矩阵最大方差旋转函数
[r,c] = size(x);
for k = 1:c − 1                     % 求旋转角
    for j = k + 1:c
        aa = 0;bb = 0;
        cc = 0;dd = 0;
        for i = 1:r
            uu = x(i,k)^2 − x(i,j)^2;
            vv = x(i,k) * x(i,j) * 2;
            aa = aa + uu;bb = bb + vv;
            cc = cc + uu ^ 2 − vv ^ 2;
            dd = dd + uu * vv * 2;
        end
        dd = r * dd − 2 * aa * bb;
        cc = r * cc − aa ^ 2 + bb ^ 2;
        if abs(cc)< 1e − 10          % 确定旋转角的范围
            b = pi/2;
        else
            b = abs(atan(dd/cc));
        end
        if cc < 0,
            b = pi − b;
            if dd > 0,
                b = 0.25 * b;
            else
                b = − b * 0.25;
            end
        elseif dd > 0
            b = 0.25 * b;
        else
            b = − 0.25 * b;
        end
        si = sin(b);
        co = cos(b);
```

```
            for i = 1:r,
                qq = x(i,k) * co + x(i,j) * si;
                x(i,j) = -x(i,k) * si + co * x(i,j);
                x(i,k) = qq;
            end
        end
    end
    y = x;
end
```

从分析结果不难看出：第 1 主因子主要由氯、硫化氢、环氧氯丙烷和环己烷构成，而第 2 主因子由二氧化硫、C_4 气体和环己烷等构成，两个主因子体现的污染源不一样。

9.3 Q 型因子分析

R 型因子分析的出发点是各指标的相关系数和线性关系程度，而 Q 型因子分析的出发点是各指标的相似系数，下面对相似系数做一些解释。

设有 n 个 p 维实测指标：

$$\begin{bmatrix} x_{11} & x_{12} & \cdots & u_{1n} \\ x_{21} & x_{22} & \cdots & x_{2n} \\ \vdots & \vdots & \ddots & \vdots \\ x_{p1} & x_{p1} & \cdots & x_{pn} \end{bmatrix}$$

其中，第 1 个号码是指标号码，第 2 个号码是观测的号码。则第 i 个指标与第 j 个指标的 n 次观测值分别为

$$(x_{i1}, x_{i2}, \cdots, x_{in})$$
$$(x_{j1}, x_{j2}, \cdots, x_{jn})$$

其相似系数为

$$q_{ij} = \frac{\sum_{k=1}^{n} x_{ik} x_{jk}}{\sqrt{\sum_{k=1}^{n} x_{ik}^2} \sqrt{\sum_{k=1}^{n} x_{jk}^2}}$$

所谓相似系数，实际上是把第 i 指标与第 j 指标的第二个 n 次观测值看成是 n 维空间中的两个点，而 q_{ij} 则是从原点 $O(0, 0, \cdots, 0)$ 到此两个点的两个 n 维空间向量间夹角的余弦值。以三维为例（即 $n=3$），如图 9-2 所示。

从而得

$$\cos\theta = \frac{\sum_{k=1}^{3} x_{ik} x_{jk}}{\sqrt{\sum_{k=1}^{3} x_{ik}^2} \sqrt{\sum_{k=1}^{3} x_{jk}^2}}$$

此即三维空间中两向量的相似系数。推广到 n 维空间的两向量：$\boldsymbol{x}_i' = (x_{i1}, x_{i2}, \cdots, x_{in})$，$\boldsymbol{x}_j' = (x_{j1}, x_{j2}, \cdots, x_{jn})$ 由于此两向量夹角的余弦值为

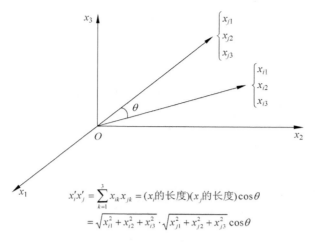

$$x_i'x_j' = \sum_{k=1}^{3} x_{ik}x_{jk} = (x_i\text{的长度})(x_j\text{的长度})\cos\theta$$
$$= \sqrt{x_{i1}^2 + x_{i2}^2 + x_{i3}^2} \cdot \sqrt{x_{j1}^2 + x_{j2}^2 + x_{j3}^2}\cos\theta$$

图 9-2　三维 Q 型分析图

$$\cos\theta = \frac{\displaystyle\sum_{k=1}^{n} x_{ik}x_{jk}}{\sqrt{\displaystyle\sum_{k=1}^{n} x_{ik}^2}\sqrt{\displaystyle\sum_{k=1}^{n} x_{jk}^2}}$$

因此即为 n 维空间两向量的相似系数。

如果 x_i 与 x_j 的方向一致，即 $x_i = \alpha x_j$，其中 α 为常数，则相似系数：

$$\frac{\displaystyle\sum_{k=1}^{n} x_{ik}x_{jk}}{\sqrt{\displaystyle\sum_{k=1}^{n} x_{ik}^2}\sqrt{\displaystyle\sum_{k=1}^{n} x_{jk}^2}} = \frac{\alpha\displaystyle\sum_{k=1}^{n} x_{jk}^2}{\sqrt{\alpha^2\displaystyle\sum_{k=1}^{n} x_{jk}^2}\sqrt{\displaystyle\sum_{k=1}^{n} x_{jk}^2}} = 1$$

即 $\theta = 0$。这说明 x_i 与 x_j 最相似。如果 $\theta = \dfrac{\pi}{2}$，则相似系数为 0，这说明 x_i 与 x_j 最不相似。

【例 9-2】 对表 9-1 的大气质量测定结果进行对应因子分析。

其 MATLAB 代码编程如下：

```
>> clear all;
 x = [0.056      0.084      0.031      0.038      0.0081     0.022; …
      0.049      0.055      0.100      0.110      0.022      0.0073; …
      0.038      0.130      0.079      0.170      0.058      0.043; …
      0.034      0.095      0.058      0.160      0.200      0.029; …
      0.084      0.066      0.029      0.320      0.012      0.041; …
      0.064      0.072      0.100      0.210      0.028      1.380; …
      0.048      0.089      0.062      0.260      0.038      0.036; …
      0.069      0.087      0.027      0.050      0.089      0.021];
[r,t] = size(x);
xx = 0;
for i = 1:r                          % 对原始矩阵进行变换
    x1(i) = 0;
    for j = 1:t,
```

```
                    x1(i) = x1(i) + x(i,j);
            end
        xx = xx + x1(i);
    end
    for j = 1:t
        x2(j) = 0;
        for i = 1:r,
            x2(j) = x2(j) + x(i,j);
        end
    end
    for i = 1:t,                              % 求新矩阵
        for j = 1:r
            z(j,i) = (x(j,i) - x1(j) * x2(i)/xx)/sqrt(x1(j) * x2(i));
        end
    end
    r1 = z' * z;                              % 协方差阵
    [v1,d1] = eig(r1);                        % 求特征值和特征向量
    d1 = d1(6: -1:1,6: -1:1);
    v1 = v1(:,6: -1:1);
    aa1 = sum(d1);
    a21 = 100 * d1/sum(aa1);                  % 求方差贡献率
    for i = 1:6
        for j = 1:6
            a3(j,i) = v1(j,i) * sqrt(aa1(i));
        end
    end
    a3 = a3(:,1:2);                           % R 型因子载荷阵
    v1 = v1(:,1:2);
    d1 = d1(:,1:2);
    v3 = z * v1;                              % Q 型因子特征向量
    for j = 1:2                               % Q 型因子的载荷阵
        b = 0;
        for i = 1:r,
            b = b + v3(i,j)^2;
        end
        for i = 1:r                           % Q 型因子特征向量正规化处理
            v3(i,j) = v3(i,j) * sqrt(aa1(j))/sqrt(b);
        end
    end
    v3                                        % Q 型因子的载荷阵
    plot(a3(:,1),a3(:,2),' + ',v3(:,1),v3(:,2),'rp');   % " + "变量点,'星号'样品点
    gname
```

运行程序,输出如下,效果如图 9-3 所示。

```
v3 =
    - 0.1060    - 0.0235
    - 0.1537    - 0.0616
    - 0.1628    - 0.0093
    - 0.2239      0.2238
    - 0.1585    - 0.1931
```

```
    0.5615      0.0190
 - 0.1666    - 0.1066
 - 0.1643      0.1364
```

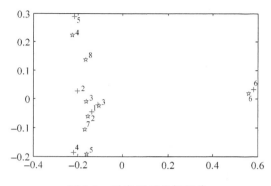

图 9-3　对应因子分析得分

由图中可看出,全部变量(污染气体)和取样点可分为三类,每一类聚合了一部分变量和样品。第Ⅰ类包含了第 1,2,3,5,7 五个取样点及第 1,2,3,4 四种污染气体,这表明这五个取样点属同一类污染地区,该地区污染的主要气体是氯、硫化氢、二氧化硫和碳 4 种气体。第Ⅱ类地区包含第 4,8 两个取样点,污染气体是环氧氯丙烷,第Ⅲ类地区只有第 6 号取样点,污染气体是环己烷。

9.4　目标因子分析

目标因子分析(Target Factor Analysis,TFA)又称为目标检验因子分析,它为判断体系中是否存在某种模型提供了特殊的数学手段。当我们对原始数据经过特征分解并得到主因子数后,根据化学理论知识、实验知识或直观的经验知识等提供与原始数据有关的物理或化学参数,并由这些参数构成检验向量即目标因子,然后对所提供的多个目标因子分别进行检验以确认是否是真实因子,最后用经过确认的真实因子构成完整的数据模型,并得到原始数据中的化学信息,如组分的吸收光谱、色谱的流出曲线、组分的浓度等。

目标因子分析法的算法。

(1) 将数据矩阵 D 进行分解得到特征值 λ、特征向量 C 及行向量 R;

(2) 通过特征值或误差判断得到的原始矩阵的主因子数 n 及抽象列向量 C^+ 和抽象行向量 R^+;

(3) 构造目标因子或检验因子:$R_l = R^+ T_l$,其中 T_l 由最小二乘法推出:$T_l = (\lambda^+)^{-1}(R^+)^T R_l^1$;

(4) 直观比较 R_l 和 R_l^1 是否存在一定的误差范围内相等。如果相等,则检验向量就是真实因子,否则就不是真实因子。

【例 9-3】　用检验向量(1.00,0.50,0.00)对表 9-2 中的数据进行目标因子分析。

表 9-2   原始数据

1	1.0	4.0	5.0
2	3.5	4.0	4.5
3	3.0	5.0	7.0

其 MATLAB 代码编程如下：

```
>> clear all;
x = [1.0 4.0 5.0;3.5 4.0 4.5;3.0 5.0 7.0];
t = [1.00 0.5 0.00]';
z = x' * x;
[v,d] = eig(z);
r = x * v;
r = r(:,3: − 1:2);
c = v(1:2,:);
d = d(3: − 1:1,3: − 1:1);
d = d(1:2,1:2);
a = find(t == 0);
e1 = 10 ^ − 5;
for k = 1:100                               %迭代
    t1 = r * d ^ − 1 * r' * t;
    if abs(t1(a,1) − t(a,1))< = e1
        break;
    else
        t(a,1) = t1(a,1);
    end
    aa = k;
end
t1'                                         %迭代结果
```

运行程序，输出如下：

```
ans =
    1.0000    0.5000    1.9999
```

如果用向量(1.2，0.6，8.00)代替向量(1.00，0.50，0.00)

```
t1' =
    2.6243   − 0.1769    7.4821
```

从结果可看出，迭代目标检验法受空白点的初始值设置的影响，最终结果不一样。

9.5   因子分析的 MATLAB 实现

在 MATLAB 统计工具箱中，也提供了相关函数用于实现因子分析，下面给予介绍。

1. rotatefactors 函数

在 MATLAB 统计工具箱中提供了 rotatefactors 函数用于实现旋转因子的载荷。其调用格式如下。

B＝rotatefactors(A)：根据给定的旋转因子矩阵 A，返回旋转因子载荷。

B＝rotatefactors(A,'Method','orthomax','Coeff',gamma)：Method 为给定的旋转方法；orthomax 为给定的旋转最大方差；Coeff 是一个介于 0 和 1 之间的数，不同的值对应不同的 orthomax 旋转。如果取为 0，对应 quartimax 旋转，如果取值为 1(默认值)，对应 varimax 旋转(最大方差旋转)；gamma 为给定的最大旋转因子。

B＝rotatefactors(A,'Method','procrustes','Target',target)：根据给定的斜因子旋转目标 target 矩阵进行旋转因子的载荷。

B＝rotatefactors(A,'Method','pattern','Target',target)：根据给定的斜因子旋转目标 target 矩阵进行旋转因子的载荷，并返回目标确定的"限制"的内容。

B＝rotatefactors(A,'Method','promax')：旋转一个最大化准则。

[B,T] ＝ rotatefactors(A,…)：同时返回旋转 T。

【例 9-4】 对给定的随机数用不同的旋转法进行旋转载荷。

其 MATLAB 代码编程如下：

```
>> clear all;
X = randn(100,10);
% 利用默认法对给定数据的前 3 列数据进行旋转
LPC = princomp(X);
[L1,T] = rotatefactors(LPC(:,1:3))
  % 利用 Equamax 法对给定数据的前 3 列数据进行旋转
[L2,T] = rotatefactors(LPC(:,1:3), 'method','equamax')
% 利用 Promax 法对给定数据的前 3 列数据进行旋转
LFA = factoran(X,3,'Rotate','none');
[L3,T] = rotatefactors(LFA(:,1:3), 'method','promax', 'power',2)
  % 利用 Pattern 法对给定数据的前 3 列数据进行旋转
Tgt = [1 1 1 1 1 0 1 0 1 1; 0 0 0 1 1 1 0 0 0 0;1 0 0 1 0 1 1 1 1 0]';   % 目标数据
[L4,T] = rotatefactors(LFA(:,1:3), 'method','pattern', 'target',Tgt)
disp('相关矩阵的旋转因子为：')
inv(T' * T)
```

运行程序，输出如下：

```
L1 =
    0.8409     0.1356    - 0.0429
    0.0975     0.1434    - 0.6308
    0.2487    - 0.0932     0.5303
  - 0.0242     0.3636     0.4180
    0.1567    - 0.0978    - 0.3269
  - 0.3096     0.2020     0.0665
    0.0604    - 0.2983     0.0449
  - 0.1736     0.6470    - 0.1412
  - 0.2460    - 0.3310    - 0.0540
    0.0788     0.3906     0.0903
T =
    0.9338     0.3520     0.0645
  - 0.2629     0.7971    - 0.5436
  - 0.2427     0.4907     0.8368
L2 =
    0.8378     0.1549    - 0.0389
```

```
     0.0967      0.1484    - 0.6297
     0.2486    - 0.0899      0.5310
   - 0.0342      0.3612      0.4194
     0.1602    - 0.0928    - 0.3267
   - 0.3144      0.1946      0.0661
     0.0670    - 0.2971      0.0438
   - 0.1877      0.6435    - 0.1392
   - 0.2382    - 0.3362    - 0.0564
     0.0695      0.3919      0.0922
T  =
     0.9253      0.3728      0.0698
   - 0.2788      0.7932    - 0.5414
   - 0.2572      0.4814      0.8379
L3  =
     1.0244    - 0.5316      0.1066
     0.1056      0.2292      0.2614
     0.1221    - 0.2240    - 0.1497
     0.1948      0.0813    - 0.6522
     0.1306    - 0.0188      0.3740
   - 0.0770      0.1642    - 0.0468
   - 0.0355    - 0.1492    - 0.0246
     0.1082      0.6723    - 0.0628
   - 0.2307    - 0.0735      0.1184
     0.1497      0.0509    - 0.0074
T  =
     1.0270    - 0.5329      0.1066
     0.2472      0.7574    - 0.5160
     0.0021      0.5082      0.8503
L4  =
     1.1695    - 0.1049      1.3134
   - 1.0928    - 0.9231      0.0760
     0.9123      0.5845      0.2008
     2.9198      2.6464      0.6415
   - 1.3836    - 1.4089    - 0.0065
     0.0000      0.1875    - 0.0482
     0.1462      0.0469    - 0.0760
   - 0.0000      0.4447      0.3560
   - 0.7429    - 0.5764    - 0.4168
     0.1903      0.1038      0.2353
T  =
     1.1734    - 0.1043      1.3168
     2.0166      2.2918      0.8142
   - 3.8467    - 3.2015    - 0.3108
```

相关矩阵的旋转因子如下：

```
ans  =
     1.0000    - 0.9593    - 0.7098
   - 0.9593      1.0000      0.5938
   - 0.7098      0.5938      1.0000
```

2. factoran 函数

factoran 函数用来根据原始样本观测数据、样本协方差矩阵或样本相关系数矩阵,计算因子模型中因子载荷阵 A 的最大似然估计,求特殊方差的估计、因子旋转矩阵和因子得分,还能对因子模型进行检验。factoran 函数的调用格式如下。

lambda＝factoran(X,m):返回包含 m 个公共因子模型的载荷阵 lambda。输入参数 X 是 n 行 d 列的矩阵,每行对应一个观测,每列对应一个变量。m 是一个正整数,表示模型中公共因子的个数。输出参数 lambda 是一个 d 行 m 列的矩阵,第 i 行第 j 列元素表示第 i 个变量在第 j 个公共因子上的载荷。默认情况下,factoran 函数调用 rotatefactors 函数,并用"varimax"选项(rotatefactors 函数的第一个可用选项)来计算旋转后因子载荷阵的估计。

[lambda,psi] ＝ factoran(X,m):返回特殊方差的最大似然估计 psi,psi 是包含 d 个元素的列向量,分别对应 d 个特殊方差的最大似然估计。

[lambda,psi,T] ＝ factoran(X,m):返回 m 行 m 列的旋转矩阵 T。

[lambda,psi,T,stats] ＝ factoran(X,m):返回一个包含模型检验信息的结构体变量 stats,模型检验的原假设是 H0:因子数＝m。输出参数 stats 包括 4 个字段,其中 stats. loglike 表示对数似然函数的最大值,stats. def 表示误差自由度,误差自由度的取值为 $\dfrac{[(d-m)^2-(d+m)]}{2}$,stats. chisq 表示近似卡方检验统计量,stats. p 表示检验的 p 值。对于给定的显著性水平 α,如果检验的 p 值大于显著性水平 α,则接受原假设 H0,说明用含有 m 个公共因子的模型拟合原始数据是合适的,否则,拒绝原假设,说明拟合是不合适的。

注意:只有当 stats. def 是正的,并且 psi 中特殊方差的估计都是正数时,factoran 函数才计算 stats. chisq 和 stats. p。当输入参数 X 表示是协方差矩阵或相关系数矩阵时,如果要计算 stats. chisq 和 stats. p 必须指定"nobs"参数。

[lambda,psi,T,stats,F] ＝ factoran(X,m):返回因子得分矩阵 F。F 是一个 n 行 m 列的矩阵,每一行对应一个观测的 m 个公共因子的得分。如果 X 是一个协方差矩阵或相关系数矩阵,则 factoran 函数不能计算因子得分。factoran 函数用相同的旋转矩阵计算因子载荷阵 lambda 和因子得分 F。

[…] ＝ factoran(…,param1,val1,param2,val2,…):允许用户指定可选的成对出现的参数名与参数值,用来控制模型的拟合和输出,可用的参数名与参数值如表 9-3 所示。

表 9-3　factoran 函数的参数及参数值列表

参数名	参 数 值	说　　明
xtype	指定输入参数 X 的类型,可以是下列二者之一	
	data	原始数据(默认情况)
	covariance	正定的协方差矩阵或相关系数矩阵
scores	预测因子得分的方法。如果 X 不是原始数据,scores 将被忽略	
	wls、Bartlett	加权最小二乘估计(默认情况)
	regression、Thomson	最小均方误差法,相当于岭回归法

参数名	参 数 值	说　　明
stats	最大似然估计中特殊方差 psi 的初始值,可如下设置	
	random	选取 d 个在[0,1]区间上服从均匀分布的随机数
	Rsquared	用一个尺度因子乘以 diag(inv(corrcoef(X))) 作为初始点(默认情况)
	正整数	指定最大似然法拟合的次数,每次拟合似然法的初始点,返回对数似然函数取最大值时的拟合结果
	矩阵	用一个 d 行多列的矩阵指定最大似然法的初始点,矩阵的每一列对应一个初始点,也对应一次拟合,返回对数似然函数取最大值时的拟合结果
rotate	指定因子载荷阵和因子得分的旋转方法。"rotate"与 rotatefactors 函数的"Method"参数有相同的取值	
	none	不进行旋转
	equamax	orthomax 旋转的特殊情况。用'normalize'、'reltal'和'maxit'参数来控制旋转
	orthomax	最大方差旋转法(一种正交旋转方法)。用'coeff'、'normalize'、'reltol'和'maxit'参数来控制旋转
	parsimax	orthomax 旋转的一个特殊情况(默认情况)。用'normalize'、'reltal'和'maxit'参数来控制旋转
	pattern	执行斜旋转(默认)或正交旋转,以便和一个指定的模式矩阵(即目标矩阵)达到最佳匹配。用'type'参数选择旋转类型。用'target'参数指定模式矩阵
	procrustes	执行斜旋转(默认)或正交旋转,以便和一个指定的模式矩阵(即目标矩阵)在最小二乘意义上达到最佳匹配。用'type'参数选择旋转类型,用'target'参数指定模式矩阵
	promax	执行一次斜交 procrustes 旋转,与一个目标矩阵相匹配,这个目标矩阵是 orthomax 解经过一定运算后得到的。用'power'参数指定生成目标矩阵的幂指数。由于 promax 旋转的内部用到了 orthomax 旋转,此时也可以指定 orthomax 旋转的参数
	quartimax	orthomax 旋转的一个特殊情况(默认情况)。用'normalize'、'reltal'和'maxit'参数来控制旋转
	varimax	orthomax 旋转的一个特殊情况(默认情况)。用'normalize'、'reltal'和'maxit'参数来控制旋转
	函数句柄	用户自定义的旋转函数句柄。旋转函数形如: $[B,T]=myrotation(A,\cdots)$ 这里的 A 为一个 d 行 m 列的未经旋转的因子载荷阵,B 是经过旋转的 d 行 m 列的因子载荷阵,T 是相应的 m 行 m 列的旋转矩阵。此时可用 factoran 函数的'userargs'参数传递额外的输入参数给自定义旋转函数
coeff	一个介于 0 和 1 之间的数	经常记为 γ,不同的值对应不同的 orthomax 旋转。若取值为 0,对应 quartimax 旋转,若取值为 1(默认情况),对应 varimax 旋转(最大方差旋转)

参数名	参 数 值	说 明
normalize	on 或 1 off 或 0	对于 orthomax 或 varimax 旋转,用来指示是否对因子载荷阵按行单位化的标识,如果为 on 或 1(默认情况),则单位化,如果为 off 或 0,不进行单位化
reltol	正标量	指定 orthomax 或 varimax 旋转的收敛容限,默认值为 sqrt(eps)
maxit	正整数	指定 orthomax 或 varimax 旋转的最大迭代次数,默认值为 250
type	oblique 或 orthogonal	指定 procrustes 旋转的类型,默认值为 oblique
power	大于或等于 1	指定 procrustes 旋转中生成目标矩阵的幂指数,默认值为 4
userargs	自定义旋转函数的额外参数	一个标记开始位置的参数,作 userargs 参数的后面开始给自定义旋转函数传递额外的输入参数
nobs	正整数	如果输入参数 X 是协方差矩阵或相关系数矩阵,用来指定实际观测的个数,它被用来进行模型检验。也就是说即使没有原始观测数据,指定了该参数的取值,同样可以进行模型检验。如果 X 为原始观测数据,则 nobs 参数将被忽略。nobs 参数没有默认值
delta	$0 \leqslant x < 1$ 内取值的标量	设定最大似然估计中特殊方差 psi 的下界,默认值为 0.005
optimopts	由命令 statset('factoran') 生成的结构体变量)	指定用来计算最大似然估计的迭代算法的控制参数。由 statset('factoran')命令可以查看默认值

【例 9-5】 对 460 种不同汽车的 5 项指标数据进行两因子分析。

其 MATLAB 代码编程如下:

```
>> clear all;
load carbig                          % 载入数据
% 定义变量矩阵
X = [Acceleration Displacement Horsepower MPG Weight];
X = X(all(~isnan(X),2),:);
% 估计负荷矩阵
[Lambda,Psi,T,stats,F] = factoran(X,2,'scores','regression');
disp('负荷矩阵: ')
Lambda
disp('F 的相关矩阵: ')
inv(T' * T)
disp('X 的相关矩阵: ')
Lambda * Lambda' + diag(Psi);
disp('未经旋转的负荷矩阵: ')
Lambda * inv(T)
disp('未经旋转的因素贡献率: ')
F * T'
% 绘制未经旋转的负荷点和旋转斜坐标
biplot(Lambda,'LineWidth',2,'MarkerSize',20)
```

运行程序,输出如下,效果如图 9-4 所示。

负荷矩阵:

```
Lambda =
   - 0.2432   - 0.8500
```

```
    0.8773    0.3871
    0.7618    0.5930
  - 0.7978  - 0.2786
    0.9692    0.2129
```

F 的相关矩阵：

```
ans =
    1.0000  - 0.0000
  - 0.0000    1.0000
```

X 的相关矩阵如下。

未经旋转的负荷矩阵：

```
ans =
  - 0.5020    0.7277
    0.9550  - 0.0865
    0.9113  - 0.3185
  - 0.8450    0.0091
    0.9865    0.1079
```

未经旋转的因素贡献率：

```
ans =
    0.7255  - 0.7219
    1.0840  - 1.3692
    0.7673  - 1.4702
    0.7467  - 1.2419
      ...
  - 0.7153  - 1.2681
  - 0.5262    0.8023
  - 0.4570    1.0477
```

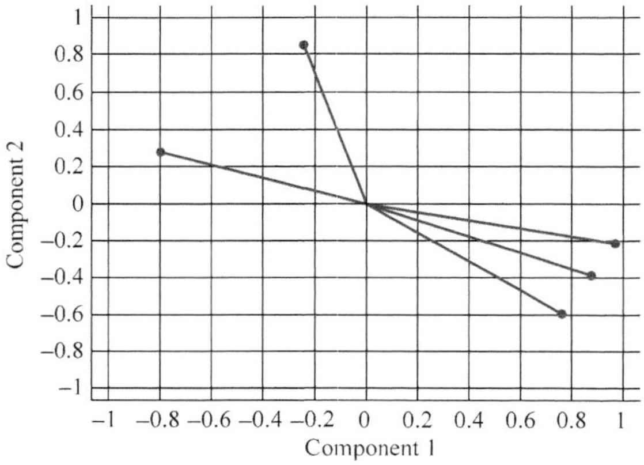

图 9-4　未经旋转的因子负荷点位置

下面通过一个工程应用实例来演示因子分析在实际领域中的应用。

【例 9-6】　影响股票价格的因素分析。为此,记录了 100 周时间内,10 个公司的股票价格的变化,在这10个公司中,4个公司属于一般技术的公司,3个公司属于金融公司,3个公司属于零售公司。从原理上说,同一类型公司的股票价格应该同时变化,下面通过因子分析对此进行定量分析,这里的因子就是公司的类型。

其 MATLAB 代码编程如下:

```matlab
>> clear all;
load stockreturns                          % 载入数据
% 因子个数
m = 3;
% 因子分析
[Loadings,specificVar,T,stats] = factoran(stocks,m,'rotate','none');
disp('未经旋转的公共因子负载矩阵: ')
Loadings
disp('未经旋转的特殊因子矩阵: ')
specificVar
[LoadingsPM,specificVarPM] = factoran(stocks,m,'rotate','promax');
disp('旋转后的公共因子负荷矩阵: ')
LoadingsPM
subplot(121);
plot(LoadingsPM(:,1),LoadingsPM(:,2),'r.');
text(LoadingsPM(:,1),LoadingsPM(:,2),num2str((1:10)'));
line([-1 1 NaN 0 0 NaN 0 0],[0 0 NaN -1 1 NaN 0 0],'Color','black');
xlabel('因素1');
ylabel('因素2');
axis square;
subplot(122);
plot(LoadingsPM(:,1),LoadingsPM(:,3),'r.');
text(LoadingsPM(:,1),LoadingsPM(:,3),num2str((1:10)'));
line([-1 1 NaN 0 0 NaN 0 0],[0 0 NaN -1 1 NaN 0 0],'Color','black');
xlabel('因素1');
ylabel('因素3');
axis square;
```

运行程序,输出如下。

未经旋转的公共因子负载矩阵:

```
Loadings =
    0.8885    0.2367    -0.2354
    0.7126    0.3862     0.0034
    0.3351    0.2784    -0.0211
    0.3088    0.1113    -0.1905
    0.6277   -0.6643     0.1478
    0.4726   -0.6383     0.0133
    0.1133   -0.5416     0.0322
    0.6403    0.1669     0.4960
    0.2363    0.5293     0.5770
    0.1105    0.1680     0.5524
```

从上述公共因子负荷矩阵,难以与已知的3种类型的公司相对应,原因就在于未经旋转的因素负荷矩阵难以解释。

未经旋转的特殊因子矩阵:

```
specificVar =
    0.0991
    0.3431
    0.8097
    0.8559
    0.1429
    0.3691
    0.6928
    0.3162
    0.3311
    0.6544
```

由特殊因素矩阵可以看出,股票价格的变化还受到某种特殊因子的影响。

旋转后的公共因子负荷矩阵:

```
LoadingsPM =
    0.9452     0.1214    - 0.0617
    0.7064    - 0.0178     0.2058
    0.3885    - 0.0994     0.0975
    0.4162    - 0.0148    - 0.1298
    0.1021     0.9019     0.0768
    0.0873     0.7709    - 0.0821
  - 0.1616     0.5320    - 0.0888
    0.2169     0.2844     0.6635
    0.0016    - 0.1881     0.7849
  - 0.2289     0.0636     0.6475
```

由上述数据明显可看出,第1~4个公司属于同一类,与第1个因子有关;第5~7个公司属于同一类,与第2个因子有关;第8~10个公司属于同一类,与第3个因素有关。

在上述因素旋转过程中,采用的斜交旋转(Promax 准则),这种旋转方式在负荷中产生一个简单的结构,即大多数的股票价格仅仅对一个因子有较大的负荷,为了清楚看出这种结构,可以使用因素负荷为坐标绘制负荷矩阵,如图 9-5 所示。

由图 9-5 可看出,第1个因子轴对应金融公司,第2个因子轴对应零售公司,第3个因子轴对应一般的公司。

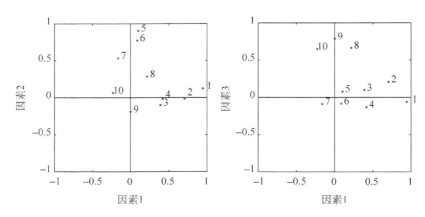

图 9-5　斜交旋转后的负荷矩阵结构

在科学研究中，经常会遇到这样的问题：某研究对象以某种方式（如先前的结果或经验）划分成若干类型，而每一类型都是用一些指标 $X = (X_1, X_2, \cdots, X_p)^T$ 来表征，即不同类型的 X 的观测值在某种意义上有一定的差异，当得到一个新样品（或个体）的关于指标 X 的观测值时，要判断该样品（或个体）属于已知类型中的哪一个，这类问题通常称为判别分析（Discriminant Analysis）。也就是说，判别分析是根据所研究个体的某些指标的观测值来推断该个体所属类型的一种统计方法。

10.1 判别分析概述

其基本原理是按照一定的判别准则，建立一个或多个判别函数，用研究对象的大量资料确定判别函数中的待定系数，并计算判别指标。据此即可确定某一样本属于何类。

当得到一个新的样品数据，要确定该样品属于已知类型中哪一类，这类问题属于判别分析问题。

10.1.1 判别分析的方法

判别方法是确定待判样品归属于哪一组的方法，可分为参数法和非参数法，也可以根据资料的性质分为定性资料的判别分析和定量资料的判别分析。此处给出的分类主要是根据采用的判别准则分出几种常用方法。

（1）距离判别：其基本思想是由训练样品得出每个分类的重心坐标，然后对新样品求出它们离各个类别重心的距离远近，从而归入离得最近的类。也就是根据个体离母体远近进行判别。最常用的距离是马氏距离，偶尔也采用欧式距离。距离判别的特点是直观、简单，适合于对自变量均为连续变量的情况下进行分类，且它对变量的分布类型无严格要求，特别是并不严格要求总体协方差阵相等。

（2）Fisher 判别：亦称典则判别，是根据线性 Fisher 函数值进行判别,通常用于判别问题,使用此准则要求各组变量的均值有显著性差异。该方法的基本思想是投影,即将原来在 R 维空间的自变量组合投影到维度较低的 D 维空间去,然后在 D 维空间中再进行分类。投影的原则是使得每一类的差异尽可能小,而不同类间投影的离差尽可能大。Fisher 判别的优势在于对分布、方差等都没有任何限制,应用范围比较广。另外,用该判别方法建立的判别方差可以直接用手工计算的方法进行新样品的判别,这在许多时候是非常方便的。

(3) Bayes 判别:许多时候用户对各类别的比例分布情况有一定的先验信息,也就是用样本所属分类的先验概率进行分析。比如客户对投递广告的反应绝大多数都是无回音,如果进行判别,自然也应当是无回音的居多。此时,Bayes 判别恰好适用。Bayes 判别就是根据总体的先验概率,使误判的平均损失达到最小而进行的判别。其最大优势是可以用于多组判别问题。但是适用此方法必须满足三个假设条件,即各种变量必须服从多元正态分布、各组协方差矩阵必须相等、各组变量均值均有显著性差异。

(4) 逐步判别法:逐步引入变量,每次引入一个"最重要"的变量,同时也检验先前引入的变量,如果先前引入的变量其判别能力随新引入变量而变不显著,则及时将其从判别式中剔除,直到判别式中的变量都很显著,且剩下来的变量也没有重要的变量可引入判别式时,逐步筛选结束。其实逐步判别和逐步回归的思想差不多,就是不断地对筛选的变量做检验,找出显著性变量,剔除不显著变量。

10.1.2 判别分析的应用

逐步引入变量,每次引入一个"最重要"的变量,同时也检验先前引入的变量,如果先前引入的变量其判别能力随新引入变量而变不显著,则及时将其从判别式中剔除,直到判别式中的变量都很显著,且剩下来的变量也没有重要的变量可引入判别式时,逐步筛选结束。其实逐步判别和逐步回归的思想差不多,就是不断地对筛选的变量做检验,找出显著性变量,剔除不显著变量。

10.1.3 判别分析的意义

在实际应用中,通常由取自各总体的关于指标 X 的样本为该总体的代表,该样本称为训练样本,判别分析即取训练样本中各总体的信息以构造一定的准则来决定新样品的归属问题。训练样本往往是历史上对某现象长期观察或者使用昂贵的实验手段得到的,因此对当前的新样品,自然希望将其指标值中的信息同各总体训练样本中的信息作比较,以便在一定程度上判定新样品的所属类型。概括起来,下述几方面体现了判别分析的重要意义。

(1) 为未来的决策和行动提供参考。例如,以前对一些公司在破产前两年观测到某些重要的金融指标值。现在,要根据另一个同类型公司的这些指标的观测值,预测该公司两年后是否濒临破产的危险,这便是一种判别,其结论可以帮助该公司决策人员及早采取措施,防止将来可能破产的结局。

(2) 避免产品的破坏。例如,一只灯泡的寿命只有将它用坏时才能得知;一种材料的强度只有将它压坏时才能获得。一般,我们希望根据一些非破坏性的测量指标,便可将产品分出质量等级,这也要用到判别分析。

（3）减少获得直接分类信息的昂贵代价。例如在医学判断中,一些疾病可用代价昂贵的化验或手术得到确诊,但通常人们往往更希望通过便于观测（从而也可能导致错误）的一些外部症状来诊断,以避免过大的开支和对患者有不必要的损伤。

（4）在直接分类信息不能获得的情况下可用判别分析。例如,要判断某位署名的文学作品是否出自某已故作家之手,很显然,不能直接去问他。这时可以用这位已故作家的署名作品的写作特点（用一些变量描述）作为训练样本,用判别分别方法在一定程度上判定该未署名作品是否由该作家所作。

从以上例子中也可以清楚地看出,如果不是利用直接明确的分类信息来判断某新样本的归属问题,难免会出现误判的情况。判别分析的任务是根据训练样本所提供的信息,建立在某种意义下最优（如误判概率最小,或误判损失最小等）的准则来判定一个新样品属于哪一个总体。这里我们主要介绍距离判别准则。

10.2 距离判别分析

已知样本可按某种属性分成 k 个类别 $\pi_1, \pi_2, \cdots, \pi_k$。从 π_j 类中抽取 n_j 个样本,$j = 1, 2, \cdots, k$,测得每个样本的 p 个指标

$$\boldsymbol{x}_a^{(j)} = \begin{bmatrix} x_{a1}^{(j)} \\ x_{a2}^{(j)} \\ \vdots \\ x_{ap}^{(j)} \end{bmatrix} \quad a = 1, 2, \cdots, n_j; \ j = 1, 2, \cdots, k$$

新取得一样本,实测指标值

$$\boldsymbol{x} = \begin{bmatrix} x_1 \\ x_2 \\ \vdots \\ x_p \end{bmatrix}$$

判别问题就是根据已有的样本信息,确定新样本应属于哪个类别。

判别分析有多种方法,最直观的就是距离判别法。其基本思想是定义某种样本与每个类别的样本均值之间距离,把一个新样本判归样本均值与之距离最近的那个类别。

第 j 类别中,样本均值

$$\bar{\boldsymbol{x}}^{(j)} = \begin{bmatrix} \bar{x}_1^{(j)} \\ \bar{x}_2^{(j)} \\ \vdots \\ \bar{x}_p^{(j)} \end{bmatrix} = \begin{bmatrix} \dfrac{1}{n_j} \sum\limits_{a=1}^{n_j} x_{a1}^{(j)} \\ \dfrac{1}{n_j} \sum\limits_{a=1}^{n_j} x_{a2}^{(j)} \\ \vdots \\ \dfrac{1}{n_j} \sum\limits_{a=1}^{n_j} x_{ap}^{(j)} \end{bmatrix}, \quad j = 1, 2, \cdots, k$$

1. 欧氏距离法

距离取 n 维空间的欧氏距离,即得到欧氏距离法:

$$\parallel x - \bar{x}^{(i)} \parallel = \sqrt{(x - \bar{x}^{(i)})'(x - \bar{x}^{(i)})} = \sqrt{\sum_{a=1}^{p}(x_a - x_a^{-(i)})^2}$$

如果 $\parallel x - \bar{x}^{(i)} \parallel = \min\limits_{1 \leqslant i \leqslant k} \parallel x - \bar{x}^{(i)} \parallel$,则将 x 判归 π_1 类。

2. 马氏距离法

与欧氏距离法相比,马氏距离法还需要利用各类的样本指标协方差阵:

$$S_i = \frac{1}{n_i - 1}\sum_{a=1}^{n_i}(x_a^{(i)} - \bar{x}^{(i)})(x_a^{(i)} - \bar{x}^{(i)})' \quad i = 1, 2, \cdots, k$$

计算 x 与各类均值的马氏距离:

$$d_i = (x - \bar{x}^{(i)})'S_i^{-1}(x - \bar{x}^{(i)}), \quad i = 1, 2, \cdots, k$$

如果 $d_i = \min\limits_{1 \leqslant i \leqslant k} d_i$,则将 x 判归 π_1 类。

3. 距离判别的 MATLAB 实现

在 MATLAB 统计工具箱中,提供了相关函数用于实现距离的判别分析,下面给予介绍。

(1) classify 函数

该函数用于对未知类别的样品进行判别,可以进行距离判别和先验分布为正态分布的贝叶斯判别。其调用格式如下。

class = classify(sample, training, group):将 sample 中的每一个观测归入 training 中观测所在的某个组。输入参数 sample 为待判别的样本数据矩阵,training 为用于构造判别函数的训练样本矩阵,它们的每一行对应一个观测,每一列对应一个变量,sample 和 training 具有相同的列数。参数 group 是与 training 相应的分组变量,group 和 training 具有相同的行数,group 中的每一个元素指定了 training 中相应观测所在的组。group 可以为一个分类变量(categorical variable,即用水平表示分组)、数值向量、字符串数组或字符串元胞数组。输出参数 class 为一个行向量,用来指定 sample 中各观测所在的组,class 与 group 具有相同的数据类型。

classify 函数把 group 中的 NaN 或空字符作为缺失数据,从而忽略 training 中相应的观测。

class = classify(sample, training, group, 'type'):允许用户通过 type 参数指定判别函数的类型,type 的可能取值如下。

① type='linear':线性判别函数(默认情况)。假定 $G_i \sim N_p\left(\mu_i, \sum\right), i = 1, 2, \cdots,$ k,即各组的先验分布均为协方差矩阵相同的 p 元正态分布,此时由样本得出协方差矩阵的联合估计 $\widehat{\sum}$。

② type='diaglinear':与'linear'类似,此时用一个对角矩阵作为协方差矩阵的估计。

③ type＝'quadratic'：二次判别函数。假定各组的先验分布均为 p 元正态分布，但是协方差矩阵并不完全相同，此时分别得出各个协方差矩阵的估计 $\widehat{\sum_i}$，$i=1,2,\cdots,k$。

④ type＝'diagquadratic'：与'quadratic'类似，此时用对角矩阵作为各个协方差矩阵的估计。

⑤ type＝'mahalanobis'：各组的协方差矩阵不全相等并未知时的距离判别，此时分别得出各组的协方差矩阵的估计。

注意：当 type 参数取前 4 种取值时，classify 函数可用来作贝叶斯判别，此时可以通过第 3 种调用格式中的 prior 参数给定先验概率；当 type 参数取值为'mahalanobis'时，classify 函数用作距离判别，此时先验概率只是用来计算误判概率。

class ＝ classify(sample,training,group,'type',prior)：允许用户通过 prior 参数指定各组的先验概率，默认情况下，各组先验概率相等。prior 可以是以下三种类型的数据。

① 一个元素全为正数的数值向量，向量的长度等于 group 中所包含的组的个数，即 group 中去掉多余的重复行后还剩下的行数。prior 中元素的顺序应与 group 中各组出现的顺序相一致。prior 中各元素除以其所有元素之和即为各组的先验概率。

② 一个 1×1 的结构体变量，包括两个字段：prob 和 group，其中 prob 为元素全为正数的数值向量，group 为分组变量（不含重复行，即不含多余的分组信息），prob 用来指定 group 中各组的先验概率，prob 中各元素除以其所有元素之和即为各组的先验概率。

③ 字符串'empirical'，根据 training 和 group 计算各组出现的频率，作为各组先验概率的估计。

[class,err] ＝ classify(…)：返回基于 training 数据的误判概率的估计值 err。

[class, err, POSTERIOR] ＝ classify(…)：返回后验概率估计值矩阵 POSTERIOR，POSTERIOR 的第 i 行第 j 列元素为第 i 个观测属于第 j 个组的后验概率的估计值。当输入参数 type 的值为'mahalanobis'时，calssify 函数不计算后验概率，即返回的 POSTERIOR 为[]。

[class,err,POSTERIOR,logp] ＝ classify(…)：返回输入参数 sample 中各观测的无条件概率密度的对数估计值向量 logp。当输入参数 type 的值为'mahalanobis'时，classify 函数不计算 logp，即返回的 logp 为[]。

[class,err,POSTERIOR,logp,coeff] ＝ classify(…)：返回一个包含组与组之间边界信息（即边界方程的系数）的结构体数组 coeff。coeff 的第 i 行第 j 列元素为一个结构体变量，包含了第 i 组和第 j 组之间的边界信息，它所有的字段及说明如表 10-1 所示。

表 10-1 输出参数 coeff 的字段及说明

字段	说 明	字段	说 明
type	由输入参数 type 指定的判别函数的类型	const	边界方程的常数项（K）
name1	第 1 个组的组名	linear	边界方程中一次项的系数向量（L）
name2	第 2 个组的组名	quadratic	边界方程中二次项的系数矩阵（Q）

【例 10-1】 对 MATLAB 自带的 fisheriris 数据进行判别分析。

其 MATLAB 代码编程如下：

```
>> clear all;
load fisheriris                              % 载入数据
SL = meas(51:end,1);
SW = meas(51:end,2);
group = species(51:end);
h1 = gscatter(SL,SW,group,'rb','v^',[],'off');
set(h1,'LineWidth',2)
legend('费希尔云芝','费希尔锦葵','位置','NW');
K = coeff(1,2).const;
L = coeff(1,2).linear;
Q = coeff(1,2).quadratic;
f = @(x,y) K + [x y]*L + sum(([x y]*Q) .* [x y], 2);
h2 = ezplot(f,[4.5 8 2 4]);
set(h2,'Color','m','LineWidth',2)
axis([4.5 8 2 4])
xlabel('萼片长度')
ylabel('萼片宽度')
title('{\bf 分类与萼片训练数据}');
```

运行程序,效果如图 10-1 及图 10-2 所示。

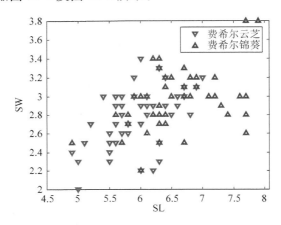

图 10-1　分类与萼片训练数据效果

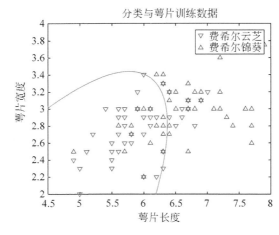

图 10-2　距离判别分析效果

【例 10-2】　以 $\lg(1/EC_{50})$ 作为活性高低的界限,测定了 26 个含硫芳香族化合物对发光菌的毒性数据。分别计算了这些化合物的 $\lg K_{ow}$、Hammett 电荷效应常数 σ,并测定了水解速度常数 k(见表 10-2),试根据活性类别(两类)及变量 $\lg K_{ow}$、σ 和 $\lg k$ 所取的数据,对 3 个未知活性同系物的活性进行判别。

表 10-2　26 个化合物的结构参数与判别分析结果

化合物编号与类别		$\lg(1/EC_{50})$	σ	$\lg K_{ow}$	$\lg k$
1		0.93	1.28	2.30	1.76
2		10.2	0.81	3.61	2.43
3		1.03	0.81	3.81	2.31
4		1.12	1.51	3.01	1.98
5		1.13	1.04	4.32	2.20
6	第 I 类	1.18	1.28	0.98	1.30
7	(低活性)	1.32	1.28	2.30	2.05
8		1.37	1.23	0.98	1.09
9		1.41	1.04	4.32	2.12
10		1.43	1.51	1.89	1.17
11		1.45	0.81	2.29	1.48
12		1.51	1.04	3.00	1.40
13		1.51	1.48	0.95	0.57
14		1.66	1.48	2.27	1.25
15		1.67	1.71	0.66	0.59
16		1.71	1.48	0.95	0.49
17		1.72	1.48	2.27	1.22
18		1.70	1.04	3.00	1.29
19	第 II 类	1.87	1.71	3.00	1.10
20	(高活性)	1.93	1.51	3.01	1.73
21		2.19	2.06	2.04	1.76
22		2.20	1.51	1.69	1.02
23		2.21	1.59	2.03	1.23
24		2.22	2.26	2.01	0.61
25		2.56	1.71	0.66	0.57
26		2.65	2.06	0.58	1.17
27		1.33	0.81	2.29	1.71
28	未知	1.72	1.59	3.35	1.46
29		1.55	1.71	3.00	1.17

其 MATLAB 代码编程如下:

```
>> clear all;
x1 = [0.93 10.2 1.03 1.12 1.13 1.18 1.32 1.37 1.41 1.43 1.45 1.51 1.51 ...
    1.66 1.67 1.71 1.72 1.70 1.87 1.93 2.19 2.20 2.21 2.22 2.56 2.65]';
x2 = [1.28 0.81 0.81 1.51 1.04 1.28 1.28 1.23 1.04 1.51 0.81 1.04 1.48 ...
    1.48 1.71 1.48 1.48 1.04 1.71 1.51 2.06 1.51 1.59 2.26 1.71 2.06]';
x3 = [2.30 3.61 3.81 3.01 4.32 0.98 2.30 0.98 4.32 1.89 2.29 3.00 0.95 ...
```

```
     2.27 0.66 0.95 2.27 3.00 3.00 3.01 2.04 1.69 2.03 2.01 0.66 0.58]';
x4 = [1.76 2.43 2.31 1.98 2.20 1.30 2.05 1.09 2.12 1.17 1.48 1.40 0.57 …
     1.25 0.59 0.49 1.22 1.29 1.10 1.73 1.76 1.02 1.23 0.61 0.57 1.17]';
training = [x1 x2 x3 x4];
group = [1 1 1 1 1 1 1 1 1 1 1 1 1 2 2 2 2 2 2 2 2 2 2 2 2 2]';
sample = [1.33 0.81 2.29 1.71;1.72 1.59 3.35 1.46;1.55 1.71 3.00 1.17];
[class,err,POSTERIOR,logp] = classify(sample,training,group)
```

运行程序,输出如下:

```
class =
     1
     2
     2
err =
    0.1154
POSTERIOR =
    0.9962      0.0038
    0.0753      0.9247
    0.0198      0.9802
logp =
   - 3.9779
   - 3.5741
   - 3.7921
```

即 3 个未知化合物的活性类型分别属于低、高、高,与实际结果完全一致。

（2） mahal 函数

在 MATLAB 中,提供了 mahal 函数用于计算马氏距离。函数的调用格式如下。

d = mahal(Y,X):计算 X 样本到 Y 中每一点（行）的马氏距离。

【例 10-3】 对产生的随机数计算其马氏距离,并绘制其分类图。

其 MATLAB 代码编程如下:

```
>> clear all;
X = mvnrnd([0;0],[1 .9;.9 1],100);
Y = [1 1;1 - 1; - 1 1; - 1 - 1];
d1 = mahal(Y,X)                              % 马氏距离计算
d2 = sum((Y - repmat(mean(X),4,1)).^2, 2)    % 欧氏平方距离
scatter(X(:,1),X(:,2))                       % 散点图
hold on
scatter(Y(:,1),Y(:,2),100,d1,'r','LineWidth',2)
hb = colorbar;
xlabel('数据集');
ylabel('马氏距离')
legend('X','Y','Location','NW')
```

运行程序,输出如下,效果如图 10-3 所示。

```
d1 =
     0.6288
    19.3520
    21.1384
```

```
        0.9404
d2 =
        1.6170
        1.9334
        2.1094
        2.4258
```

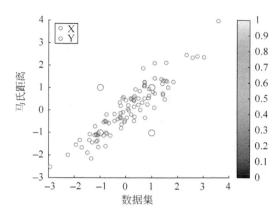

图 10-3　马氏距离分类效果图

10.3　Fisher 判别法

Fisher 判别(又称典型判别)的基本思想是投影,将 k 组 p 维数组投影到某个方向,使得它们的投影做到组与组之间尽可能地分开。衡量投影后 k 组数据的区分度,用到一个元方差分析的思想。

设有 k 个 p 维总体 $G_1, G_2, \cdots, G_k$,取自总体 G_i 的样本记为 $x_{i1}, x_{i2}, \cdots, x_{in_i}(i=1,2,\cdots,k)$,则样本观测数据矩阵及样本均值为

$$
\begin{cases}
G_1: x_{11}, x_{12}, \cdots, x_{1n_1}, & \bar{x}_1 = \dfrac{1}{n_1} \sum_{j=1}^{n_1} x_{x_{1j}} \\
G_2: x_{21}, x_{22}, \cdots, x_{2n_2}, & \bar{x}_2 = \dfrac{1}{n_2} \sum_{j=1}^{n_2} x_{x_{2j}} \\
\qquad\qquad \vdots & \\
G_k: x_{k1}, x_{k2}, \cdots, x_{kn_k}, & \bar{x}_k = \dfrac{1}{n_k} \sum_{j=1}^{n_k} x_{x_{kj}}
\end{cases}
$$

其中,$n = \sum_{i=1}^{k} n_i$,$\bar{x} = \dfrac{1}{n_2} \sum_{i=1}^{k} \sum_{j=1}^{k} x_{ij}$。

选择投影方向 $\boldsymbol{a} = (a_1, a_2, \cdots, a_p)'$,将 x_{ij} 在方向 $\boldsymbol{a}$ 上投影,得到 $y_{ij} = \boldsymbol{a}' x_{ij}(i=1,2,\cdots,k; j=1,2,\cdots,n_i)$,从而可得样本投影数据矩阵为

$$\begin{cases} G'_1 : y_{11}, y_{12}, \cdots, y_{1n_1}, & \bar{y}_1 = \dfrac{1}{n_1} \sum_{j=1}^{n_1} y_{1j} \\[2ex] G'_2 : y_{21}, y_{22}, \cdots, y_{2n_2}, & \bar{y}_2 = \dfrac{1}{n_2} \sum_{j=1}^{n_2} y_{2j} \\[1ex] \qquad\qquad\vdots \\[1ex] G'_k : y_{k1}, y_{k2}, \cdots, y_{kn_k}, & \bar{y}_k = \dfrac{1}{n_k} \sum_{j=1}^{n_k} y_{kj} \end{cases}$$

其中,$y_{ij} = \boldsymbol{a}' x_{ij}, \bar{y}_i = \boldsymbol{a}' \bar{x}_i, \bar{y} = \dfrac{1}{n} \sum_{i=1}^{k} \sum_{j=1}^{n_i} y_{ij} = \boldsymbol{a}' \bar{x}$。

记 $y_{ij}(i=1,2,\cdots,k; j=1,2,\cdots,n_i)$ 的组间离差平方和及组内离差平方和分别为

$$SS_G = \sum_{i=1}^{k} n_i (\bar{y}_i - \bar{y})^2 = \sum_{i=1}^{k} n_i (\boldsymbol{a}' \bar{x}_i - \boldsymbol{a}' \bar{x})^2 = \boldsymbol{a}' \boldsymbol{B} \boldsymbol{a}$$

$$SS_E = \sum_{i=1}^{k} \sum_{j=1}^{n_i} (y_{ij} - \bar{y}_i)^2 = \sum_{i=1}^{k} \sum_{j=1}^{n_i} (\boldsymbol{a}' x_{ij} - \boldsymbol{a}' \bar{x}_i)^2 = \boldsymbol{a}' \boldsymbol{E} \boldsymbol{a}$$

其中,

$$\boldsymbol{B} = \sum_{i=1}^{k} n_i (\bar{x}_i - \bar{x})(\bar{x}_i - \bar{x})'$$

$$\boldsymbol{E} = \sum_{i=1}^{k} \sum_{j=1}^{n_i} (x_{ij} - \bar{x}_i)(x_{ij} - \bar{x}_i)'$$

令

$$F = \frac{SS_G/(k-1)}{SS_E/(n-k)} = \frac{\boldsymbol{a}' \boldsymbol{B} \boldsymbol{a}/(k-1)}{\boldsymbol{a}' \boldsymbol{E} \boldsymbol{a}/(n-k)}$$

$$\Delta(a) = \frac{\boldsymbol{a}' \boldsymbol{B} \boldsymbol{a}}{\boldsymbol{a}' \boldsymbol{E} \boldsymbol{a}}$$

如果投影后的 k 组数据有显著差异,则 F 或 $\Delta(\boldsymbol{a})$ 应充分大,因此求 $\Delta(\boldsymbol{a})$ 的最大值点,即可得到一个投影方向 $\boldsymbol{a}$。显然 $\boldsymbol{a}$ 并不唯一,因为如果 $\boldsymbol{a}$ 使得 $\Delta(\boldsymbol{a})$ 达到最大,则对任意不为 0 的实数 $c, c\boldsymbol{a}$ 也使得 $\Delta(\boldsymbol{a})$ 达到最大,故一般约束 $\boldsymbol{a}$ 为单位向量。

由矩阵知识可知,$\Delta(\boldsymbol{a})$ 的最大值是 $\boldsymbol{E}^{-1}\boldsymbol{B}$ 的最大特征值,设 $\boldsymbol{E}^{-1}\boldsymbol{B}$ 的全部非 0 特征值从大到小依次为

$$\lambda_1 \geqslant \lambda_2 \geqslant \cdots \geqslant \lambda_s, \quad s \leqslant \min(k-1, p)$$

相应的单位特征向量依次记为 $t_1, t_2, \cdots, t_s$,则有

$$\Delta(t_i) = \frac{t'_i B t_i}{t'_i E t_i} = \frac{t'_i (\lambda_i E t_i)}{t'_i E t_i} = \lambda_i \quad i = 1, 2, \cdots, s$$

所以,将原始的 k 组样本观测数据在 t_1 方向上投影,能使各组的投影点最大限度的分开,称 $y_1 = t'_1 x$ 为第 1 判别式,第 1 判别式的判别效率(或判别能力)为 λ_1,它对区分各组的贡献率为 $\dfrac{\lambda_1}{\sum\limits_{j=1}^{s} \lambda_j}$。

通常情况下,仅用第 1 判别式可能不足以将 k 组数据区分开来,此时可考虑建立第 2

判别式 $y_2 = t_2' x$，第 3 判别式 $y_3 = t_3' x$，等等。一般的，称 $y_i = t_i' x (i = 1, 2, \cdots, s)$ 为第 i 判别式（或典型变量），它的判别效率为 λ_i，它对区分各组的贡献率为 $\dfrac{\lambda_i}{\sum\limits_{j=1}^{s} \lambda_j} (i = 1, 2, \cdots, s)$。

前 $r(r \leqslant s)$ 个判别式的累积贡献率为 $\dfrac{\sum\limits_{j=1}^{r} \lambda_j}{\sum\limits_{j=1}^{s} \lambda_j}$，如果这个累积贡献率已达到一个较高的

水平（如 85% 以上），则只需用前 r 个判别式进行判别即可，下面介绍相应的判别规则。

在 MATLAB 中没有提供专门的函数实现 Fisher 判别，下面通过自定义编程实现 Fisher Fisherbanbie 函数，其 MATLAB 代码编程如下：

```
function kiX = Fisherbanbie(XA,XB,SaX)
% XA 为第一类的样本矩阵;
% XB 为第二类的样本矩阵;
% SaX 需要分类的样本
% kiX 为样本的类别
format long;
sz1 = size(XA);
sz2 = size(XB);
M = sz1(1);                              % 样本个数
N = sz2(1);
n = sz1(2);
meanXA = mean(XA);
meanXB = mean(XB);
sx = zeros(n,n);
Y = zeros(N,n);
for i = 1:n
    for j = 1:n
        sx(i,j) = dot(XA(:,i) - meanXA(i) * zeros(M,1),XA(:,j) - meanXA(j) * zeros(M,1)) + …
            dot(XB(:,i) - meanXB(i) * zeros(N,1),XB(:,j) - meanXB(j) * zeros(N,1));
    end
end
d = transpose(meanXA - meanXB);
c = sx\d;
YA = dot(c,meanXA);
YB = dot(c,meanXB);
Yc = (M * YA + N * YB)/(M + N);
Y0 = dot(c,SaX);
if YA > YB
    if Y0 > Yc
        kiX = 1;
        disp('样品属于第一类');
    else
        if Y0 == Yc
            kiX = 0 ;
            disp('没法判断');
        else
            kiX = 2;
```

```
                disp('样品属于第二类');
            end
        end
    else
        if YA < YB
            if Y0 > Yc
                kiX = 2;
                disp('样品属于第二类');
            else
                if Y0 == Yc
                    kiX = 0 ;
                    disp('没法判断');
                else
                    kiX = 1;
                    disp('样品属于第一类');
                end
            end
        else
            disp('没法判断');
        end
    end
```

【例 10-4】(Fisher 两类别法应用示例)　已知样本数据如表 10-3 所示。

表 10-3　Fisher 的样本数据

类别	样本	成　分			
		x_1	x_2	x_3	x_4
第Ⅰ类	1	13.5	2.79	7.8	49.6
	2	22.31	4.67	12.31	47.8
	3	28.82	4.63	16.18	62.15
	4	15.29	3.45	7.58	43.2
	5	28.29	4.90	16.12	58.7
第Ⅱ类	1	2.18	1.06	1.22	20.6
	2	3.85	0.80	4.06	47.1
	3	11.4	0	3.50	0
	4	3.66	2.42	2.14	15.1
	5	12.10	0	5.68	0

用 Fisher 判别法判别样本 $x_0 = [7.90\quad 2.40\quad 4.30\quad 33.2]$和 $x_1 = [12.40\quad 5.10\quad 4.48\quad 24.6]$分别属于哪一类。

其 MATLAB 代码编程如下:

```
>> clear all;
XA = [13.5  2.79  7.8  49.6;22.31  4.67  12.31  47.8;28.82  4.63  16.18  62.15; …
      15.29  3.45  7.58  43.2;28.29  4.90  16.12  58.7];
XB = [2.18  1.06  1.22  20.6;3.85  0.80  4.06  47.1;11.4  0  3.50  0; …
      3.66  2.42  2.14  15.1;12.10  0  5.68  0];
x0 = [7.90  2.40  4.30  33.2];
```

```
x1 = [12.40  5.10  4.48  24.6];
k = Fisherbanbie(XA,XB,x0)
```

样品属于第二类:

```
k =
     2
>> k = Fisherbanbie(XA,XB,x1)
```

样品属于第一类:

```
k =
     1
```

所以 x0 属于第二类,而 x1 属于第一类。

10.4   Bayes 判别法

贝叶斯(Bayes)判别分析理论是贝叶斯学派的一个重要理论,也是判别分析算法中较为常用的一种,它具有坚实的概率统计学理论基础,而且判别过程简便快速,判别结果有较高的准确性,因此应用十分广泛,而且贝叶斯判别理论与许多其他数据挖掘技术的混合和改进算法也受到很多研究者的关注。

10.4.1   贝叶斯的发展史

贝叶斯理论和贝叶斯概率以英国数学家托马斯·贝叶斯(Thomas Bayes,1702—1761 年)命名,他在论文"关于几率性问题求解的评论"中证明了贝叶斯定理的一个特例。法国数学家拉普拉斯(Laplace Pierre-Simon)更清晰地证明了贝叶斯定理,但由于理论和应用的局限性,贝叶斯理论在 19 世纪并未被普遍接受。20 世纪初,意大利的菲纳特(Bruno de Finetti)、英国的杰弗莱(Harold Jeffreys)以及匈牙利的瓦尔德(Abraham Wald)都对贝叶斯学派发展做出了贡献。1958 年英国最悠久的统计杂志 *Biometrika* 重新全文刊登了贝叶斯的论文,20 世纪 50 年代,罗宾斯(Herbert Robbins)提出了经验贝叶斯方法和经典方法相结合用于统计学领域,贝叶斯方法受到了广泛的关注,贝叶斯理论的研究和应用也越来越活跃。20 世纪末随着人工智能和数据挖掘技术的发展,贝叶斯理论的发展和应用范围更加广阔,关于贝叶斯方法在判别分析中的应用也越来越深入。

10.4.2   贝叶斯定理和贝叶斯公式

贝叶斯定理是用 18 世纪英国数学家托马斯·贝叶斯(Thomas Bayes)的名字命名的。设 X 为数据元组,X 用 n 个属性集的测量描述:令 H 为某种假设:$P(H|X)$ 则是给定观测数据元组 X,假设 H 成立的概率。$P(H|X)$ 是在条件 X 下,H 的后验概率(Posterior Probability);相反,$P(H)$ 是 H 的先验概率(Proor Probability)。类似的,$P(H|X)$ 是条件 H 下,X 的后验概率,而 $P(X)$ 是 X 的先验概率。

贝叶斯定理提供了一种利用 $P(X),P(H)$ 和 $P(H|X)$ 计算后验概率 $P(H|X)$ 的方法：

$$P(H \mid X) = \frac{P(H \mid X)P(H)}{P(X)} \tag{10-1}$$

式(10-1)称为贝叶斯公式。在分类问题中，X 称为数据元组，H 可定义为数据元组 X 属于某特定类 C，而确定后验概率 $P(H|X)$ 为给定 X 的数据描述找出元组 X 属于类 C 的概率。贝叶斯判别分析方法是一种统计学分类方法，可以预测类成员关系的可能性，如给定元组属于一个特定类的概率，其基于概率统计理论的判定结果具有较高的可靠性，因此具有较高的可信度，在数据挖掘和决策支持中有重要应用。

10.4.3　贝叶斯判别方法

贝叶斯判别方法是一类以贝叶斯定理为基础的判别分析方法，当前应用较为广泛的贝叶斯判别方法主要有以下几种。

（1）朴素贝叶斯分类法

所谓朴素贝叶斯分类法(Native Bayesian Classifier)是先假定数据对象的属性对于判定分类的影响与其他属性相互独立，这种假定称为类条件独立；然后运用贝叶斯定理对训练集进行学习，得到分类规则(贝叶斯分类概率表)，再对目标对象进行概率计算，其所属类为后验概率最大的类。

（2）贝叶斯信念网络

贝叶斯信念网络(Bayesian Belief Networks)的分类思想也是基于贝叶斯定理，计算目标对象后验概率最大的类，其特点是在于，肯定变量或属性之间的依赖关系，使用体现联合条件概率分布的贝叶斯信念网络来描述分类规则。

（3）树扩展朴素贝叶斯分类法

在实际应用中，朴素贝叶斯分类法是一种简单而快速的分类方法，且具有较高的准确性，可以与决策树和神经网络算法相媲美，但其假定的类条件独立在一定特定环境下，如数据属性关联度较大的情况，会导致分类结果准确性受到影响；而贝叶斯信念网络由于肯定了变量或属性之间的依赖关系，因此具有更高的准确性，但由于信念网络构造过程的复杂性，使得对训练集的学习过程耗时较长。为了既考虑属性间的信赖关系，又具有较快的学习速度，Nir Firedman 提出了树扩展朴素贝叶斯分类法(Tree-augmented Naive Bayesian Classifer，TAN)的概念，其分类规则是以类变量为根节点，每个属性变量以类变量和最多一个属性变量为父节点的树形结构来表示。

10.4.4　贝叶斯分类模型

前面对各种贝叶斯判别法进行简要介绍，本节将对各种贝叶斯判别法的模型进行介绍。

1. 朴素贝叶斯分类模型

朴素贝叶斯分类模型是用来处理属性值之间关联关系较低的数据分类问题的模型，

通过假定数据对象的各个属性在对于分类结果的影响是相互独立的,以简化计算过程,降低复杂度,通过对训练集的学习用贝叶斯概率表来表示分类规则。

朴素贝叶斯分类模型的学习和分类过程已经较为成熟,以下简要描述其工作过程。

设 D 是已注明类标号的训练元组的集合,每一个元组的属性用 n 维向量 $\overline{x} = \{x_1, x_2, \cdots, x_n\}$ 表示,分别描述在 n 个属性 $A_1, A_2, \cdots, A_n$ 上的测量值。

假定有 m 个类 $\{C_1, C_2, \cdots, C_m\}$,那么将未分类样本 X 分配给 C_i 的条件就是:

$$P(C_i \mid X) > P(C_j \mid X) \quad 1 \leqslant j \leqslant m, \quad j \neq i \tag{10-2}$$

即样本 X 属于具有最高后验概率的类。根据贝叶斯定理

$$P(C_i \mid X) = \frac{P(X \mid C_i) P(C_i)}{P(X)} \tag{10-3}$$

其中,$P(X)$ 对于所有类来说,它是一个常数,由公式可看出,只要使 $P(X|C_i)P(C_i)$ 最大即可。$P(C_i)$ 为类的先验概率,可以用 $P(C_i) = \dfrac{|C_{i,D}|}{|D|}$ 来计算,其中 $|C_{i,D}|$ 是 D 中类 C_i 的训练元组数,$|D|$ 是训练元组总数。

因此,未知元组 X 的类标号是使 $P(X|C_i)P(C_i)$ 最大的类 C_i:

$$P(X \mid C_i) P(C_i) > P(X \mid C_j) P(C_j) \quad 1 \leqslant j \leqslant m, \quad j \neq i \tag{10-4}$$

给定的数据集可能有许多属性,为降低计算 $P(X|C_i)$ 的开销,可以做类条件独立的朴素假定,即假定在属性间,不存在信赖关系。由此,

$$
\begin{aligned}
P(X \mid C_i) &= \prod_{k=1}^{n} P(X_k \mid C_i) \\
&= P(X_1 \mid C_i) \times P(X_2 \mid C_i) \times \cdots \times P(X_n \mid C_i)
\end{aligned} \tag{10-5}
$$

其中,概率 $P(X_k|C_i)$ 可以由训练元组估计,x_k 表示元组 X 属性 A_k 的值,注意考察每个属性取值是离散的还是连续的。

如果 A_k 是离散属性,则

$$P(x_k \mid C_i) = \frac{A_{k,C_i}}{C_{i,D}} \tag{10-6}$$

其中 $|A_{k,C_i}|$ 是属性 A_k 上值为 x_k 的类 C_i 中的训练样本数,$|C_{i,D}|$ 为 D 中类 C_i 的训练元组。

如果 A_k 是连续值属性,则通常假定连续值属性服从均值为 μ,标准差为 σ 的高斯分布,由下式定义

$$g(x, \mu, \sigma) = \frac{1}{\sqrt{2\pi}\sigma} e^{\frac{(x-\mu)^2}{2\sigma^2}} \tag{10-7}$$

因此,

$$P(x_k \mid C_i) = g(x_k, \mu_{C_i}, \sigma_{C_i}) \tag{10-8}$$

通过各类比较实验的表现,可以看到朴素贝叶斯分类法足以与决策树和神经网络分类法相媲美;理论上,贝叶斯分类法由于概率具有最小的错误率,但事实上由于"类条件独立性"假设不一定成立,或数据量不足以提供准确的概率信息等原因,造成朴素贝叶斯分类的错误率并不能够维持稳定较低的错误率。

2. 贝叶斯信念网络模型

贝叶斯信念网络模型允许数据对象的各属性间存在关联关系,建立一种因果关系的图形模型,通过对训练元组集的学习发现分类规则。贝叶斯信念网络是由有向无环图和条件概率表两部分构成的。

(1) 贝叶斯信念网络的相关概念

贝叶斯信念网络中的有向无环图是用来描述各属性之间的相互依赖关系的,图中每一个节点代表一个属性,每条弧表示属性间的概率依赖,并利用属性间的因果关系决定弧的指向。

条件概率表(Conditional Probability Table,CPT)是用来有向无环图中每一个属性节点每个可能值组合的条件概率。

贝叶斯信念网络通常被表示为一个三元组 $\{N,E,P\}$。N 是节点的集合,$N=\{x_1, x_2,\cdots,x_n\}$;$E$ 是有向边的集合,$E=\{<x_i,x_j>|x_i\neq x_j \text{ and } x_j,x_i\in N\}$,每条边 $<x_i,x_j>$ 都表示一组因果关系,原因 x_i 指向结果 x_j;P 是条件概率的集合,$P=\{P(x_i|\text{parents}(x_i))\}$,每一个属性变量都有一个对应的条件概率表。设 $X=(x_1,x_2,\cdots,x_n)$ 是表示属性 $Y_1,Y_2,\cdots,Y_n$ 的一组值,贝叶斯联合概率的完全表示如下式:

$$P(x_1,x_2,\cdots,x_n)=\prod_{i=1}^{n}P(x_i\mid\text{parents}(Y_i)) \tag{10-9}$$

其中,$P(x_1,x_2,\cdots,x_n)$ 是 X 的值的特定组合的概率,$P(x_i|\text{parents}(Y_i))$ 的值对应于 CPT 中 Y_i 的值。

使用贝叶斯信念网络进行分类一个关键点就是怎样确定网络拓扑结构。网络拓扑结构,可以根据已有经验预先给定,也可以通过训练数据学习构造,有许多算法可以应用于网络拓扑的构造。另外,领域专家的实践经验也可以作为网络设计的一个重要指导因素。

(2) 贝叶斯信念网络的学习过程

贝叶斯信念网络用于判别分析也包括学习和分类两个部分,其中分类过程与朴素贝叶斯分类过程类似,即根据分类规则(信念网络结构和 CPT)计算最大后验概率。其主要复杂点在于贝叶斯信念网络的学习过程,如图 10-4 所示学习过程主要有 3 个步骤。

① 选取适当算法的构造无向图。构造无向图的算法有很多种,人工干预情况下可以利用专家的经验和训练集合中数据表现出来的关联关系,来构造无向图。此外,信息论中的 KL(Kullback-Leibler)距离方法,条件互信息方法及其改进方法,都可以应用于贝叶斯网络构造工作。

② 建立有向无环图。在无向图建立以后,可以利用属性或变量之间的时序关系、梯度关系等确定关联边的方向。

③ 根据训练数据集,计算各节点的条件概率表。

当然,在条件允许的情况下,也可以直接

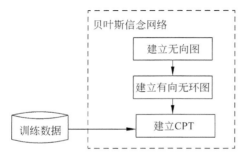

图 10-4 贝叶斯信念网络学习过程图

选择构造有向无环图的方法来完成贝叶斯信念网络的构造。

3. 树扩展贝叶斯分类模型

树扩展贝叶斯(TAN)分类器既是对朴素贝叶斯分类器的扩展,也是对贝叶斯信念网络的简化。它被提出并广泛应用的主要原因是,数据挖掘人员希望在考虑数据属性关联情况的前提下,尽可能地提高判别分析速度。

TAN 分类器模型是以类别变量为根节点,每个属性节点以类别变量和最多一个其他属性节点为父节点的贝叶斯网络结构。在这种结构中,如果去掉节点(类别变量)到各属性节点之间的有向弧,则各属性节点之间形成的是树形结构,如图 10-5 所示,其中 C 为类别变量节点,A_1,A_2,A_3,A_4 均为属性节点。

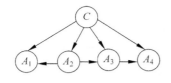 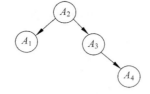

(a) TAN分类器的贝叶斯网络结构　　(b) 去掉根节点后各属性节点形成的有向树

图 10-5　TAN 分类器效果图

学习 TAN 分类器模型结构的典型方法是以条件互信息为评分函数的算法,学习流程可描述如下。

(1) 利用下式计算各属性节点间的条件互信息

$$I(A_i,A_j \mid C) = \sum_{A_i,A_j \in C} P(A_i,A_j \mid C)\log_2 \frac{P(A_i,A_j \mid C)}{P(A_i \mid C)P(A_j \mid C)} \tag{10-10}$$

(2) 以条件互信息为属性节点之间的连接权,构造无向完全图;

(3) 将边按权重由大到小排序,遵照被选择的边不能构成回路的原则,并按照权重由大到小的顺序选择构成"最大权重扩展树"的边;

(4) 根据边的起始节点确定边的方向,使无向树变成有向树;

(5) 从类别变量向各属性节点引一条有向边,生成 TAN 模型。

除树扩展贝叶斯分类模型以外,许多研究者还提出了其他的改进的贝叶斯分类模型,例如,贝叶斯多网络分类器(Bayesian Multi-Net,BMN),通用的贝叶斯网络分类器(General Bayesian Network,GBN),选择贝叶斯分类器(Selective Bayesian Classifier,SBC)等。这些分类模型都是在贝叶斯判别理论的基础上,利用不同的策略处理目标数据中属性之间的管理关系,以提高分类判别准确性,在实际应用中可以根据目标数据的点来选取恰当的改进算法。

4. 贝叶斯判别法的 MATLAB 实现

对于贝叶斯判别,MATLAB 中提供了 NaiveBayes 类,用户中根据训练样本创建一个 NaiveBayes 类对象。一个 NaiveBayes 类对象定义了一个朴素贝叶斯判别分类器(Naive Bayes classifier),利用这个分类器对未知类别的样品进行分类。

NaiveBayes 类有很多方法和属性,具体如表 10-4 和表 10-5 所示。

表 10-4　NaiveBayes 类的主要方法

方　　法	说　　明
disp	显示朴素贝叶斯分类器对象
display	显示朴素贝叶斯分类器对象
fit	根据训练样本创建一个朴素贝叶斯分类器对象
posterior	计算检验(待判)样本属于每一类的后验概率
predict	给出检验(待判)样本所属类的类标签

表 10-5　NaiveBayes 类的主要方法

方　　法	说　　明	方　　法	说　　明
CIsNonEmpty	非空类的标识	Dist	分布名称
CLevels	类水平	NClasses	类个数
CNames	类名称	NDims	维数
CPrior	类的先验概率	Params	参数估计值

下面介绍 fit 和 predict 的用法。

(1) fit 方法

fit 方法用来根据训练样本创建一个朴素贝叶斯分类器对象,其调用格式如下。

nb = NaiveBayes.fit(training, class):创建一个朴素贝叶斯分类器对象 nb。输入参数 training 为 N×D 的训练样本观测值矩阵,它的每一行对应一个观测,每一行对应一个变量。class 为分组变量,class 与 training 具有相同的行数,class 中每一个元素定义了 training 中相应观测所属的类,class 中有 k 个不同的水平,表示 k 个不同的类。

nb = NaiveBayes.fit(…, 'param1', val1, 'param2', val2, …):通过指定中选的成对出现的参数名及参数值来控制所创建的朴素贝叶斯分类器对象。可用的参数名及参数值如表 10-6 所示。

表 10-6　fit 方法所支持的参数名及参数值

参数名	参　数　值	说　　明
'Distribution'	一个字符串或 1×D 的字符串元胞向量	用来指定变量所服从的分布。如果为一个字符串表示所有变量服从同一种类型的分布;如果为一个字符串元胞向量,每个元胞对应一个变量的分布。可用的字符串有 'normal'、'kernel'、'mvmn' 或 'mn',分别表示正态分布(默认情况)、核密度估计、多元多项分布和多项分布。如果利用核密度估计方法拟合变量的分布,则通过 'KSWidth' 参数设置核密度估计的窗宽(默认情况下自动选取窗宽),通过 'KSSuport' 参数设置核密度函数的定义域
'Prior'	'empirical'	用频率作为先验概率的估计量(默认情况)
	'uniform'	各类具有相同的先验概率
	一个长度为 K 的数值向量	按 class 中各类出现的顺序依次指定各类的先验概率

参数名	参 数 值	说 明
'KSWidth'	标量	所有类的所有类变量的核密度估计的窗宽
	$1 \times D$ 的行向量	第 j 个元素指定了所有类的第 j 个变量的核密度估计的窗宽
	$K \times 1$ 的列向量	第 i 个元素指定了第 i 类的所有变量的核密度估计的窗宽
	$K \times D$ 的矩阵	第 i 行第 j 列元素指定了第 i 类的第 j 个变量的核密度估计窗宽
	结构体变量	有 width(窗宽向量或矩阵)和 class(类水平向量)两个字段
'KSSupport'	'unbounded'	设置核密度函数的定义域为整个实数轴(默认情况)
	'positive'	设置核密度函数的定义域为正半轴
	包含两个元素的向量	指定该密度函数定义区间的上下限
'KSType'	一个字符串或 $1 \times D$ 的字符串元胞向量	用来指定核函数类型。可用的字符串有 'normal'(默认情况)、'box'、'triangle' 或 'epanechnikov'

（2）predict 方法

在用 fit 方法根据训练样本创建一个朴素贝叶斯分类器对象后,可以利用对象的 predict 方法对待判样品进行分类。predict 方法的调用格式如下。

cpre = predict(nb,test)：根据朴素贝叶斯分类器对象 nb 对 test 中的样品(观测)进行分类,并返回分类结果向量 cpre。输入参数 test 是 N 行、nb. ndims 列的矩阵,这里 N 表示 test 中观测的个数,test 的每一行对应一个观测,每一列对应一个变量。cpre 为 $N \times 1$ 的向量,它与 nb. CLevels 具有相同的数据类型,其元素为 test 中相应观测所属的标识。

cpre = predict(…,'HandleMissing',val)：指定缺失数据的处理方式,即对含有 NaN 的观测进行判别的方式。输入参数 val 的可能取值为 'off'(默认情况)或 'on',如果为 'off',则对不含有 NaN 的观测进行判别,相应的后验概率和后验概率的对数为 NaN, cpre 中相应元素为 NaN(如果类水平 obj. CLevels 为数值型或逻辑型变量),或空字符串(如果类水平 obj. CLevels 为字符或字符串元胞数组),或 '< undefined >'(如果类水平 obj. CLevels 为分类变量)；如果 val 取值为 'on',则对含有 NaN 但不全为 NaN 的观测进行判别,此时用该观测中非 NaN 的列进行判别,相应的后验概率的对数为 NaN。

【例 10-5】 数据是对 3 种鸢尾花：刚毛鸢尾花(setosa 类)、变色鸢尾花(versicolor 类)和弗吉尼亚鸢尾花(virginica 类)各抽取一个容量为 50 的样本,测量其花萼长 x_1、花萼宽 x_2、花瓣长 x_3、花瓣宽 x_4,单位为 cm。数据保存在 MATLAB 中统计工具箱文件夹下的 fisheriris. mat 中。现有 10 个未知类别的鸢尾花数据,如表 10-7 所示。试把文件 fisheriris. mat 中的数据作为训练样本,根据贝叶斯判别法对表 10-7 中待判样品进行分类。

表 10-7 待判鸢尾花数据

观 测 序 号	花萼长 x_1	花萼宽 x_2	花瓣长 x_3	花瓣宽 x_4
1	5.8	2.7	1.8	0.73
2	5.6	3.1	3.8	1.8
3	6.1	2.5	4.7	1.1
4	6.1	2.6	5.7	1.9
5	5.1	3.1	6.5	0.62

观 测 序 号	花萼长 x_1	花萼宽 x_2	花瓣长 x_3	花瓣宽 x_4
6	5.8	3.7	3.9	0.13
7	5.7	2.7	1.1	0.12
8	6.4	3.2	2.4	1.6
9	6.7	3	1.9	1.1
10	6.8	3.5	7.9	1

其 MATLAB 代码编程如下：

```
% 导入数据
>> clear all;
load fisheriris                           % 把文件 fisheriris.mat 中数据导入 MATLAB 工作空间
whos
    Name        Size          Bytes       Class        Attributes
    meas        150x4         4800        double
    species     150x1         11500       cell
```

其中,meas 为 150 行、4 列的矩阵,对应 150 个已知类别的鸢尾花的 4 个变量的观测数据；species 为 150 行、1 列的字符串元胞向量,依次对应于 150 个鸢尾花所属的类,species 中用字符串'setosa'、'versicolor'和'virginica'表示 3 个不同的类。

```
% 查看数据
>> head0 = {'Obj','x1','x2','x3','x4','Class'};       % 设置表头
[head0;num2cell([[1:150]',meas]),species]             % 以元胞数组形式查看数据
ans =
    'Obj'      'x1'         'x2'         'x3'         'x4'         'Class'
    [  1]      [5.1000]     [3.5000]     [1.4000]     [0.2000]     'setosa'
    [  2]      [4.9000]     [     3]     [1.4000]     [0.2000]     'setosa'
    [  3]      [4.7000]     [3.2000]     [1.3000]     [0.2000]     'setosa'
      ...
    [ 50]      [     5]     [3.3000]     [1.4000]     [0.2000]     'setosa'
    [ 51]      [     7]     [3.2000]     [4.7000]     [1.4000]     'versicolor'
    [ 52]      [6.4000]     [3.2000]     [4.5000]     [1.5000]     'versicolor'
    [ 53]      [6.9000]     [3.1000]     [4.9000]     [1.5000]     'versicolor'
      ...
    [100]      [5.7000]     [2.8000]     [4.1000]     [1.3000]     'versicolor'
    [101]      [6.3000]     [3.3000]     [     6]     [2.5000]     'virginica'
    [102]      [5.8000]     [2.7000]     [5.1000]     [1.9000]     'virginica'
      ...
% 贝叶斯判别
>> % 用 meas 和 species 作为训练样本,创建一个朴素贝叶斯分类器对象 ObjBayes
ObjBayes = NaiveBayes.fit(meas,species);
% 利用所创建的朴素贝叶斯分类器对象对训练样本进行判别,返回结果 pre0
% pre0 为字符串元胞向量
pre0 = ObjBayes.predict(meas);
% 利用 confusionmat 函数,并根据 species 和 pre0 创建混淆矩阵(包含总的分类信息的矩阵)
[CLmat,order] = confusionmat(species,pre0);
% 以元胞数组形式查看混淆矩阵
```

```
[[{'From/To'},order'];order,num2cell(CLmat)]
ans =
    'From/To'        'setosa'      'versicolor'      'virginica'
    'setosa'         [    50]      [         0]      [         0]
    'versicolor'     [     0]      [        47]      [         3]
    'virginica'      [     0]      [         3]      [        47]
```

由以上结果可看出, setosa 类中的 50 个样品均得到正确的判别, versicolor 类中有 47 个样品得到正确判别, 还有 3 个样品被错误判到 virginica 类, 而 virginica 类中也有 3 个发生了误判, 被判到 versicolor 类。究竟是哪些样品发生了误判呢? 可以通过查看 pre0 和 species 的取值, 得到误判样品的编号。

```
>> gindex1 = grp2idx(pre0);          % 根据分组变量 pre0 生成一个索引向量 gindex1
   gindex2 = grp2idx(species);       % 根据分组变量 species 生成一个索引向量 gindex2
   errid = find(gindex1~ = gindex2)  % 通过对比两个索引向量, 返回误判样品的观测序号向量
errid =
    53
    71
    78
   107
   120
   134
>> head1 = {'Obj','From','To'};      % 设置表头
% 用 num2cell 函数将误判样品的观测序号向量 errid 转为元胞向量, 然后以元胞数组形式查看误
判结果
[head1;num2cell(errid),species(errid),pre0(errid)]
ans =
    'Obj'        'From'            'To'
    [ 53]        'versicolor'      'virginica'
    [ 71]        'versicolor'      'virginica'
    [ 78]        'versicolor'      'virginica'
    [107]        'virginica'       'versicolor'
    [120]        'virginica'       'versicolor'
    [134]        'virginica'       'versicolor'
```

从上面的结果可以看出, 第 53、71、78、107、120、134 号观测发生了误判, 具体误判情况为: 第 53、71 和 78 号观测由 'versicolor' 类误判到 'virginica' 类; 第 107、120 和 134 号观测由 'virginica' 类误判到 'versicolor'。

```
% 对表 9-7 中的 10 个待判样品进行判别
>> % 定义未判样品观测值矩阵
X = [5.8,2.7,1.8,0.73;5.6,3.1,3.8,1.8;6.1,2.5,4.7,1.1;6.1,2.6,5.7,1.9; …
     5.1,3.1,6.5,0.62;5.8,3.7,3.9,0.13;5.7,2.7,1.1,0.12;6.4,3.2,2.4,1.6; …
     6.7,3,1.9,1.1;6.8,3.5,7.9,1];
% 利用所创建的朴素贝叶斯分类器对象对未判样品进行判别, 返回判别结果 pre1
% pre1 也是字符串元胞向量
pre1 = ObjBayes.predict(X)
pre1 =
    'setosa'
    'versicolor'
```

```
'versicolor'
'virginica'
'virginica'
'versicolor'
'setosa'
'versicolor'
'versicolor'
'virginica'
```

pre1 各元胞中的字符串依次列出了各个未判样品被判归的类,如第 1 个未判样品被判归为'setosa'类,第 10 个样品被判归为'virginica'类等。

10.5 逐步判别法

逐步判别法的基本思想是:逐步引入变量,每次引入一个"最重要"的变量,同时也检验先前引入的变量,如果先前引入的变量其判别能力随新引入变量而变不显著,则及时将其从判别式中剔除,直到判别式中的变量都很显著,且剩下来的变量也没有重要的变量可引入判别式时,逐步筛选结束。其实逐步判别和逐步回归的思想差不多,就是不断地对筛选的变量做检验,找出显著性变量,剔除不显著变量。

1. 引入剔除变量所用的检验统计量

设有 k 个正态总体 $N_p\left(\mu^{(i)}, \sum\right), i = 1, 2, \cdots, k$,它们有相同的协方差阵。因此如果它们有差别也只能表现在均值向量 $\mu^{(i)}$ 上,现从 k 个总体分别抽取 $n_1, n_2, \cdots, n_k$ 个样品,$X_1^{(1)}, \cdots, X_{n_1}^{(1)}; \cdots X_1^{(k)}, \cdots, X_{n_k}^{(k)}$,令 $n_1 + n_2 + n_k = n_0$。现作统计假设

$$h_0 : \mu^{(1)} = \mu^{(2)} = \cdots = \mu^{(k)}$$

如果接受这个假设,说明这 k 个总体的统计差异不显著,在此基础上建立的判别函数效果肯定不好,除非增加新的变量。如果 h_0 被否定,说明这 k 个总体可以区分,建立判别函数是有意义的,即检验 h_0 的似然统计量为

$$\Lambda_p = \frac{|E|}{|A + E|} = \frac{|E|}{|T|} \sim \Lambda_p(n - k, k - 1)$$

其中,

$$E = \sum_{a=1}^{k} \sum_{i=1}^{n_a} (X_i^{(a)} - \overline{X}^{(a)})'(X_i^{(a)} - \overline{X}^{(a)})$$

$$A = \sum_{a=1}^{k} n_a (X^{(a)} - \overline{X})'(X^{(a)} - \overline{X})$$

由 Λ_p 的定义可知:$0 \leqslant \Lambda_p \leqslant 1$,而 $|E|$、$|T|$ 的大小分别反映了同一总体样本间的差异和 k 个总体所有样本间的差异。因此,Λ_p 值越小,表明相同总体的差异越小,相对地,样本间总的差异越大,即各总体间有较大差异,因此对给定的检验水平 α,应由 Λ_p 分布确定临界值 λ_a,使 $P\{\Lambda_p > \lambda_a\} = \alpha$,当 $\Lambda_p < \lambda_a$ 时拒绝 h_0,否则 h_0 相容。这里 Λ 标下角标 Λ_p 是强调用 p 个变量。

由于 Wilks 分布的数值表,可用下面的近似公式。

Bartlett 近似式:

$$-\left[n-\frac{1}{2}(p-k)-1\right]\ln \underset{\text{在 } h_0 \text{ 成立下}}{\overset{\text{极限分布}}{\longrightarrow}} \chi^2(p(k-1))$$

Rao 近似式:

$$\frac{[n-(p-1)-k]}{k-1} \cdot \frac{\Lambda_p-1}{\Lambda_p} \sim F(k-1, n-(p-1)-k)$$

这里根据 Rao 近似式给出引入变量和删除变量的值。

为此先复习线性代数的一个定理。设

$$A = \begin{bmatrix} A_{11} & A_{12} \\ A_{21} & A_{22} \end{bmatrix}$$

这里 A_{11}, A_{22} 为方阵且非奇异阵,则

$$|A| = |A_{11}||A_{22}-A_{21}A_{11}^{-1}A_{12}| = |A_{22}||A_{11}-A_{12}A_{22}^{-1}A_{21}|$$

另外在筛选变量过程中,要计算许多行列式,在建立判别函数时往往还要算逆矩阵,因此需要有一套方便的计算方法,这就是消去变换法。

(1) 引入变量的检验统计量

假定计算 l 步,并且变量 $x_1, x_2, \cdots, x_L$ 已选入(L 不一定等于 l),现考察第 $l+1$ 步添加一个新变量 x_r 的判别能力,此时将变量分成两组,第一组为前 L 个已选入的变量,第二组仅有一个变量 x_r,此时 $L+1$ 个变量的组内离差阵和总离差阵仍分别为 E 和 T。

$$E = \begin{matrix} & \begin{matrix} L & \quad 1 \end{matrix} \\ \begin{matrix} \end{matrix} & \begin{bmatrix} E_{11} & E_{12} \\ E_{21} & E_{22} \end{bmatrix} \end{matrix} = \begin{bmatrix} e_{11} & \cdots & e_{1r} \\ \vdots & & \vdots \\ e_{r1} & \cdots & e_{rr} \end{bmatrix}$$

其中,$E_{12}' = E_{21} = (e_{1r}, e_{2r}, \cdots, e_{Lr})$。

$$T = \begin{matrix} & \begin{matrix} L & \quad 1 \end{matrix} \\ \begin{matrix} \end{matrix} & \begin{bmatrix} T_{11} & T_{12} \\ T_{21} & T_{22} \end{bmatrix} \end{matrix} = \begin{bmatrix} t_{11} & \cdots & t_{1r} \\ \vdots & & \vdots \\ t_{r1} & \cdots & t_{rr} \end{bmatrix}$$

其中,$T_{12}' = T_{21} = (t_{1r}, t_{2r}, \cdots, t_{Lr})$。

由于

$$|E| = |E_{11}| e_{rr}^{(l)}$$

其中,$e_{rr}^{(l)} = |E_{22}-E_{21}E_{11}^{-1}E_{12}| = E_{22}-E_{21}E_{11}^{-1}E_{12} = e_{rr}-E_{r1}E_{11}^{-1}E_{1r}$。

注意:上式行列式中是一个数,所以可以去掉行列式符号,又 r 相当于 2。

同理,

$$|T| = |T_{11}| t_{rr}^{(l)}$$

其中,$t_{rr}^{(l)} = T_{22}-T_{21}T_{11}^{-1}T_{12} = T_{rr}-T_{r1}T_{11}^{-1}T_{1r}$。

于是有

$$\left|\frac{E}{T}\right| = \frac{|E_{11}| e_{rr}^{(l)}}{|T_{11}| t_{rr}^{(l)}}$$

即

$$\Lambda_{L+1} = \Lambda_L \cdot \frac{e_{rr}^{(l)}}{t_{rr}^{(l)}}$$

所以

$$\frac{\Lambda_L}{\Lambda_{L+1}} - 1 = \frac{t_{rr}^{(l)} - e_{rr}^{(l)}}{e_{rr}^{(l)}} \triangleq \frac{1 - A_r}{A_r}$$

其中，$A_r = \dfrac{e_{rr}^{(l)}}{t_{rr}^{(l)}}$。

将上式代入 Rao 近似式中得到引入变量的检验统计量：

$$F_{1r} = \frac{1 - A_r}{A_r} \cdot \frac{n - l - k}{k - 1} \sim F(k-1, n-l-k)$$

如果 $F_{1r} \sim F_a(k-1, n-l-k)$，则 x_1 判别能力显著，我们将判别能力显著的变量中最大的变量（即使 A_r 为最小的变量）作为入选变量记为 x_{l+1}。

值得强调的是：不管引入变量还是剔除变量，都需要对相应的矩阵 E 和 T 作一次消去变换，比如说，不妨设第一个引入的变量是 x_1，这时就要对 E 和 T 同时进行消去第一列的变换得到 $E^{(1)}$ 和 $T^{(1)}$，接着考虑引入第二个变量，经过检验认为显著的变量，不妨设是 x_2，这时就要对 $E^{(1)}$ 和 $T^{(1)}$ 同时进行消去第二列的变换得到 $E^{(2)}$ 和 $T^{(2)}$，对剔除变量也如此。

（2）剔除变量的检验统计量

考察对已入选变量 x_r 的判别能力，可以设想已计算了 l 步，并引入了包括 x_r 在内的某 L 个为量（L 不一定等于 l）。现考察在第 $l+1$ 步剔除变量 x_r 的判别能力，为方便起见，可以假设 x_r 是在第 l 步引入的，也即前 $l-1$ 步引进了包括 x_r 在内的 $l-1$ 个变量。因此问题转化为考察第 l 步引入变量 x_r（在其他 $l-1$ 个变量已给定时）的判别能力，此时有

$$A_r = \frac{e_{rr}^{(l-1)}}{t_{rr}^{(l-1)}}$$

对相应的 $E^{(l)}$、$T^{(l)}$，再作一次消去变换有

$$e_{ij}^{(l+1)} = \begin{cases} e_{rj}^{(l)} / e_{rr}^{(l)}, & i = r, j \neq r \\ e_{ij}^{(l)} - e_{ir}^{(l)} e_{rj}^{(l)} / e_{rr}^{(l)}, & i \neq r, j = r \\ 1/e_{rr}^{(l)}, & i = r, j = r \\ -e_{ir}^{(l)} / e_{rr}^{(l)}, & i \neq r, j = r \end{cases}$$

$$t_{ij}^{(l+1)} = \begin{cases} t_{rj}^{(l)} / t_{rr}^{(l)}, & i = r, j \neq r \\ t_{ij}^{(l)} - t_{ir}^{(l)} t_{rj}^{(l)} / t_{rr}^{(l)}, & i \neq r, j = r \\ 1/t_{rr}^{(l)}, & i = r, j = r \\ -t_{ir}^{(l)} / t_{rr}^{(l)}, & i \neq r, j = r \end{cases}$$

于是

$$A_r = \frac{1/e_{rr}^{l}}{1/t_{rr}^{(l)}} = \frac{t_{rr}^{(l)}}{e_{rr}^{(l)}}$$

从而得到剔除变量的检验统计量

$$F_{2r} = \frac{1 - A_r}{A_r} \cdot \frac{n - (L-1) - m}{m - 1} \sim F(k-1, n-(L-1)-k)$$

在已入选的所有变量中，找出具有最大 A_r（即最小 F_{2r}）的一个变量进行检验。如果 $F_{2r} \leqslant F_a$，则认为 x_r 判别能力不显著，可把它从判别式中剔除。

2. 具体计算步骤

（1）准备工作

① 计算各总体中各变量的均值和总均值以及 $\boldsymbol{E}=(e_{ij})_{p\times p}$ 和 $\boldsymbol{T}=(t_{ij})_{p\times p}$；

② 规定引入变量和剔除变量的临界值 $F_{进}$ 和 $F_{出}$（取临界值 $F_{进}\geqslant F_{出}\geqslant 0$，以保证逐步筛选变量过程必在有限步后停止）在利用电子计算机计算时，通常临界值的确定不是查分布表，而是根据具体问题，事先给定。由于临界值是随机引入变量或剔除变量的个数而变化的，但是当样本容量 n 很大时，它们的变化甚微，所以一般取 $F_{进}=F_{出}\stackrel{\triangle}{=}F_{\alpha}$，如果想少选入几个变量可取 $F_{进}=F_{出}=10,8$，等等。如果想多选入变量可取 $F_{进}=F_{出}=1$，0.5，等等，显然如果取 $F_{进}=F_{出}=0$，则全部变量都被引入。

（2）逐步计算

假设已计算 l 步（包括 $l=0$），在判别式中引入了某 L 个变量，不妨设 $x_1,x_2,\cdots,x_L$，则第 $l+1$ 步计算内容如下。

① 计算全部变量的"判别能力"。

对未选入变量 x_i 计算 $A_i=\dfrac{e_{ii}^{(l)}}{t_{ii}^{(l)}}$，$i=L+1,\cdots,p$。

对已选入变量 x_j 计算 $A_j=\dfrac{t_{jj}^{(l)}}{e_{jj}^{(l)}}$，$j=1,2,\cdots,L$。

② 在已入选变量中考虑剔除可能存在的最不显著变量，取最大的 A_j（即最小的 F_{2j}）。假设 $A_r=\max\limits_{j\in L}\{A_j\}$，这里 $j\in L$ 表示 x_j 属已入选变量。作 F 检验：剔除变量时统计量

$$F_{2r}=\frac{1-A_r}{A_r}\cdot\frac{n-k-(L-1)}{k-1}$$

如果 $F_{2r}\leqslant F_{出}$，则剔除 x_r，然后对 $E^{(l)}$ 和 $T^{(l)}$ 作消去变换。

如果 $F_{2r}>F_{出}$，则从未入选变量中选出最显著变量，即要找出最小的 A_i（即最大的 F_{1i}）。假设 $A_r=\min\limits_{\overline{i\in L}}\{A_i\}$，这里 $\overline{i\in L}$ 表示 x_i 属于未入选变量。作 F 检验：引入变量时统计量

$$F_{1r}=\frac{1-A_r}{A_r}\cdot\frac{n-k-L}{k-1}$$

如果 $F_{1r}>F_{进}$，则引入 x_r，然后对 $E^{(l)}$ 和 $T^{(l)}$ 作消去变换。

在第 $l+1$ 步计算结束后，再重复上面的①、②直至不能剔除又不能引入新变量时，逐步计算结束。

（3）建立判别式，对样本判别分类

经过第二步选出重要变量后，可用各种方法建立判别函数和判别准则，这里使用 Bayes 判别法建立判别式，假设共计算 $l+1$ 步，最终选出 L 个变量，设判别式为

$$y_g=l_1q_g+C_0^{(g)}+\sum_{i=1}^{L}C_i^{(g)}x_i,\quad g=1,2,\cdots,k$$

将每一个样本 $\boldsymbol{x}=(x_1,x_2,\cdots,x_p)'$（$x$ 可以是一个新样本，也可以是原来 n 个样本之一）

分别代入 k 个判别式 y_g 中去。如果 $y(h/g) = \max\limits_{1 \leqslant g \leqslant k}\{y(g/x)\}$，则 $x \in$ 第 h 总体。

在此指出两点：

① 在逐步计算中，每步都是先考虑剔除，后考虑引入，但开头几步一般都是先引入，而后才开始有剔除，实际问题中引入后又剔除的情况不多，而剔除后再重新引入的情况更少见。

② 由算法中可知用逐步判别选出的 L 个变量，一般不是所有 L 个变量组合中最优的组合（因为每次引入都是在保留已引入变量基础上引入新变量）。但在 L 不大时，往往是最优的组合。

人类认识世界的一种重要方法是将世界上的事物进行分类,从中发现规律,进而改造世界。正因为这样,分类学早就成为人类认识世界的一门基础科学。由于事物的复杂性,单凭经验来分类是远远不够的,利用数学方法进行更科学的分类成为一种必然的趋势。随着计算机的普及,利用数学方法研究分类不仅非常必要,而且完全可能。因此,聚类分析作为多元分析的一个重要分支,发展非常迅速。

在分类学中,一般把某种性质比较相似的事物归为同一类,把性质不相近的事物归为不同的类。利用数学方法的分类是建立在各个事物关于其性质变量的测量数据基础上的,即利用这些数据的内在联系和规律来进行分类。

11.1 聚类分析概述

聚类分析的目标就是在相似的基础上收集数据来分类。聚类源于很多领域,包括数学、计算机科学、统计学、生物学和经济学。在不同的应用领域,很多聚类技术都得到了发展,这些技术方法被用作描述数据,衡量不同数据源间的相似性,以及把数据源分类到不同的簇中。

11.1.1 聚类与分类的区别

聚类与分类的不同在于,聚类所要求划分的类是未知的。

聚类是将数据分类到不同的类或者簇这样的一个过程,所以同一个簇中的对象有很大的相似性,而不同簇间的对象有很大的相异性。

从统计学的观点看,聚类分析是通过数据建模简化数据的一种方法。传统的统计聚类分析方法包括系统聚类法、分解法、加入法、动态聚类法、有序样品聚类、有重叠聚类和模糊聚类等。

从机器学习的角度讲,簇相当于隐藏模式。聚类是搜索簇的无监督学习过程。与分类不同,无监督学习不依赖预先定义的类或带类标记的训练实例,需要由聚类学习算法自动确定标记,而分类学习的实例或数据对象有类别标记。聚类是观察式学习,而不是示例式的学习。

聚类分析是一种探索性的分析,在分类的过程中,人们不必事先给出一个分类的标准,聚类分析能够从样本数据出发,自动进行分类。聚类分析所使用方法的不同,常常会得到不同的结论。不同研究者对于同一组数据进行聚类分析,所得到的聚类数未必一致。

从实际应用的角度看,聚类分析是数据挖掘的主要任务之一。而且聚类能够作为一个独立的工具获得数据的分布状况,观察每一簇数据的特征,集中对特定的聚簇集合作进一步地分析。聚类分析还可以作为其他算法(如分类和定性归纳算法)的预处理步骤。

11.1.2　聚类分析的应用

聚类分析在工程应用的范围十分广泛,主要应用于:

(1) 在商业上:聚类分析被用来发现不同的客户群,并且通过购买模式刻画不同的客户群的特征。聚类分析是细分市场的有效工具,同时也可用于研究消费者行为,寻找新的潜在市场、选择实验的市场,并作为多元分析的预处理。

(2) 在生物上:聚类分析被用来动植物分类和对基因进行分类,获取对种群固有结构的认识。

(3) 在地理上:聚类能够帮助在地球中被观察的数据库商趋于的相似性。

(4) 在保险行业上:聚类分析通过一个高的平均消费来鉴定汽车保险单持有者的分组,同时根据住宅类型、价值、地理位置来鉴定一个城市的房产分组。

(5) 在因特网应用上:聚类分析被用来在网上进行文档归类来修复信息。

(6) 在电子商务上:聚类分析在电子商务中网站建设数据挖掘中也是很重要的一个方面,通过分组聚类出具有相似浏览行为的客户,并分析客户的共同特征,可以更好地帮助电子商务的用户了解自己的客户,向客户提供更合适的服务。

11.2　距离与相似系数

设有 n 个样本,每个样本测得 p 个指标(变量),原始数据阵为

$$\begin{bmatrix} x_{11} & \cdots & x_{1p} \\ \vdots & & \vdots \\ x_{n1} & \cdots & x_{np} \end{bmatrix} \triangleq \begin{bmatrix} x'_{(1)} \\ x'_{(2)} \\ \vdots \\ x'_{(n)} \end{bmatrix} \triangleq (x_1, x_2, \cdots, x_p)$$

当对样本进行分类时,应考虑 p 维空间中 n 个样本点 $x_i (i=1,2,\cdots,n)$ 的相似程度;当对指标进行分类时,应考虑 n 维空间中 p 个变量点 $x_i (i=1,2,\cdots,p)$ 的相似程度。描述样本(变量)间相似程度的统计量目前用得最多的是距离和相似系数。

设 $\boldsymbol{x}_{(t)} = (x_{i1}, x_{i2}, \cdots, x_{ip})' (t=1,2,\cdots,n)$ 是 p 维空间的 n 个样本点,样本 $\boldsymbol{x}_{(i)}$ 和 $\boldsymbol{x}_{(j)}$ 的距离或相似系数有以下几种常用的定义方法。

(1) 绝对值距离

$$d_{ij}^{(1)} = \sum_{t=1}^{p} |x_{it} - x_{jt}| \quad i,j = 1,2,\cdots,n$$

(2) 欧氏距离

$$d_{ij}^{(2)} = \sqrt{\sum_{t=1}^{p} (x_{it} - x_{jt})^2} \quad i,j = 1,2,\cdots,n$$

(3) 切比雪夫距离

$$d_{ij}^{(3)} = \max_{i=1,2,\cdots,p} |x_{it} - x_{jt}| \quad i,j = 1,2,\cdots,n$$

(4) 马氏(Mahalanobis)距离

$$d_{ij}^{(4)} = (\boldsymbol{x}_{(i)} - \boldsymbol{x}_{(j)})' \boldsymbol{S}^{-1} (\boldsymbol{x}_{(i)} - \boldsymbol{x}_{(j)}) \quad i,j = 1,2,\cdots,n$$

其中,$\boldsymbol{S}^{-1}$ 为样本的协方差阵 $\boldsymbol{S}$ 的逆矩阵。记样本协方差阵 $\boldsymbol{S} = (V_{ts})$,在此

$$V_{ts} = \frac{1}{n-1} \sum_{i=1}^{n} (x_{it} - \bar{x}_t)(x_{is} - \bar{x}_s) \quad t,s = 1,2,\cdots,p$$

而

$$\bar{x}_t = \frac{1}{n} \sum_{i=1}^{n} x_{it} \quad t = 1,2,\cdots,p$$

(5) 兰氏距离(要求数据 $x_{ij} \geqslant 0$)

$$d_{ij}^{(5)} = \sum_{i=1}^{p} \frac{|x_{it} - x_{jt}|}{x_{it} + x_{jt}} \quad i,j = 1,2,\cdots,n$$

(6) 相似系数(夹角余弦)

$$c_{ij}^{(1)} = \frac{\sum_{i=1}^{p} |x_{it} - x_{jt}|}{\sqrt{\sum_{i=1}^{p} x_{it}^2} \cdot \sqrt{\sum_{i=1}^{p} x_{jt}^2}} \quad i,j = 1,2,\cdots,n$$

(7) 指数相似系数

$$c_{ij}^{(2)} = \frac{1}{p} \sum_{i=1}^{p} l^{-\frac{3}{4}\frac{(x_{it} - x_{jt})^2}{s_i^2}}$$

其中,

$$s_i^2 = \frac{1}{n-1} \sum_{i=1}^{n} (x_{it} - \bar{x}_i)^2 \quad i = 1,2,\cdots,p$$

(8) 定性指标的距离

设有 p 个定性指标,它们组成 p 维向量,其中第 k 个定性指标又可分为 r_k 个类目,样本 $\boldsymbol{x}_{(i)}$ 和 $\boldsymbol{x}_{(j)}$ 之间的距离定义为,

$$d_{ij} = \frac{\boldsymbol{x}_{(i)} \text{ 和 } \boldsymbol{x}_{(j)} \text{ 的不相同的定性指标数}}{\boldsymbol{x}_{(i)} \text{ 和 } \boldsymbol{x}_{(j)} \text{ 相同的定性指标数} + \boldsymbol{x}_{(i)} \text{ 和 } \boldsymbol{x}_{(j)} \text{ 不同的定性指标数}}$$

显然,当样本 $\boldsymbol{x}_{(i)}$ 和 $\boldsymbol{x}_{(j)}$ 相似时,距离 $d_{ij} = 0$(或相似系数 $c_{ij} = 0$);距离 d_{ij} 越大(或相似系数 c_{ij} 越小)表示两样本相似程度越低。

值得指出,为了消除量纲或数量级的影响,在计算样本 $\boldsymbol{x}_{(i)}$ 和 $\boldsymbol{x}_{(j)}$ 相似程度时,经常先对原始数据进行适当的变换,常用的变换有:中心化变换、标准化变换、极差标准化变换、极差正规化变换、对数变换等。

11.3 一次形成法和逐步聚类法

系统聚类方法按照类的形成过程可分为一次形成法和逐次形成法,在逐次形成法中根据类间距离的不同定义,又产生不同的聚类方法。

11.3.1 一次形成法

结合简单实例介绍用一次形成法作 R-型聚类分析的方法。

【例 11-1】 对 $n=166$ 个 16 岁的男孩进行体格检查,测量了 4 个指标: x_1——身高、x_2——坐高、x_3——体重、x_4——胸围。试对指标进行分类。

原始数据阵 $\boldsymbol{X}=(x_{ij})$ 为 166×4 矩阵。首先对原始数据作中心化变换:令 $\tilde{x}_{ij}=x_{ij}-\bar{x}_i(i=1,2,\cdots,n;j=1,2,\cdots,p)$。其中

$$\bar{x}_i = \frac{1}{n}\sum_{i=1}^{n}x_{ij} \quad j=1,2,\cdots,p$$

由 $\tilde{\boldsymbol{X}}=(\tilde{x}_{ij})$ 计算变量间的相似系数阵(即原始数据阵 $\boldsymbol{X}$ 的样本相关阵)$\boldsymbol{R}$,得

$$\boldsymbol{R}=\begin{bmatrix} 1.0 & 0.76 & 0.57 & 0.32 \\ & 1.0 & 0.62 & 0.42 \\ & & 1.0 & 0.79 \\ & & & 1.0 \end{bmatrix}$$

所谓一次形成法就是依据样本相关阵 $\boldsymbol{R}$ 一次对指标分类完毕。具体步骤如下。

(1)记下 $\boldsymbol{R}$ 中非对角元素的最大值 $r_{34}=0.79$,划去矩阵的第 4 行第 4 列(此时第 3,4 个指标合成一类)。

(2)记下 $\boldsymbol{R}$ 中剩余非对角元素的最大值 $r_{12}=0.76$,划去矩阵的第 2 行第 2 列(此时第 1,2 个指标合成一类)。

(3)记下 $\boldsymbol{R}$ 中剩余非对角元素的最大值 $r_{13}=0.57$,划去第 3 行第 3 列。至此全部指标聚成一类。

将上面聚类过程绘制谱系图如图 11-1 所示。

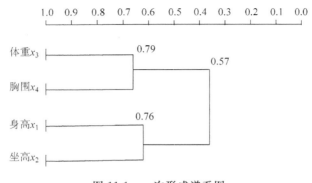

图 11-1 一次形成谱系图

如图可见,如果取临界值 $r_0 = 0.7$,则四个指标可以分成 2 类:x_3 和 x_4 为一类,是反映人体肥胖的指标;x_1 和 x_2 为一类,是反映人体高度的指标。

一次形成法比较简单,只要计算出变量的相似阵(或距离阵)以后,一次即可形成聚类图,显示变量的聚合情况,但是,一次形成法可能把不相关的变量放在同一类里,以后也无法剔除。比较准确的划分一般常用逐次形成法。

11.3.2 逐步聚类法

结合简例介绍用逐步聚类法作 Q 型聚类分析的方法。

【例 11-2】 设 $n=5, p=1$,实测数据为 $(x_1, x_2, x_3, x_4, x_5) = (1, 4, 5, 7, 11)$,试对样本进行分类。样本间的相似程度采用欧氏距离来刻画,则距离阵为

$$
\boldsymbol{D}^{(0)} = \begin{bmatrix} 0 & 3 & 4 & 6 & 10 \\ & 0 & 1 & 3 & 7 \\ & & 0 & 2 & 6 \\ & & & 0 & 4 \\ & & & & 0 \end{bmatrix}
$$

(1) 记下 $\boldsymbol{D}^{(0)}$ 中非对角元素中的最小值 $d_{23}^{(0)} = 1$,划掉第 3 行第 3 列(此时第 2,3 个样本合成一类);在实测数据中用 $d_{23}^{(0)} = x_2^{(1)} = \dfrac{x_1 + x_2}{2} = \dfrac{4+5}{2} = 4.5$ 代替第二个样本的数据 x_2;重新计算第二个样本与第 j 个样本($j \neq 3$)的欧氏距离,得

$$
\boldsymbol{D}^{(1)} = \begin{bmatrix} 0 & 3.5 & 6 & 10 \\ & 0 & 2.5 & 6.5 \\ & & 0 & 4 \\ & & & 0 \end{bmatrix}
$$

(2) 记下 $\boldsymbol{D}^{(1)}$ 中非对角元素中的最小值 $d_{24}^{(1)} = 2.5$,划去第 4 行第 4 列(此时第 2,3 和第 4 个样本合并为一类);在实测数据中用 $x_2^{(2)} = \dfrac{2x_2^{(1)} + x_4}{3} = 5\dfrac{1}{3}$ 代替 $x_2^{(1)}$;重新计算第 2 个样本与第 $j (j \neq 3, 4)$ 个样本的欧氏距离,得

$$
\boldsymbol{D}^{(2)} = \begin{bmatrix} 0 & 4\dfrac{1}{3} & 10 \\ & 0 & 5\dfrac{2}{3} \\ & & 0 \end{bmatrix}
$$

(3) 记下 $\boldsymbol{D}^{(2)}$ 中非对角元素中的最小值 $d_2^{(2)} = 4\dfrac{1}{3}$,划去第 2 行第 2 列(此时第 2,3,4 和第 1 个样本合并为一类);在实测数据中用 $x_1^{(3)} = \dfrac{3x_2^{(3)} + x_1}{4} = 4\dfrac{1}{4}$ 代替 x_1,重新计算第 1 个样本与 x_5 的距离。得

$$D^{(3)} = \begin{bmatrix} 0 & & & & 6\frac{3}{4} \\ & & & & \\ & & & & \\ & & & & \\ & & & & 0 \end{bmatrix}$$

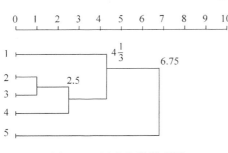

图 11-2　逐步聚类谱系图

（4）记下 $D^{(3)}$ 中非对角元素中的最小值 $d_{15}^{(3)}=6\frac{3}{4}$，划去第 5 行第 5 列（此时第 $1,2,3,$ 4 和第 5 个样本合为一类）。这样就逐次将所有样本聚集成一类。聚类过程到此结束，绘制出的谱系图如图 11-2 所示。

由图可见，如果取临界值 $d_0=3$，则 5 个样本可分为 3 类：第 $2,3,4$ 为一类；第 1 和第 5 各为一类。

11.4　系统聚类法

以上介绍的这种逐步聚类方法中，新类与其他类的距离是由原始数据根据并类的次数，进行加权平均得新类的指标值后重新计算得到的。其实，类间距离还有其他许多种定义。例如，可以为两类之间最近样本的距离，或者为两类之间最远样本的距离，还可以为两类重心之间的距离。采用不同的类间距离定义就产生了不同的系统聚类方法。这种方法的并类过程及步骤和逐步聚类方法完全一样，只是计算新类与其他类的距离时按不同的类间距离定义来计算。

1. 最短距离法

定义类与类之间的距离为两类最近样品的距离，即
$$D_{KL}=\min\{d_{ij}:x_i\in G_K;x_j\in G_L\}$$
如果某一步类 G_K 与类 G_L 聚成一个新类，记为 G_M，类 G_M 与任意已有类 G_J 之间的距离为
$$D_{MJ}=\min\{D_{KJ},D_{LJ}\}\quad J\neq K,L$$
最短距离法（Single linkage method）聚类步骤如下。

（1）将初始的每个样品（或变量）各自作为一类，并规定样品（或变量）之间的距离，通常采用欧氏距离。计算 n 个样品（或 p 个变量）的距离矩阵 $D_{(0)}$，它是一个对称矩阵。

（2）寻找 $D_{(0)}$ 中最小元素，设为 D_{KL}，将 G_K 和 G_L 聚成一个新类，记为 G_M，即 $G_M=\{G_K,G_L\}$。

（3）计算新类 G_M 与任一类 G_J 之间的距离的递推公式为
$$D_{MJ}=\min_{x_i\in G_M,x_j\in G_J}d_{ij}=\min\{\min_{x_i\in G_K,x_j\in G_J}d_{ij},\min_{x_i\in G_L,x_j\in G_J}d_{ij}\}=\min\{D_{KJ},D_{LJ}\}\quad(11\text{-}1)$$
对距离矩阵 $D_{(0)}$ 进行修改，将 G_M 与 G_L 所在的行和列合并成一个新行新列，对应

G_M，新行和新列上的新距离由式(11-1)计算，其余行列上的值不变，这样得到的新距离矩阵记为 $\boldsymbol{D}_{(1)}$。

(4) 对 $\boldsymbol{D}_{(1)}$ 重复上述对 $\boldsymbol{D}_{(0)}$ 的两步操作，得到距离矩阵 $\boldsymbol{D}_{(2)}$。如此下去，直到所有元素合并成一类为止。

2. 中间距离法

类与类之间的距离采用中间距离(median method)。设某一步将类 G_K 与类 G_L 聚成一个新类，记为 G_M，对于任一类 G_J，考虑由 D_{KJ}、D_{LJ} 和 D_{KL} 为边长构成的三角形，取 D_{KL} 边的中线记为 D_{MJ}。从而得到类间平方距离的递推公式为

$$D_{MJ}^2 = \frac{1}{2}D_{KJ}^2 + \frac{1}{2}D_{LJ}^2 - \frac{1}{4}D_{KL}^2 \tag{11-2}$$

式(11-2)可推广到更一般的情况

$$D_{ML}^2 = \frac{1-\beta}{2}(D_{KJ}^2 + D_{LJ}^2) + \beta D_{KL}^2 \tag{11-3}$$

其中，$\beta<1$，式(11-3)对应的系统聚类方法称为可变法。

3. 最长距离法

类与类之间的距离定义为两类最远样品间的距离，即

$$D_{KL}=\max\{d_{ij}:x_i \in G_K; x_j \in G_L\}$$

类间距离的递推公式为

$$D_{MJ}=\max\{D_{KJ},D_{LJ}\}, \quad J\neq K,L$$

4. 重心法

类与类之间的距离定义为它们的重心(即类均值)之间的欧氏距离。设 G_K 中有 n_K 个元素，G_L 中有 n_L 个元素，定义类 G_K 与 G_L 的重心分别为

$$\bar{x}_K = \frac{1}{n_K}\sum_{i=1}^{n_K}x_i, \quad \bar{x}_L = \frac{1}{n_L}\sum_{i=1}^{n_L}x_i$$

则 G_K 与 G_L 之间的平均距离为

$$\bar{x}_L = \frac{1}{n_L}\sum_{i=1}^{n_L}x_i D_{KL}^2 = [d(\bar{x}_K,\bar{x}_L)]^2 = (\bar{x}_K - \bar{x}_L)'(\bar{x}_K - \bar{x}_L)$$

类间平方距离的递推公式为

$$D_{MJ}^2 = \frac{n_K}{n_M}D_{KL}^2 + \frac{n_L}{n_M}D_{LJ}^2 - \frac{n_K n_L}{n_M^2}D_{KL}^2 \tag{11-4}$$

5. 类平均法

类与类之间的平方距离定义为样品对之间平方距离的平均值。G_K 与 G_L 之间的平方距离为

$$D_{KL}^2 = \frac{1}{n_K n_L}\sum_{x_i \in G_K, x_j \in G_J}d_{ij}$$

类间平方距离的递推公式为

$$D_{MJ}^2 = \frac{n_K}{n_M}D_{KJ}^2 + \frac{n_L}{n_M}D_{KJ}^2 \tag{11-5}$$

类平均法很好地利用了所有样品之间的信息,在很多情况下它被认为是一种比较好的系统聚类法。

可在式(11-5)中增加 D_{KL}^2 项,将式(11-5)进行推广,得到类间平方距离的递推公式为

$$D_{MJ}^2 = (1-\beta)\left[\frac{n_K}{n_M}D_{KJ}^2 + \frac{n_L}{n_M}D_{KJ}^2\right] + \beta D_{KL}^2 \tag{11-6}$$

6. 离差平方和法

离差平方和法又称为 Ward 法,它把方差分析的思想用于分类上,同一个类内的离差平方和小,而类间离差平方和应当大。类中各元素到类重心(即类均值)的平方欧氏距离之和称为类内离差平方和。设某一步 G_K 与 G_L 聚成一个新类 G_M,则 G_K、G_L 和 G_M 的类内离差平方和分别为

$$W_K = \sum_{x_i \in G_K} (x_i - \bar{x}_K)'(x_i - \bar{x}_K)$$

$$W_L = \sum_{x_i \in G_L} (x_i - \bar{x}_L)'(x_i - \bar{x}_L)$$

$$W_M = \sum_{x_i \in G_M} (x_i - \bar{x}_M)'(x_i - \bar{x}_M)$$

$$D_{ML}^2 = \frac{1-\beta}{2}(D_{KJ}^2 + D_{LJ}^2) + \beta D_{KL}^2 \beta$$

它们反映了类内元素的分散程度。将 G_K 与 G_L 合并成新类 G_M 时,类内离差平方和会有所增加,即 $W_M = (W_K - W_L) > 0$,如果 G_K 与 G_L 距离比较近,则增加的离差平方和应较小,于是定义 G_K 与 G_L 的平方距离为

$$D_{KL}^2 = W_M - (W_K + W_L) = \frac{n_K n_L}{n_M}(\bar{x}_K - \bar{x}_L)'(\bar{x}_K - \bar{x}_L)$$

类间平方距离的递推公式为

$$D_{MJ}^2 = \frac{n_J + n_K}{n_J + n_M}D_{KJ}^2 + \frac{n_J + n_L}{n_J + n_M}D_{LJ}^2 - \frac{n_J}{n_J + n_M}D_{KL}^2 \tag{11-7}$$

7. 系统聚类法的评价

对于同样的观测数据,用不同的方法进行聚类,得到的结果可能并不完全相同,于是产生一个问题:应当选取哪一个聚类结果为好? 为此,下面简要介绍系统聚类法的性质。

(1) 单调性

令 D_i 为系统聚类过程中第 i 次并类时的距离,如果有 $D_1 \leq D_2 \leq L$,则称此系统聚类法具有单调性。在几种系统聚类法中,最短距离法、最长距离法、类平均法和离差平方和法具有单调性,而中间距离法和重心法不具有单调性。

（2）空间的浓缩与扩张

针对同一问题,用不同系统聚类法进行聚类,做出的聚类树形图的横坐标（并类距离）的范围相差很大。范围小的方法区别类的灵敏度差,而范围太大的方法灵敏度又过高,范围以适中为好。

11.5 K-均值聚类法

K-均值（也称 K-Means）聚类算法是著名的划分聚类分割方法。划分方法的基本思想是：给定一个有 N 个元组或记录的数据集,分裂法将构造 K 个分组,每一个分组就代表一个聚类,$N > K$。而且这 K 个分组满足下列条件。

（1）每一个分组至少包含一个数据记录；

（2）每一个数据记录属于且仅属于一个分组。

对于给定的 K,算法首先给出一个初始的分组方法,以后通过反复迭代的方法改变分组,使得每一次改进之后的分组方案都较前一次的好,而所谓好的标准就是：同一分组中的记录越来越近（已经收敛,反复迭代至组内数据几乎无差异）,而不同分组中的记录越来越远。

11.5.1 K-Means 算法的原理

K-均值聚类算法的工作原理：算法首先随机从数据集中选取 K 个点作为初始聚类中心,然后计算各个样本到聚类中的距离,把样本归到离它最近的那个聚类中心所在的类。计算新形成的每一个聚类的数据对象的平均值来得到新的聚类中心,如果相邻两次的聚类中心没有任何变化,说明样本调整结束,聚类准则函数已经收敛。本算法的一个特点是在每次迭代中都要考察每个样本的分类是否正确。如果不正确,就要调整,在全部样本调整完后,再修改聚类中心,进入下一次迭代。如果在一次迭代算法中,所有的样本被正确分类,则不会有调整,聚类中心也不会有任何变化,这标志着已经收敛,因此算法结束。

11.5.2 K-Means 算法的步骤

K-Means 算法的处理主要流程如下。

（1）从 N 个数据对象任意选择 K 个对象作为初始聚类中心。

（2）循环（3）到（4）直到每个聚类不再发生变化为止。

（3）根据每个聚类对象的均值（中心对象）,计算每个对象与这些中心对象的距离,并根据最小距离重新对相应对象进行划分。

（4）重新计算每个聚类的均值（中心对象）,直到聚类中心不再变化。这种划分使得下式最小：

$$E = \sum_{j=1}^{k} \sum_{x_i \in \omega_j} \| x_i - m_j \|^2$$

11.5.3　K-Means 算法的特点

K-Means 算法特点具有如下几个特点。

（1）在 K-Means 算法中 K 是事先给定的，这个 K 值的选定是非常难以估计的。

（2）在 K-Means 算法中，首先需要根据初始聚类中心来确定的一个初始划分，然后对初始划分进行优化。

（3）K-Means 算法需要不断地进行样本分类调整，不断地计算调整后的新的聚类中心，因此当数据量非常大时，算法的时间开销是非常大的。

（4）K-Means 算法对一些离散点和初始 K 值敏感，不同的距离初始值对同样的数据样本可能得到不同的结果。

11.5.4　K-Means 聚类的 MATLAB 实现

现在以一个实例为载体来学习怎样用 K-Means 聚类实现实际的分类问题。

【例 11-3】　已有有 20 个样本，每个样本有 2 个特征，数据分布如表 11-1 所示，试对这些数据进行分类。

表 11-1　数据

特征	样　　本									
x1	0	1	0	1	2	1	2	3	6	7
x2	0	0	1	1	1	2	2	2	6	6
x1	8	6	7	8	9	7	8	9	8	9
x2	6	7	7	7	7	8	8	8	9	9

其 MATLAB 代码编程如下：

```
>> clear all;
x = [0 0;1 0;0 1;1 1;2 1;1 2;2 2;3 2;6 6;7 6;8 6;6 7;7 7;8 7;9 7;7 8;8 8;9 8;8 9;9 9];
z = zeros(2,2);
z1 = zeros(2,2);
z = x(1:2,1:2);
% 寻找聚类中心
while 1
    count = zeros(2,1);
    allsum = zeros(2,2);
    for i = 1:20                    % 对每一个样本 i,计算到 2 个聚类中心的距离
        temp1 = sqrt((z(1,1) - x(i,1)).^2 + (z(1,2) - x(i,2)).^2);
        temp2 = sqrt((z(2,1) - x(i,1)).^2 + (z(2,2) - x(i,2)).^2);
        if(temp1 < temp2)
            count(1) = count(1) + 1;
            allsum(1,1) = allsum(1,1) + x(i,1);
            allsum(1,2) = allsum(1,2) + x(i,2);
        else
```

```
                count(2) = count(2) + 1;
                allsum(2,1) = allsum(2,1) + x(i,1);
                allsum(2,2) = allsum(2,2) + x(i,2);
            end
        end
        z1(1,1) = allsum(1,1)/count(1);
        z1(1,2) = allsum(1,2)/count(1);
        z1(2,1) = allsum(2,1)/count(2);
        z1(2,2) = allsum(2,2)/count(2);
        if(z == z1)
            break;
        else
            z = z1;
        end
end
% 结果显示
disp(z1);                           % 输出聚类中心
plot(x(:,1),x(:,2),'b * ');
hold on;
plot(z1(:,1),z1(:,2),'ro');
title('K - 均值法分类图');
xlabel('特征 x1');
xlabel('特征 x2');
```

运行程序,输出如下,效果如图 11-3 所示。

```
1.2500    1.1250
7.6667    7.3333
```

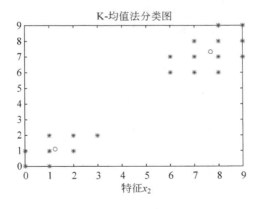

图 11-3　聚类效果图

11.6　模糊 C-均值聚类

C-均值是一种得到最广泛使用的聚类算法。它是将各个聚类子集内的所有数据样本的均值作为该聚类的代表点,算法的主要思想是通过迭代过程把数据集划分为不同的类别,使得评价聚类性能的准则函数达到最优,从而使生成的每个聚类内紧凑,类间独立。这一算法不适合处理离散型属性,但是对于连续型具有较好的聚类效果。

给定样本观测数据矩阵

$$\boldsymbol{X} = \begin{bmatrix} x_1 \\ x_2 \\ \vdots \\ x_n \end{bmatrix} = \begin{bmatrix} x_{11} & \cdots & x_{1p} \\ \vdots & & \vdots \\ x_{n1} & \cdots & x_{np} \end{bmatrix}$$

其中,$\boldsymbol{X}$ 的每一行为一个样品(或观测),每一列为一个变量的 n 个观测值,也就是说 $\boldsymbol{X}$ 是由 n 个样品$(x_1,x_2,\cdots,x_n)$ 的 p 个变量的观测值构成的矩阵。模糊聚类就是将 n 个样品划分为 c 类$(2 \leqslant c \leqslant n)$,记 $V = \{\boldsymbol{v}_1, \boldsymbol{v}_2, \cdots, \boldsymbol{v}_c\}$ 为 c 个类的聚类中心,其中 $\boldsymbol{v}_i = (v_{i1}, v_{i2}, \cdots, v_{ip})(i=1,2,\cdots,c)$。在模糊划分中,每一个样品不是严格地划分为某一类,而是以一定的隶属度属于某一类。

令 u_{ik} 表示第 k 个样品 x_k 属于第 i 类的隶属度,这里 $0 \leqslant u_{ik} \leqslant 1$,$\sum_{i=1}^{c} u_{ik} = 1$。定义目标函数,

$$J(\boldsymbol{U}, \boldsymbol{V}) = \sum_{k=1}^{n} \sum_{i=1}^{c} u_{ik}^m d_{ik}^2$$

其中,$\boldsymbol{U} = (u_{ik})_{c \times n}$ 为隶属度矩阵,$d_{ik} = \| x_k - v_i \|$。显然 $J(\boldsymbol{U}, \boldsymbol{V})$ 表示了各类中样品到聚类中心的加权平方距离之和,权重是样品 x_k 属于第 i 类的隶属度的 m 次方。模糊 C-均值聚类法的聚类准则是求 $\boldsymbol{U}, \boldsymbol{V}$,使得 $J(\boldsymbol{U}, \boldsymbol{V})$ 取得最小值。模糊 C-均值聚类法的具体步骤如下。

(1) 确定类的个数 c,幂指数 $m > 1$ 和初始隶属度矩阵 $\boldsymbol{U}^{(0)} = (u_{ik}^{(0)})$,通常的做法是取 $[0,1]$ 上的均匀分布随机数来确定初始隶属度矩阵 $\boldsymbol{U}^{(0)}$。令 $l=1$ 表示第 1 步迭代。

(2) 通过下式计算第 l 步的聚类中心 $V^{(l)}$。

$$v_i^{(l)} = \frac{\sum_{k=1}^{n} (u_{ik}^{(l-1)})^m x_k}{\sum_{k=1}^{n} (u_{ik}^{(l-1)})^m} \quad i = 1, 2, \cdots, c$$

(3) 修正隶属度矩阵 $\boldsymbol{U}^{(l)}$,计算目标函数 $J^{(l)}$。

$$u_{ik}^{(l)} = \frac{1}{\sum_{j=1}^{c} \left(\frac{d_{ik}^{(l)}}{d_{jk}^{(l)}} \right)^{\frac{2}{m-1}}} \quad i = 1,2,\cdots,c; \quad k = 1,2,\cdots,n$$

$$J^{(l)}(U^{(l)}, V^{(l)}) = \sum_{k=1}^{n} \sum_{i=1}^{c} (u_{ik}^{(l)})^m (d_{ik}^{(l)})^2$$

其中,$d_{ik}^{(l)} = \| x_k - v_i^{(l)} \|$。

(4) 对给定的隶属度终止容限 $\varepsilon_u > 0$(或目标函数终止容限 $\varepsilon_J > 0$,或最大迭代步长 L_{max}),当 $\max\{|u_{ik}^{(l)} - u_{ik}^{(l-1)}|\} < \varepsilon_u$(或当 $l>1$,$|J^{(l)} - J^{(l-1)}| < \varepsilon_J$,或 $l > L_{max}$)时,停止迭代,否则 $l=l+1$,然后转(2)。

经过以上步骤的迭代后,可以求得最终的隶属度矩阵 U 和聚类中心 V,使得目标函数 $J(\boldsymbol{U}, \boldsymbol{V})$ 的值达到最小。根据最终的隶属度矩阵 U 中元素的取值可以确定所有样品的

归属,当 $u_{jk} = \max\limits_{1 \leqslant i \leqslant c}\{u_{ik}\}$ 时,可将样品 x_k 归为第 j 类。

在模糊 C-均值聚类方法中,每一个数据点按照一定的模糊隶属度隶属于某一聚类中心。这一聚类技术作为对传统聚类技术的改进,是 Jim Bezdek 于 1981 年提出的。该方法首先随机选取若干聚类中心,所有数据点都被赋予对聚类中心一定的模型隶属度,然后通过迭代方法不断修正聚类中心,迭代过程以极小化所有数据点到各个聚类中心的距离及隶属度值的加权和为优化目标。

11.7 减法聚类

模糊 C-均值取类方法虽然已经被广泛应用,但是它对初值的设置非常敏感,初始设定的不当会陷入局部最优解而且必须事先给定聚类个数,所以引入了减法聚类算法,用它来设定模糊 C-均值的初始值。

减法聚类是一种用于估计一组数据中的聚类个数以及聚类中心位置的快速单次算法(One Pass)。由减法聚类算法得到的聚类估计可以用于初始化那些基于重复优化过程的模糊聚类以及模型辨识方法,例如自适应神经网络模糊系统的算法函数 anfis。MATLAB 的模糊逻辑工具箱中的函数 subclust 就是通过减法聚类的算法来得到聚类信息的。

减法聚类方法将每个数据点作为可能的聚类中心,并根据各个数据点周围的数据点密度来计算该点作为聚类中心的可能性。被选为聚类中心的数据点周围具有最高的数据点密度,同时该数据点附近的数据点被排除作为聚类中心的可能性;在选出第一个聚类中心后,从剩余的可能作为聚类中心的数据点中,继续采用类似的方法选择下一个聚类中心。这一过程一直持续到所有剩余的数据点作为聚类中心的可能性低于某一阈值时。

考虑 M 维空间的 n 个数据点 $(x_1, x_2, \cdots, x_n)$。不失一般性,假设数据点已经归一化到一个超立方体。由于每个数据点都是聚类中心的候选者,因此,数据点 x_i 处的密度指标定义为

$$D_i = \sum_{j=1}^{n} \exp\left(\frac{\| x_i - x_j \|^2}{(r_a/2)^2}\right)$$

这里 r_a 为一个正数。显然,如果一个数据点有多个邻近的数据点,则该数据点具有高密度值。半径 r_a 定义了该点的一个邻域,半径以外的数据点对该点的密度指标贡献甚微。

在计算每个数据点密度指标后,选择具有最高密度指标的数据点为第一个聚类中心,令 x_{c1} 为选中的点,D_{c1} 为其密度指标。那么每个数据点 x_i 的密度指标公式

$$D_i = D_i - D_{c1} \exp\left(\frac{\| x_i - x_{c1} \|^2}{(r_b/2)^2}\right)$$

修正。其中 r_b 为一个正数。显然,靠近第一个聚类中心 x_{c1} 的数据点的密度指标显著减小,这样这些点不太可能成为下一个聚类中心。常数 r_b 定义了一个密度指标函数显著减小的邻域。常数 r_b 通常大于 r_a,以避免出现相距很近的聚类中心。一般取 $r_b = 1.5r_a$。

修正了每个数据点的密度指标后,选定下一个聚类中心 x_{c2},再次修正数据点所有密度指标。该过程不断重复,直到产生足够多的聚类中心,也可以根据一定的条件自动确定聚类的个数。

11.8　聚类分析的 MATLAB 实现

在 MATLAB 统计工具箱中,提供了相关函数用于实现聚类的分析,下面分别给予介绍。

1. pdist 函数

在 MATLAB 中,提供了 pdist 函数用于计算数据集每对元素之间的距离。函数的调用格式如下。

D＝pdist(X):计算样品对欧氏距离。输入参数 X 为 $n \times p$ 的矩阵,矩阵的每一行对应一个观测(样品),每一列对应一个变量。输出参数 D 为一个包含 $n(n-1)/2$ 个元素的行向量,用 (i, j) 表示由第 i 个样品和第 j 个样品构成的样品对,则 y 中的元素依次是样品对 $(2,1),(3,1),\cdots,(n,1),(3,2),\cdots,(n,2),\cdots,(n,n-1)$ 的距离。

D＝pdist(X,distance):计算样品对距离,用输入参数 distance 指定计算距离的方法,distance 为字符串,可用的字符串如表 11-2 所示。

表 11-2　pdist 函数支持的各种距离

distance 参数值	说　　明
'ecuclidean'	欧氏距离,为默认情况
'seuclidean'	标准欧氏距离
'mahalanobis'	马哈拉诺比斯距离
'cityblock'	绝对值距离(或城市街区距离)
'minkowski'	闵可夫斯基距离
'cosine'	把样品作为向量,样品对距离为 1 减去样品对向量的夹角余弦
'correlation'	把样品作为数值序列,样品对距离为 1 减去样品对的相关系数
'spearman'	把样品作为数值序列,样品对距离为 1 减去样品对的 Spearman 秩相关系数
'hamming'	汉明(Hamming)距离,即不一致坐标所占的百分比
'jaccard'	1 减去 Jaccard 系数,即不一致的非零坐标所占的百分比
'chebychev'	切比雪夫距离

【例 11-4】　利用 pdist 函数计算样本数据的各类型距离。

其 MATLAB 代码编程如下:

```
>> clear all;
X = randn(4, 3);
D1 = pdist(X,'euclidean')
D2 = pdist(X,'seuclidean')
D3 = pdist(X,'cityblock')
D4 = pdist(X,'minkowski')
D5 = pdist(X,'spearman')
```

```
D56 = pdist(X, 'jaccard')
```

运行程序,输出如下:

```
D1 =
    2.2316    5.7162    0.6334    5.8723    1.9335    5.4378
D2 =
    2.2404    2.8640    0.3044    3.1612    2.1898    2.8102
D3 =
    3.7316    8.4772    0.8918    9.0862    2.8875    8.2820
D4 =
    2.2316    5.7162    0.6334    5.8723    1.9335    5.4378
D5 =
    0.0000    1.5000    0.0000    1.5000    0.0000    1.5000
D56 =
      1         1         1         1         1         1
```

2. squareform 函数

在 MATLAB 中,提供了 squareform 函数用于距离向量与距离矩阵的转换。函数的调用格式如下。

Z＝squareform(y)或 Z ＝ squareform(y,'tovector'):将 pdist 函数计算的距离向量 y 转换为平方距离 Z,其中 $Z(i,j)$ 为样本 i 和 j 之间的距离。

y ＝ squareform(Z)或 Y ＝ squareform(Z,'tomatrix'):将平方距离 Z 转换为向量距离 y。

3. linkage 函数

在 MATLAB 统计工具箱中提供了 linkage 函数用于对变量进行分类,构成一个系统聚类树。其调用格式如下。

Z＝linkage(Y):利用最短距离法创建一个系统聚类树。输入参数 Y 为样品对距离向量,是包含 $n(n-1)/2$ 个元素的行向量,可以是 pdist 函数的输出。输出参数 Z 为一个系统聚类树矩阵,它是 $(n-1)\times3$ 的矩阵,这里的 n 为原始数据中观测(即样品)的个数。Z 矩阵的每一行对应一次并类,第 i 行上前两个元素分别为第 i 行上的第 3 个元素和第 i 次并类时的并类距离。

Z＝linkage(Y,method):利用 method 参数指定的方法创建系统聚类树,method 为字符串,可用的字符串如表 11-3 所示。

表 11-3　linkage 函数支持的系统聚类方法

method 参数值	说　　明
'average'	类平均法
'centroid'	重心法、重心间距离为欧氏距离
'complete'	最长距离法
'median'	中间距离法,即加权的重心法,加权的重心间距离为欧氏距离
'single'	最短距离法,默认情况下,利用最短距离法
'ward'	离差平方和法,参数 y 必须包含欧氏距离
'weighted'	可变类平均法

注意：重心法和中间距离法不具有单调性，即并类距离可能不是单调增加的。

Z＝linkage(X,method,metric)：根据原始数据创建系统聚类树。输入参数 X 为原始数据矩阵，X 的每一行对应一个观测，每一列对应一个变量。method 参数用来指定系统聚类方法。

在这种调用下，linkage 函数调用 pdist 函数计算样品对距离，输入参数 metric 用来指定计算距离的方法，具体如表 11-3 所示。

Z＝linkage(X,method,pdist_inputs)：允许用户传递额外的参数给 pdist 函数，这里的 pdist_inputs 为一个包含输入参数的元胞数组。

【例 11-5】 利用系统聚类法对以下 5 个变量分类。

其 MATALB 代码编程如下：

```
>> clear all;
X = [1,2;2.5,4.5;2,2;4,1.5;4,2.5];     %分析数据矩阵
 %显示 5 个变量的位置
figure(1);
plot(X(:,1),X(:,2),'*');
grid on;axis([0 5 0 5]);gname
 %计算变量之间的距离信息
Y = pdist(X);
disp('各个变量之间的距离阵为：')
DisM = squareform(Y)
disp('系统聚类树连接信息矩阵为：')
Z = linkage(Y)    %生成系统聚类树
```

运行程序，输出如下，效果如图 11-4 所示。

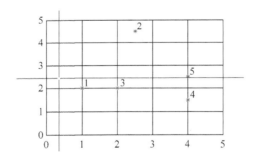

图 11-4　变量分类图

各个变量之间的距离阵为：

```
DisM =

        0    2.9155    1.0000    3.0414    3.0414
   2.9155         0    2.5495    3.3541    2.5000
   1.0000    2.5495         0    2.0616    2.0616
   3.0414    3.3541    2.0616         0    1.0000
   3.0414    2.5000    2.0616    1.0000         0
```

系统聚类树连接信息矩阵为：

```
Z =
    4.0000    5.0000    1.0000
    1.0000    3.0000    1.0000
    6.0000    7.0000    2.0616
    2.0000    8.0000    2.5000
```

4. cluster 函数

在 MATLAB 统计工具箱中提供了 cluster 函数用于确定怎样划分系统树,得到不同的类。其调用格式如下。

T = cluster(Z,'cutoff',c):由系统聚类树矩阵创建聚类。输入参数 Z 是由 linkage 函数创建的系统聚类树矩阵,它是(n−1)×3 的矩阵,这里的 n 是原始中观测(即样品)的个数。c 用来设定聚类的阈值,当一个节点和它的所有子节点的不一致系数小于 c 时,该节点及其下面的所有节点被聚为一类。输出参数 T 为一个包含 n 个元素的列向量,其元素为相应观测所属的类序号。

特别地,如果输入参数 c 为一个向量,则输出 T 为一个 n 行多列的矩阵,c 的每个元素对应 T 的一列。

T = cluster(Z,'cutoff',c,'depth',d):设置计算的深度为 d,默认情况下,计算深度为 2。

T = cluster(Z,'cutoff',c,'criterion',criterion):设置聚类的标准。最后一个输入参数 criterion 为字符串,可能的取值为 'inconsistent'(默认情况)或 'distance'。如果为 'distance',则用距离作为标准,把并类距离小于 c 的节点及其下方的所有子节点聚为一类。如果为 'inconsistent',则等同于第 1 种调用格式。

T = cluster(Z,'maxclust',n):用距离作为标准,创建一个最大类数为 n 的聚类。此时会找到一个最小距离,在该距离处断开聚类树形图,将样品聚为 n 个(或少于 n 个)。

【例 11-6】 应用例 11-5 数据,利用 cluster 进行系统聚类树的划分。

其 MATLAB 代码编程如下:

```
>>% 不同阈值的分类结果
disp('当阈值为 2 时的聚类结果为: ')
T1 = cluster(Z,2)
disp('当阈值为 3 时的聚类结果为: ')
T2 = cluster(Z,3)
disp('当阈值为 5 时的聚类结果为: ')
T3 = cluster(Z,5)
```

运行程序,输出如下:
当阈值为 2 时的聚类结果为:

```
T1 =
    2
    1
    2
    2
    2
```

这 5 个变量分为两类：$\{1,3,4,5\},\{2\}$

当阈值为 3 时的聚类结果为：

```
T2 =
      2
      3
      2
      1
      1
```

这 5 个变量分为两类：$\{1,3\},\{2\},\{4,5\}$

当阈值为 5 时的聚类结果为：

```
T3 =
      1
      2
      3
      4
      5
```

这 5 个变量分为两类：$\{1\},\{2\},\{3\},\{4\},\{5\}$。

5. dendrogram 函数

在 MATLAB 统计工具箱中，提供了 dendrogram 函数用于绘制聚类图。函数的调用格式如下。

dendrogram(tree)：输入参数 tree 为函数 linkage 计算所得的系统聚类树，绘制树形聚类图。

dendrogram(tree,Name,Value)：设置树形聚类图的属性名 Name 及其对应的属性值 Value。

dendrogram(tree,P)：参数 P 用于设置系统聚类树顶部的节点数，默认值为 30。

dendrogram(tree,P,Name,Value)：设置系统聚类树顶部的节点数的属性名 Name 及其对应的属性值 Value。

H = dendrogram(__)：H 为线条的句柄值值。

[H,T,outperm] = dendrogram(__)：参数 T 为各样本观测对应的叶节点编号的列向量，参数 outperm 为返回树形图叶节点编号。

【例 11-7】 利用 dendrogram 函数绘制系统聚类树。

其 MATLAB 代码编程如下：

```
>> clear all;
rng('default')              % 设置重新性
X = rand(10,3);             % 随机变量
% 构建一个系统聚类树
tree = linkage(X,'average');
figure()
% 绘制聚类树
dendrogram(tree)
```

运行程序,效果如图 11-5 所示。

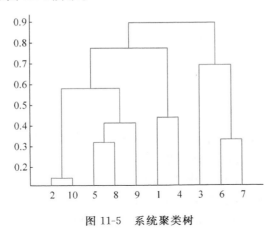

图 11-5　系统聚类树

6. cophenet 函数

在 MATLAB 统计工具箱中,提供了 cophenet 函数用于计算 Cophenetic 的相关系数。函数的调用格式如下。

c = cophenet(Z,Y):输入参数 Z 为 linkage 函数创建的系统聚类树,输入参数 Y 为函数 pdist 的输出距离,c 为返回的 Cophenetic 相关系数。

[c,d] = cophenet(Z,Y):同时返回 Cophenetic 距离向量 d,d 与 Y 等长,c 是 d 与 Y 之间的线性相关系数。

【例 11-8】　对创建的数据,利用 cophenet 函数计算 Cophenetic 相关系数。

其 MATLAB 代码编程如下:

```
>> clear all;
x = [1,2,6,11]';
y = pdist(x,'cityblock');           %计算样品间绝对值距离
%定义元胞数组 method,各元胞分别对应不同系统聚类法
method = {'average','centroid','complete','median','single','ward','weighted'};
%通过循环计算 7 种系统聚类法对应的 Cophenetic 相关系数
for i = 1:7
    Z = linkage(y,method{i});       %利用第 i 种系统聚类法创建聚类树
    c(i) = cophenet(Z,y);           %计算第 i 种系统聚类树对应的 Cophenetic 相关系数
end
disp('Cophenetic 相关系数')
c
Z = linkage(y,'average');           %利用类平均法创建聚类树
[c1,d] = cophenet(Z,y)              %计算 Cophenetic 相关系数 c 和 Cophenetic 距离向量 d
RHO = corr(y',d)                    %计算 y 与 d 的线性相关系数
```

运行程序,输出如下:

```
Cophenetic 相关系数
c =
    0.8590    0.8590    0.7117    0.8567    0.8150    0.7124    0.8567
```

```
c1 =
    0.8590
d =
    1.0000    4.5000    8.0000    4.5000    8.0000    8.0000
RHO =
    0.8590
```

7. clusterdata 函数

通过函数 clusterdata 可以直接进行聚类分析,在内部将调用上述的 pdist、linkage 和 cluster 函数。函数 clusterdata 的调用格式如下。

T = clusterdata(X,cutoff):内部调用函数 pdist、linkage 和 cluster 进行聚类分析,cutoff 用于设置聚类的阈值,返回聚类分析的结果 T。

T = clusterdata(X,Name,Value):设置聚类分析的相关参数,包括 distance(聚类计算方法设置)、linkage(聚类方法设置)、cutoff(不一致系数或距离的阈值)、maxclust(最大分类数)、criterion(聚类的标准)和 depth(计算深度)。

【例 11-9】 利用 clusterdata 函数分析聚类,并绘制其散点图。

其 MATLAB 代码编程如下:

```
>> clear all;
X = rand(2000,3);
c = clusterdata(X,'linkage','ward','savememory','on','maxclust',4);
scatter3(X(:,1),X(:,2),X(:,3),10,c);
xlabel('X(:,1)');ylabel('X(:,2)');zlabel('X(:,3)');
set(gcf,'color','w');
```

运行程序,效果如图 11-6 所示。

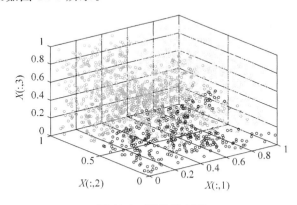

图 11-6 聚类散点图

8. kmeans 函数

kmeans 函数用来作 K-均值聚类,将 n 个点(或观测)分为 k 个类。聚类过程是动态的,通过迭代使得每个点与所属重心距离的和达到最小。默认情况下,kmeans 采用平方欧氏距离。函数调用格式如下。

IDX ＝ kmeans(X,k)：将 n 个点(或观测)分为 k 个类。输入参数 X 为 $n×p$ 的矩阵,矩阵的每一行对应一个点。每一列对应一个变量。输出参数 IDX 为一个 $n×1$ 的向量,其元素为每个点所属类的类序号。

［IDX,C］＝ kmeans(X,k)：返回 k 个类的重心坐标矩阵 C,C 为一个 $k×p$ 的矩阵,第 i 行元素为第 i 类的类重心坐标。

［IDX,C,sumd］＝ kmeans(X,k)：返回类内距离和(即类内各点与重心距离之和)向量 sumd,sumd 为一个 $1×k$ 的向量,第 i 个元素为第 i 类的类内距离之和。

［IDX,C,sumd,D］＝ kmeans(X,k)：返回每个点与每个类重心之间的距离矩阵 D,D 为一个 $n×k$ 的矩阵,第 i 行第 j 列的元素是第 i 个点与第 j 类的类重心之间的距离。

［…］＝ kmeans(…,param1,val1,param2,val2,…)：允许用户设置更多的参数及参数值,用来控制 kmeans 函数所用的迭代算法。param1,parm2,… 为参数名,var1,var2,… 为相应的参数值。其可用的参数名及参数值如表 11-4 所示。

表 11-4　kmeans 函数支持的参数名及参数值

参　数　名	参　数　值	说　　明
'distance'	'sqEuclidean'	平方欧氏距离(默认情况)
	'cityblock'	绝对值距离
	'cosine'	把每个点作为一个向量,两点间距离为 1 减去两向量夹角余弦
	'correlaion'	把每个点作为一个数值序列,两点间距离为 1 减去两个数值序列的相关系数
	'Hammig'	位不同(只适合二进制数据)的百分比
'empyaction'	'error'	把空类作为错误对待(默认情况)
	'drop'	去除空类,输出参数 C 与 D 中相应值用 NaN 表示
	'singleton'	生成一个只包含最远点的新类
'onlinephase'	'on'	执行在线更新(默认情况)。对于大型数据,可能会占用比较多的时间,但是能保证收敛于局部最优解
	'off'	不执行在线更新
'options'	由 statset 函数创建结构体变量	用来设置迭代算法的相关选项
'replicates'	正整数	重复聚类的次数,每次聚类采用新的初始凝聚点。也可以通过设置'start'参数的参数值为 $k×p×m$ 的三维数组,来设置重复聚类的次数为 m
'start'	'sample'	随机选择 k 个观测作为初始凝聚点
	'uniform'	在观测值矩阵 X 中随机并均匀地选择 k 个观测作为初始凝聚集点。这对于 Hamming 距离是无效的
	'cluster'	从 X 中随机选择 10% 的子样本,进行预聚类,确定凝聚点。预聚类过程随机选择 k 个观测作为预聚类的初始凝聚点
	Matrix	如果为 $k×p$ 的矩阵,用来设定 k 个初始凝聚点。如果为 $k×p×m$ 的三维数组,则重复进行 m 次聚类,每次聚类通过相应页上的二维数组设定 k 个初始凝聚点

9. silhouette 函数

silhouette 函数用来根据 cluster、clusterdata 或 kmeans 函数的聚类结果绘制轮廓图,从轮廓图上能看出每个点的分类是否合理。函数的调用格式如下。

silhouette(X,clust):根据样本观测值矩阵 X 和聚类结果 clust 绘制轮廓图。输出参数 X 为一个 $n \times p$ 的矩阵,矩阵的每一行对应一个观测,每一列对应一个变量。clust 为聚类结果,可以是由每个观测所属类的类序号构成的数值向量,也可以是由类名称构成的字符矩阵或字符串元胞数组。silhouette 函数会把 clust 中的 NaN 或空字符作为缺失数据,从而忽略 X 中相应的观测。默认情况下,silhouette 函数采用平方欧氏距离。

s = silhouette(X,clust):返回轮廓值向量 s,它是一个 $n \times 1$ 的向量,其元素为相应点的轮廓值。此时不绘制轮廓图。

[s,h] = silhouette(X,clust):绘制轮廓图,并返回轮廓值向量 s 和图形句柄 h。

[…] = silhouette(X,clust,metric):指定距离计算的方法,绘制轮廓图。输出参数 metric 为字符串或距离矩阵,用来指定距离计算的方法或距离矩阵。silhouette 函数支持的各种距离如表 11-5 所示。

表 11-5 **silhouette 函数支持的各种距离**

metric 参数值	说　　明
'Euclidean'	欧氏距离
'sqEuclidean'	平方欧氏距离(默认情况)
'cityblock'	绝对值距离(或城市街区距离)
'cosine'	把每个点作为一个向量,两点间距离为 1 减去两向量的夹角余弦
'correlation'	把每个点作为一个数值序列,两点间距离为 1 减去两个数值序列的相关系数
'Hamming'	汉明(Hamming)距离,即不一致坐标所占的百分比
'Jaccard'	不一致的非零坐标所占的百分比
Vector	上三角形的距离矩阵对应的距离向量,例如由 pdist 函数返回的距离向量。在这种情况下,X 是无用的,可以设为[]

[…] = silhouette(X,clust,distfun,p1,p2,…):接受函数句柄作为第 3 个输入,即 distfun 为函数句柄,用来自定义距离计算的方法。distfun 对应的函数如下:

```
d = distfun(X0, X, p1, p2, …)
…
```

其中,X0 为一个 $1 \times p$ 的向量,表示一个点的坐标。X 为 $n \times p$ 的矩阵,p1,p2,…为可选的参数。d 为 $n \times 1$ 的距离向量,d 的第 k 个元素为 X0 与 X 矩阵的第 k 行之间的距离。

【例 11-10】 将一个四维数据分成不同的类。

其 MATLAB 代码编程如下:

```
>> clear all;
% 产生随机数
seed = 931316785;
```

```
rand('seed',seed);
randn('seed',seed);
load kmeansdata;                %装载 MATLAB 自带数据
size(X);                        %数据大小
%按照城市间的距离进行分类
%类的数目为 3
k1 = 3;
idx3 = kmeans(X,k1,'distance','city');
%显示聚类结果
figure(1);
[silh3,h] = silhouette(X,idx3,'city');
xlabel('Silhouette 值');ylabel('聚类');
%类的数目为 4
k2 = 4;
idx4 = kmeans(X,k2,'dist','city','display','iter');
%显示聚类结果
figure(2);
[silh4,h] = silhouette(X,idx4,'city');
xlabel('Silhouette 值');ylabel('聚类');
%类的数目为 5
k3 = 5;
idx5 = kmeans(X,k3,'dist','city','replicates',5);
%显示聚类结果
figure(3);
[silh5,h] = silhouette(X,idx5,'city');
xlabel('Silhouette 值');ylabel('聚类');
```

运行程序,不同类数目的聚类结果分别如图 11-7 所示。

由图 11-7(a)可以看出,第 3 类的大多数点具有较高的 silchouette 值,这说明第 3 类与其他的类比较好地区分开了。但是第 2 类的许多点的 silcheoutte 值较低,这说明第 1 类和第 2 类没有很好地区分开,为此需要增加类的数目,如图 11-7(b)所示。

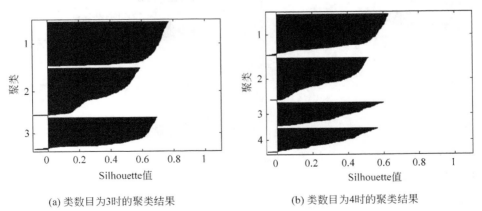

(a) 类数目为3时的聚类结果　　　　　　　　(b) 类数目为4时的聚类结果

图 11-7　不同类数目的聚类结果

利用可选参数 display 显示算法的迭代信息如下:

iter	phase	num	sum
1	1	560	2382.77
2	1	38	2309.23
3	1	10	2306.12
4	1	6	2304.72
5	1	2	2304.58
6	1	2	2304.39
7	1	1	2304.29
8	1	1	2304.17
9	1	1	2304.11
10	1	1	2303.98
11	1	1	2303.84
12	1	1	2303.67
13	1	2	2303.54
14	1	1	2303.46
15	2	1	2303.39
16	2	0	2303.36

Best total sum of distances = 2303.36

可见，最优的类数目为 4，其聚类结果如图 11-8 所示。

由图 11-8 可以看出，这 4 个类很好地被分离开。继续增加类的数目为 5，得到的聚类结果如图 11-9 所示。

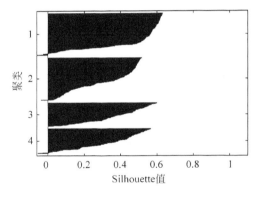 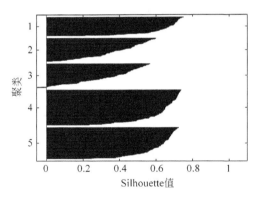

图 11-8　类数目为 4 时的聚类结果　　　　　图 11-9　类数目为 5 时的聚类结果

10. fcm 函数

在 MATLAB 模糊逻辑工具箱(Fuzzy Logic Toolbox)中提供了 fcm 函数实现模糊 C-均值聚类。函数的调用格式如下。

```
[center,U,obj_fcn] = fcm(data,cluster_n)
[center,U,obj_fcn] = fcm(data,cluster_n,options)
```

其中，输入参数 data 为用于聚类的数据集，它是一个矩阵，每行对应一个样品(或观测)，每列对应一个变量。cluster_n 为一个正整数，表示类的个数。options 为一个包含 4

个元素的向量,用来设置迭代的参数。options 的第 1 个元素是目标函数中隶属度的幂指数,其值应大于 1,默认值为 2;第 2 个元素为最大迭代次数,默认值为 100;第 3 个元素为目标函数的终止容限,默认值为 1e-5;第 4 个元素用来控制是否显示中间迭代过程,如果取值为 0,即表示不显示中间迭代过程,否则显示。

输出参数 center 是 cluster_n 个类的类中心坐标矩阵,它是 cluster_n 行、p 列的矩阵。U 是 cluster_n 行、n 列的隶属度矩阵,它的第 i 行第 k 列元素 u_{ik} 表示第 k 个样品 x_k 属于第 i 类的隶属度,可以根据 U 中每列元素的取值来判定每个样品的归属。obj_fcn 是目标函数值向量,它的第 i 个元素表示第 i 步迭代的目标函数值,它所包含的元素的总数是实际迭代的总步数。

【例 11-11】 利用 fcm 函数对创建的数据实现 C-均值聚类,并绘制其散点图。

其 MATLAB 代码编程如下:

```
>> clear all;
data = rand(100, 2);
[center,U,obj_fcn] = fcm(data, 2);
plot(data(:,1), data(:,2),'o');
maxU = max(U);
index1 = find(U(1,:) == maxU);
index2 = find(U(2, :) == maxU);
line(data(index1,1),data(index1, 2),'linestyle','none', …
     'marker','*','color','g');
line(data(index2,1),data(index2, 2),'linestyle','none', …
     'marker', '*','color','r');
```

运行程序,效果如图 11-10 所示。

```
Iteration count = 1, obj. fcn = 10.161377
Iteration count = 2, obj. fcn = 8.183486
Iteration count = 3, obj. fcn = 8.072958
Iteration count = 4, obj. fcn = 7.760779
Iteration count = 5, obj. fcn = 7.312080
Iteration count = 6, obj. fcn = 7.075417
Iteration count = 7, obj. fcn = 7.023626
Iteration count = 8, obj. fcn = 7.011116
Iteration count = 9, obj. fcn = 7.004064
Iteration count = 10, obj. fcn = 6.998687
Iteration count = 11, obj. fcn = 6.994442
Iteration count = 12, obj. fcn = 6.991089
Iteration count = 13, obj. fcn = 6.988451
Iteration count = 14, obj. fcn = 6.986380
Iteration count = 15, obj. fcn = 6.984758
Iteration count = 16, obj. fcn = 6.983491
Iteration count = 17, obj. fcn = 6.982502
Iteration count = 18, obj. fcn = 6.981731
Iteration count = 19, obj. fcn = 6.981131
Iteration count = 20, obj. fcn = 6.980665
Iteration count = 21, obj. fcn = 6.980302
Iteration count = 22, obj. fcn = 6.980020
```

```
Iteration count = 23, obj. fcn = 6.979801
Iteration count = 24, obj. fcn = 6.979631
Iteration count = 25, obj. fcn = 6.979499
Iteration count = 26, obj. fcn = 6.979396
Iteration count = 27, obj. fcn = 6.979317
Iteration count = 28, obj. fcn = 6.979255
Iteration count = 29, obj. fcn = 6.979207
Iteration count = 30, obj. fcn = 6.979170
Iteration count = 31, obj. fcn = 6.979141
Iteration count = 32, obj. fcn = 6.979119
Iteration count = 33, obj. fcn = 6.979101
Iteration count = 34, obj. fcn = 6.979088
Iteration count = 35, obj. fcn = 6.979078
Iteration count = 36, obj. fcn = 6.979069
```

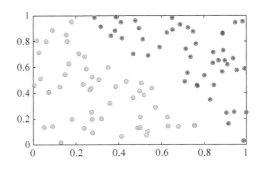

图 11-10 C-模糊聚类散点图

11. subclust 函数

在 MATLAB 统计工具箱中提供了 subclust 函数用来完成减法聚类分析。其调用格式如下。

```
[C,S] = subclust(X,radii,xbounds,options)
```

式中，输入参数 X 包含了用于聚类的数据，X 的每一行为一个数据点向量，X 的每一列代表空间的一维坐标；向量 radii 用于在假定数据点位于一个单位超立方体内（各维的坐标都在 0～1 之间）的条件下，指定数据向量的每一维坐标上的聚类中心的影响范围，即 radii 每一维的数值大小均在 0 到 1 之间，通常的取值范围为 0.2～0.5。例如，如果数据点的维数为 2，则 radii＝[0.5,0.25]指定了第一维数据的聚类中心的影响范围为数据空间的宽度的一半，而第二维数据的聚类中心的影响范围为数据空间宽度的四分之一。如果 radii 是一个标量，则表示空间所有坐标上的聚类中心的影响范围，这样所有聚类中心的影响范围是一个空间的球。例如，如果数据点坐标维数是 3，radii＝0.4 指定三维空间里的所有坐标上聚类中心的影响范围都是数据空间宽度的五分之二；Xbounds 为一个 2×N 的尺度和坐标变换矩阵，其中 N 为数据的维数。该矩阵用于指定如何将 X 中的数据映射到一个超空间单位体中，其第一行和第二行分别包括了每一维数据被映射到单位超立方体的最小和最大取值。例如 Xbounds＝[−12,−6;12,6]指定了第一维数据在

[−12,+12]之间的取值将被映射到[0,1]区间中；而第二维数据相应的区间范围为[−6,+6]。如果 Xbounds 为空或没有指定 Xbounds，则缺省的映射范围为所有数据点的最小和最大取值构成的区间。假设 Xbounds 的第 n 列，Xbounds(:,.n)=[a,b]，则对于原来第 n 维的坐标值 X_n，经过公式进行尺度变化：

$$X'_n = \frac{X_n - a}{b - a}$$

如果 $X'_n > 1$，则取 $X'_n = 1$；如果 $X'_n < 0$，则取 $X'_n = 0$。

这个参数的实际含义是利用上面的公式对原数据进行空间的坐标变换成为个空间单位体中的数据，以配合前面的 radii 参数的使用。如果没有特殊的含义，建议此项参数缺省。要改动此项参数必须有比较明确的实际意义。

参数向量 options 是一个可选的向量，用于指定聚类算法的有关参数，其具体含义如下。

options = [squashFactor　acceptRatio　rejectRatio　verbose]

options(1)=squashFactor：squashFactor 用与聚类中心的影响范围 radii 相乘来决定某一聚类中心邻近的某一个范围。在这个范围内的数据点被排除作为其他的聚类中心的可能性，缺省值为 1.25。对于每一个数据点，开始都会计算它作为聚类中心的可能性，选择其中可能性最大的点作为最初的聚类中心，然后排除它附近的一个范围内的其他点作为聚类中心的可能性，再以剩下的数据点重复这个过程。

options(2)=acceptRatio：acceptRatio 用于指定在选出第一个聚类中心后，其他某个数据点作为聚类中心的可能性值只有高于第一个聚类中心可能性值的一定比例（由 acceptRatio 的大小决定），才能被作为新的聚类中心，缺省值为 0.5。

options(3)= rejectRatio：rejectRatio 用于指定在先出第一个聚类中心后，只有某个数据点作为聚类中心的可能性值低于第一个聚类中心可能性值的一定比例（由 rejectRatio 的大小决定），才能被排除作为聚类中心的可能性，其缺省值为 0.15。

options(4)= verbose：如果 verbose 为非零值，则聚类过程的有关信息将显示到窗口中，其缺省值为 0。

函数的返回值 C 为聚类中心向量，C 的每一行代表一个聚类中心的位置。向量 S 包含了聚类中心在每一维坐标上的影响范围，所有聚类中心在同一方向上具有相同的影响范围。

【例 11-12】　将空间 180 个点用减法聚类方法分类，找到聚类中心及影响范围。

其 MATLAB 代码编程如下：

```
>> clear all;
x = rand(180,3);
[C,S] = subclust(x,[0.5 0.5 0.5],[],[1.5 0.5 0.15 0])
plot(0,0);
hold on;
plot3(C(:,1),C(:,2),C(:,3),'r + ','markersize',16,'LineWidth',3);
% 绘出聚类中心
hold on;
plot3(x(:,1),x(:,2),x(:,3),'g * ');
```

```
% 绘制出数据点
view(3)
```

运行程序,输出如下,效果如图 11-11 所示。

```
C =
    0.3475    0.5732    0.4631
    0.6719    0.3801    0.8592
    0.7954    0.1229    0.3734
    0.1236    0.5169    0.1217
    0.7264    0.8646    0.4449
    0.1533    0.0577    0.6653
    0.3784    0.9012    0.8371
    0.1249    0.4908    0.8335
S =
    0.1722    0.1755    0.1750
```

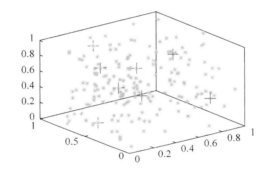

图 11-11　减法聚类输出空间聚类中心

11.9　聚类分析的应用

下面通过几个实例来演示聚类在实际领域中的应用。

【例 11-13】　用正辛醇-水分配系数 K_{ow}、沸点 b.p.、摩尔体积 MV 和分子连接性指数 x 四个参数描述氯苯、1,4-二氯苯、五氯苯、六氯苯、4-氯硝基苯、硝基苯 6 个化合物,试根据表 11-6 数据对这 6 个化合物进行分类。

表 11-6　化合物性质

化合物编号及名称	lgK_{ow}	b. p.	MV	x
① 氯苯	3.02	131.5	101.8	2.18
② 1,4-二氯苯	3.44	173.8	118.0	2.69
③ 五氯苯	5.12	277.0	136.0	4.25
④ 六氯苯	5.41	321.0	138.0	4.78
⑤ 4-氯硝基苯	2.58	242.0	103.0	2.63
⑥ 硝基苯	1.87	210.8	102.0	2.11

MATLAB 提供了两种方法进行聚类分析。

一种是一次聚类,利用函数可以对样本数据进行一次聚类,但选择面比较窄,不能更改距离的计算方法。

另一种是分布聚类,可以分以下步骤进行分布聚类。

① 找到数据集合中变量两两之间的相似性和非相似性,用 pdist 函数计算变量之间的距离;

② 用 linkage 函数定义变量之间的连续性;

③ 用 cophenetic 函数评价聚类信息;

④ 用 cluster 函数创建聚类。

(1) 一次聚类的 MATLAB 代码编程如下:

```
>> x = [3.02  131.5  101.8  2.18;3.44  173.8  118.0  2.69;5.12  277.0  136.0  4.25;…
        5.41  321.0  138.0  4.78;2.58  242.0  103.0  2.63;1.87  210.8  102.0  2.11];
T = clusterdata(x,0.5)'
```

运行程序,输出如下:

```
T =
     2    1    3    3    4    4
```

数据集合分为 4 类。调整 cutoff 值,将有不同的分类。

(2) 分布聚类的 MATLAB 代码编程如下:

```
>> xx = zscore(x);              % 数据标准化
y = pdist(xx);                  % 计算变量间的相似性
squareform(y);                  % 将输出转化为矩阵,以便阅读
z = linkage(y);                 % 定义变量之间的连接
c = cophenet(z,y)'              % 评价聚类信息
```

运行程序,输出如下:

```
c =
   0.9355
```

连接变量生成聚类树后,可以通过下列方法进行修改或了解更多的信息。

① 修改聚类树:衡量聚类信息的有效性用 cophenet 函数计算相关性,该值越接近于 1,表示聚类效果越好。

```
>> c = cophenet(z,y)
c =
   0.9355
```

将函数中距离计算方法分别指定为 Mahal、sEuclid 和 Cityblock,重新计算 pdist 函数后,再由 cophenet 计算 c 值分别等于 0.5957、0.9355 和 0.9394,所以用 Cityblock 计算距离效果较好。

② 了解与聚类连接相关更多信息:数据集合中聚类的方法之一是比较聚类树中每一个连接的长度与相邻次一级连接的长度,如果二者相近,则表示此水平上变量之间是相似的,这些连接被认为表示此水平上变量之间是相似的,这些连接被认为具有较高水

平的连续性,反之,则称为不连接性的。

```
>> dendrogram(z);                    %生成聚类树(如图11-12所示)
```

聚类树中每一个连接的相对连续性可用 inconsistent 函数生成的不连接性系数来定量表示。该函数比较某连接的长度与相邻连接长度的均值。若该变量与周围变量连续,则不连续性系数较低,反之则较高。

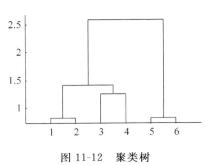

图 11-12　聚类树

```
>> I = inconsistent(z)
I =
0.8206         0    1.0000         0
0.8270         0    1.0000         0
1.2539         0    1.0000         0
1.1617    0.3056    3.0000    0.8144
1.6076    0.8954    3.0000    1.0917
```

矩阵中,第1列为所有连接长度的均值;第2列为所有连接长度的标准偏差;第3列为计算所包含的连接数;第4列为不连续性系数。该输出信息可以与 linkage 函数的输出对照阅读。

```
>> cluster(z,0.8)'                   %创建分类,以距离不超过2的不连续性系数为临界点
ans =
     3    3    2    2    1    1
```

从聚类树中可以清晰地了解聚类过程。比较起来,化合物3和4的性质与其他化合物相差较大。看来苯环的氢全部或几乎全被氯取代对化合物的影响是非常显著的。

【例11-14】 表11-7列出了46个国家或地区3年(1990、2000及2006年)的婴儿死亡率和出生时预期寿命数据。将数据保存在根目录下的 M11_14.xls 文件中。对这些观测数据利用 K-均值聚类法,对各国家或地区进行聚类分析。

表 11-7　46 个国家或地区的婴儿死亡率和出生时预期寿命

国家或地区	婴儿死亡率/%			出生时平均预期寿命/岁		
	1990 年	2000 年	2006 年	1990 年	2000 年	2006 年
中国内地	36.3	29.9	20.1	68.9	70.3	72
中国香港	—	—	—	77.4	80.9	81.6
孟加拉国	100	66	51.6	54.8	61	63.7
文莱	10	8	8	74.2	76.2	77.1
柬埔寨	84.5	78	64.8	54.9	5.5	58.9
印度	80	68	57.4	59.1	62.9	64.5
印度尼西亚	60	36	26.4	61.7	65.8	68.2
伊朗	54	36	30	64.8	68.9	70.7
以色列	10	5.6	4.2	76.6	79	80
日本	4.6	3.2	2.6	78.8	81.1	82.3
哈萨克斯坦	50.5	37.1	25.8	68.3	65.5	66.2

国家或地区	婴儿死亡率/‰			出生时平均预期寿命/岁		
	1990 年	2000 年	2006 年	1990 年	2000 年	2006 年
朝鲜	42	42	42	69.9	66.8	67
韩国	8	5	4.5	71.3	75.9	78.5
老挝	120	77	59	54.6	60.9	63.9
马来西亚	16	11	9.8	70.3	72.6	74
蒙古	78.5	47.6	34.2	62.7	65.1	67.2
缅甸	91	78	74.4	59	60.1	61.6
巴基斯坦	100	85	77.8	59.1	63	65.2
菲律宾	41	30	24	65.5	69.6	71.4
新加坡	6.7	2.9	2.3	74.3	78.1	79.9
斯里兰卡	25.6	16.1	11.2	71.2	73.6	75
泰国	25.7	11.4	7.2	67	68.3	70.2
越南	38	23	14.6	64.8	69.1	70.8
埃及	66.7	40	28.9	62.2	68.8	71
尼日利亚	120	107	98.6	74.2	46.9	46.8
南非	45	50	56	61.9	48.5	50.7
加拿大	6.8	—	4.9	77.4	79.2	80.4
墨西哥	41.5	31.6	29.1	70.9	74	74.5
美国	9.4	6.9	6.5	75.2	77	77.8
阿根廷	24.7	16.8	14.1	71.7	73.8	75
巴西	48.1	26.9	18.6	66.6	70.4	72.1
委内瑞拉	26.9	20.7	17.7	71.2	73.3	74.4
白俄罗斯	20.1	15	11.8	70.8	—	68.6
捷克	10.9	4.1	3.2	71.4	75	76.5
法国	7.4	4.4	3.6	76.7	78.9	80.6
德国	7	4.4	3.7	75.2	77.9	79.1
意大利	8.2	4.6	3.5	76.9	79.5	81.1
荷兰	7.2	4.6	4.2	76.9	78	79.7
波兰	19.3	8.1	6	70.9	73.7	75.1
俄罗斯	22.7	20.2	13.7	68.9	65.3	65.6
西班牙	7.6	4.5	3.6	76.8	79	80.8
土耳其	67	37.5	23.7	66	70.4	71.5
乌克兰	21.5	19.2	19.8	70.1	67.9	68
英国	8	5.6	4.9	75.9	77.7	79.1
澳大利亚	8	4.9	4.7	77	79.2	81
新西兰	8.3	5.8	5.2	75.4	78.6	79.9

其 MATLAB 代码编程如下：

```
>> clear all;
% 读取数据
[X,textdata] = xlsread('li8_15.xls');        % 从 Excel 文件中读取数据
% 返回一个逻辑向量,非缺失观测对应元素 1,缺失观测对应元素 0
```

```
row = ~any(isnan(X),2);
X = X(row,:);                              % 删除缺失数据,提取非缺失数据
countryname = textdata(3:end,1);          % 国家或地区名称,countryname 为字符元胞数组
countryname = countryname(row);           % 删除缺失数据所对应的国家或地区名称
```

需要说明的是,原始数据表格中有缺失数据,从 Excel 文件中读入 MATLAB 后,数据矩阵 X 中的缺失数据用 NaN 表示,通过查找 NaN 所在的位置即可删除缺失数据。

```
% 将剔除缺失数据后的数据进行标准化
>> X = zscore(X);                          % 数据标准化,即减去均值,然后除以标准差
% 选取初始凝聚点
>> startdat = X([8,26,41],:);              % 选取第8、第26及第41个观测为初始凝聚点
idx = kmeans(X,3,'Start',startdat);        % 设置初始凝聚点,进行 K-均值聚类
% 绘制轮廓图
>> [S,h] = silhouette(X,idx);              % 绘制轮廓图,并返回轮廓向量 S 及图形句柄值 h
```

得到轮廓图如图 11-13 所示。

由图 11-13 可看出,将剔除缺失数据后的 43 个观测分为 3 类时,每个观测轮廓值都是正的,并且均在 0.2 以上,这说明将 43 个观测分为 3 类是非常合适的。

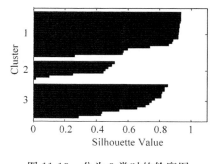

图 11-13　分为 3 类时的轮廓图

```
% 查看聚类结果
>> countryname(idx == 1)    % 查看第 1 类所包含的国家或地区
ans =
    '文莱'
    '以色列'
    '日本'
    '韩国'
    '马来西亚'
    '新加坡'
    '斯里兰卡'
    '美国'
    '阿根廷'
    '委内瑞拉'
    '捷克'
    '法国'
    '德国'
    '意大利'
    '荷兰'
    '波兰'
    '西班牙'
    '英国'
    '澳大利亚'
    '新西兰'
>> countryname(idx == 2)                    % 查看第 2 类所包含的国家或地区
ans =
    '孟加拉国'
    '柬埔寨'
```

　　'印度'
　　'老挝'
　　'缅甸'
　　'巴基斯坦'
　　'尼日利亚'
　　'南非'
>> countryname(idx == 3)　　　　　　　　% 查看第 3 类所包含的国家或地区
ans =
　　'中国内地'
　　'印度尼西亚'
　　'伊朗'
　　'哈萨克斯坦'
　　'朝鲜'
　　'蒙古'
　　'菲律宾'
　　'泰国'
　　'越南'
　　'埃及'
　　'墨西哥'
　　'巴西'
　　'俄罗斯'
　　'土耳其'
　　'乌克兰'

以上给出了分为 3 类时的聚类结果,每一类中所包含的观测一目了然,非常直观。

【例 11-15】　对给定的磁盘文件中的数据进行模糊 C-均值聚类,分为 3 类,其
MATLAB 代码编程如下。

```
>> clear all;
load fcmdata.dat
% 装载入数据
[center,U,obj_fcn] = fcm(fcmdata,2);
% 模糊聚类迭代计算,3 个聚类中心
maxU = max(U);
index1 = find(U(1,:) == maxU);
index2 = find(U(2,:) == maxU);
% 最大隶属度函数分类
plot(obj_fcn);
figure;
plot(center(1,1),center(1,2),'ko','markersize',16,'LineWidth',3)
hold on
plot(center(2,1),center(2,2),'kv','markersize',16,'LineWidth',3)
line(fcmdata(index1,1),fcmdata(index1,2),'linestyle','none','marker','o','color','r');
line(fcmdata(index2,1),fcmdata(index2,2),'linestyle','none','marker','x','color','r');
hold off;
```

运行程序,得到迭代如下,效果如图 11-14 所示。

```
Iteration count = 1, obj. fcn = 9.142225
Iteration count = 2, obj. fcn = 7.243109
Iteration count = 3, obj. fcn = 6.539904
```

```
Iteration count = 4, obj. fcn = 4.814060
Iteration count = 5, obj. fcn = 3.931209
Iteration count = 6, obj. fcn = 3.815274
Iteration count = 7, obj. fcn = 3.800558
Iteration count = 8, obj. fcn = 3.798001
Iteration count = 9, obj. fcn = 3.797533
Iteration count = 10, obj. fcn = 3.797448
Iteration count = 11, obj. fcn = 3.797433
Iteration count = 12, obj. fcn = 3.797430
```

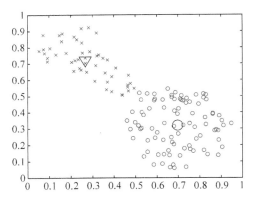

图 11-14　模糊 C-均值聚类结果

在有的情况下需要使用聚类来分类数据，但是却并不知道应当分为几类。这时，如果任选一个分类数目是不科学的。而在减法聚类的介绍中就解决了这个问题，帮我们做到分类具有科学性。

参 考 文 献

[1]　葛超，王蕾，曹秀爽. MATLAB 技术大全[M]. 北京：人民邮电出版社，2013.

[2]　李国勇. 神经模糊控制理论及应用[M]. 北京：电子工业出版社，2008.

[3]　陈仲生. 基于 MATLAB 7.0 的统计信息处理[M]. 湖南：湖南科学技术出版社，2005.

[4]　叶文虎. 环境数理统计学应用程序[M]. 上海：高等教育出版社，1987.

[5]　卓金武，等. MATLAB 在数学建模中的应用[M].2 版.北京：北京航空航天大学出版社，2014.

[6]　薛定宇，陈阳泉. 高等应用数学问题的 MATLAB 求解[M]. 北京：清华大学出版社，2004.

[7]　包研科，李娜. 数理统计与 MATLAB 数据处理[M]. 沈阳：东北大学出版社，2008.

[8]　汤大林，等.概率论与数理统计[M]. 天津：天津大学出版社，2004.

[9]　王岩，隋思涟，王爱青. 数理统计与 MATLAB 工程数据分析[M]. 北京：清华大学出版社，2006.

[10]　曹岩，等. MATLAB R2008 数学和控制实例教程[M]. 北京：化学工业出版社，2009.

[11]　吴礼斌，李柏年. 数学实验与建模[M]. 北京：国防工业出版社，2007.

图 书 资 源 支 持

感谢您一直以来对清华版图书的支持和爱护。为了配合本书的使用，本书提供配套的资源，有需求的读者请扫描下方的"书圈"微信公众号二维码，在图书专区下载，也可以拨打电话或发送电子邮件咨询。

如果您在使用本书的过程中遇到了什么问题，或者有相关图书出版计划，也请您发邮件告诉我们，以便我们更好地为您服务。

我们的联系方式：

地　　址：北京市海淀区双清路学研大厦 A 座 701

邮　　编：100084

电　　话：010－62770175－4608

资源下载：http://www.tup.com.cn

客服邮箱：tupjsj@vip.163.com

QQ：2301891038（请写明您的单位和姓名）

用微信扫一扫右边的二维码，即可关注清华大学出版社公众号"书圈"。

资源下载、样书申请

书 圈

扫一扫，获取最新目录